通信网络前沿
技术丛书

解析QUIC/HTTP3

未来互联网的基石

刘准 陈保军 编著

THE ANALYSIS
OF QUIC/HTTP3

A Cornerstone of the Future Internet

图书在版编目（CIP）数据

解析 QUIC/HTTP3：未来互联网的基石 / 刘准，陈保军编著 . —北京：机械工业出版社，2024.7
（通信网络前沿技术丛书）
ISBN 978-7-111-75928-7

Ⅰ.①解…　Ⅱ.①刘… ②陈…　Ⅲ.①互联网络 – 研究　Ⅳ.① TP393.4

中国国家版本馆 CIP 数据核字（2024）第 111962 号

机械工业出版社（北京市百万庄大街22号　邮政编码100037）
策划编辑：王　颖　　　责任编辑：王　颖　　赵晓峰
责任校对：潘　蕊　　张　征　　责任印制：郜　敏
三河市国英印务有限公司印刷
2024 年 8 月第 1 版第 1 次印刷
186mm × 240mm · 17.75印张 · 392千字
标准书号：ISBN 978-7-111-75928-7
定价：89.00元

电话服务
客服电话：010-88361066
010-88379833
010-68326294

网络服务
机　工　官　网：www.cmpbook.com
机　工　官　博：weibo.com/cmp1952
金　　书　　网：www.golden-book.com
机工教育服务网：www.cmpedu.com

Preface 前　言

笔者开始研究 QUIC 的时候，国内这方面的文章极少，那时非常希望能有一本详细介绍 QUIC 的书籍，但是很遗憾，并没有找到。之后也遇到过初学者问了一些基础的问题，也有学生咨询想把 QUIC 作为研究方向，这些经历让笔者有了自己动手来写第一本关于 QUIC 书籍的想法。希望这本书可以让后来的程序员和研究者们不必翻来覆去地研究仅有的资料（如晦涩冗长的 RFC），而是可以在本书的帮助下相对较快地理解 QUIC 机制或者 HTTP3（本书中 HTTP/3 简写为 HTTP3）机制，这确实是一件让人高兴的事，希望本书的出版能够为他们提供帮助。

本书共分为 12 章。

第 1 章简单介绍了常见的网络传输协议、TLS 和 HTTP 的演化历史，解释了 QUIC 的诞生。

第 2 章介绍了 QUIC 的报文格式，包括 QUIC 各种类型报文首部的结构和报文负载中帧的结构，以及连接标识、报文编号、流、帧、常见的错误码和传输参数等。

第 3 章介绍了 QUIC 使用的基础技术，比如很多传输协议都包含的报文确认、流控、拥塞控制、PMTU 探测、QUIC 独有的地址验证、连接迁移、中间件 RTT 测量的机制。

第 4 章介绍了 QUIC 使用的 TLS 方式，以及 QUIC 的报文保护机制。

第 5 章介绍了 QUIC 的连接过程，以及其中的 QUICv1 报文结构，然后介绍了 QUIC 恢复连接和关闭连接的过程。

第 6 章介绍了 QUIC 常见的中间件，包括负载均衡和重试卸载。

第 7 章介绍了 QUIC 扩展协议，包括多路 QUIC 和不可靠数据报。

第 8 章介绍了 HTTP3 的相关知识，主要包括 HTTP3 中流的使用、HTTP3 帧的设计、HTTP3 常见交互过程、QPACK 等。

第 9 章介绍了基于 QUIC 的其他协议——DNS，总结了使用 QUIC 需要考虑的问题。

第 10 章介绍了 QUIC 的开源代码 quic-go。

第 11 章介绍了分析 QUIC 常见的工具，包括 qlog、qvis 和 wireshark。

第 12 章是对 QUIC 的未来展望。

非常感谢机械工业出版社各位老师的鼓励，让我有勇气动手来写这样一本书；同时非常感谢紫金山实验室未来网络中心副主任张晨老师给我机会和时间研究 QUIC 和 HTTP3，这让我受益匪浅；另外还要感谢老同事——资深网络架构师罗曙晖老师在百忙之中抽出时间与笔者一起探讨问题。他们的支持和鼓励对本书的顺利出版至关重要。当然也要感谢自己，在经历了多次困顿、多次自我怀疑后并没有放弃，最终坚持完成了本书。

本书主要在假期和周末完成，成书比较匆忙，加上笔者水平有限，有些理解和阐述也许不够准确或者有误，非常希望读者可以一起探讨书中提到的技术细节、反馈有误的内容，并提出意见或建议，以便在下一版改正和补充，为更多对 QUIC 感兴趣的人提供参考。

刘　准

Contents 目　录

QUIC 产生背景

网络协议一般遵循四层或者七层的分层原则，比较常见是传输层中使用的TCP（Transmission Control Protocol，传输控制协议）或者UDP（User Datagram Protocol，用户数据报协议）。在最常见的HTTP（Hypertext Transfer Protocol，超文本传输协议）2.0所在分层中，TCP提供了可靠按序传输、拥塞控制、流控功能，TLS（Transport Layer Secnrity，传输层安全）协议提供了认证、加密、完整性保护；在SRTP（Secure Real-time Transport Protocol，安全传输协议）的分层中，由于不需要可靠性保证，所以使用了UDP和DTLS（Datagram Transport Layer Security，数据报传输层安全）协议。

1.1 网络传输协议

1.1.1 UDP

UDP为应用程序提供了一种以最少的协议机制将消息发送到目的应用程序的方法，RFC（Request for Comments，请求意见稿）768对它进行了定义。UDP提供了应用程序间根据端口号复用和解复用的方法，以及可选校验，是非常轻量级的协议。UDP首部格式如图1-1所示。

使用UDP的应用程序的数据可以直接在数据报内发送，不需要建立连接，也对可靠性和顺序保证没有要求。UDP效率高、速度快、消耗低、延迟小，适合于实时性要求较高的场景，如视频会议、网络游戏。

由于TCP和UDP出现较早，使用非常广泛，很多中间件和内核都能很好地支持它们，因此互联网协议大多会选择它们。如果不需要TCP提供的全套功能，需要定制传输行为的协议也会选择基于UDP实现。

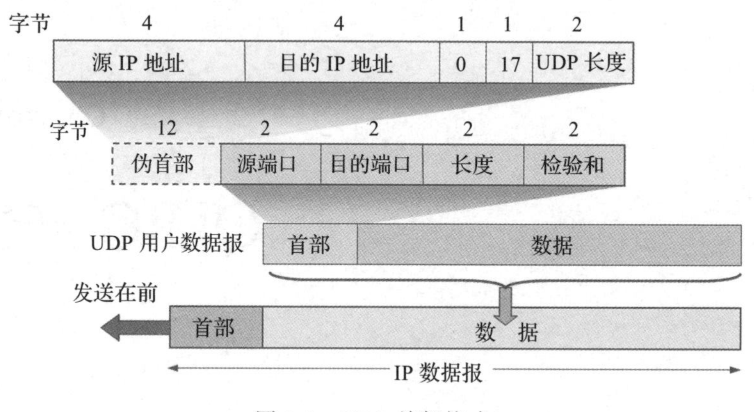

图 1-1　UDP 首部格式

1.1.2　TCP

TCP 起源于 20 世纪 60 年代末的一个分组交换网络研究项目，现在已成为全球互联网的基础。TCP 是一种面向连接的传输层通信协议，两个端点通过三次握手建立连接后就可以按照顺序收发数据。TCP 的实现包括可靠、保序、去重、流控、拥塞控制等功能。

TCP 首部格式如图 1-2 所示。TCP 使用四元组（源 IP、源端口号、目的 IP、目的端口号）来确定一个连接。序号用来确定字节流的位置，应用程序发送的字节流是从 0 开始的，但序号从一个随机值开始，这主要是为了防止猜测攻击和新旧连接间的冲突。确认号是为了让发送方知道哪些数据被接收到了，哪些需要重传。

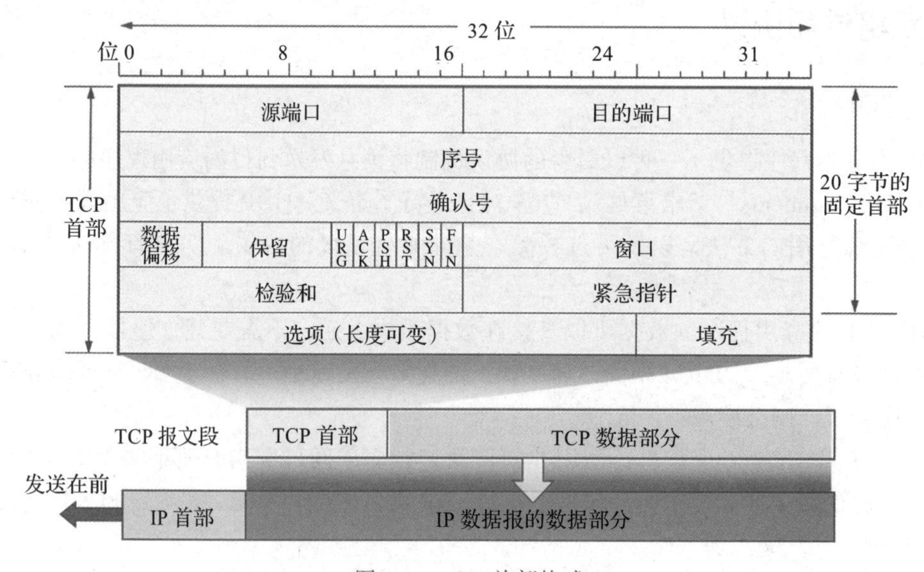

图 1-2　TCP 首部格式

TCP 通过三次握手建立连接，如图 1-3 所示；通过四次挥手关闭连接，如图 1-4 所示。

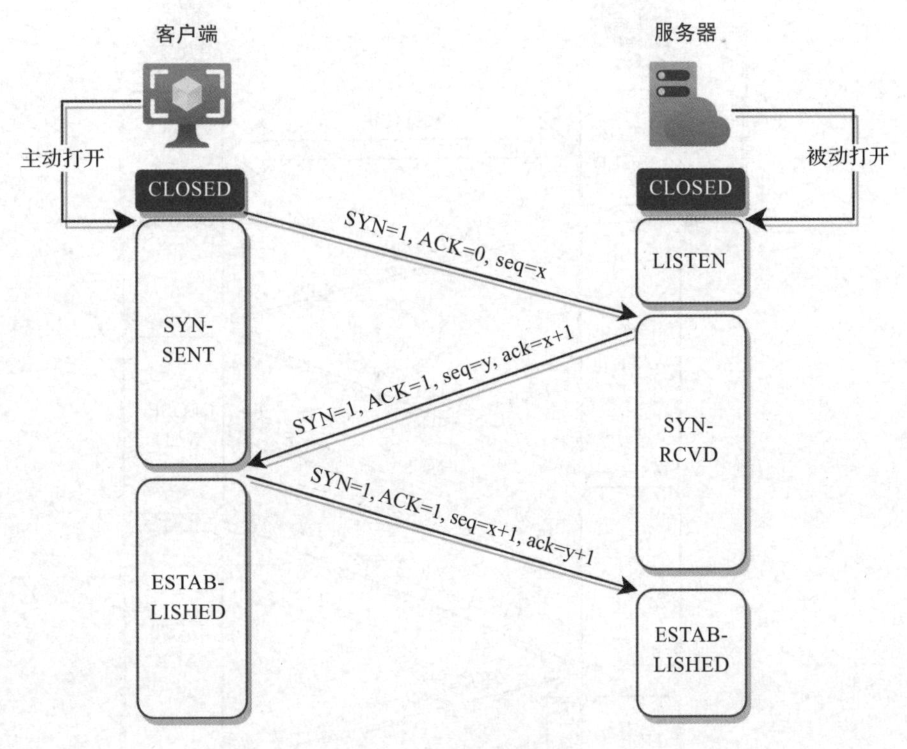

图 1-3　TCP 的三次握手

TCP 的细节内容比较多，这里就不详尽地描述了。下面主要介绍几个对参考 QUIC（Quick UDP Internet Connections，快速 UDP 连接）实现比较重要的内容，以及 TCP 的应对措施。

1. TCP 确认

TCP 的标准确认机制是累积确认，如果数据乱序到达，接收端只会重复确认最后一个按序到达的报文。TCP 应用数据的发送和确认原理如图 1-5 所示。图 1-5 中，假设起始序号为 100（但实际上随机值一般是个很大的值），第一个包含数据的 TCP 报文序号是 100，长度是 5，对应了应用数据 0～4 字节的绝对偏移，对端确认这个报文中确认号是 105，表示 105 之前的数据都已经收到了，希望下一个报文的序号从 105 开始（相对于应用数据的绝对偏移量 5），这个确认报文中的序号是对端确定的随机值 X。第二个包含数据的 TCP 报文序号从 105 开始，长度为 5，对应了应用数据 5～9 字节的绝对偏移，对端收到后回复序号 X（因为对端没有发送任何应用数据，所以序号不变），确认号 110，表示希望下一次发送序号为 110 的报文。

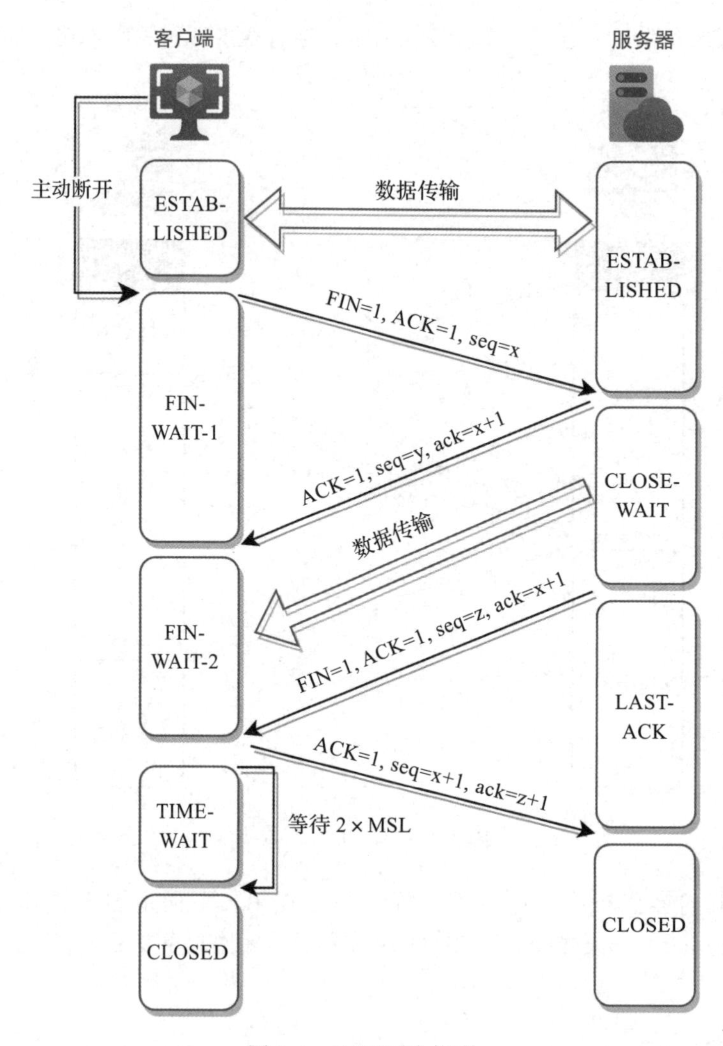

图 1-4　TCP 四次挥手

从上文可以看出，TCP 的累积确认可能会导致在乱序的情况下重传已经收到的数据，如图 1-6 所示。

图 1-6 中，应用数据 3～5 字节的绝对偏移对应的 TCP 报文丢失（对应序号 103），后面再发送应用数据的 6～8 字节，回复也只会是确认号 103。只能先重传序号 103 字节的 TCP 报文，再重传序号 106 的 TCP 报文，但实际上序号 106 的 TCP 报文之前已经到达了对端。

为了解决这个问题，TCP 提供了一种确认的优化方案 SACK（Selective Acknowledgement），即选择性确认，可以不按照顺序确认报文。SACK 是一个可选机制，需要发送端和接收端协商，SACK 选项格式如图 1-7 所示。

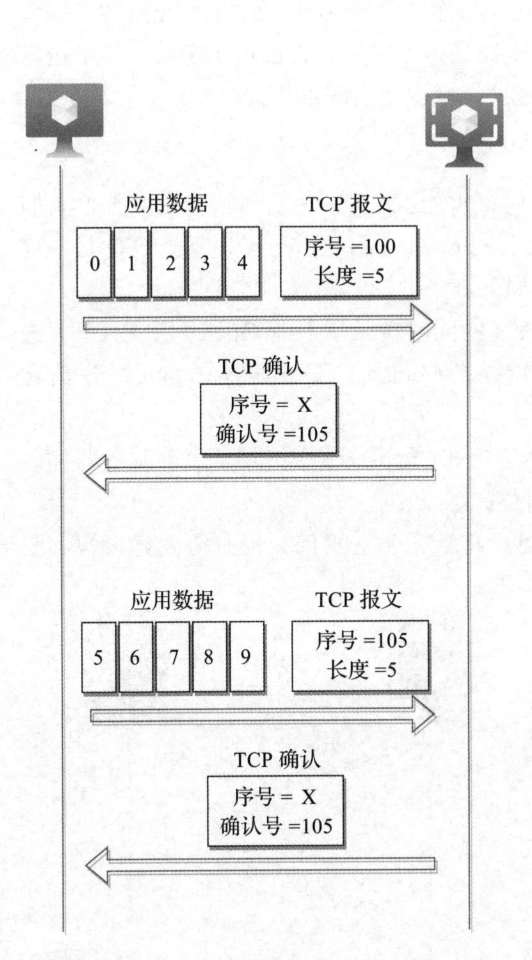

图 1-5　TCP 应用数据的发送和确认原理

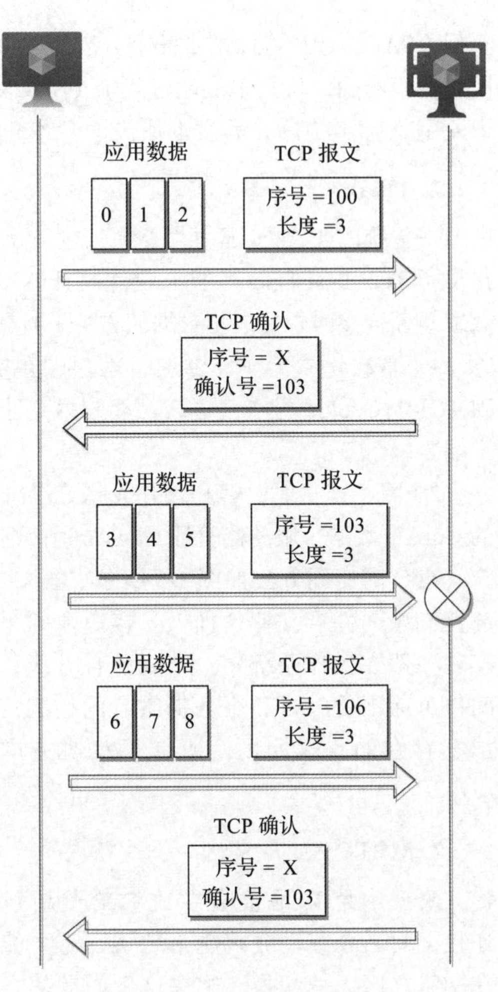

图 1-6　TCP 丢包情况下的确认

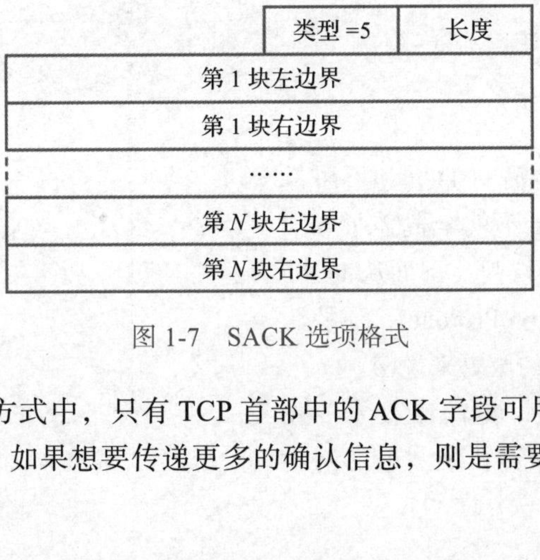

	类型 =5	长度
第 1 块左边界		
第 1 块右边界		
……		
第 N 块左边界		
第 N 块右边界		

图 1-7　SACK 选项格式

在 TCP 实现的默认方式中，只有 TCP 首部中的 ACK 字段可用，所以确认时只能传递一个数值——期望序号。如果想要传递更多的确认信息，则是需要扩展 TCP 选项 SACK 来实现，SACK 选择可以携带几个分散的确认块。由于整个 TCP 选项的长度不能超过 40 字节，所以携带的确认块数不能超过 4 个（SACK 选项中类型占 1 字节，长度占 1 字节，每个边界占 4 字节）。这在一定程度上加快了 TCP 的发送速度，减少了虚假重传。

2. TFO

在传统的 TCP 实现中，必须经过三次握手才能够发送数据，为了尽快发送数据，人们提出了 TCP Fast Open（TCP 快速打开），即 TFO，RFC 7413 对它进行了定义。TFO 是一种 TCP 重新连接时快速发出数据的方法，具体过程如下。

1）首次建立 TCP 连接时，客户端在发送 SYN 的同时携带了 Fast Open（快速打开）选项，其中 Cookie 为空，这表明客户端请求服务器提供 Cookie；服务器将 Cookie 发送给客户端。

2）重新连接时，客户端在发送 SYN 的同时在 Fast Open 选项中携带了之前服务器提供的 Cookie 数据；服务器验证 Cookie 通过后，接收携带的数据。

TFO 的使用方法如图 1-8 所示，虽然 TFO 可以将数据发送提前，但是需要客户端、服务器和中间件都支持这样做。客户端的 TCP 实现一般在操作系统中，难以独自升级；中间件可能不受客户和服务提供者的控制；再加上存在的安全问题，所以很难快速广泛应用。

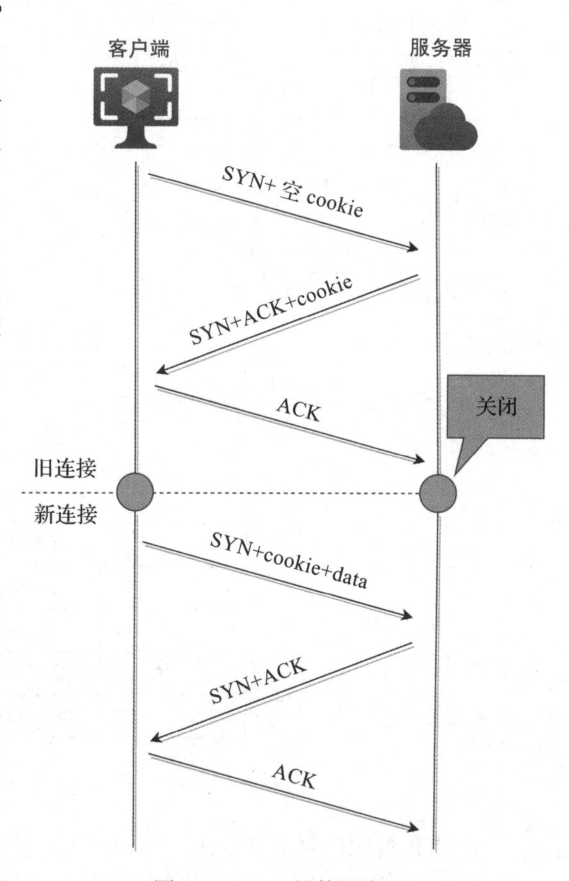

图 1-8　TFO 的使用方法

3. MPTCP

改变本地 IP 地址会导致 TCP 重新建立连接，而当今移动终端越来越多，需要能够在网络之间无缝切换。解决这个问题的方案是利用 MPTCP（MultiPath TCP，多路 TCP），标准见 RFC 6824。另外，MPTCP 也被用于利用多个信道增加传输速率。

1.1.3　SCTP

既然已经有了可靠传输的 TCP 和不可靠传输的 UDP，我们的场景不就全覆盖了吗？为什么还需要新的传输协议呢？下面从 SCTP（Sream Control Transmission Protocol，流控制传输协议）的产生和发展的历史来说明。

从 20 世纪 80 年代起，随着 IP 技术的飞速发展，IP 网络变得越来越普及。电话网络跟 IP 网络仍然是两个网络，且电话网络单独组建的成本较高。通过 IP 网络传输电话信号更加经济，因此可借助 IP 网络的多路径实现更可靠传输。为了使 IP 网络的普遍性可达范围更广，需要选择一种传输协议实现这种需求。

当时普遍使用的传输协议是 TCP 和 UDP，如果选择 TCP，有如下问题。

- 多个用户的电话在 TCP 中排队传输，可能所有用户都要等待一个用户的重传。
- TCP 是基于字节流的，需要使用者实现消息的拆分，也很难做到将过期数据丢弃。
- 电话需要高可靠性，TCP 不能支持多路径。
- TCP 没有内置安全性和认证，容易受到 SYN Flood 攻击。

如果选择 UDP，使用者则需要先实现以下功能。

- 消息排序和消除重复内容。
- 检测丢包和重传。
- 拥塞控制。通过拥塞控制可以更好地利用网络带宽，提高带宽利用率，从而避免大量报文阻塞网络，提高传输效率，还与其他应用公平分享带宽，避免互相影响。
- PMTU（Path Maximum Transmission Unit，路径最大传输单元）探测。不探测 PMTU 就难以在保证可靠性的条件下提高网络承载比，甚至可靠性都难以实现。
- 流量控制。通过流量控制可避免接收端因缓存满了而无法接收的情况下，发送端还在发送消息，白白消耗资源。

可见 TCP 和 UDP 都不适用于电话信号传输。于是在 1997 年，产生了新的传输协议 MDTP（Multi-Network Datagram Transmission Protocol，多网数据报传输协议），并于 1998 年提交给了 IETF（The Internet Engineering Task Force，因特网工程任务组）。这促成了 SIGTRAN（Signaling Transport，信号传输）工作组的成立，其目标是废除现存电话信号协议，包括 ISUP（ISDN User Part，ISDN 用户部分）、DSS1（Digital Subscriber Siganaling No.1，1 号数字用户信令）等，生成电话信号在纯 IP 网络中传输的协议。经过 1998～2000 年集中讨论后 MDTP 改名为 SCTP，2000 年标准化为 RFC 2960，并移交给 TSVWG（Transport Area Working Group，传输领域工作组）。之后又更新为 RFC 4960，并于 2022 年最终更新为 RFC 9260。

SCTP 最初的目的是为了保证七号信令在无 QoS（Quality of Service，服务质量）保证的 IP 网络上完全可靠传输，语音流则可以半可靠传输，这也就是 SIGTRAN 工作组的目标。虽然之后转交给了 TSVWG，希望走向更通用的传输协议方向，但电话信号传输的出身仍然影响了其适用场景。

SCTP 作为一种类似 TCP 的传输协议，可以按序可靠传输数据并同样有拥塞控制功能，且与 UDP 一样以消息为粒度发送和交付。SCTP 支持应用数据的可靠不按序传输、不可靠传输[㊀]和基于时间的部分可靠传输。SCTP 还可以支持多宿主和多流，多宿主指的是端点可以在

㊀ 通过部分可靠功能中设置重传次数限制实现。

一个偶联中使用多个地址，多流可以将应用数据分开传输，避免队头阻塞。具体来说 SCTP 有以下特征。

1）基于消息（不同于 TCP 基于字节流）的顺序传输，可以将应用程序要发送的小块数据组成 PMTU 范围内的大数据包，把应用程序要发送的大块数据拆分成适合 PMTU 的相对较小数据包，并在接收端重新组装后发给上层应用。对于基于消息的上层应用来说，这样就不需要自己定义结构去维护消息边界了。

2）多流中的每个流分别可靠地按序传送消息，一个流的数据丢失不会影响其他流的进度，从而解决了 TCP 的队头阻塞问题。

3）多宿主中的每个端点都可以有多个 IP 地址，可以接入多个网络。当一个网络出现了问题，SCTP 立即切换到其他网络，再利用路径的冗余实现端到端的可靠性和路径间的负载分担，这样就充分利用了网络带宽。

4）基于 Cookie 的四次握手（见图 1-9）针对 TCP 的三次握手的 SYN Flood 攻击做出了改进。

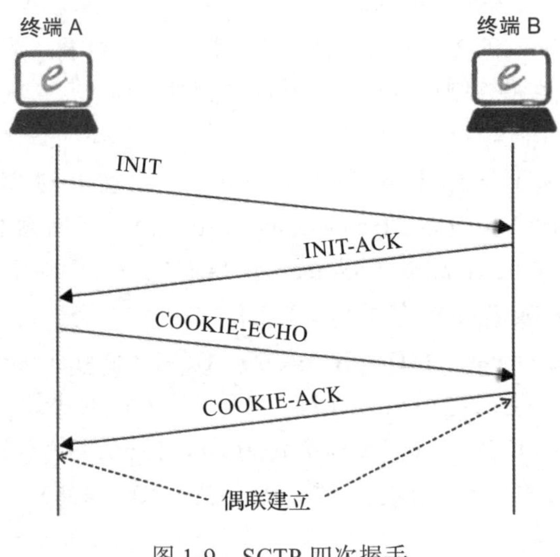

图 1-9　SCTP 四次握手

5）三次挥手机制（见图 1-10）可避免 TCP 的半关闭状态问题。SCTP 采用了认证机制，每一个消息都包含了归属 SCTP 偶联的认证标记，所以不会出现像 TCP 一样新旧连接的混淆问题，所以也就不需要 TIME_WAIT 状态。

6）首部中包含了两端协商的验证标签，如果收到的 SCTP 报文验证标签错误就丢弃，具有更高的安全性。

7）SACK 确认方式可以将接收到的不连续的控制块告知发送端，发送端根据这些接收信息重新发送接收方没有收到的数据。不用像经典 TCP 一样，需要等待没有收到的数据块，才能继续确认后面的数据。这样可以提高发送方的传输效率，避免接收到的不连续数据块的重传，也可以更积极地发现丢失的报文，以便尽快重传。TCP 虽然后来也出现了 SACK 功能，但是将其作为可选项，需要两端协商。SCTP 则将 SACK 作为唯一的确认方式。

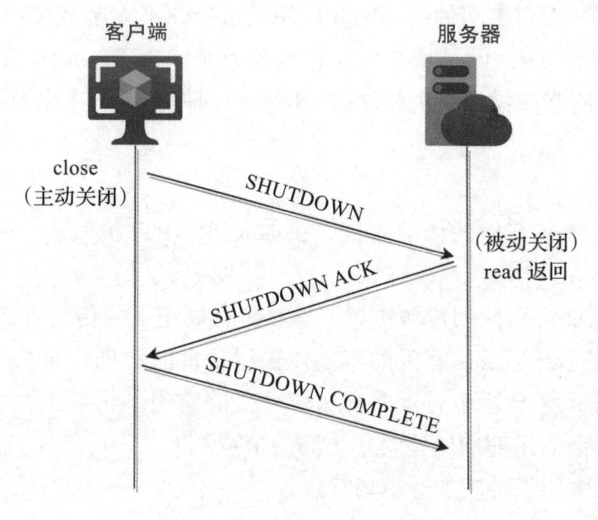

图 1-10　SCTP 三次挥手

SCTP 最初是被设计为在 IP 网路上传输公共交换电话网络（Public Switched Telephone Network，PSTN）消息。目前，SCTP 已经被用于 4G 通信中 eNB（Evolved Node B，演进型基站）和 eNB 的通信，5G 通信中 gNB（the next Generation Node B，下一代基站）和 AMF（Authentication Management Function，认证管理功能）、gNB 和 gNB 的通信。SCTP 的主要应用场景还是在运营商内部，终端的应用目前还很少使用，原因如下。

- 操作系统支持有限，很多操作系统是不支持 SCTP 的。实际上最终 Linux 支持的也不是原生的 SCTP，而是基于 UDP 的 SCTP。
- 中间设备支持有限，比如 NAT（Network Address Translation，网络地址转换）、防火墙等可能会丢弃 SCTP 报文。
- 协议复杂，不容易理解，相对于 TCP 来说使用也不方便，用户不习惯（尤其是已经习惯了 TCP）。
- 调试不方便、工具少，不像 TCP、UDP 有很多工具可以用于调试和分析。
- 上层应用协议没有支持，比如 HTTP 等。
- SCTP 源于运营商需求，很多特性都是针对运营商的内部场景定制的，未必契合终端用户的需求。

但是我们也看到一些终端应用传输在尝试使用 SCTP。比如 WebRTC（Web Real-Time Communications，网络实时通信）支持 SCTP 传输，但是使用的是 SCTP over UDP，使用 UDP 主要是为了解决内核和中间件的支持问题，但不支持多宿主，丢失了 SCTP 的部分可靠性。RFC 6951 中详细介绍了 SCTP over UDP 的实现。

有趣的是 MDTP 最初就是基于 UDP 的，IETF 最终决定 SCTP 应该直接用于 IP，否决了 MDTP 基于 UDP 的方案。但是直接基于 IP 意味着 SCTP 必须进入内核，这是个非常长久的过程，而且内核可能考虑到中间件的影响和应用的选择，不太愿意接纳原生的 SCTP。Linux 内核没有选择原生的 SCTP，而是从 5.11.0 版本开始支持 SCTP over UDP，可见终端上的传输层还是要适应多样的终端操作系统和复杂的网络中间件，无法完全抛开 TCP 和 UDP。

1.1.4 其他协议

互联网协议还有一些其他的传输协议，比如 KCP、RTP（Real-time Transport Protocol，实时传输协议）等。

KCP 也是一种保证可靠性的传输协议，虽然没有规定下层传输方式，但一般使用 UDP。TCP 更看重带宽利用率，尽量用有限的带宽传输尽量多的数据；而 KCP 则牺牲了一部分带宽，换取更快的传输，更合适于时延要求比较严格的应用。相对 TCP 来说，KCP 采取了更积极的重传，一般还会启用前向纠错，用更高的带宽占用换取传输效率，多用于游戏加速等场景。

RTP 经常与 RTCP（Real-time Transport Control Protocol，实时传输控制协议）配合传输实时数据，比如交互式音频和视频数据。RTCP 用于传递控制信息，RTP 用于传输实时数据，具体实现参见 RFC 3550。RTCP 为 RTP 的传输质量提供反馈信息，RTP 可以根据这些信息调整发送速率或者发送策略，另外 RTCP 为 RTP 提供了全局唯一的标识（CNAME）和用户加入离开等控制信息。为了实现终端和中间件的兼容性，RTP 和 RTCP 通常都是基于 UDP 传输的，一般用于交互式视频和音频传输，可用于组播场景，如图 1-11 所示。

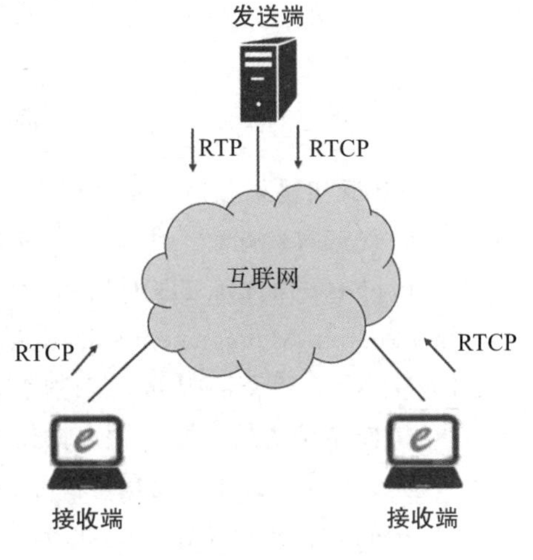

图 1-11　RTP 和 RTCP

1.2 TLS 版本演化

1.2.1 SSL 系列协议

随着互联网越来越普及，网络通信的环境也越来越复杂，网络上的应用越来越容易受到攻击。攻击者可分为两类：仅可以观察到网络上数据包的被动攻击者和可以修改和注入数据包的主动攻击者。因此，网络通信的安全需要达到三个目标：保密性、消息完整性和端点认证。保密性指的是消息要进行加密，不能让被动攻击者观察到消息的内容；消息完整性指的是如果主动攻击者修改了消息的内容，接收者需要能够检测到这种修改；端点认证指的是确保通信的对端是正确的端点，而不是冒充的。

1994 年 4 月，网景公司发布了 SSLv2（Secure Socket Layer，安全套接层），意在为 Web 应用（主要是基于 HTTP 的应用）提供安全通信保障。由于 SSL 的设计简单，对应用来讲相对透明，再加上当时网景浏览器的市场占有率很高，SSLv2 获得了广泛的认同和使用。

但由于 SSLv2 的设计和开发投入太少，也没有安全专家的参与，所以安全性不高，很容易攻破。于是网景公司又请多位安全专家开始设计 SSLv3，并于 1995 年末发布。SSLv3 设计了新的规格描述语言，使用了新的记录类型和数据编码，增加了只认证不加密的模式，重写了密钥扩展算法，支持防止对数据流进行截断攻击的关闭握手。另外，网景公司还增加了多种新的加密算法：DSS（Digital Signature Standard，数字签名标准）、Diffie-Hellman（DH）以及美国政府鼓励的 FORTEZZA 加密套件。

SSLv3 协议的具体描述可以参考 RFC 6101，分为两个阶段：握手阶段和数据传输阶段。握手阶段完成对端点的认证和确定保护数据传输的密钥。一旦确定了密钥，后面的数据传输和 SSL 协议过程都受到加密和完整性保护。SSLv3 是一种分层协议，通过记录层承载不同的消息类型来区分不同的内容；记录层则由某种保证可靠性的协议承载，通常是 TCP。SSLv3 的分层如图 1-12 所示。

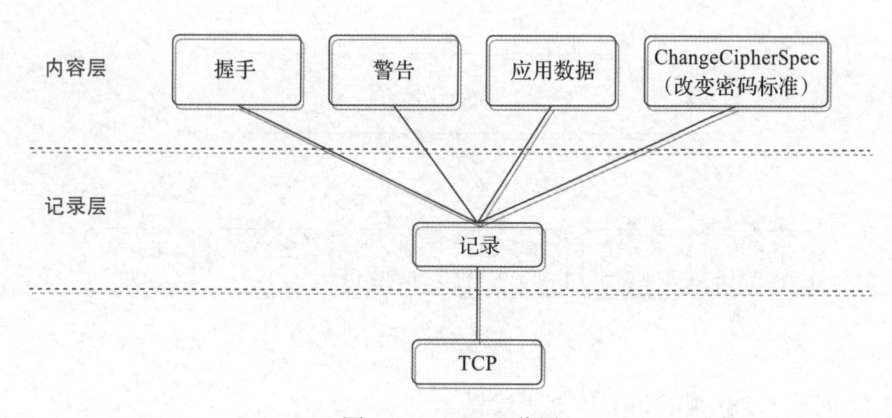

图 1-12　SSLv3 分层

SSLv3 握手阶段对预主密钥进行协商，然后使用客户端和服务器的随机数扩展出不同的密钥。

首先使用 PRF（Pseudo Random Function，伪随机函数）从协商出的预主密钥、客户端随机数和服务器随机数扩展出主密钥。PRF 的定义为：

```
PRF(pre_master_secret, client_random, server_random) =
   MD5(pre_master_secret + SHA('A' + pre_master_secret +
       client_random + server_random)) +
   MD5(pre_master_secret + SHA('BB' + pre_master_secret +
       client_random + server_random)) +
   MD5(pre_master_secret + SHA('CCC' + pre_master_secret +
```

```
        client_random + server_random));
注：client_random = ClientHello.random
    server_random = ServerHello.random
```

主密钥计算方法可以简单表示为：

```
master_secret = PRF(pre_master_secret, "master secret",
                    client_random + server_random)[0..47]
```

然后使用伪随机函数从主密钥、客户端随机数和服务器随机数、衍生标签扩展出不同用途的密钥：

```
key = PRF(master_secret, label_string, server_random + client_random)
```

各密钥间的关系可以简化为图 1-13，其中 IV 指初始向量。

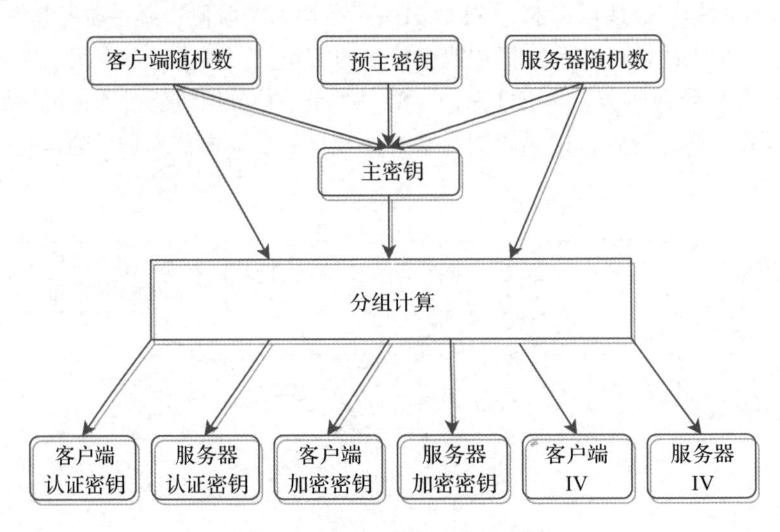

图 1-13　SSL 密钥导出示意图

图 1-14 展示了 SSL 典型的首次握手过程。

1）客户端先发出 ClientHello 消息，其中包含了支持的加密算法和随机数，可能还有压缩算法，但很少使用[⊖]。随机数用于产生最终的主密钥（通常也称为 master_secret)，用于保证不同连接在预主密钥（通常也称为 pre_master_secret）相同的情况下仍然可以产生不同的主密钥，保证主密钥的前向安全，也用于保证其他信息都相同情况下握手信息的消息认证码不同，以用于抗重放攻击。

2）服务器回复 ServerHello 消息，其中包括从 ClientHello 消息中选中的加密算法和随机数。同时通过 Certificate 消息发送服务器证书，其中包含服务器的公钥。然后发送

⊖ 这里的加密算法指的是加密套件（通常也称为 CipherSuite)，包括论证算法、密钥交换算法、批量加密算法和摘要（消息完整性）算法。

ServerHelloDone 消息，这个消息中没有实际内容，只是为了兼容其他变种中服务器还需要发送其他消息的场景。

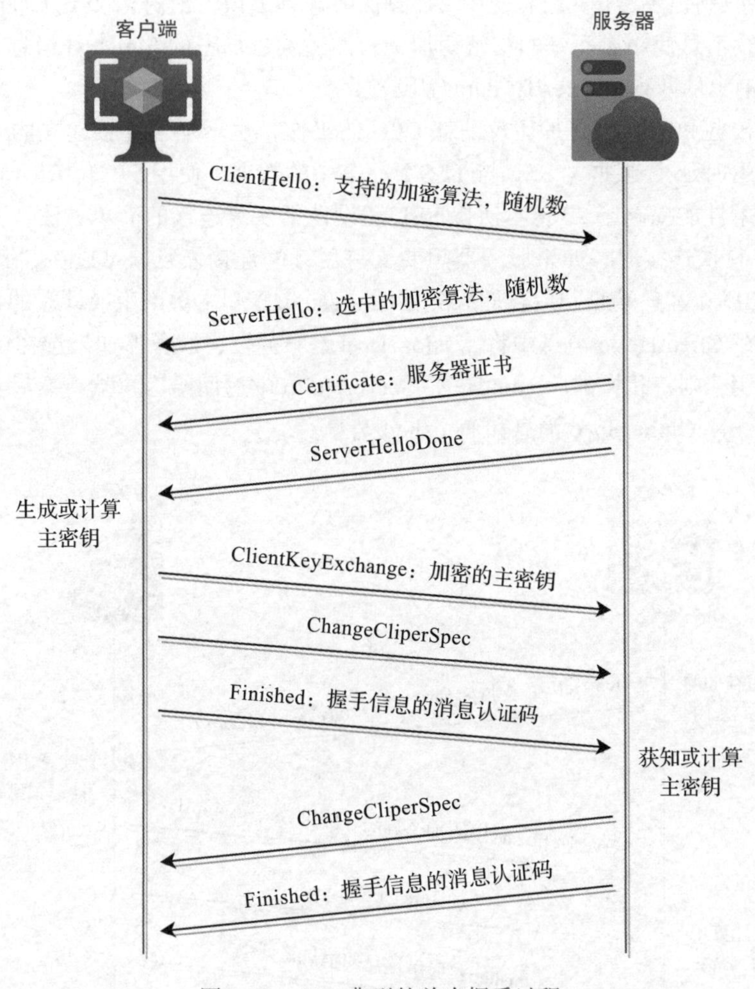

图 1-14　SSL 典型的首次握手过程

注意　示例中服务器没有要求客户端提供证书，这是大多数的应用场景；但有的场景下服务器是需要认证客户端的，这种情况下客户端需要提供证书。

3）客户端验证服务器证书后，生成加密预主密钥，使用服务器证书的公钥加密后，在 ClientKeyExchange 消息中发送给服务器。需要说明的是，示例中使用的是 RSA（RSA 加密算法）交换预主密钥，如果使用 DH 算法交换预主密钥，服务器也需要发送一个 ServerKeyExchange 消息；使用临时 RSA 也需要 ServerKeyExchange 消息发送加密预主密钥的临时公钥。

4）客户端发送 ChangeCipherSpec 消息，表示后续消息使用协商好的主密钥加密；然后发送加密的 Finished 消息，其中包含握手信息的消息认证码。

5）服务器收到预主密钥（或者使用 DH 算法时计算出预主密钥），发送 ChangeCipherSpec 消息，表示后续消息使用协商好的主密钥加密；然后发送加密的 Finished 消息，其中包含握手过程中所有消息的散列值（verify_data 字段）。

由于证书校验和密码协商是比较消耗 CPU 的工作，也增加了连接建立的 RTT（Round-Trip Time，往返时延），根据《 SSL 与 TLS 》一书中的数据，使用 512 位 RSA 时，恢复连接比重建连接握手性能提高了 20 倍。所以 SSL 还设计了恢复连接的简单方法，其典型过程如图 1-15 所示。首次连接时，如果服务器想要支持后续的连接恢复，可以在 ServerHello 消息中携带 sessionID；客户端收到后存储服务器的 sessionID 和本次产生或计算的预主密钥；下次发起连接时在 ClientHello 消息中将 sessionID 带给服务器；服务器如果选择恢复 sessionID 对应的预主密钥，则将相同的 sessionID 在 ServerHello 中返回给客户端，然后直接计算出主密钥，发送 ChangeCipherSpec 消息和 Finished 消息。

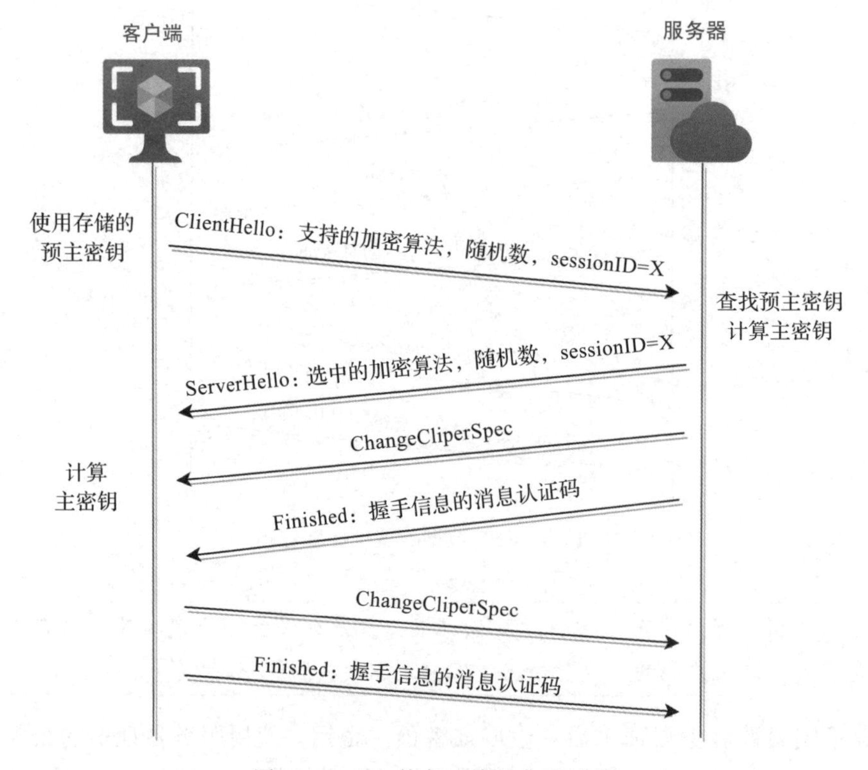

图 1-15　SSL 恢复连接的典型过程

这种方法也可用于使用同一个预主密钥快速建立多个连接，这时随机数的作用就凸显了出来，不同的随机数可以为多个连接建立不同的主密钥，从而得到了连接间的安全隔离。

注意 SSLv3 于 2015 年废弃（见 RFC 7568），但基本框架和协议过程还存在于 TLS 的实现中。

1.2.2 TLS 1.0

1996 年 5 月，IETF 组建 TLS 工作组来标准化传输层安全协议，主要基于 SSLv3。由于微软与网景为 Web 统治权争斗地非常激烈，再加上 PKIX（Public Key Infrastructure，公用密钥信息基础设施）工作组陷入停顿，经过漫长的过程，TLS 1.0 最终于 1999 年 1 月发布为 RFC 2246。TLS 1.0 可以看作 SSLv3 的标准化版本，因此也被认为是 SSLv3.1，这从版本号也可以看出来，TLS 1.0 版本号为 0x0301，而 SSLv3 版本号为 0x0300。但 TLS 1.0 相对于 SSLv3 也有一些小的改进：定义了基于标准 HMAC 的 PRF（将 HMAC-MD5 和 HMAC-SHA 异或），消息认证码使用了标准的 HMAC（Hash-based Message Authentication Code，基于散列的消息验证码），补充了一些告警码，改进了证书链的大小（SSL 需要完整的证书链，而 TLS 1.0 只需要到信任的 CA），去除了 FORTEZZA 的支持，规定了必须支持 DH、DSS 和 3DES，将 TLS_DHE_DSS_WITH_3DES_EDE_CBC_SHA 作为唯一强制支持的加密套件。这是因为 IETF 倾向于使用免费的、经过详细论证、安全的算法（RSA 当时还在专利保护期内，于 2000 年 9 月过期，DSS 则没有这种问题，FORTEZZA 则不够透明、没有经过安全性的详细论证）。虽然 TLS 1.0 和 SSLv3 非常相似，但不能互操作。

TLS 1.0 的基本原理和协议过程跟 SSL3.0 并没有差别，这里就不重复介绍了。TLS 1.0 中密钥衍生的方法并没有变化，但 PRF 的计算方法改变为：

```
PRF(secret, label, seed) = P_MD5(S1, label + seed) XOR P_SHA-1(S2, label +
    seed)
```

其中 seed 使用两端的随机数之和；S1、S2 分别是 secret 的前一半和后一半，如果 secret 是奇数个字节，S1 最后一个字节和 S2 第一个字节相同；P_MD5 和 P_SHA-1 计算方法为：

```
A(0) = seed
A(i) = HMAC_hash(secret, A(i-1))
P_hash(secret, seed) = HMAC_hash(secret, A(1) + seed) +
                       HMAC_hash(secret, A(2) + seed) +
                       HMAC_hash(secret, A(3) + seed) + ...
```

主密钥计算方法仍然简单表示为：

```
master_secret = PRF(pre_master_secret, "master secret",
                client_random + server_random)[0..47]
```

然后使用伪随机函数从主密钥、客户端随机数和服务器随机数、衍生标签扩展出不同用途的密钥：

```
key = PRF(master_secret, label_string, server_random + client_random)
```

但是后来发现 TLS 1.0 有一些安全问题，这在之后的 TLS 1.1 中得以解决。首先是 CBC（Cipher Block Chaining，密文分组链接）模式下 IV（Initialization Vector，初始化向量）除了第一个记录来自于计算得到的值，之后其他记录的 IV 来自于上一个记录的最后一个密文块。CBC 加密和解密模式原理分别如图 1-16 和图 1-17 所示。2011 年披露的 BEAST 攻击就是利用了这个特性[⊖]。TLS 1.0 得到 IV 的方式使得主动攻击者可以观察到当前记录的 IV，然后猜测一个数据块，将其与 IV 和前一个密文块进行异或操作，并将得到的数据块注入会话，这样可以检查猜测的数据块是否正确。

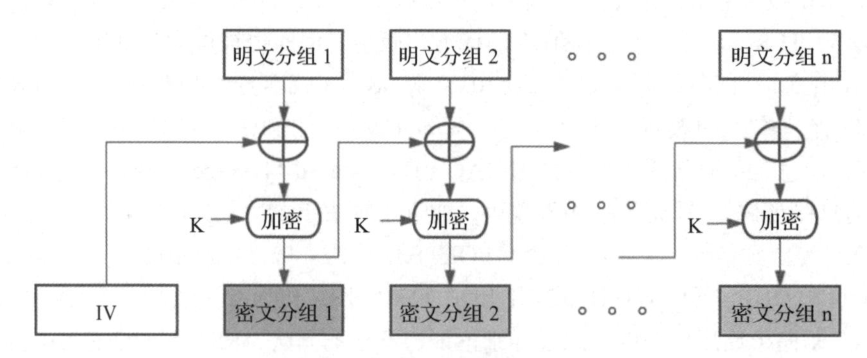

图 1-16　CBC 加密示意图

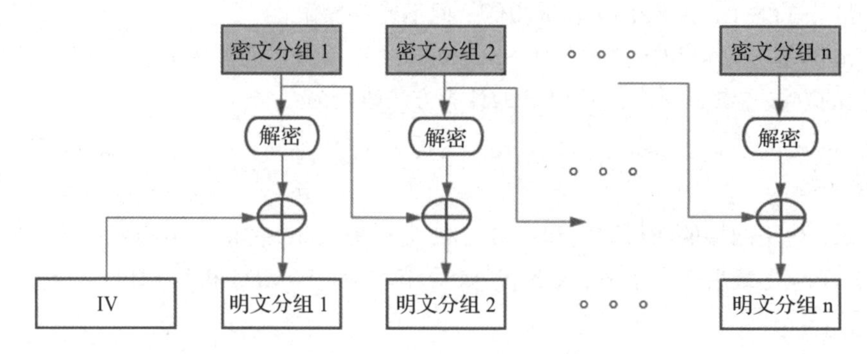

图 1-17　CBC 解密示意图

1.2.3　TLS 1.1

2006 年 4 月，TLS 1.1 发布为 RFC 4346，修复了一些关键的安全问题，包括：CBC 加密使用每条记录一个的显式 IV；为了防止 CBC 填充攻击，使用 bad_record_mac 错误码代替 decryption_failed 回复填充错误；支持传输参数的 IANA（Internet Assigned Numbers Authority，互联网数字分配机构）注册，增加了传输参数的灵活性；改进了连接关闭过早情况下的连接恢复问题。

⊖ 见 https://commandlinefanatic.com/cgi-bin/showarticle.cgi?article=art027。

IETF 从 2021 年 3 月 25 日起废弃了 TLS 1.0 和 TLS 1.1，见 RFC 8996，原因是 TLS 1.0 和 TLS 1.1 存在一些安全漏洞，还存在一些有明显漏洞的算法，比如 RC4 在 2013 年就被证明不安全，2015 年 IETF 在 RFC 7465 中禁用了 RC4；IETF 于 2011 年发布的 RFC 6151 也指出了 MD5 的问题。此外，TLS 1.0 和 TLS 1.1 也不支持更新更安全的算法。IETF 认为废弃老旧版本更安全，支持的版本少了。实现起来也更简单。

1.2.4　TLS 1.2

2008 年 8 月，TLS 1.2 发布为 RFC 5246，主要关注了架构灵活性和安全问题。

TLS 协议从 1.0 到 1.1 再到 1.2，都是对安全方面的问题进行改进，比如删除或增加一些加密套件、改变一些计算方法，但改进的东西并不多，却大大增加了 TLS 实现和升级的困难。TLS 1.2 希望加密套件和算法能更加灵活的指定，不必因为加密算法的更新而实现新协议。在这方面的几点改进如下。

1）在 ClientHello 中增加了 signature_algorithms 参数，可以指定自己支持的签名和散列算法列表，签名中增加了一个字段用于指定使用的散列算法。而在 TLS 1.1 中签名算法来自于证书，不可以在 ClientHello 中指定。这个改进也意味着签名算法可以不与加密套件绑定。

2）特定 PRF 由密码套件指定的 PRF 取代，而非协议固定的算法，TLS 1.0 和 TLS 1.1 都规定了由 MD5/SHA-1 组合计算的协议特定 PRF。这就意味着可以在 TLS 1.2 中开发使用新的 PRF。但 TLS 1.2 也规定了一些密码套件必须使用 P_SHA256。PRF 定义为：

```
PRF(secret, label, seed) = P_<hash>(secret, label + seed)
```

P_hash 计算方法是：

```
A(0) = seed
A(i) = HMAC_hash(secret, A(i-1))
P_hash(secret, seed) = HMAC_hash(secret, A(1) + seed) +
                       HMAC_hash(secret, A(2) + seed) +
                       HMAC_hash(secret, A(3) + seed) + ...
```

3）Finish 消息中的 verify_data 的长度可变，取决于密码套件（默认值仍为 12）。

4）TLS 扩展定义和 AES 密码套件的规定合并进 RFC 4066（后更新为 RFC 6066）和 RFC 3268。跟具体算法的切割也避免了算法的变化导致协议需要升级。

对于安全方面的改进是 TLS 版本的必要过程，TLS 1.2 的安全改进主要有以下几个方面。

1）增加了对 AEAD（Authenticated Encryption with Associated Data 关联数据认证加密）的支持。AEAD 可以在加密中认证没有加密部分的关联数据，甚至是不在报文中的关联数据，可以保护更大的范围；另外 AEAD 将消息认证码（Message Authentication Code，MAC）也进行了加密。TLS 1.2 中使用的附加数据包括记录的序列号、压缩算法等：

```
additional_data = seq_num + TLSCompressed.type +
                  TLSCompressed.version + TLSCompressed.length
注：+ 表示串联
```

AEAD 的计算方法为：

```
AEADEncrypted = AEAD-Encrypt(write_key, nonce, plaintext,
                             additional_data)
注：其中 nonce 类似于之前提到的 IV，保证每条记录的实际加密密钥不同；
    plaintext 为要加密的明文。
```

2）规定必须实现密码套件 TLS_RSA_WITH_AES_128_CBC_SHA。

3）增加了 HMAC-SHA256 密码套件。

4）删除了包含已废弃算法的 IDEA 和 DES 密码套件。

5）对 EncryptedPreMasterSecret 版本号进行了更严格的检查。

在使用 TLS 1.2 首次访问网站的流程中，即使忽略 DNS（Domain Name System，域名系统）解析、证书吊销检查等环节，正常也需要 3-RTT（Round-Trip Time，往返时延）才能够发送应用数据，如图 1-18 所示。为了使用户感受到更快的连接，希望能够更早地发送应用数据，在不能够使用连接恢复的情况下，可以使用 TLS 1.2 的 False Start 特性（见 RFC 7981），如图 1-19 所示，该特性可以让客户端在收到服务器 Finished 消息之前就发送应用数据，首次连接发送应用数据只需要 2-RTT。

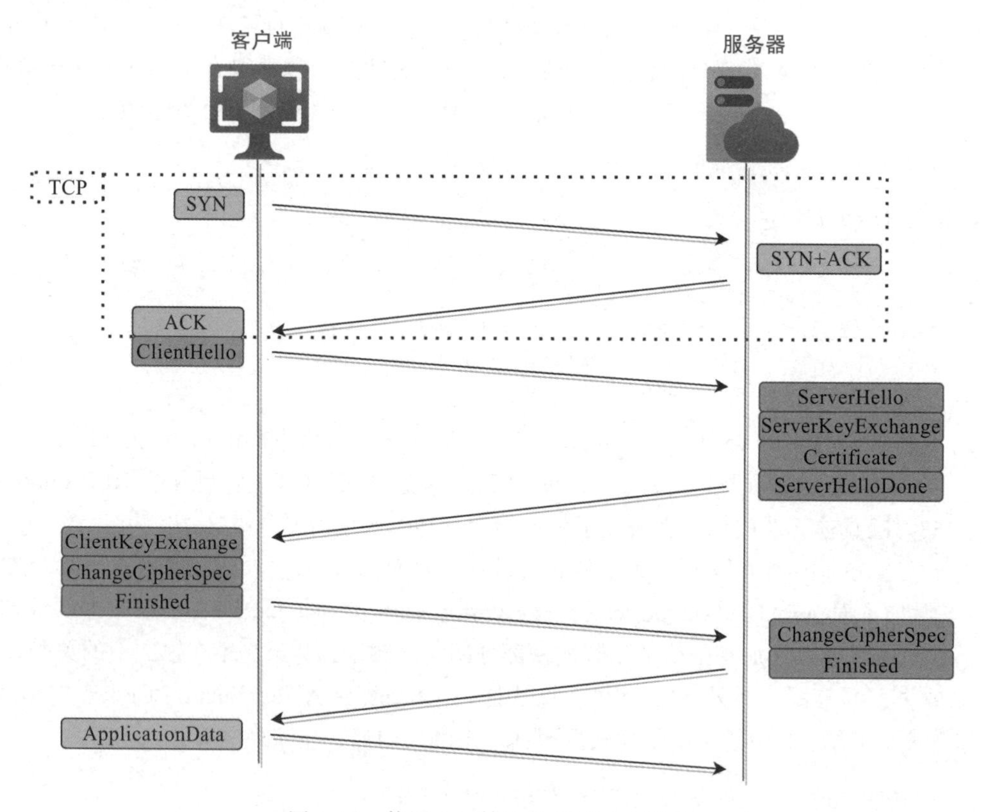

图 1-18　使用 DH 算法的 TLS 1.2 流程

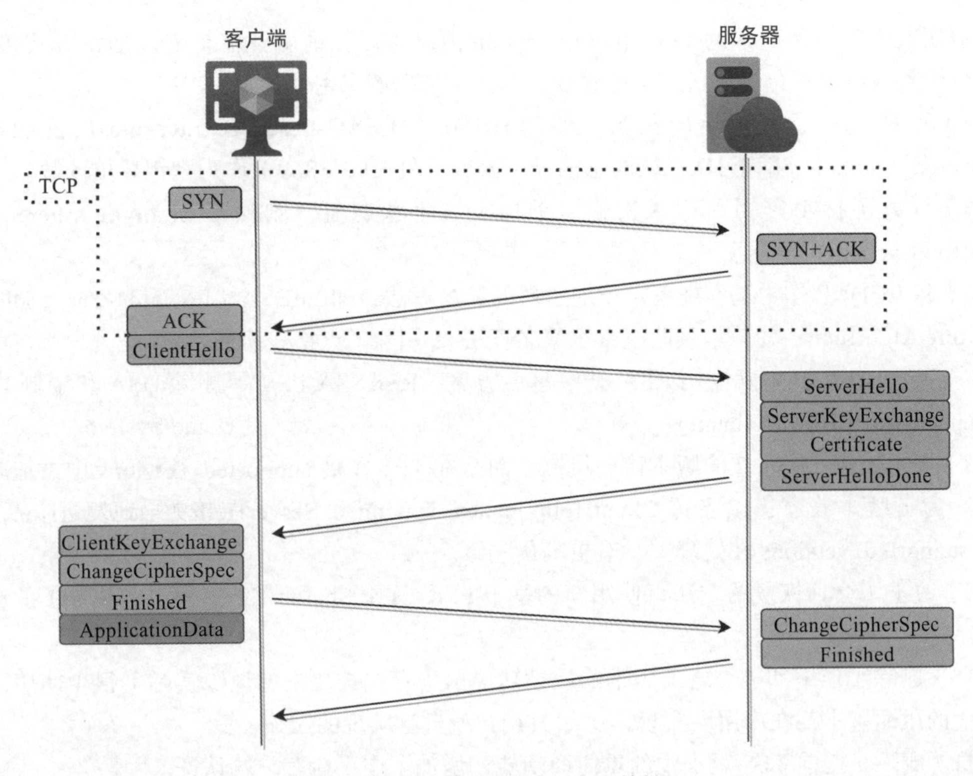

图 1-19　TLS 1.2 False Start 特性

1.2.5　TLS 1.3

TLS 1.3 于 2018 年 8 月发布（版本号 0x0304）为 RFC 8446，这是迄今为止 TLS 改变最大的一次版本升级，跟 SSLv3.0 的握手过程也开始显著不同。TLS 1.3 除增强安全性（如密码套件的选择、密钥的计算方式、握手消息的发送方式）之外，重点改进了连接速度，首次连接发送数据最低可以 1-RTT，恢复连接发送数据最低可以 0-RTT。

TLS 1.3 在安全方面的改进主要有以下几个方面。

1）删除了所有被证明有问题的对称加密算法，只保留了 AEAD 的加密套件。密码套件的概念也已经改变，将认证和密钥交换机制与加密算法和散列（用于密钥导出函数和握手消息认证码）分离。

2）删除 RSA 和静态 DH 密码套件，因为静态 RSA 加密预主密钥的方式和使用静态 DH 私钥都不能保证前向安全性，很容易泄露密钥。只保留能保证前向安全的密钥交换算法，如使用临时私钥的 ECDHE（Elliptic Curve Diffie-Hellman Ephemeral，椭圆曲线 DH 临时密钥交换算法）和 DHE（Diffie-Hellman Ephemeral，DH 临时密钥交换算法）。

3）ServerHello 之后的消息都加密传输，像 EncryptedExtensions 消息、CertificateRequest 消息、Certificate 消息、CertificateVerify 消息等。之前的版本中，TLS 扩展在 ServerHello 消

息中以明文发送，新引入的 EncryptedExtension 消息可以保证服务器扩展以加密方式传输。证书也加密传输，不会被中间人轻易截获，增强了证书的保密性。

4）重新设计了密钥导出函数。使用 HKDF（HMAC-based Extract-and-Expand Key Derivation Function，基于 HMAC 的密钥导出函数，见 RFC 5869）作为密钥导出函数。

5）分离了握手密钥和记录密钥，重构了握手状态机，删除了 ChangeCipherSpec、ClientKeyExchange 等消息。

6）将 ECDHE 作为基本规范，添加了新的签名算法，如 EdDSA（Edwards-Curve Digital Signature Algorithm，爱德华兹曲线数字签名算法），删除了点格式协商。

7）改变 RSA 填充以使用 RSA 概率签名方案（RSASSA-PSS），删除 DSA 和定制 DHE 组（Ephemeral Diffie-Hellman）。

8）不再使用 TLS 1.2 的版本协商机制，而是在 TLS 扩展 supported_versions 中添加版本列表。为了版本兼容仍然支持 ClientHello.legacy_version 和 ServerHello.legacy_version，但扩展 supported_versions 在处理上具有更高优先级。

9）改进了会话恢复的方法，使用新的基于 PSK（Pre-Shared Key，预共享密钥）的交换方法。

10）删除了压缩功能。之前版本的压缩功能由于存在被攻击的风险实际上很少使用，而且现代的压缩基本都在应用层实现，比如 HTTP 就自己实现的压缩。

11）删除了之前 TLS 版本中的重协商功能，增加了握手后客户端认证。

由于第一次数据发送要等好几个 RTT（DNS 解析、TCP 连接、TLS 连接）后才能进行，导致用户体验不好。为了尽快发送数据，每个层都做出了努力，如 TCP Fast Open。对于 TLS 来说，业界也做出了一些尝试，如图 1-20 所示，图 1-21a 为之前发送数据的方式（客户端收到服务器的 Finished 消息后再发送数据），图 1-21b 为改进后的方式（客户端发送完自己的 Finished 消息后就立即发送数据，不等待服务器的 Finished 消息）。虽然这样更早地将应用数据发送出去，但也牺牲了部分安全性，因为客户端在没有确定服务器是否可信、消息是否被篡改就发送了应用数据。

TLS 1.3 在加快连接速度方面做出了新的尝试，首次连接最低可以在 1-RTT 后发送数据，如图 1-21a 所示；恢复连接最低可以 0-RTT 发送数据，如图 1-21b 所示。另外，修改了之前版本中使用会话标识恢复连接的做法，改用更安全的 ticket 来标识特定的 PSK，而 ticket 是在新增加的 NewSessionTicket 消息中传递的，受 1-RTT 流量密钥保护。

1.3 HTTP 版本演化

超文本传输协议（Hypertext Transfer Protocol，HTTP）是互联网上使用最多的协议，也是推动传输层进化的主要力量。

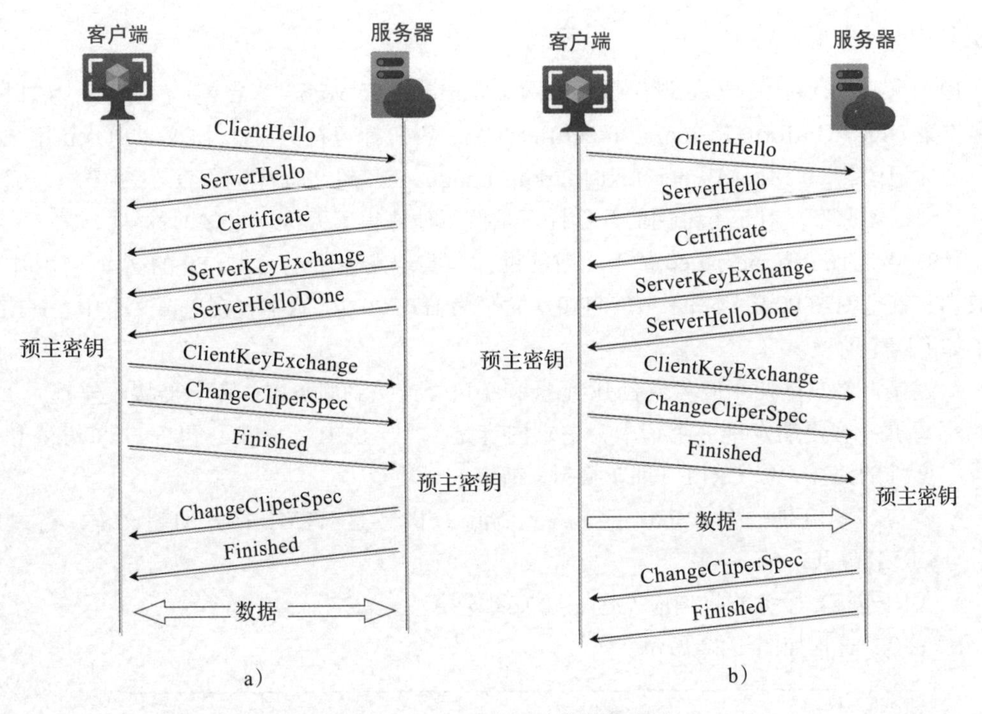

图 1-20　TLS 更快发送数据的尝试

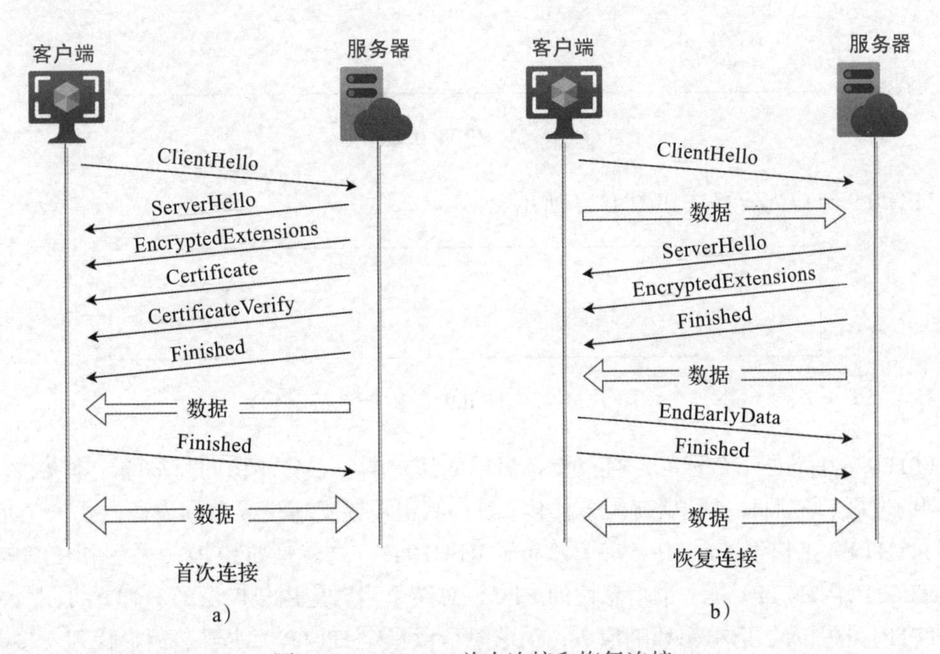

图 1-21　TLS 1.3 首次连接和恢复连接

1.3.1 HTTP1

1990 年 Tim Berners-Lee 设计的万维网（World Wide Web，WWW）包含三大基础技术：命名方案 URI（Uniform Resource Identifier，统一资源标识符），通信协议 HTTP 和用来表示信息的标记语言 HTML（Hyper Text Markup Language，超文本标记语言），并于当年完成了第一个浏览器原型。对于万维网的开创性贡献使得他赢得了万维网之父的称号。

1991 年，Tim Berners-Lee 基于之前的设计和实现发表了定义 HTTP 的文章[⊖]，其中定义的 HTTP 就是 HTTP0.9（本书中 HTTP/0.9 简写为 HTTP0.9）版本。在这篇文章中，HTTP 分成了如下四个阶段。

- 连接：客户端使用域名或者 IP 地址和端口号连接到服务器，服务器接收连接。
- 请求：客户端发送一个请求，请求内容是一个 ASCII 字符串，包含 GET 方法和请求文件的路径，以 CRLF（回车换行）结束。
- 响应：响应是一个 ASCII 字符的字节流，内容是 HTML 格式的超文本，行之间以 CRLF 隔开。
- 关闭连接：服务器将响应发送完后关闭连接。

HTTP0.9 过程如图 1-22 所示。

```
$> telnet google.com 80
Connected to 74.125.xxx.xxx
GET /index.html\r\n
(响应)
(连接关闭)
```

图 1-22　HTTP 0.9 过程

HTTP0.9 响应内容格式如图 1-23 所示。

```
<html>
    http 0.9 page
</html>
```

图 1-23　HTTP 0.9 响应内容格式

HTTP0.9 并不是一个标准，且仅支持简单的请求响应，只能访问简单的文本文档。随着万维网的发展，资源种类开始变得多样化，HTTP 也需要支持更复杂的表达方式。于是 1996 年 5 月，HTTP 工作组（HTTP-WG）发布了 RFC1945，这就是 HTTP1（本书中 HTTP/1.0 简写为 HTTP1）。HTTP1 是一个信息性的 RFC，总结了当时应用较广泛的 HTTP 机制。

HTTP1 中引入了请求头和响应头，请求时可以指定 HTTP 版本号、用户代理、接收类型等，响应可以指明响应状态、内容长度、内容类型等。HTTP1 可以支持除 HTML 格式外的

⊖ 见 https://www.w3.org/Protocols/HTTP/AsImplemented.html。

多种类型文件，比如图像、纯文本等，已经由超文本协议变成了超媒体协议。

另外，HTTP1 在 GET 之外增加了 POST 和 HEAD 请求方法；增加了缓存，并使用 Expire、If-Modified-Since、Last-Modified 首部字段协助客户端和中间件判断缓存是否过期；响应增加了状态码，这是之前 HTTP 0.9 版本在 HTTP 层无法表示的信息。

HTTP1 中的请求和响应仍然是 ASCII 码字符流，但是请求可以是包含由 CRLF 分隔的多个行；响应由状态开始，之后是首部字段的多个行，常见的如 Content-Type（文件格式）、Content-Length（内容长度）等。HTTP1 请求和响应分别如图 1-24 和图 1-25 所示。

```
$> telnet example.org 80
Connected to xxx.xxx.xxx.xxx
GET /index.html HTTP/1.0 \r\n
User-Agent: gohttp 1.0\r\n
Accept: */*\r\n
(响应)
(连接关闭)
```

图 1-24　HTTP1 请求

```
HTTP/1.0 200 OK \r\n
Content-Type: text/html\r\n
Content-Length: 13\r\n
Expires: Thu, 15 Feb 2023 10:00:00 GMT\r\n
Last-Modified: Wed, 2 Nov 2022 10:00:00 GMT\r\n
Server: Apache 2.4\r\n
<HTML>
    http1.0 page
</HTML>
```

图 1-25　HTTP1 响应

在使用 TCP 连接方面，HTTP1 与 HTTP0.9 一样，在请求之前打开一条 TCP 连接，完成响应后关闭，一个 TCP 连接上只能完成一个请求和响应，如图 1-26 所示。

从图 1-26 可以看出，每个 TCP 连接只能完成一个请求和响应，在响应较小的情况下建立连接和关闭连接的代价较大。除此之外，TCP 连接建立后的慢启动也会影响效率。

1.3.2　HTTP1.1

1997 年 1 月 IETF 发布了 RFC 2068，这是 HTTP 第一个 IETF 官方标准。1999 年 6 月，IETF 发布 RFC 2616 更新了 RFC 2068，对 HTTP1.1（本书中 HTTP/1.1 简为为 HTTP1.1）做了一些改进。2014 年，IETF 发布了 6 个新的 RFC（RFC 7230-7235）取代了 RFC 2616，但并没有大的修改。

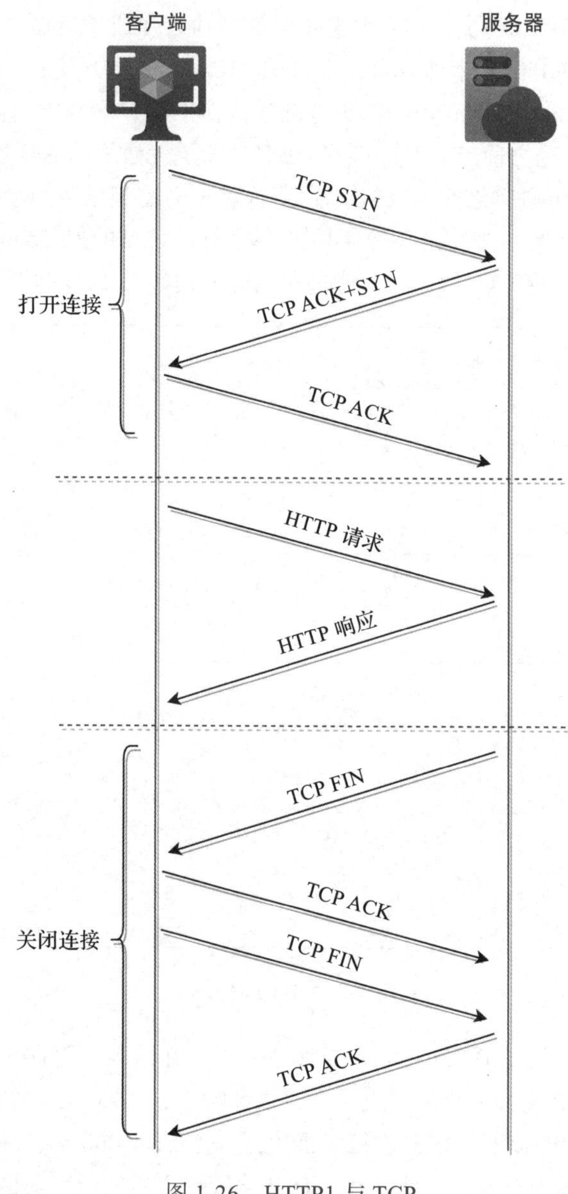

图 1-26　HTTP1 与 TCP

HTTP1.1 最大的改进在于增加了重用 TCP 连接的方法，默认保持连接，除非显式通知关闭连接[⊖]。这样可以在一个 TCP 连接上完成多个请求 – 响应，消除了 TCP 建立的延迟，也避免了新建立的 TCP 连接的慢启动过程。如图 1-27 所示，HTTP1 完成两个请求 – 响应需要两次 TCP 连接建立和关闭的过程，请求 2- 响应 2 还经过了 TCP 慢启动；HTTP1.1 在完成第

⊖ 通过首部中的 Connection:close。

一个请求后不关闭 TCP 连接，请求 2- 响应 2 可以直接在原来的 TCP 连接上进行。

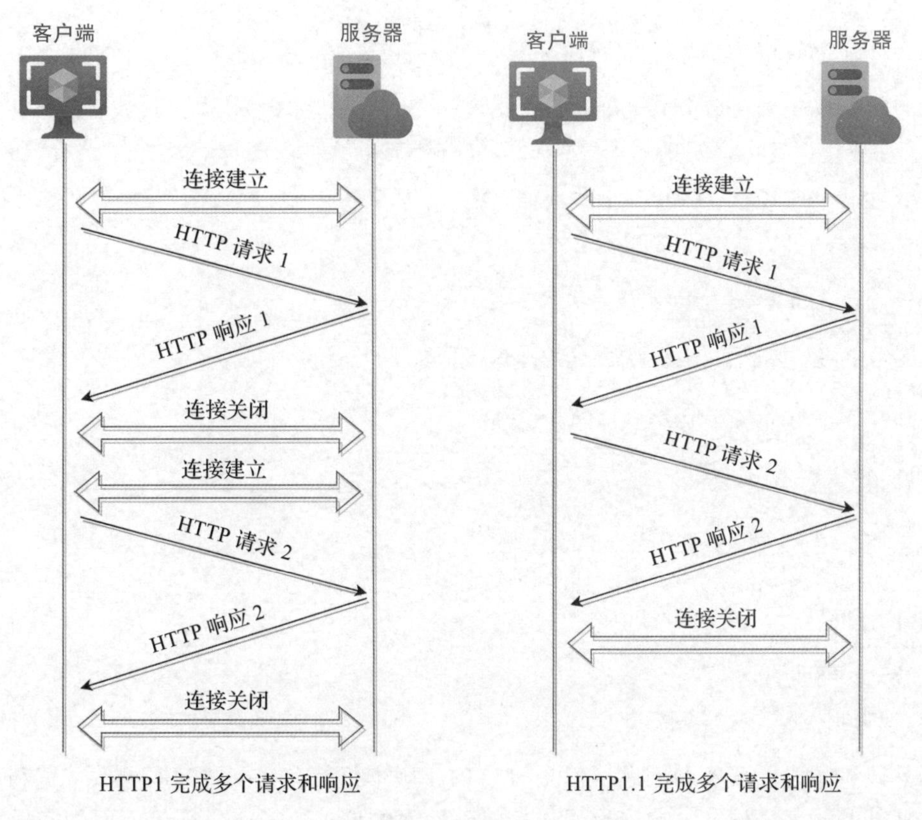

图 1-27　HTTP1 与 HTTP1.1 对比

保持连接的功能对性能非常重要，所以也移植到了 HTTP1，HTTP1 可以通过头 Connection:keep-alive 来显式通知保持连接。

另外，HTTP1.1 在 HTTP 请求首部中增加了 Host 字段，用来支持共享 IP 地址的虚拟主机服务器；同时支持了更多的方法，如 PUT、PATCH、DELETE、OPTIONS；引入分块传输支持动态内容；引入了更多的缓存控制策略；支持请求部分内容等。HTTP1.1 的请求响应过程如下。

```
$> telnet example.org 80
Connected to xxx.xxx.xxx.xxx

# 请求 1
GET /page1 HTTP/1.1\r\n
Host: example.org
User-Agent: PostmanRuntime/7.26.10\r\n
Accept: */*\r\n
Accept-Encoding: gzip,deflate,br\r\n
Connection: keep-alive\r\n
```

```
Content-Length: 0\r\n

# 响应 1
HTTP/1.1 200 OK
Date: Tue,21 Feb 2023 01:40:38 GMT\r\n
Content-Type: text/plain\r\n
Content-Length: 14\r\n
http1.1 page1

    (keep-alive)

# 请求 2
GET /page2 HTTP/1.1\r\n
Host: example.org
User-Agent: PostmanRuntime/7.26.10\r\n
Accept: */*\r\n
Accept-Encoding: gzip,deflate,br\r\n
Connection: Close\r\n
Content-Length: 0\r\n

# 响应 2
HTTP/1.1 200 OK
Date: Tue,21 Feb 2023 02:40:38 GMT\r\n
Content-Type: text/plain\r\n
Content-Length: 14\r\n
http1.1 page2

(关闭连接)
```

虽然改善了之前版本的问题，但是 HTTP1.1 版本仍然存在一些问题导致带宽利用率并不高。HTTP1.1 多个请求 – 响应重用连接时，后面的请求 – 响应必须等前面的完成才能进行，这就导致了 HTTP 的头部阻塞问题，即如果前面的请求 – 响应卡住了，后面的都无法进行。在一个 TCP 连接上，请求 – 响应只能一个一个排队进行，效率比较低。所以，在使用 HTTP1.1 时，客户端一般会建立多个 TCP 连接（比如大部分浏览器会控制到一个目的地的 TCP 连接个数为 6），以便增加多个请求 – 响应的速度，减轻头部阻塞问题。但是到一个目的地的多个 TCP 连接都会慢启动，如果浏览器允许 6 个连接，但是需要执行 300 个请求，每个连接上平均有 50 个请求在排队，有带宽也不能发送，必须等前面请求的响应完成，这导致了用户感知的时延的增加，并且有头部阻塞的风险。另外 TCP 连接之间的竞争可能会导致丢包，从而出现大幅度的拥塞窗口减小，影响传输效率。

注意 HTTP1.1 为了解决传输效率的问题，曾经提出过管道化传输，但效果不好，并没有被广泛采用。

1.3.3 HTTP2

为了解决 HTTP1.1 的问题，谷歌于 2009 年开始实验性协议 SPDY，主要目的是降低用户感知到的延迟。

2012 年，IETF 开始基于 SPDY 进行 HTTP2（本书中 HTTP/2 简写为 HTTP2）版本的标准化，并于 2015 年 5 月发布了 HTTP2 标准 RFC 7540。

HTTP2 保留了 HTTP1 的语义，但修改了 HTTP 的封装格式，增加了一个二进制分帧层。基于二进制分层，HTTP2 实现了 HTTP 的多路复用。HTTP2 为每个请求分配了一个流标识，服务器响应时带上相同的流标识，客户端就可以方便地将响应与请求关联起来，而不用依赖顺序，从而可以降低延迟和提高吞吐量。

通过多路复用，HTTP 发送多个请求时就可以不用等待其他请求的响应（除优先级限制外），这样可以充分利用带宽，减少用户感知到的延迟。如图 1-28 所示，在带宽充足的情况下，HTTP2 客户端比 HTTP1.1 可以更早地收到所有响应。

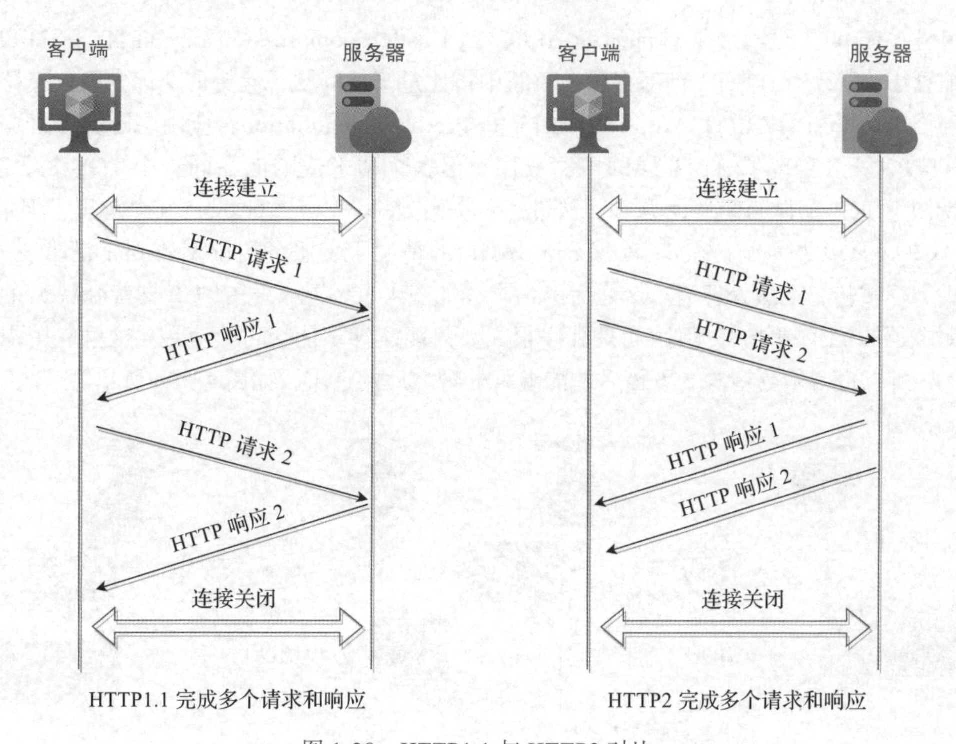

图 1-28　HTTP1.1 与 HTTP2 对比

HTTP2 不再使用人类可读的字符串格式，而是采用二进制帧结构传输：

```
HTTP2 Frame {
    Length(24),                      // 帧数据长度
    Type(8),                         // 帧类型
    Flags(8),                        // 标志位
    R(1),                            // 保留位
    Stream Identifier(31),           // 流标识
    FramePayload,                    // 帧数据
}
```

HTTP 的首部和数据根据帧类型封装成帧结构，在 TCP+TLS 上传输。由于帧内有流标识，可以将不同的请求使用不同的流标识发送，服务器回应时也可以根据流标识进行回应，客户端收到帧就可以知道收到的响应对应哪个请求，从而做到多路复用，如图 1-29 所示。

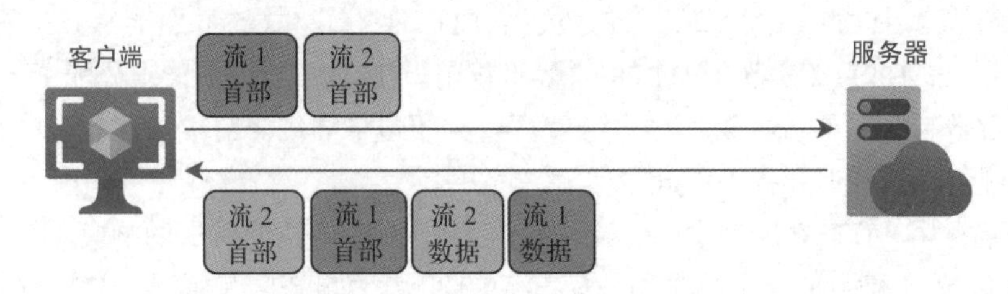

图 1-29　HTTP2 多路复用

另外，HTTP2 还增加了首部压缩 HPACK（Header Compression for HTTP2，HTTP2 首部压缩算法）以改善 HTTP1 首部字段在负载中占比过多的问题，支持请求优先级，支持服务器主动推送，增加了 ALPN（Application-Layer Protocol Negotiation，应用层协议协商）。

HTTP2 虽然实现了 HTTP 层的多路复用，但多个请求或响应在同一个 TCP 上发送时，仍然受制于 TCP 的队首阻塞问题，无法进一步提高效率。以 HTTP 发送 3 个请求，但请求 2 所在 TCP 报文丢失为例：在 TCP 不支持 SACK 的情况下，服务器即使收到了请求 3，TCP 也会丢弃等重传，无法处理请求 2 之后的请求，如图 1-30a 所示；在 TCP 支持 SACK 的情况下，服务器收到了请求 3，但因为是乱序报文，只能缓存不能交付给应用（这里应用指的是 HTTP），所以也必须等请求 2 重传后才能继续处理之后的请求，如图 1-30b 所示。

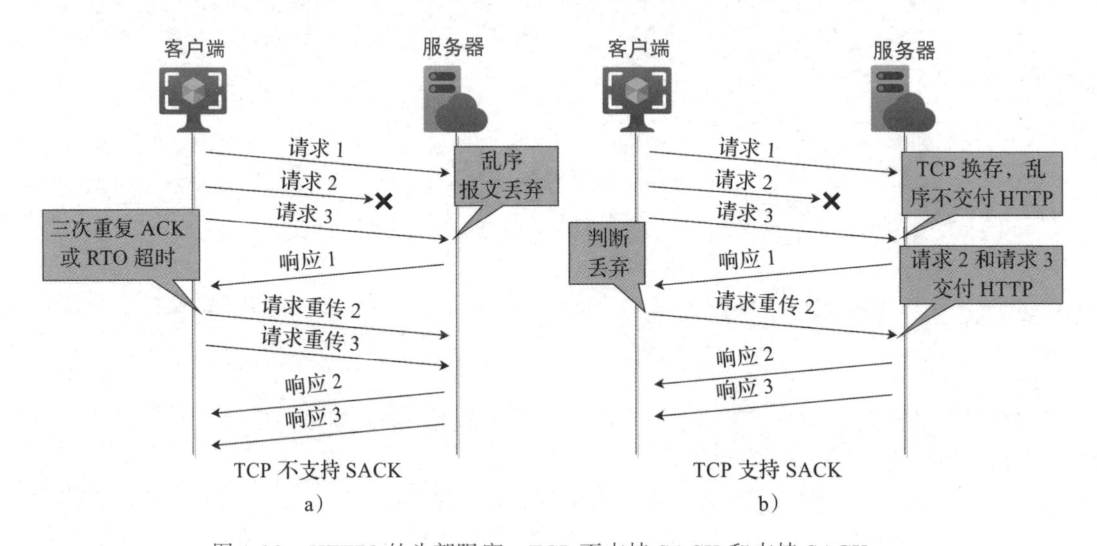

图 1-30　HTTP2 的头部阻塞：TCP 不支持 SACK 和支持 SACK

HTTP2 支持认证、加密和完整性保护，这就是著名的 HTTPS（Hypertext Transfer Protocol Secure，超文本传输安全协议），使用 TCP+TLS 发送一个请求的过程如图 1-31 所示。

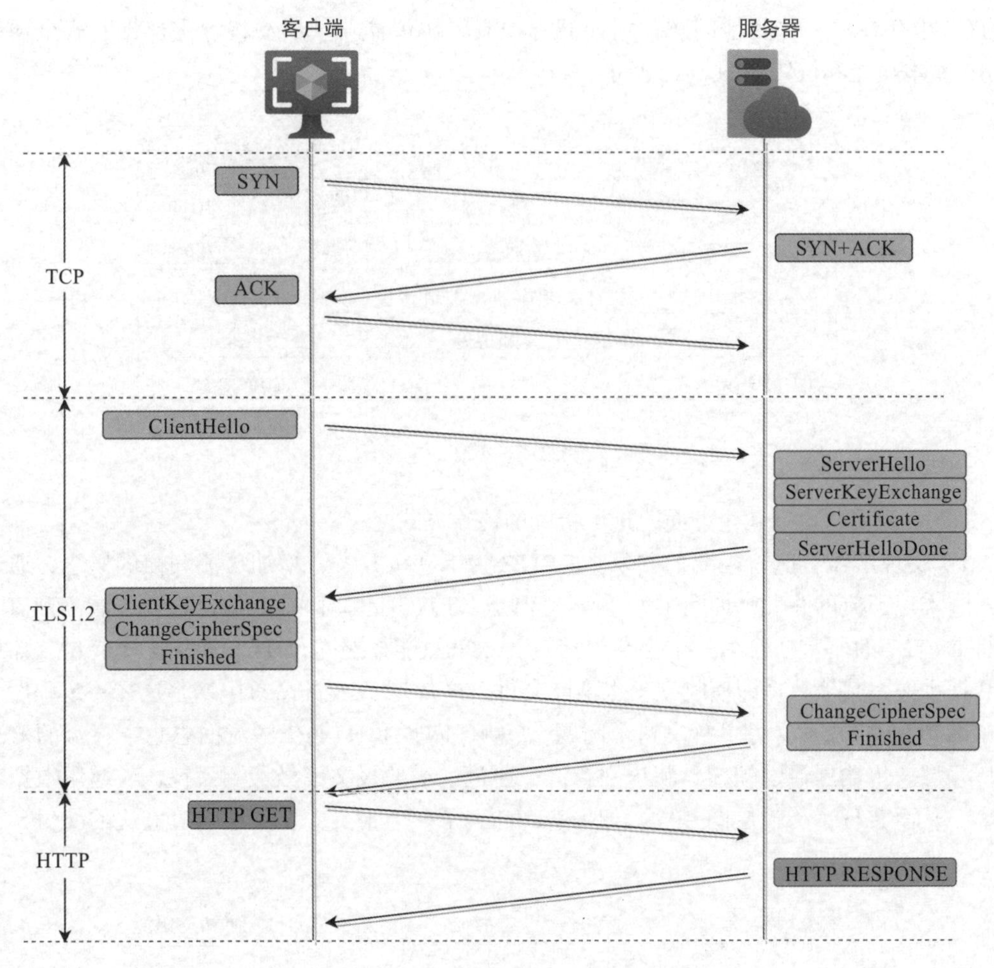

图 1-31　HTTP2 使用 TCP+TLS 发送请求

1.4　QUIC 的诞生

根据 TCP、TLS 和 HTTP 进化历史的描述，我们可以看出每个层都在尝试解决现实世界中遇到的问题。其中最想要的特性就是尽早发送数据，减少用户感知到的延迟，如 TCP Fast Open、TLS False Start 等；另外，应用希望更快地发送和接收数据，这方面的改进如 HTTP 的多路复用，但可能遇到 TCP 的队首阻塞导致的带宽利用率不足的问题；在解决这些问题的过程中又遇到了协议僵化，无法将新特性广泛应用。我们希望能有一个新的传输协议彻底解决这些问题，于是 QUIC 来了！

谷歌于 2012 年提出了 QUIC，随后开始在浏览器和服务中使用。QUIC 最初的定义是 Quick UDP Internet Connections，思想是基于 UDP 提供并发、安全的传输方式，同时改进了 TCP 中存在的一些其他问题，比如拥塞控制、协议僵化、启动慢、重连慢、安全弱等[1]。QUIC 基本功能和位置如图 1-32 所示。

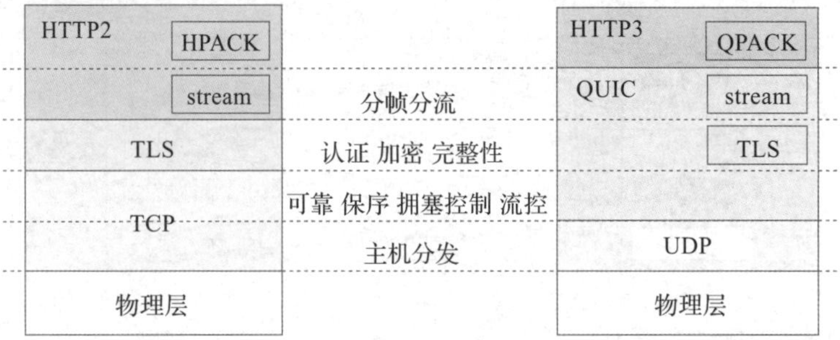

HTTP2 / TCP 协议栈	功能	HTTP3 / QUIC 协议栈
HTTP2 HPACK		HTTP3 QPACK
stream	分帧分流	QUIC stream
TLS	认证 加密 完整性	TLS
TCP	可靠 保序 拥塞控制 流控	
	主机分发	UDP
物理层		物理层

图 1-32 QUIC 基本功能和位置

QUIC 主要从以下几个方面改进了传统的传输方式。

1）实现了没有队首阻塞的并发。HTTP2 为了支持并发，增加了流和帧的概念，通过帧的封装实现了流的并发，如图 1-33 所示。但是 HTTP2 是基于 TCP 的，TCP 并看不到流，而是将 HTTP2 的所有帧作为一个字节流传输，也就只能按照整个 TCP 连接按序交付，如果一块数据丢失，其他数据即使收到了也不能交付，这就是 TCP 的队首阻塞，这在一定程度上影响了 HTTP2 的并发。为了解决这个问题，QUIC 借鉴了 HTTP2 中流的思想，将流的概念引入传输层，传输层通过帧的封装识别了流；通过递增的报文编号检测丢包，与应用数据交付分离，从而实现了传输层的并发。如果 QUIC 丢了一个报文，仅仅影响对应流的交付，不会阻塞其他流。

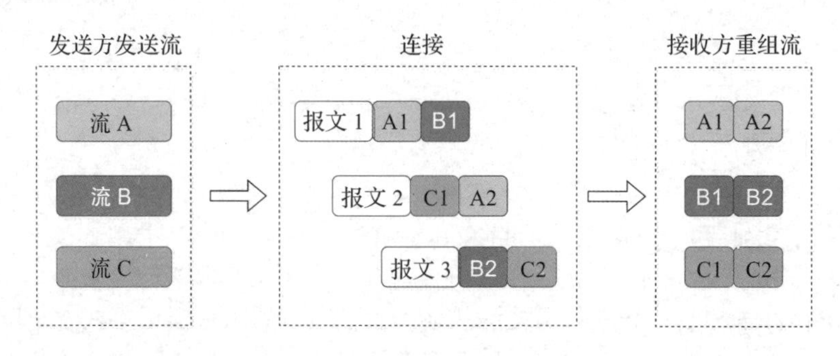

图 1-33 连接、流和帧

2）尽可能地加密。QUIC 与 TLS 1.3 紧密协作，完成了数据加密，提供了数据的安全性和保密性，实现了比 TCP+TLS 更好的安全，如图 1-34 所示。此外还增加了 QUIC 报文的首部加密，除保证了报文安全性，提高了攻击门槛，还避免了协议僵化。这是因为中间件看不到 QUIC 报文的报文编号等信息，无法做进一步处理，后续端点想要修改 QUIC 的行为就不

[1] 见 https://docs.google.com/document/d/1RNHkx_VvKWyWg6Lr8SZ-saqsQx7rFV-ev2jRFUoVD34/edit#。

需要考虑大部分中间件的兼容性了。QUIC 是与 TLS 深度融合的，早在 HTTP2 标准讨论的时候，就有提出过强制加密[1]，最终虽然没有写入标准，但是 HTTP2 的实现基本都是仅支持与加密共同使用（TCP+TLS），HTTP2 的明文方式也被证明存在安全问题[2]，所以 QUIC 选择了必须加密的传输协议。

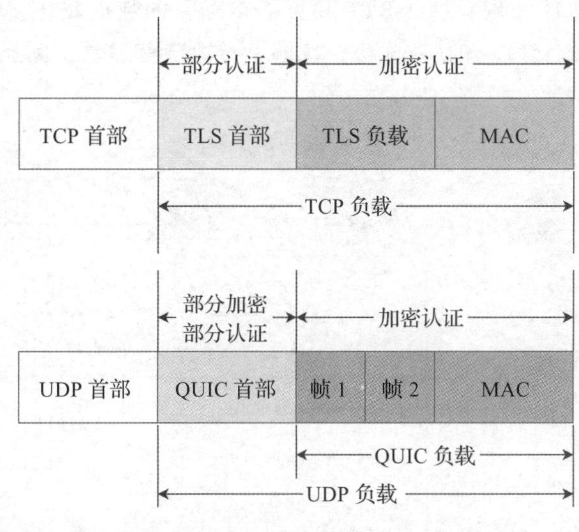

图 1-34 加密部分对比

3）选择 UDP 作为底层传输。QUIC 底层传输基于 UDP，从而提供避免队首阻塞的条件，也兼容了主机和中间件。一方面，UDP 只管将数据报（其中封装了一个或多个 QUIC 报文）发出去，而不管报文之间的顺序，所以 UDP 本身不会形成队首阻塞，可以更好地实现并发。另外一方面，多年以来互联网技术的发展使主机（包括电脑、手机、服务器、虚拟机等）和中间件（NAT、防火墙、负载均衡器等）几乎成了 TCP 和 UDP 的天下，如果采用新的协议，主机和中间件都要升级，这在互联网中不太现实，起码中间件大部分都不受自己控制，无法进行升级。所以要使用新的协议，必须考虑当前的现实，UDP 作为底层传输是现实的选择。

4）用户态实现。QUIC 将功能放在了用户态（而 TCP 位于内核态），如图 1-35 所示，这样可以更加灵活地修改、升级，防止了重演 TCP 在主机上的僵化问题。前文提到的很多问题，都可以通过改进 TCP 来解决，但都没有大规模应用，这是由于 TCP 位于内核态，难以单独升级，当然中

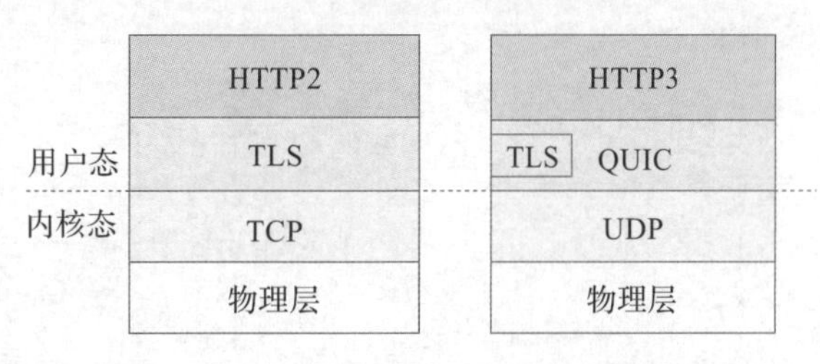

图 1-35 各功能在用户态和内核态的分布

[1] 见 https://http2.github.io/faq/#does-http2-require-encryption 和 https://lists.w3.org/Archives/Public/ietf-http-wg/2013JulSep/0909.html。

[2] 见 https://bishopfox.com/blog/h2c-smuggling-request。

间件的僵化也是原因之一，这应该也是 QUIC 对于僵化如此敏感的原因。

5）低延迟的连接建立。QUIC 通过与 TLS 1.3 的紧密结合，实现了首次最低 1-RTT 发送应用数据；恢复连接时发送应用数据最低只需 0-RTT。这样在时延较大或者丢包率较高的弱网环境中可以提供更好的用户体验，与其他方案的对比如图 1-36 和图 1-37 所示。需要说明的是，TFO+TLS 1.3 也能实现首次 1-RTT 和重连 0-RTT 的数据发送，但是除了在最早发送应用数据与 QUIC 相同之外没有其他优势，比如：避免队首阻塞、更强的安全性、防止协议僵化等。

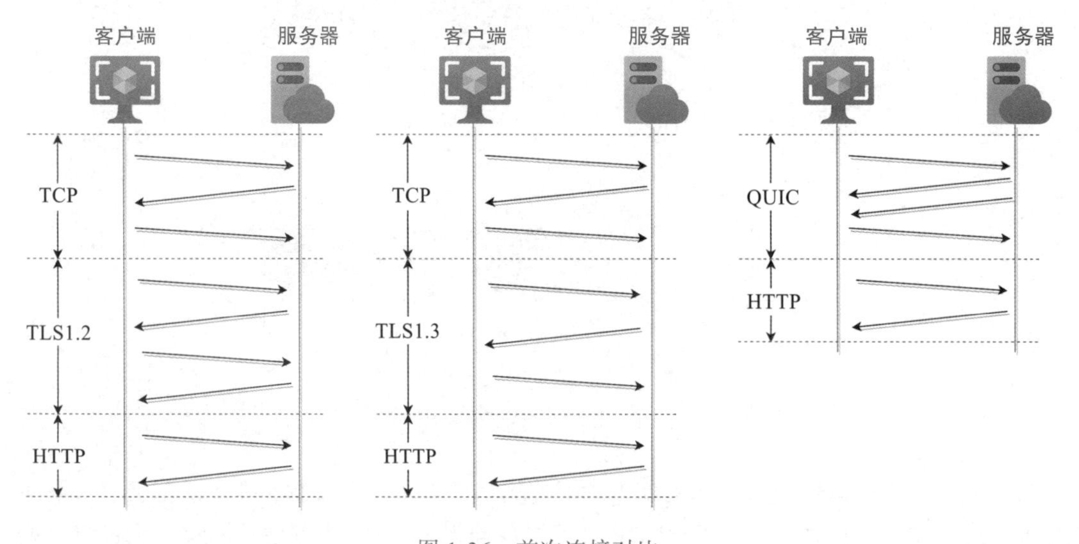

图 1-36 首次连接对比

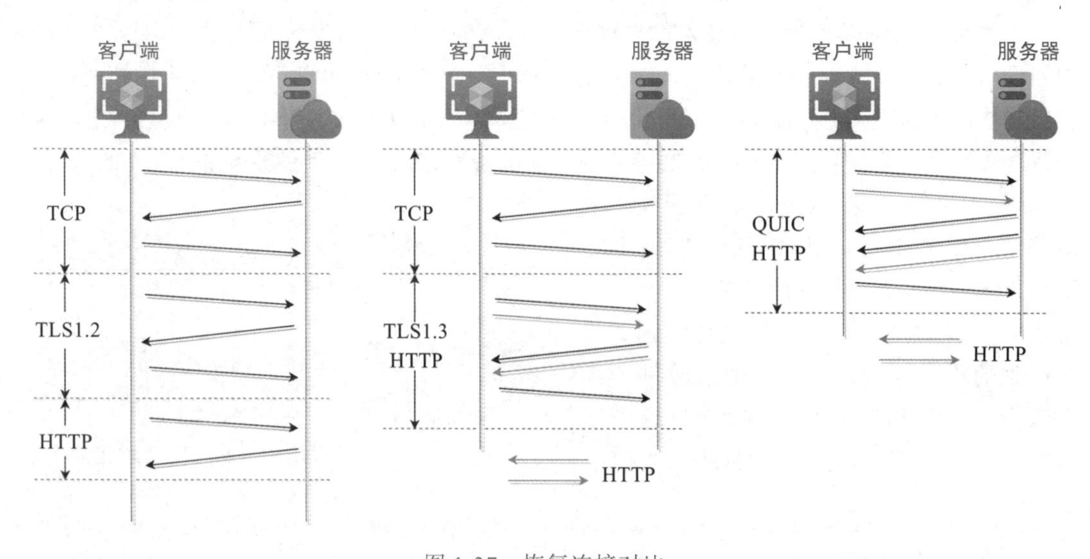

图 1-37 恢复连接对比

6）无缝的连接迁移。QUIC 的连接基于连接标识，改变 IP 或者 UDP 端口号并不影响连接的识别，因此可以实现无缝的连接迁移，具体过程见 3.6 节。但是这给负载均衡带来了挑战，具体见第 6 章。另外也增加了放大攻击风险，具体考虑见 3.6 节。

7）改进的流量控制。QUIC 的流量控制通过对偏移的限额实现，可以支持连接和流两个级别。除此之外，还可以限制打开中流的个数。因为完成了报文编号和数据偏移的分离，可以支持乱序确认，这比 TCP+HTTP2 的流量控制更加灵活。

8）改进的拥塞控制。QUIC 在拥塞控制方面做出了很多优化，包括不同加密级别互相独立的报文编号空间、单向递增的报文编号、更清晰的丢包周期、确认过的报文不允许反悔、支持更多的确认范围、显式修正延迟等。对于使用多个 TCP 连接实现并发的应用来说，更明显的好处是可以协调所有数据间的网络占用，而不会像多个 TCP 连接一样竞争网络资源。

9）协议行为作为负载。TCP 将协议的行为都放在首部，如 ACK、序号、选项等，由于 TCP 首部长度限制为 40 字节，表达力受到了很大限制，扩展也会比较困难，而且即使使用了 TLS，协议行为还是都暴露了出来。QUIC 则将协议的行为大部分都作为不同的帧放在负载中携带，可以方便地扩展。

谷歌最初使用的是 gQUIC，跟 IETF QUIC 有些不同。直到 2015 年 6 月，谷歌将 QUIC 提交给 IETF，才开始了 QUIC 的标准化之路。之后，IETF 正式认定 QUIC 为一个名称，而不再作为缩写。QUIC 的发展历程如图 1-38 所示。

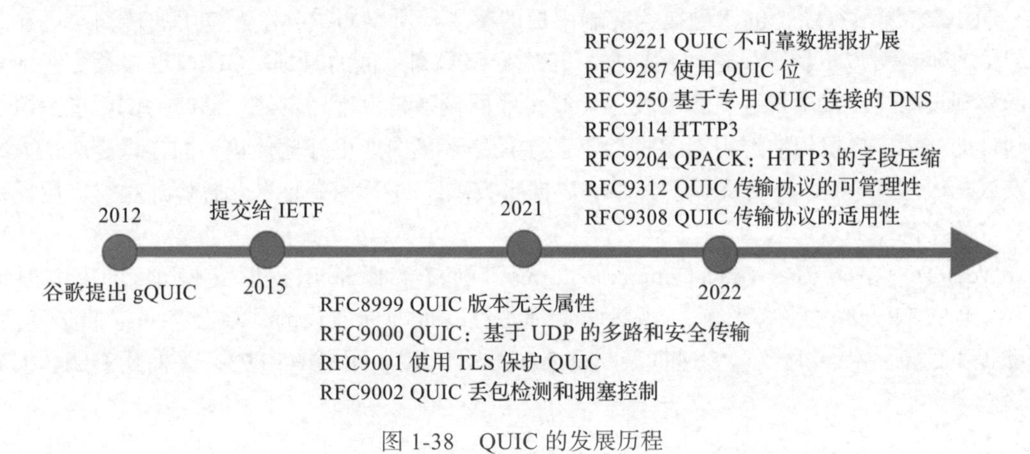

图 1-38　QUIC 的发展历程

2021 年 5 月，QUIC 一系列核心草案获得标准化，包括如下内容。

《RFC8999 QUIC 的版本无关属性》定义了 QUIC 所有版本通用的属性。

《RFC9000 QUIC：基于 UDP 的多路和安全传输》定义了传输协议的核心内容。

《RFC9001 使用 TLS 保护 QUIC》描述了怎么使用 TLS 来保护 QUIC。

《RFC9002 QUIC 丢包检测和拥塞控制》描述了 QUIC 的丢包检测和拥塞控制机制。

此后，QUIC 标准被不断完善。2022 年 3 月，QUIC 的不可靠扩展实现了标准化——《RFC9221 QUIC 不可靠数据报扩展》。2022 年 8 月，《RFC9287 使用 QUIC 位》也标准化了。

很多应用从 2022 年也开始了使用 QUIC 的标准化之路。2022 年 5 月，DNS 标准化了基于 QUIC 的传输方式，发布了《RFC9250 基于专用 QUIC 连接的 DNS》。

2022 年 6 月基于 QUIC 的 HTTP3 也标准化了，包括两个 QUIC 定制化的标准：

《RFC9114 HTTP3》描述了基于 QUIC 的 HTTP 语义映射，还确定了 QUIC 包含的 HTTP2 功能，并描述了如何将 HTTP2 扩展移植到 HTTP3。

《RFC9204 QPACK：HTTP3 的字段压缩》基于 QUIC 改进了 HPACK，以尽量避免队首阻塞。

2022 年 9 月，IETF 标准化了用于指导中间件管理 QUIC 和应用使用 QUIC 的两个标准，即《RFC9312 QUIC 传输协议的可管理性》和《RFC9308 QUIC 传输协议的适用性》。

QUIC 和 SCTP 有很多相似之处，很多特性可以对比来看。我们可以看出，多宿主多流模式是传输协议的发展方向，安全也成为传输协议需要考虑的重要问题，总的来说传输层功能越来越多了。

SCTP 和 QUIC 的不同出身也决定了他们的不同应用范围。

SCTP 来源于电话信号传输的需求，作为核心网传输层更在意可靠性、单个消息的低时延，甚至支持了应用可以定制的消息有效期，超出有效期则不再重传，这对电话信号来说简直太友好了！在核心网中，中间件都是运营商控制的，可以不太在意兼容性，这给了 SCTP 生存空间。

QUIC 来源于谷歌，也就更在意终端用户的感受，所以 QUIC 作为应用的传输层更在意首包低时延，可以更快地发送应用数据，让用户感受到更低的时延。QUIC 也在意更弱网环境和移动设备，设计上对手机等要使用无线传输的设备来说比较友好；同时 QUIC 也考虑了中间件的支持，底层传输选用 UDP，这在复杂网络环境中能更好地传输，同样也是对个人终端友好的表现。QUIC 还支持了不可靠的数据报方式，对于终端上的直播和游戏类应用提供了更好的支持。

WebRTC（Web Real-Time Communications，网络实时通讯）也支持了 QUIC，因为 QUIC 比 SCTP 更适合终端传输，当然两者都是谷歌推动标准化的，结合有一定的必然性。谷歌提出的新一代实时数据传递框架 WebTransport 直接采用了 HTTP3，并使用 QUIC 提高传输效率。

QUIC 报文

2.1 分层

QUIC 分层是在 UDP 层上面叠加了自己的两个层次——连接层和流层，具体分层如图 2-1 所示。

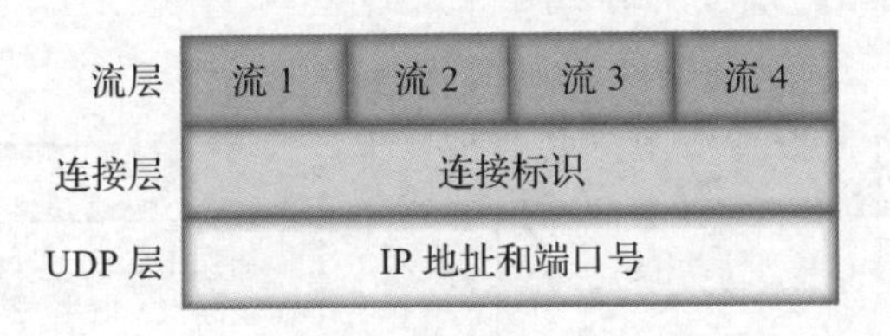

图 2-1 QUIC 分层

UDP 以 UDP 四元组（源 IP 地址、源端口号、目的 IP 地址、目的端口号）标识，其中 IP 地址是为了在网络中传递时寻址，端口号是为了在主机上复用时派发。

连接（Connection）是最基本的 QUIC 实例，一个连接代表客户端和服务器之间的单次会话。一个 QUIC 连接可以使用多个连接标识识别。流（Stream）是 QUIC 提供给应用层的有序字节流抽象，在 QUIC 协议内部以流标识（Stream ID）区分，在 QUIC 报文中封装为 STREAM 帧。

一般一个连接关联一个 UDP 四元组，当本地 IP 变化时，绑定到新的源 IP 对应的 UDP 上。但也可以在一个 UDP 上复用多个 QUIC 连接，即在一个 UDP 上多路复用；或者一个 QUIC 连接工作在多个 UDP 上，比如多路 QUIC，但这两种形式都不常见。

使用 QUIC 的应用可以打开 / 关闭流、在对应流上收发数据。QUIC 协议将应用的数据封装在 STREAM 帧中，和 QUIC 协议自身的其他 QUIC 语义的帧封装成 QUIC 报文一起发送，典型的 QUIC 报文如图 2-2 所示。图 2-2 中 Flag 是 8 位，包含了 QUIC 的一些标识位，

CID 是 QUIC 的连接标识（Connection ID），报文长度是可选的，PN 是报文的编号（Packet Number）。

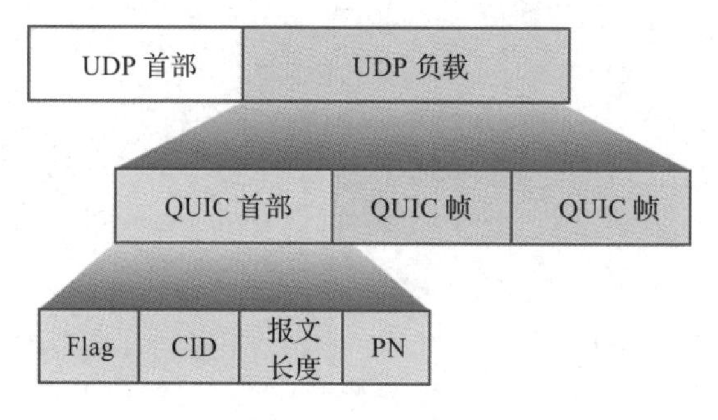

图 2-2　QUIC 报文

2.2　报文格式

QUIC 报文分为两大类：一类是长首部报文，用于建立 QUIC 连接和建立连接前发送应用数据；一类是短首部报文，用于在 QUIC 连接建立后发送应用数据和 QUIC 协议内容。具体报文类型见表 2-1，典型的报文使用如图 2-3 所示。

表 2-1　QUIC 报文类型

首部格式	报文类型	用途	发送方	保护方式
长首部报文	初始报文	发起连接，协商参数	双方	初始 DCID（Dest Connection Indentify，目的连接标识）衍生密钥
	0-RTT 报文	携带早期应用数据	客户端	0-RTT 密钥
	握手报文	携带 TLS 握手消息	双方	握手密钥
	重试报文	验证客户端地址	服务器	仅完整性保护
	版本协商报文	发起版本协商	服务器	无保护
短首部报文	1-RTT 报文	携带应用数据	双方	1-RTT 密钥

QUIC 报文封装在 UDP 数据报内部，一个 UDP 数据报可以包含一个或几个长首部 QUIC 报文，如图 2-4 所示；或者包含几个长首部 QUIC 报文和一个短首部 QUIC 报文，短首部 QUIC 报文因为没有显式指定长度，必须放在最后，如图 2-5 所示；或者只包含一个短首部 QUIC 报文，如图 2-6 所示。

将多个 QUIC 报文放入一个 UDP 数据报主要是为了合并不同加密级别的报文，这样可以提高负载率，更重要的是可以避免报文丢失或乱序导致的无法解密。这在连接建立期间尤其有用，比如重连时客户端就可以将初始报文和 0-RTT 报文放在同一个 UDP 数据报中发送，在 0-RTT 数据较少的情况下，服务器就不会因为初始报文丢失而无法解密 0-RTT 报文。在连接建立期间，服务器将初始报文和握手报文合并，也可以避免初始报文丢弃导致客户端无法解密握手报文。

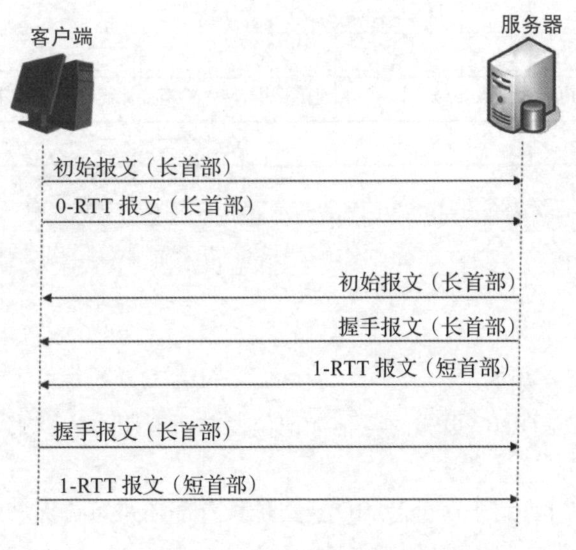

图 2-3　QUIC 典型的报文使用

UDP 首部	QUIC 长首部报文	QUIC 长首部报文	QUIC 长首部报文

图 2-4　UDP 数据报内包含数个 QUIC 长首部报文

UDP 首部	QUIC 长首部报文	QUIC 长首部报文	QUIC 短首部报文

图 2-5　UDP 数据报内包含数个 QUIC 长首部报文和一个 QUIC 短首部报文

UDP 首部	QUIC 短首部报文

图 2-6　UDP 数据报内包含一个 QUIC 短首部报文

2.2.1　长首部报文

长首部报文用于 QUIC 连接建立，直到 1-RTT 密钥协商成功才可以开始使用短首部报文。长首部格式如图 2-7 所示。

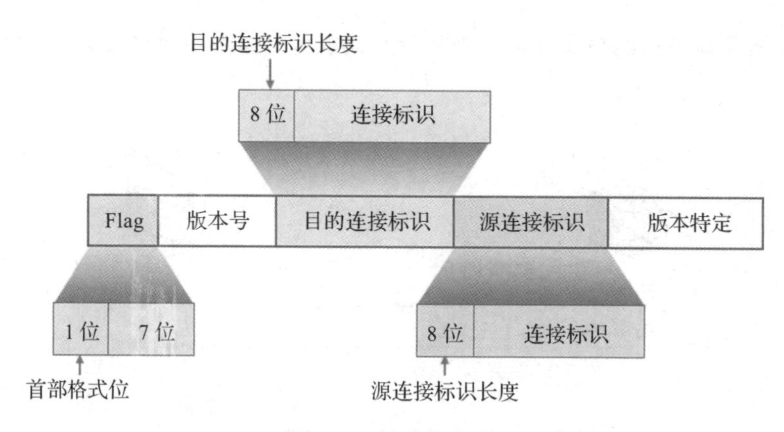

图 2-7　长首部格式

图 2-7 中的字段含义如下。

Flag（8 位）：包含 QUIC 报文的各种标记位。在所有版本中，第 1 位都是首部格式位，其余 7 位由版本定义。

首部格式位（1 位）：用于区分 QUIC 报文是长首部还是短首部。此位为 1 表示长首部，为 0 表示短首部。

版本号（32 位）：表示当前使用的 QUIC 版本。版本号为 0 表示此报文是协商报文。

目的连接标识长度（8 位）：目的连接标识长度字段用于指定目的连接标识字段的字节长度。版本 1 中连接长度限制在 160 位以内，所以此字段的范围为 0～20，其他版本目前没有确定范围。当为 0 时，目的连接标识字段长度为 0，不使用目的连接标识。

目的连接标识：目的连接标识字段是接收方选择的连接标识，接收者可以根据此字段找到对应的连接。客户端初始报文的目的连接标识字段是客户端选择的随机值，初始报文中的目的连接标识还用来保护初始报文。

源连接标识长度（8 位）：源连接标识长度字段用来标识 SCID 字段的长度，版本 1 中源连接标识长度值的范围为 0～20，其他版本没有确定范围。当为 0 时，源连接 ID 字段长度为 0，即不存在。

源连接标识：发送方选择的连接标识，用于通知接收方发送报文中填入的目的连接标识。

长首部报文中，第一字节的低 7 位是版本特定的，在 QUICv1 中定义如下。

固定位（1 位）：连接建立期间值固定为 1（版本协商报文除外），为 0 则表示不是 QUICv1 的有效报文。这一位用于表示此报文是 QUIC 报文，以便与其他协议区分（RFC7983）。连接建立后可以根据协商使用非固定值（RFC9287）。此位目前是版本 1 特定的，其他版本还没有定义。

报文类型位（2 位）：用于指定长首部报文的具体类型。值 00 表示初始报文；值 01 表示 0-RTT 报文；值 10 表示握手报文；值 11 表示重试报文。报文类型目前也是版本 1 特定的，其他版本还没有定义。

报文类型特定位（4 位）：这四位值的含义由具体报文类型而定。

在长首部报文中，首部格式位、版本号、目的连接标识长度、目的连接标识、源连接标识长度、源连接标识是与版本与无关的，但是目的连接标识长度和源连接标识长度的取值范围并不是与版本无关的，后面的版本指定的范围可能更大。QUICv1 长首部报文格式如图 2-8 所示，报文类型特定的格式取决于具体的报文类型。

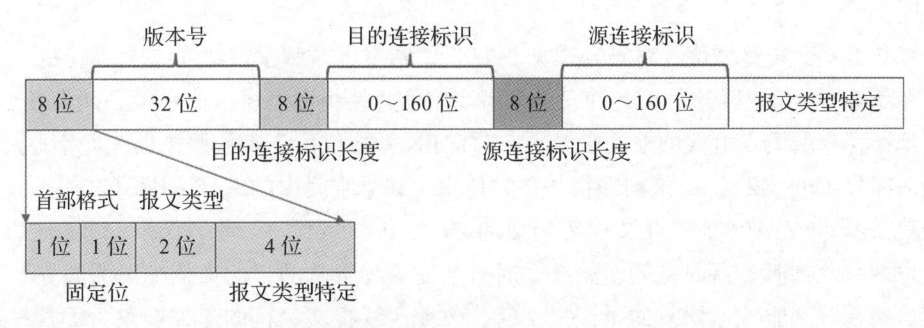

图 2-8　QUICv1 长首部报文格式

1. 初始报文

客户端使用初始报文来发起连接，服务器使用初始报文和握手报文回应客户端的连接请求。初始报文使用 CRYPTO 帧携带了 TLS 初始加密握手消息（对于客户端是 ClientHello 消息，对于服务器是 ServerHello 消息），其中包含了这个 QUIC 连接的传输参数，还在 QUIC 首部中携带了初始源连接标识、初始目的连接标识、QUIC 版本，还可以包含一个服务器之前提供的令牌。初始报文除包含一个或几个 CRYRTO 帧外，还可以包含 ACK 帧，也可以包含 PING 帧、PADDING 帧和 CONNECTION_CLOSE 帧。初始报文格式如图 2-9 所示。

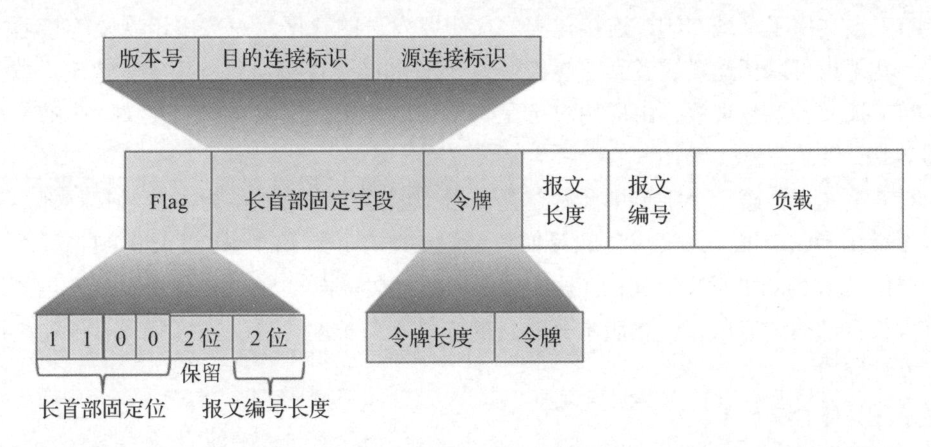

图 2-9　初始报文格式

初始报文中，第一个字节中前两位是长首部固定的数值：第一位为 1 表示长首部，第二位 QUICv1 中固定为 1。第三位和第四位是报文类型位，初始报文值为 00。第一字节后四位是由初始报文定义的，前两位保留，后两位是报文编号长度。长首部固定字段，包含版本号、目的连接标识长度、目的连接标识、源连接标识长度、源连接标识。各字段具体含义如下。

报文编号长度（2 位）：用于得到报文编号字段的字节长度，该值加 1 是报文编号字段的真实长度。

令牌长度：变长整型值（编码方式见 2.9 节），指定了令牌字段以字节为单位的长度。如果不存在令牌则为 0。服务器不允许发送含有令牌的初始报文，所以此字段必须为 0。

令牌：客户端填入由重试报文或 NEW_TOKEN 帧提供的令牌，服务器无此字段。

报文编号（8～32 位）：该初始报文在初始报文编号空间内的编号编码后的值。

负载：由 CRYPTO 帧、ACK 帧等组成的 QUIC 报文负载。

客户端在收到服务器回复的初始报文时，改变后续报文的目的连接标识为服务器选择的值；客户端在收到服务器回复的重试报文时，改变后续报文的目的连接标识为重试报文的源连接标识。

一般情况下，初始报文使用客户端选择的初始目的连接标识衍生出的密钥保护，但在客户端收到重试报文时，需要改变密钥为重试报文的源连接标识衍生的密钥。

客户端发送的包含初始报文的 UDP 数据报必须填充至 1200 字节，这可以跟 0-RTT 报文或其他报文合并，也可以使用 PADDING 帧填充。同样，服务器发送的包含引发确认的初始报文的数据报也必须填充至 1200 字节。这样可以确保两个方向都满足 QUIC 的最小 PMTU 要求。

2. 0-RTT 报文

0-RTT 报文用于承载 QUIC 连接建立之前想要发送的数据，一般用于恢复连接后立即发送数据。此外也可以从配置或者其他连接得到 PSK 和必要连接信息，用于尽快发送数据的场景。0-RTT 报文容易被重放，由应用决定是否使用以及怎么使用 0-RTT 报文。0-RTT 报文格式见图 2-10。

0-RTT 报文中，第一个字节中前两位是长首部固定位：第一位为 1 表示长首部，第二位固定为 1 表示 QUIC 报文，第三位和第四位是报文类型位，值为 01 表示 0-RTT 报文。第一字节后四位是由 0-RTT 报文定义的（这四位跟初始报文一样），前两位保留，后两位是报文编号长度。长首部固定字段，包含版本号、目的连接标识长度、目的连接标识、源连接标识长度、源连接标识。

各字段具体含义如下：

报文编号长度（2 位）：用于得到报文编号字段的字节长度，该值加 1 即为报文编号字段的字节长度。

报文长度：变长整型值，指定了报文编号和负载的总长度，可以通过此字段判断这个

QUIC 报文的末尾，从而判断下一个 QUIC 报文的起始处。

负载：由 STREAM 帧组成的 QUIC 报文负载。

0-RTT 报文只能包含 STREAM 帧，不能包含 ACK 帧，服务器使用 1-RTT 报文中的 ACK 帧确认客户端的 0-RTT 报文，所以两者使用同一个报文编号空间。根据 TLS 1.3 和 QUIC 的规定，0-RTT 报文只能由客户端发出。

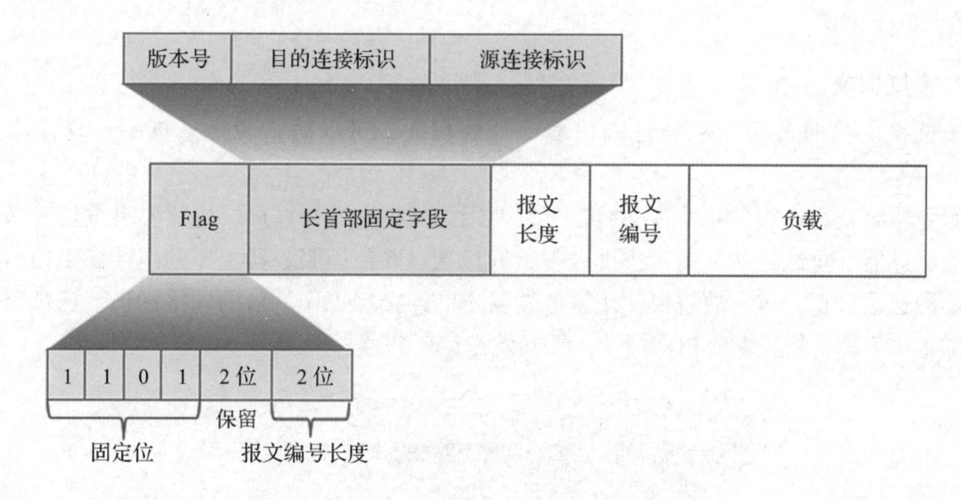

图 2-10　0-RTT 报文格式

3. 握手报文

握手报文用来携带服务器和客户端的 TLS 加密握手消息和确认，载荷通常是 CRYPTO 帧和 ACK 帧，但也可以包含 PING 帧、PADDING 帧、CONNECTION_CLOSE 帧。握手报文的具体格式如图 2-11 所示。

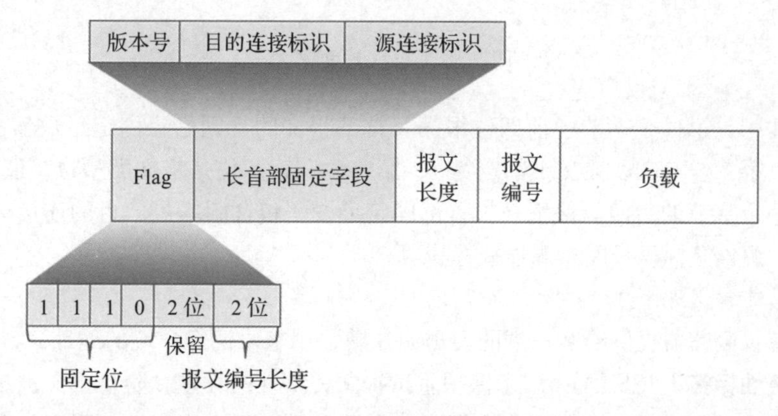

图 2-11　握手报文格式

握手报文的格式跟上文中 0-RTT 报文格式基本一致，除了第一个字节中的第三位和第四位的报文类型位是 10，表示此报文是握手报文。

服务器开始发送握手报文是收到客户端初始报文的结果，因此，客户端收到来自服务器的握手报文后，不再发送初始报文，转而发送握手报文；服务器发送握手报文后，不再接收客户端的初始报文，也不再发送初始报文。

握手报文的使用握手报文编号空间，因此客户端和服务器的握手报文的报文编号重新从 0 开始，单向增长。

4. 重试报文

重试报文是服务器用来验证客户端地址的报文，可以防止源地址欺骗，具体格式如图 2-12 所示。

服务器收到客户端的初始报文后，可以使用重试报文通知客户端按照要求重新发送初始报文。服务器在重试报文中携带重试令牌给客户端，并使用服务器选择的连接标识作为重试报文的源连接标识；客户端需要使用服务器指定的连接标识作为目的连接标识，携带服务器指定的重试令牌，构建新的初始报文，重新发送给服务器。

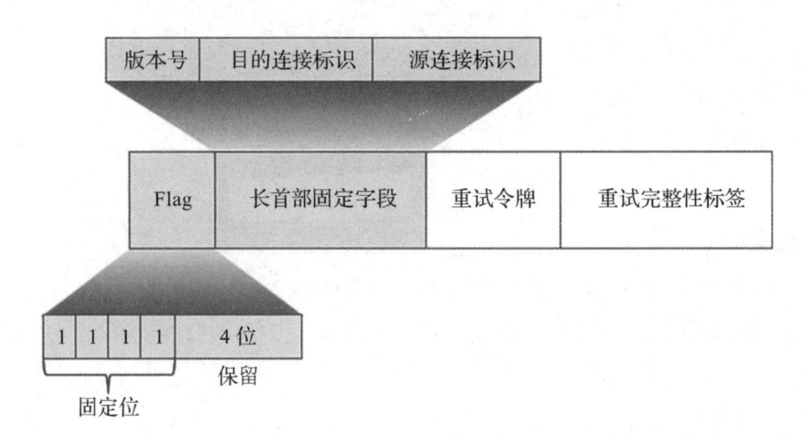

图 2-12　重试报文格式

重试报文中，第一个字节中前四位根据长首部报文的规则已经固定了数值：第一位为 1 表示长首部，第二位 QUIC 报文中固定为 1，第三位和第四位是报文类型位，值为 11 表示重试报文。第一个字节的后四位保留。长首部固定字段，包含版本号、目的连接标识长度、目的连接标识、源连接标识长度、源连接标识。

各字段具体含义如下。

重试令牌：服务器提供给客户端的不透明令牌，用来验证客户端的地址。

重试完整性标签（128 位）：用来保护重试报文完整性的标签，防止报文被篡改。

重试报文中并没有重试令牌长度字段。这是因为重试报文不与其他报文合并，占据单独一个 UDP 数据报，可以根据 UDP 数据报长度得到重试令牌长度。零长度的令牌是非法的。

重试报文不需要显式确认，也就不需要报文编号。一方面重试报文的确认是以客户端重发的初始报文隐式进行的；另一方面重试报文不能检测到丢失然后重发，这样容易引起放大攻击。如果重试报文丢失了，过程应该是客户端在一段时间内未收到初始报文的回应，重发初始报文，服务器收到后再触发一次重试报文发送。

对于收到的一个UDP数据报，服务器至多回复一个重试报文，以防被用于放大攻击；相应地，客户端对于一次发送不能处理超过一个重试报文，以防止被攻击。

重试报文本身的要求比较简单，除非实现重试卸载（见6.3节）。然而，对于客户端用来回复重试报文的初始报文，其连接标识、令牌、负载中的加密握手消息等都有比较严格的要求：客户端回复的初始报文的源连接标识必须使用之前发送的原始初始报文的源连接标识，不能改变；目的连接标识则必须使用重试报文中的源连接标识，即服务器选择的连接标识，这个连接标识也用来生成后续初始报文的密钥。

客户端在后续所有的初始报文中都应该填入收到的重试报文中的令牌。虽然大部分情况下一个初始报文就可以，但TLS的ClientHello消息较大、TLS重试、令牌长度过长都会导致发出多个初始报文。

客户端回复重试报文的初始报文中的加密握手消息（即CRYPTO帧内容）必须跟原始初始报文一样。

服务器可以将原始0-RTT报文缓存，等待验证完成后再处理，但这样容易被攻击。所以客户端可以在收到重试报文重新尝试发送0-RTT报文，这时0-RTT报文的目的连接标识应该是重试报文的源连接标识。

客户端收到重试报文后，应该继续使用之前的初始数据编号空间和0-RTT数据编号空间。尤其是0-RTT报文中可能不是重传的之前0-RTT数据，如果使用相同的报文编号，那么就使用了相同的密钥保护不同的报文，这样会导致保护失效。

5. 版本协商报文

当服务器收到包含自己不支持的版本号的初始报文时，就会发送版本协商报文。客户端收到版本协商报文后需要在其中选择一个自己支持的版本号，重新以新版本号发送初始报文。

版本协商报文是版本无关的长首部报文，所以格式不是严格遵循某个QUIC版本（如QUICv1），而是靠长首部报文（首部格式位值为1）和版本号字段为0来判断的。没有使用长首部报文类型来区分是因为该字段是版本特定的，有可能不符合之后版本的规定。版本协商报文的具体格式如图2-13所示。

版本协商报文的各个字段含义如下：

首部格式位（第1位）：固定为1，表示长首部报文。

未使用位（第2至8位）：由服务器设置为任意值。其中第2位对应QUICv1长首部报文中的固定位，当与其他协议一起使用时，可以设置为1用来识别是否是QUIC报文。

版本号（32位）：版本号需要设置为全0，表示此报文是版本协商报文。

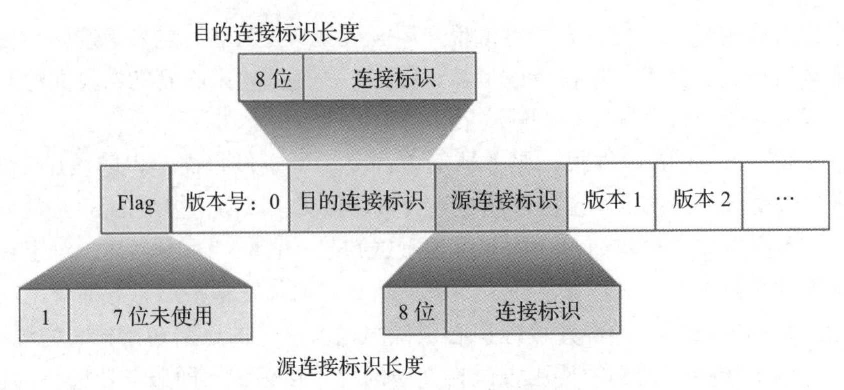

图 2-13 版本协商报文格式

源连接标识长度（8 位）：含义跟上文中其他长首部报文一致，但取值范围有所不同。QUICv1 要求源连接标识长度是 0～160 位，对应字节长度 0～20 字节。但其他版本并不一定有此限制，所以版本协商报文中没有限制取值范围。

源连接标识（0～2040 位）：源连接标识取自触发版本协商的报文的目的连接标识（一般是初始报文，也可能是 0-RTT 报文），可以向客户端证明自己确实收到了初始报文，这保证了版本协商报文不是来自没有观察到初始报文的攻击者。

目的连接标识长度（8 位）：含义跟上文中其他长首部报文一致，但取值范围不同，取值范围与源连接标识长度字段一致，见上文。

目的连接标识（0～2040 位）：目的连接标识取自触发版本协商的报文的源连接标识，客户端可以通过这个字段来识别具体的连接。

支持的版本：包含一到多个服务器支持的版本的 32 位版本号，来供客户端选择。

版本协商报文没有任何保护，也没有报文编号字段、长度字段和任何帧。这是由于版本协商报文不需要确认，也就不需要报文编号；也不能与其他报文合并，长度从 UDP 数据报长度中就可以推断出来，不需要显式指定。

版本协商报文不需要服务器重传，因为重传可能会带来放大攻击。所以服务器针对一个 UDP 数据报只能回应一个版本协商报文（一个 UDP 数据报中可能包含数个 QUIC 报文，包括初始报文和 0-RTT 报文）。如果版本协商报文丢失了，客户端检测到一段时间内没有收到关于初始报文的回应，会重发初始报文，服务器收到重发的初始报文后再次回应版本协商报文。

2.2.2 短首部报文

短首部报文一般也叫作 1-RTT 报文，连接在协商出 1-RTT 密钥后就可以发送短首部报文，格式如图 2-14 所示。

短首部报文字段具体含义说明如下：

首部格式位（第 1 位）：表示此报文是长首部还是短首部，0 代表短首部。

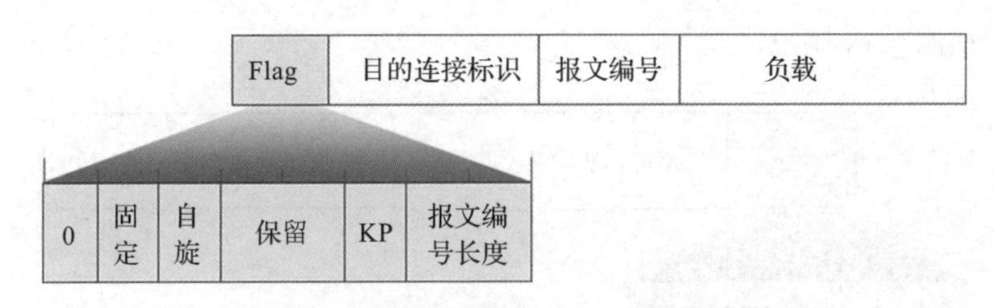

图 2-14　短首部报文格式

固定位（第 2 位）：一般 QUIC 报文固定为 1，经协商也可使用其他值。

自旋位（第 3 位）：延迟自旋位（Latency Spin Bit），提供给中间件观察，以检测连接的 RTT，具体见 3.7 节。

保留位（第 4～5 位）：保留使用，明文值必须为 0。这两位会被首部保护加密，移除首部保护后如果不是 0 则是非法报文。

KP（第 6 位）：即 Key Phase，密钥阶段位，用来通知接收方密钥变化，此位被首部保护所加密。

报文编号长度（第 7 至 8 位）：用于指示报文编号的字节长度，实际报文编号的字节长度为此值加一。这两位也被首部保护所加密。

目的连接标识：接收方选择的连接标识。如果连接建立期间接收方表示不使用连接标识，值可以为 0。

报文编号：长度是 1～4 字节，也就是 8/16/24/32 位。这里的值并不是实际的报文编号，而是经过压缩计算的值，具体见第 2.4 节。报文编号也被首部保护所加密。

负载：1-RTT 密钥保护的报文负载，包含 STREAM 帧在内的一种或多种帧。

短首部报文的报文格式位和目标连接标识字段是与版本无关的，其余字段由具体的 QUIC 版本决定。

注意　目的连接标识没有显式指定长度，这是因为两端已经通过其他方式知道了具体的值和长度。比如通过长首部报文的交互知晓了具体的连接标识，这包含值和长度；或者目标连接标识来自于端点通过 NEW_CONNECTION 帧发布的连接标识，这也包含值和长度；另外服务器还可以通过首选地址传输参数提供一个连接标识，同样包含值和长度。如果中间件需要解析短首部报文中的目的连接标识，如用来做出负载均衡的决定，则需要跟对应的端点协商使用固定长度连接标识，或者协商出编码的规则，具体见第 6.2 节。

自旋位的支持是可选的，每个端点都可以基于自己的选择决定是否禁用自旋位。当禁用时，报文中的自旋位设置为随机值。

2.2.3　无状态重置报文

无状态重置报文既不属于长首部报文也不属于短首部报文，全部明文没有任何加密保护，具体格式如图 2-15 所示。

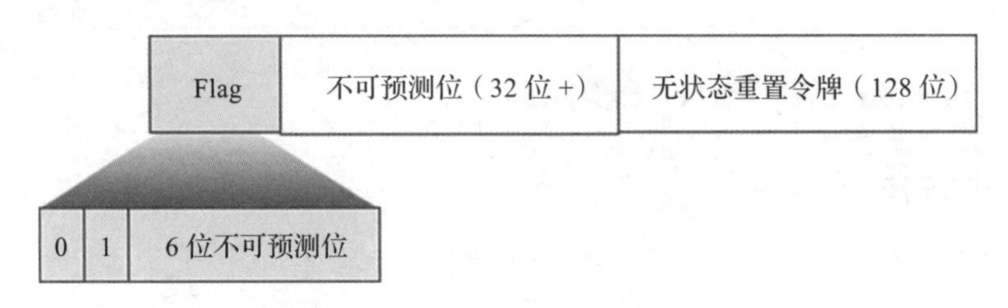

图 2-15 无状态重置报文格式

从报文格式可以看出，无状态重置报文设计跟短首部报文相近，想要尽可能地无法和常规短首部报文区分，这样的设计是为了防止中间人观测到具体报文类型，进而推测出连接信息和无状态重置令牌。

报文的第一个字节中，第一位是用来区分长首部和短首部，无状态重置报文需要模仿短首部，这样中间人会以为这就是一个普通的短首部报文，所以值为 0；第二位是固定位，为 1 表示是 QUIC 报文；剩下 6 位在短首部中分别对应自旋位（第 3 位）、保留位（第 4 至 5 位）、密钥阶段位（第 6 位）、报文编号长度（第 7 至 8 位），这些值都不是固定的，除了自旋位都是经过首部保护加密的，所以在无状态重置报文中设置为不可预测的值。

最后 128 位是自己之前为该报文的目的连接标识签发的无状态重置令牌，这是接收方用来判断是否是无状态重置报文的字段，即最后 128 位是当前连接的无状态重置令牌则该报文为无状态重置报文。

虽然尽量伪装为短首部报文，但无状态重置报文中没有连接标识字段，在连接标识字段的位置是不可预测位的随机值。这是因为发送者丢失了连接上下文，收到的报文中仅包含了目的连接标识，即自己选择的连接标识，对方选择的连接标识的记录已经丢失，所以无法正确填充目的连接标识。这在中间人看来像是一个迁移到新连接标识的短首部报文，这样做可能会产生如下影响。

1）攻击者无法区分开迁移连接标识的短首部报文和无状态重置报文，无法根据报文类型提取连接信息。

2）合法中间件，如根据连接标识路由的负载均衡器，无法根据连接标识字段正确路由到正确的后端。这样等待报文的端点（通常是服务器）就收不到无状态重置报文，无法利用无状态重置的好处，只能等待超时。由于错误路由而接收到无状态重置报文的端点会认为这是一个正常短首部报文，可能会回复一个无状态重置报文，这就导致了无状态重置报文的循环。

2.3 连接标识

QUIC 的连接标识（以下图中简称为连接 ID 或者 CID）是端点用来将 QUIC 报文关联到具体的 QUIC 连接的关键字段，也是中间件的一致性路由的重要指示，所以报文中的连接标识是明文。

每个端点独立地选择自己使用的连接标识，在连接建立期间将自己选择的连接标识通过长首部报文通知给对端，以便对端发送报文时将其填入目的连接标识字段。因此，发送报文时使用对端提供的连接标识（即接收到报文的源连接标识）作为目的连接标识。

因为 QUIC 连接需要通过长首部报文确定两端的初始连接标识，所以长首部报文中既有目的连接标识又有源连接标识；而发送短首部报文时已经完成了连接的建立，也确定了两端使用的连接标识，因此只携带目的连接标识。连接标识的使用如图 2-16 所示，其中客户端选择使用的连接标识是 c1，服务器选择的连接标识是 s1。

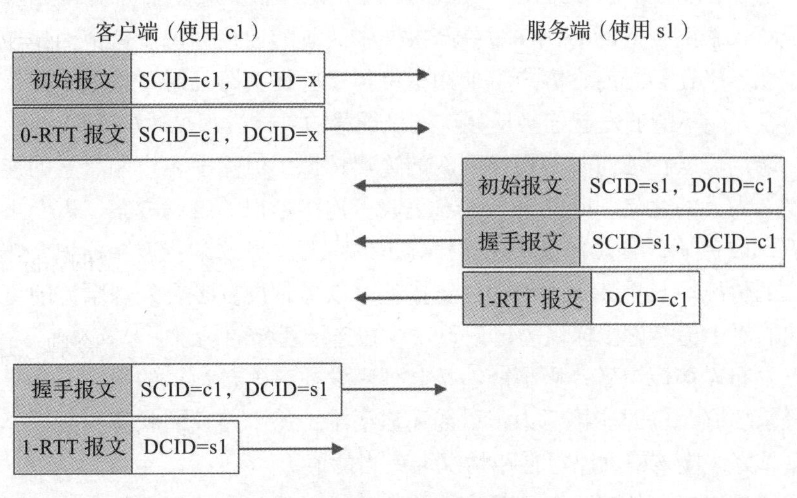

图 2-16　QUIC 两端的连接标识

注意　QUICv1 中，规定连接标识的长度是 0～20 字节间的整数字节长度；其他版本暂不明确，但受限于连接标识长度字段的长度是 1 字节，也就是说长度的最大值是 255 字节，因此，理论上的连接标识最大长度是 2040 位。

2.3.1　发布连接标识

每个连接可以使用多个连接标识，可以发布的最大连接标识的数量由对端通过传输参数 active_connection_id_limit 指定。每个连接标识都有对应的序列号，用于发布和撤销的管理。发布连接标识有以下三种方式。

- 建立连接时，通过初始报文的源连接标识发布，初始连接标识的序列号没有显式指定，固定为 0。
- 服务器通过传输参数 preferred_address 发布，其中发布的连接标识的序列号没有显式指定，固定为 1。

- 使用 NEW_CONNECTION_ID 帧发布，在帧中指定连接标识的序列号。

连接标识的序列号必须每次增加 1，这样在撤销时可以指定要撤销连接标识的最大序列号进行批量处理，方便管理。客户端发送的首个初始报文中，目的连接标识和重试报文的源连接标识只临时用来加密和验证，因此并不在需要管理的连接标识之列，也就没有序列号。

在常规的 QUIC 使用中，通常只有连接迁移的情况下消耗连接标识，单次迁移到新路径消耗两端各一个连接标识。在 QUICv1 中，只有客户端可以发起连接迁移。当客户端发起连接迁移时，需要确定服务器发布了可用的连接标识，即服务器之前使用 NEW_CONNECTION_ID 帧发给客户端的连接标识。客户端也需要保证自己有额外的可用连接标识，且已经通过 NEW_CONNECTION_ID 帧发布给服务器，这样服务器才可以使用客户端新的连接标识填入新路径上的 QUIC 短首部报文中的目的连接标识。这个消耗连接标识的过程也可能发生在连接迁移之前，客户端使用探测报文验证新路径时。如果服务器已经没有可用连接标识，客户端不能够发起连接迁移。连接迁移的具体过程见 3.6 节。

理论上，端点可以在任何时刻切换到新的连接标识，但除了客户端有意的连接迁移，这样的做法并没有太大的意义。除非某个端点更改了连接标识的编码方案，需要平滑地切换到新的连接标识，或者某个端点有着管理连接标识的需要，导致某些连接标识会在一定时间内过期。但这样的情况一般重新建立 QUIC 连接就可以了，没有必要处理罕见的更换连接标识逻辑。所以我们对于更换连接标识的讨论重点放在连接迁移的场景。

一个端点发布连接标识后，必须能够接收处理发往该连接标识的报文。如果存在多个路径，每个路径都要有对应的连接标识，可能还需要维护每个路径的状态。所以，连接标识的数量并非越多越好，应该根据路径使用情况取适当的值。

使用零长度连接标识的终端不能发布连接标识，只能一直使用零长度连接标识。如果选择零长度连接标识，对端发起连接迁移时就会因为没有新的连接标识而失败。

2.3.2 撤销连接标识

连接标识的撤销有以下两种方式。

- 通知对端撤销自己之前发布连接标识，这可以通过 NEW_CONNECTION_ID 帧中的 Retire Prior To 字段指定连接标识的序列号方式进行，如图 2-17 中 NEW_CONNECTION_ID(连接 ID=y，序列号 =101，Retire Prior To=100)。通过这种方式停用连接标识，需要对端回复 RETIRE_CONNECTION_ID 帧确认。
- 通知对端自己将不再使用对端发布的连接标识，这是通过 RETIRE_CONNECTION_ID 帧中指定连接标识序列号方式指定，如图 2-17 中 RETIRE_CONNECTION_ID(序列号 =100)。

这个过程使用了两个帧：NEW_CONNECTION_ID 帧的作用为发布新的连接标识，并可能通知对端停用之前自己发布的连接标识；RETIRE_CONNECTION_ID 帧的作用为通知对端不再使用它发布的连接标识，并可能请求新的连接标识。下面通过两个具体的例子说明这个过程。

图 2-17 展示了发布者主动停用自己发布的连接标识过程。在之前的连接过程中，服务器发布了一个值为 x 的连接标识，序列号为 100；之后服务器想停用这个连接标识（x），于是发布新的值为 y 的连接标识，对应序列号 101，同时通知客户端停用序列号小于等于 100 的连接标识；客户端收到后需要回复序列号为 100 的 RETIRE_CONNECTION_ID 帧，表明自己已经停用序列号小于等于 100 的连接标识，在本例中就是停用了连接标识 x。

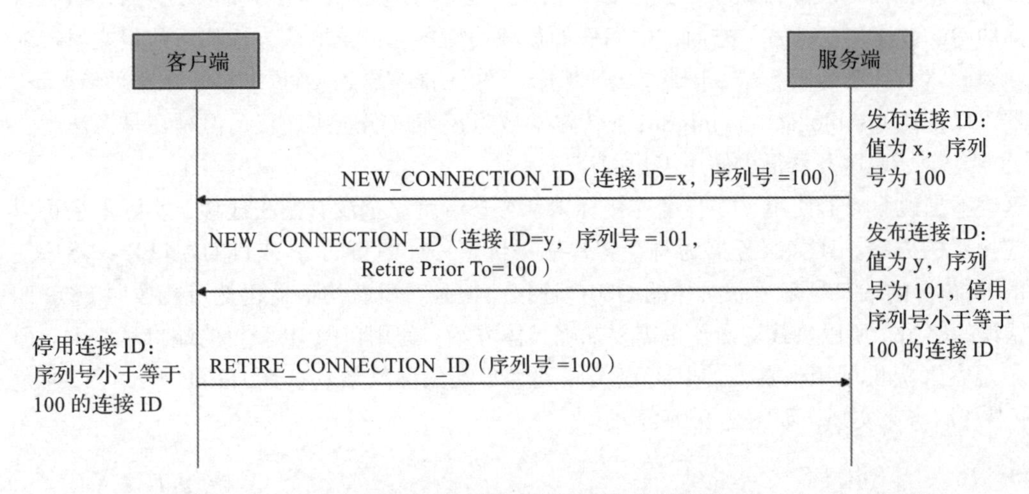

图 2-17　停用自己发布的连接标识

图 2-18 则展示了停用对端发布的连接标识的过程。在之前的连接过程中，服务器发布了一个连接标识 x，序列号为 100；之后客户端想要停用这个连接标识，于是使用序列号为 100 的 RETIRE_CONNECTION_ID 帧通知服务器自己将停用服务器发布的序列号小于等于 100 的连接标识（本例中对应连接标识 x），同时请求服务器发布新的连接标识；服务器收到后发布新的连接标识 y，序列号为 101。

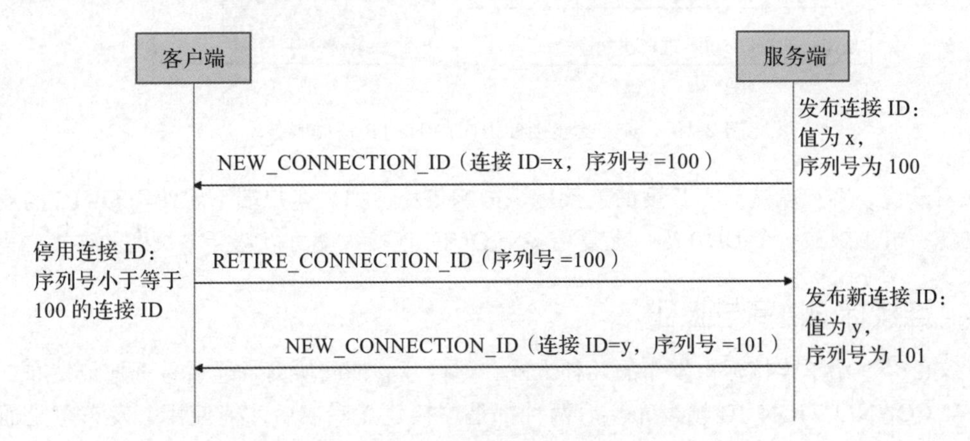

图 2-18　停用对端发布的连接标识

2.3.3 零长度的连接标识

当连接标识为零时，使用 UDP 四元组关联 QUIC 连接。使用零长度连接标识的端点不能发布新的连接标识，也不能使用无状态重置，服务器选择零长度连接标识时还不能够提供首选地址。

当服务器选择使用零长度连接标识时，客户端不能简单地更改源地址或源端口号发起连接迁移。一方面，服务器缺少了连接标识信息，也就没有办法将不同的 UDP 四元组关联到相同的 QUIC 连接上；另一方面，中间件如负载均衡器会错误地认为迁移后的报文属于新连接，因此路由到新的服务器。因此，这种情况下也不能容忍 NAT 重绑定。在这种情况下，服务器可以使用 disable_active_migration 传输参数阻止客户端连接迁移，但是还是无法阻止 NAT 重绑定，所以服务器很少使用零长度连接标识。

这也不是说服务器使用了零长度连接标识，客户端就完全没有办法迁移，实际上还可以通过应用层的方案。比如服务器为每个客户端提供不一样的目的 IP 或目的端口号，然后使用目的 IP 和目的端口号来关联具体的 QUIC 连接。但是，负载均衡器仍然可能按照 UDP 四元组错误的路由，所以负载均衡器也需要知晓具体方案，使用目的 IP 和目的端口号路由。但这会给观察者提供可用信息，使其可以关联到客户端的网络活动。在 HTTP 中，可以通过 HTTP 替代服务来实现，如图 2-19 所示。

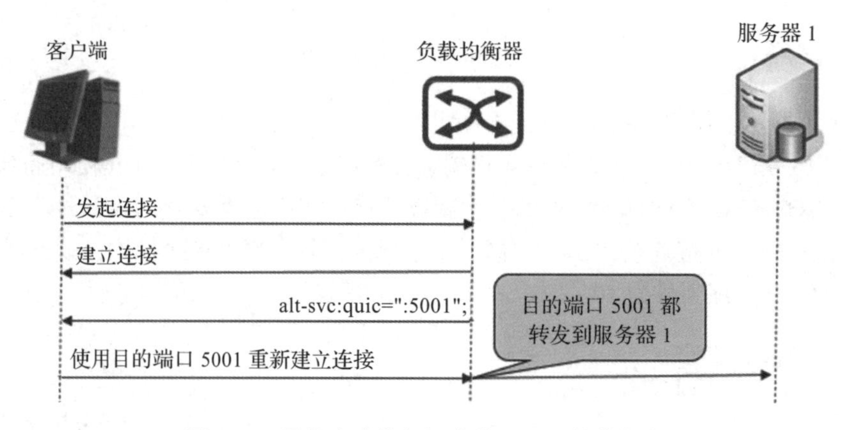

图 2-19　零长度连接标识中的 HTTP 替代服务

相对来说，客户端选择零长度的连接标识影响较小，如果客户端不想使用 QUIC 的连接迁移功能，也不想在一个 UDP 端口上复用多个 QUIC 连接，就可以选择零长度的连接标识。

2.3.4 连接标识协商与验证

上文已经介绍了连接标识发布的几种方式：连接建立期间协商、通过首选地址发布、通过 NEW_CONNECTION_ID 帧发布。后两种都是连接建立完成后才能使用，发布也是通过协商的密钥进行的，所以没有必要验证。本节主要介绍连接建立期间，连接标识协商与验证的过程。

客户端首次向服务器发送初始报文时，选择自己使用的连接标识，这个标识作为初始报文的源连接标识，在连接建立期间不能改变；由于还不知道服务器选择的连接标识，所以使用一个随机数填入目的连接标识字段，这个目的连接标识也用于保护客户端和服务器发送的初始报文。如果客户端需要发送 0-RTT 报文，那么在收到服务器报文之前，也使用初始报文的目的连接标识。客户端选择的连接标识需要包含在传输参数 initial_source_connection_id 中，传输参数也在初始报文中发送给服务器。

服务器收到客户端的初始报文后，可能会发送重试报文验证客户端地址。该重试报文需要设置目的连接标识字段为客户端选择的连接标识，源连接标识字段设置为自己选择的临时连接标识。

客户端如果收到了重试报文，则将初始报文的目的连接标识字段设置为重试报文的源连接标识，添加重试令牌、更改保护密钥为新的目的连接标识，重新发送初始报文。

服务器收到客户端的首个初始报文，或者重试报文触发重发的初始报文后，选择自己的连接标识，并将自己的连接标识填入发送的初始报文的源连接标识字段中，以及之后发送的握手报文等相同字段中。为了验证连接标识，服务器将自己选择的连接标识包含在传输参数 initial_source_connection_id 中，并将收到的客户端初始报文中的目的连接标识填入传输参数 original_destination_connection_id 中，如果存在重试报文，还需要将重试报文的源连接标识填入传输参数 retry_source_connection_id 中。

客户端在收到第一个有效初始报文时，改变自己使用的目的连接标识，之后发送报文中的目的连接标识字段都设置为该初始报文中的源连接标识。

在两端都握手结束后，初始连接的连接标识就协商和验证完成了，之后可以使用短首部报文只包含目的连接标识通信了。握手完成保证了双方都验证了对端的 TLS Finished 消息，认定报文没有遭到篡改，也就验证了 QUIC 的传输参数，说明关键的几个连接标识也没有被篡改过。虽然服务器可以在第一次回应就发送 1-RTT 报文，但是此时还没确定握手是否遭到篡改。

典型的例子如图 2-20 所示，客户端首先选择了自己的连接标识 c1，作为初始报文的源连接标识（图中 SCID=c1），选择随机数 x 作为初始报文的目的连接标识（图中 DCID=x），并将自己的连接标识填入传输参数中（图中 initial_source_connection_id=c1）。服务器收到客户端的初始报文后，选择了 s1 作为自己的连接标识，作为初始报文中的源连接标识字段（图中 SCID=s1），将客户端选择的连接标识作为初始报文中的目的连接标识字段（图中 DCID=c1）。在服务器发送的握手报文中，需要设置传输参数 initial_source_connection_id 为 s1，传输参数 original_destination_connection_id 为 x。协商和验证完成后就只需要发送 1-RTT 报文，其中只有目的连接标识，客户端发送的报文只包含服务器选择的 s1，服务器发送的报文值包含客户端选择的 c1。

如果服务器发送了重试报文，如图 2-21 所示，客户端第一个初始报文同图 2-20。服务器为重试报文选择了源连接标识 s1（图中 SCID=s1），目的连接标识字段设置为客户端选择的连接标识 c1（图中 DCID=c1）。客户端收到重试报文后更改初始报文的目的连接标识字段为 s1（图中 SCID=c1，DCID=s1）。服务器收到该报文后，重新选择一个连接标识 s2，作为初始报文的源连接标识（图中 SCID=s2，DCID=c1），同时设置传输参数 retry_source_connection_id 为 s1，传输参数 initial_source_connection_id 为 s2，传输参数 original_destination_connection_id 为 x。客户端收到服务器的初始报文后，更改目的连接标识为 s2，之后的报文使用 s2 发送报文。

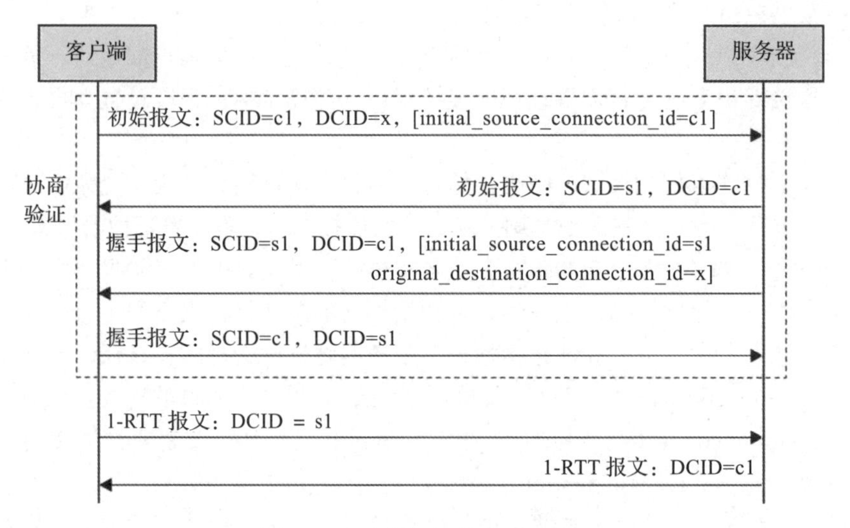

图 2-20　连接标识协商和验证

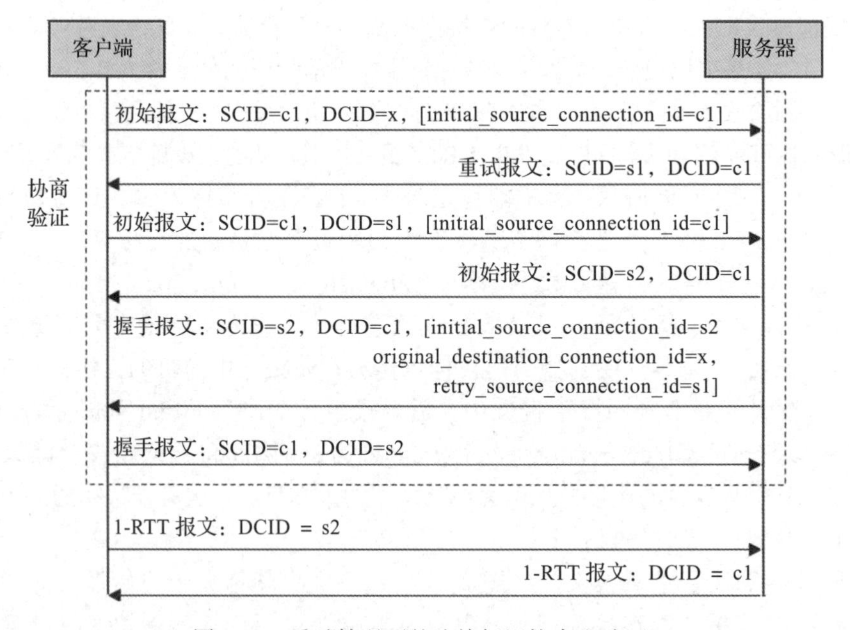

图 2-21　重试情况下的连接标识协商和验证

2.4 报文编号

报文编号（Packet Number，PN）是 QUIC 报文的编号，主要用来确认特定 QUIC 报文是否被对端接收到。另外也用作 IV 的一部分生成加密负载的流量密钥，所以报文编号字段是被首部加密所保护的。加密报文编号字段也防止了不同路径上的报文被中间人通过分析报文编号关联起来。

这跟 TCP 不同，TCP 确认使用的报文序列号同时也是数据偏移量，QUIC 将报文编号与数据偏移量分离。QUIC 的做法消除了重传歧义，可以更精确地测量 RTT，也可以更灵活地管理控制信息和数据信息。

需要确认的 QUIC 报文都需要包含报文编号长度和报文编号，比如上文所述的初始报文、0-RTT 报文、握手报文和短首部报文。报文编号长度一般位于第一个字节的最后两位，二进制取值 00、01、10、11；报文编号位于首部的最后，具体位置根据报文类型不同而有所不同，长度是报文编号长度字段值加一个字节。

报文编号的实际范围是 $0 \sim 2^{62}-1$ 之间的整数，发送报文时 QUIC 首部中的报文编号是经过截断后编码的，这样可以占用更少的报文长度。确认报文的 ACK 帧中的报文编号则是完整编码，使用的是 QUIC 变长编码，所以 QUIC 报文编码的最大值是 $2^{62}-1$，具体见第 2.9 节。

2.4.1 报文编号空间

报文编号为了隔离数据加密和确认的上下文，分为了如下几个空间，每个空间分别编号。

- 初始空间：所有初始报文都在这个空间中。
- 握手空间：所有握手报文都在这个空间中。
- 应用数据空间：所有 0-RTT 报文和 1-RTT 报文都在这个空间中。

版本协商报文、重试报文和无状态重置报文不包含报文编号，因为它们都不需要显式确认，也不可以重传。

每个报文编号空间对应各自的数据保护密钥，由不同的标签衍生而来（具体见 4.3 节），所以也是不同的加密空间。初始报文只能使用初始密钥保护，也只能在初始报文中被确认；类似地，握手报文只能使用握手密钥保护，且只能在握手报文中被确认；虽然 0-RTT 报文和 1-RTT 报文的数据保护密钥由不同的密钥衍生而来，数据加密并不属于同一个上下文，但 0-RTT 报文的确认必须封装在 1-RTT 报文中，所以仍然属于相同的空间，这是为了在这两种报文类型中统一地实现丢包检测。

每个空间的报文编号必须递增使用。虽然一般采取每次递增一的方式，但在特定情况下，也可以跳过几个编号，以便促使对端立即确认，这种情况下，对端会认为有报文乱序或丢失，从而触发立即回复。

报文编号在同一个空间内不能重复使用，所以如果编号达到上限，就应该关闭连接，但发送不能包含 CONNECTION_CLOSE 帧在内的其他帧（因为已经没有编号可用），但可以发送无状态重置。如果收到重复的报文编号，这可能是中间件复制的报文，也可能是攻击者复制的报文，接收者无法判断具体情况，需要丢弃重复报文编号的报文，不能认为是错误。

2.4.2 报文编号编码

报文编号的截断编码基于对已发送未确认报文的了解，所以在收到对端对于报文编号的确认前，不对编号截断。但实际上，这个阶段比较短暂，在这个阶段内发送的报文编号也比较小，跟截断编码的区别不大。在收到确认后，报文编号编码时基于最大已确认报文编号进行截断编码。

截断编码的关键是确定保留的位数，如图 2-22 所示，图中保留位数为 k。确定了保留位数，也就确定了整数基线和编码窗口（这个整数基线指的是保留报文编号的高位，低位全为 0 的整数）。整数基线的步长就是编码窗口，截断编码需要提供编码窗口内的精度。一般希望起码提供在途报文总数内乱序重排的编号恢复，也就是说编码窗口起码要大于两倍的在途报文总数，因此，可以从当前报文编号往前在途报文总数乘以 2 的距离寻找整数基线。在途报文总数就是已发送未确认的报文总数，由当前的报文编号减去最大已确认报文编号得到。

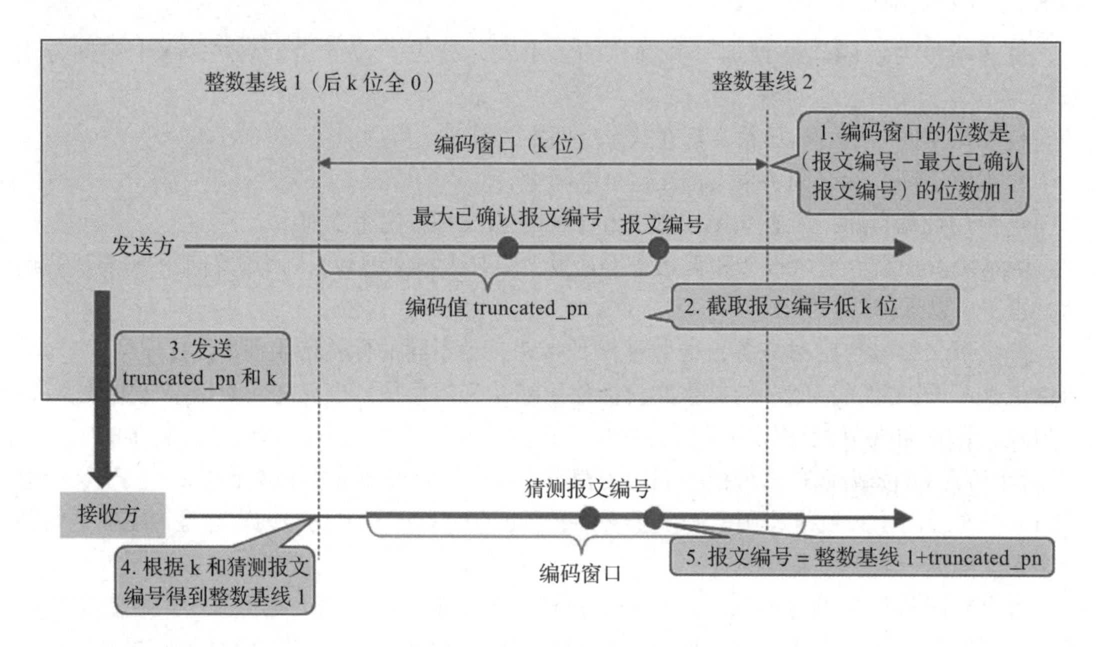

图 2-22 报文编号截断编码

编码的具体步骤如图 2-22 中的步骤 1、2、3 所示，说明如下。

1）将当前要编码的完整报文编号减去最大已确认报文编号，得到在途报文个数。截断的编码位数 k 就是在途报文个数的位数多一位（多一位的本质是乘以 2）。

2）截取报文编号低 k 位得到编码值 truncated_pn。

3）将 truncated_pn 填入报文编号字段，k 位向上取整得到字节数填入报文编号长度字段，将报文发送给接收方。

伪码表示如下：

```
//full_pn 是要编码的完整报文编号
//largest_acked 是最大已确认报文编号
EncodePacketNumber(full_pn, largest_acked):
    if largest_acked is None:
        // 如果还没有收到确认则不截断
        num_unacked = full_pn + 1
    else:
        // 未确认报文总数，即在途报文总数
        num_unacked = full_pn - largest_acked

    // 最小编码位数必须能编码在途报文总数的两倍
    min_bits = log(num_unacked, 2) + 1
    // 把位数向上取整换算成字节
    num_bytes = ceil(min_bits / 8)

    // 将完整报文编号截断为仅剩最低 num_bytes 字节
    return encode(full_pn, num_bytes)
```

2.4.3　报文编号解码

报文编号解码时，最重要的是找出编码时使用的整数基线（完整报文编号的高位），然后加上报文中的报文编号值（完整报文编号的低位），拼接得到完整的报文编号。

接收方根据当前收到的报文猜测出收到报文的报文编号，如果不存在乱序和丢包，那么这个报文编号就是要解码的报文编号。但在实际场景中，还要解决一定范围内的重排，这个范围就是编码窗口，编码窗口由发送方根据在途报文个数确定（见 2.4.2 节）。根据猜测到的报文编号和报文中的报文编号长度就可以得到整数基线，解码过程如图 2-23 中步骤 3、4 和 5 所示。

收到 QUIC 报文中报文编号为 truncated_pn，报文编号位数是 k(报文中携带的是字节数，换算得到位数)，恢复完整报文编号的具体步骤如下。

1）已确认最大报文编号加一得到本次猜测报文编号。

2）猜测报文编号的高位（图 2-23 中整数基线 1）和 truncated_pn 拼接得到完整报文编号。

在图 2-23 的例子中，并没有看到编码窗口的使用，这是因为完整报文编号和猜测报文编号都正好在两个整数基线中间，不需要调整。在图 2-24 的例子中，由于乱序猜测报文编号在整数基线 2 的后面，解码得到的报文编号正好偏离了一个编码窗口，所以往前调整一个窗口；在图 2-25 的例子中，猜测报文编号在完整报文编号的前面一个窗口内，所以需要往后调整一个窗口。

使用编码窗口调整报文编号的过程如下。

1）根据截断后的报文编号位数 k 得到编码窗口（窗口为 k 位可编码的个数）。

2）如果解码得到的报文编号在窗口左边，则往右调整一个窗口。

3）如果解码得到的报文编号在窗口右边，则往左调整一个窗口。

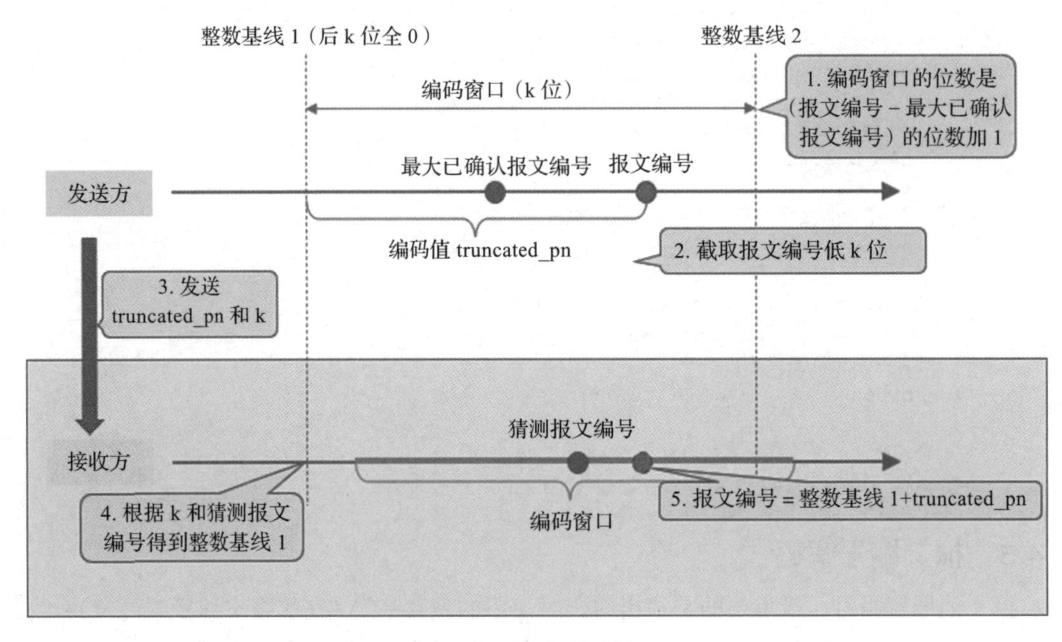

图 2-23　报文编号解码

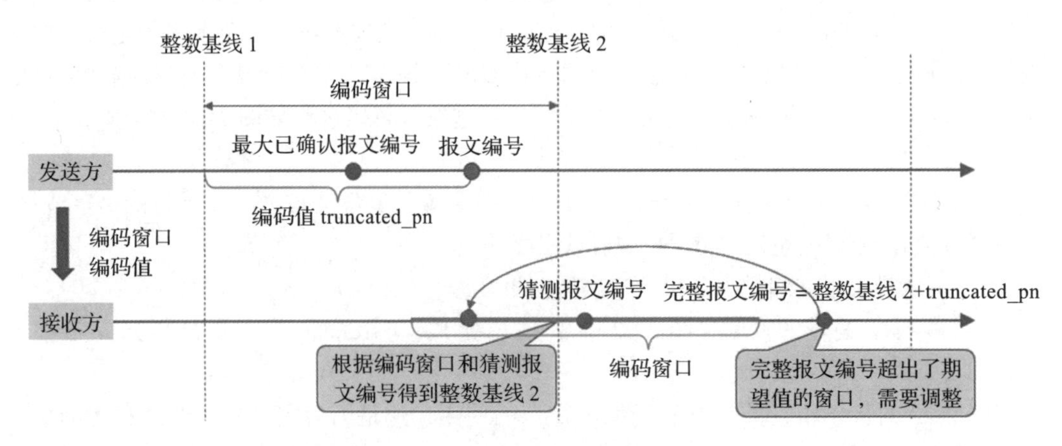

图 2-24　报文编号往前调整

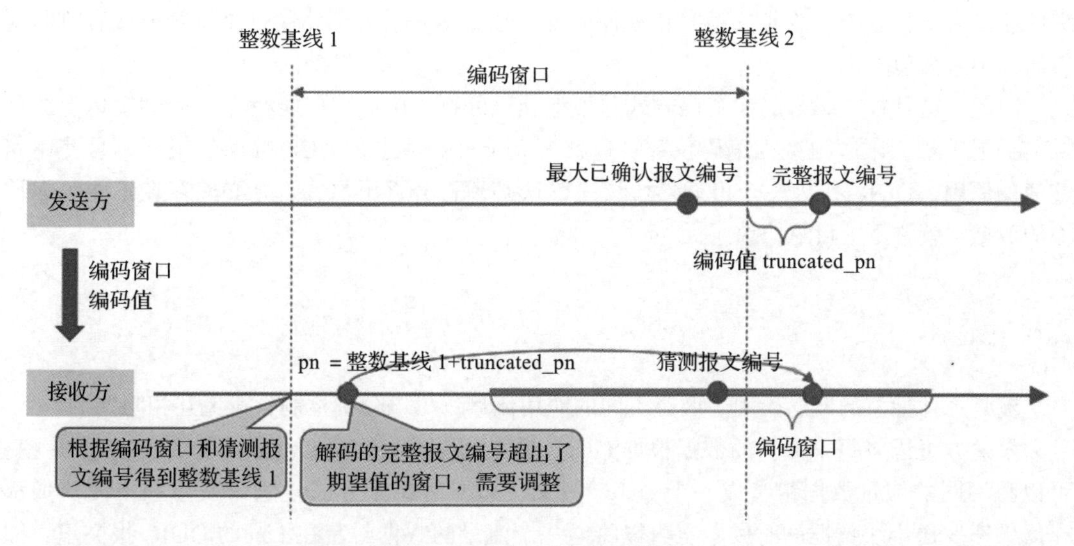

图 2-25　报文编号往后调整

报文编号的解码过程的伪码如下：

```
//largest_pn 是当前报文编号空间内最大已确认报文编号
//truncated_pn 是报文中得到的截断报文编号
//pn_nbits 是报文中报文编号的位数（可以是 8、16、24 或 32）
DecodePacketNumber(largest_pn, truncated_pn, pn_nbits):
    // 猜测报文编号是最大已确认报文编号加一，即下一个报文
    expected_pn  = largest_pn + 1
    //1 左移 pn_nbits 就是报文编号窗口，即 pn_nbits 所能承载的最大值加一
    pn_win       = 1 << pn_nbits
    // 用于确定低位位数以拼接完整报文编号
    pn_mask      = pn_win - 1
    // 猜测报文编号高位和截断报文编号拼接得到完整报文编号。
    candidate_pn = (expected_pn & ~pn_mask) | truncated_pn
    // 完整报文编号应该大于 expected_pn - pn_win / 2 且
    // 小于等于 expected_pn + pn_win / 2
    if candidate_pn <= expected_pn - pn_win / 2 and
        candidate_pn < (1 << 62) - pn_win:
        // 在窗口左侧外边，则加上一个窗口
        return candidate_pn + pn_win
    if candidate_pn > expected_pn + pn_win / 2 and
        candidate_pn >= pn_win:
        // 在窗口右侧外边，则减去一个窗口
        return candidate_pn - pn_win
    return candidate_pn
```

需要注意的是，解码得到的报文编号不一定是正确的，该算法只能保证得到的报文编号在编码窗口内。如果解码得到的报文编号是错误的，这个报文会由于无法解密负载而丢弃。解码得到错误的报文编号也说明链路上存在很大延迟的报文和很严重的乱序，这样的乱序报文即使没有被接收方因为报文编号错误而丢弃，也会被发送方因为超过重排阈值或者时间阈值而判定为丢包。

因此，这种报文编号的编解码方式并不保证百分百正确性，但能在容忍 1-RTT 以上的重排前提下，最大限度地减少编码位数。这种不完全可靠性也是 ACK 帧中的报文编号使用完整值的原因，QUIC 作为一个可靠性协议，确认必须百分百可靠，否则必然存在不能可靠传输的数据，就称不上可靠协议了。

2.5 流

流是一种抽象的概念，用于区分不同的应用流量，可以分别控制，避免互相阻塞。

发送方可以将每个流量的数据根据 QUIC 报文可以承载的数据量分成若干 STREAM 帧。可以将不同的流量数据组装成一个 QUIC 报文，如图 2-26 所示，这通常发生在不同流量都在低频率发送小块数据的时候；也可以将同一个流量的数据封装在不同的 QUIC 报文里，如图 2-27 所示，这通常发生于在小 MTU 的路径上发送大块数据的时候。

注意 如果将多个流量的数据放在一个 QUIC 报文中，这个报文丢失会阻塞多个流量的交付，也可能造成队首阻塞。

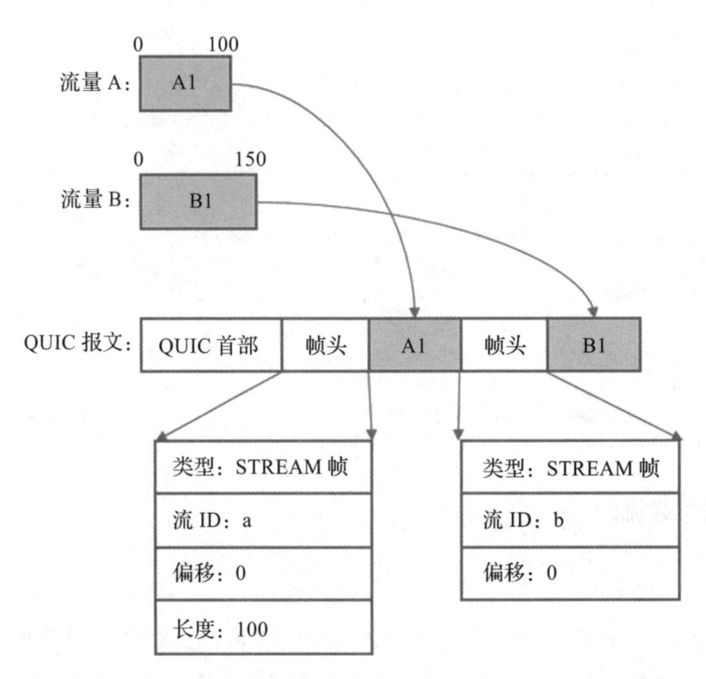

图 2-26 不同流量数据的 QUIC 报文合并

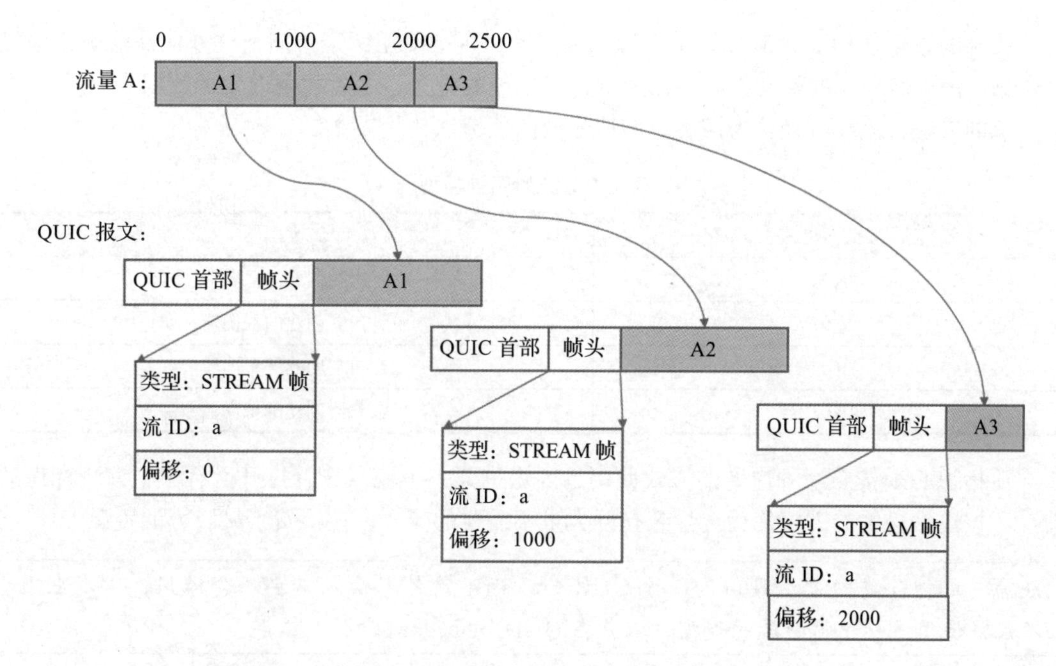

图 2-27　同一个流量的数据封装在不同的 QUIC 报文中

接收方则根据每个帧的流标识、偏移和长度重新组装成应用数据。如图 2-27 所示，QUIC 报文中最后一个 STREAM 帧的长度可以省略，因为长度可以从 UDP 数据报长度得出。

接收方完全有可能接收到相同的数据，如同一个流内相同偏移的数据。因为发送方可能认为之前的报文丢失了（由于延迟或者 ACK 丢失），将丢失报文内的帧重新封装在另一个 QUIC 报文中，但实际上两个 QUIC 报文都收到了。但两次接收到的数据即使偏移相同，长度也不一定相同，所以简单丢弃后一次报文并不是合适的做法，这会加重不稳定网络的负担。所以对于接收到的重复数据，如同一个流内相同偏移的数据，应该丢弃相同的部分，如果相同偏移处数据不同则是个错误。

2.5.1　流标识

每个流由一个整数标识（流标识），报文中的流标识是一个变长编码的整数，范围是 $0\sim2^{62}-1$。

为了两端发起流的流标识不会冲突，客户端和服务器分别使用不同的流标识。流标识的最低位（0x01）标识了流的发起者。客户端发起流的标识是偶数（最低位是 0），服务器发起流的流标识是奇数（最低位是 1）。

为了区分单向流和双向流，让流的接收者能够使用不同处理逻辑和流状态机，使用流标识的倒数第 2 位（0x02）标识流是双向流还是单向流。双向流倒数第 2 位是 0，单向流倒数第 2 位是 1。应用可以根据需要选择单向流或者双向流，一般来说发送和接收存在明显因果对应关系的数据使用双向流，如需要请求和应答；否则使用两个单向流比双向流能更快地发送数据，因为双向流的被动接收方需要等待双向流的打开，之后才可以发送数据。

总的来说，流根可以分为四类，使用最低两位标识，见表 2-2。

表 2-2　流的四种类型

最低两位值	流类型
0x00	客户端创建的双向流
0x01	服务器创建的双向流
0x02	客户端创建的单向流
0x03	服务器创建的单向流

流标识必须按照逐一递增的方式使用，因为打开一个流意味着打开所有小于该流标识的流，不按逐一递增的方式使用会导致打开大量不需要的流，白白浪费了接收方的资源。

注意　这种分类的方法目前仅限于 QUICv1，尚不清楚以后版本会不会沿用，所以应用不应该使用流标识推断流的类型，以免在 QUIC 协议升级时引入错误。

2.5.2　流的打开和关闭

在一个流上发送数据就打开了该流，典型的是发送一个 STREAM 帧，但由于数据包的乱序，其他帧也可能是打开流的标识。STREAM_BLOCKED 帧或 RESET_STREAM 帧也可以打开一个流，比如在流上仅发送一个 RESET_STREAM 帧打开并立即关闭对应流，但对于接收方来说，收到 RESET_STREAM 帧不能认为是立即关闭，因为后面可能还有乱序的 STREAM 帧会到达。对于双向流来说，MAX_STREAM_DATA 帧和 STOP_SENDING 帧也可以打开一个流。

打开一条流会触发所有流标识小于该流标识的流被打开，是为了保证两端打开流的顺序一致，否则发送方和接收方可能会在打开流的认知上陷入混乱，尤其是对于打开流数的控制方面。

关闭流有以下几种方式。

1）流的发送方在 STREAM 帧中设置 FIN 位为 1，表示该流上数据已发送完毕，一般正常的流关闭都采用这种方式。单向流的打开和正常关闭如图 2-28 所示，双向流的正常关闭是单向流的简单复合。但由于报文乱序，接收方可能并没有接收完毕，所以应该等到接收完毕后再关闭对应流。

2）流的发送方在流上发送 RESET_STREAM 帧，表示终止发送。

3）流的接收方也可以主动请求关闭流，一般是由于应用出现错误，通知 QUIC 关闭流的接收，如图 2-29 所示。这时接收方通过发送 STOP_SENDING 帧告诉发送方不会再读取流上的数据，并在应用层错误码中携带具体原因。发送方应该回复 RESET_STREAM 帧，携带收到 STOP_SENDING 帧中的应用层错误码，并告知接收方当前发送的最大数据偏移，这样两端可以对数据发送和接收有一致的状态，对于连接级别的流控也有一致的处理。

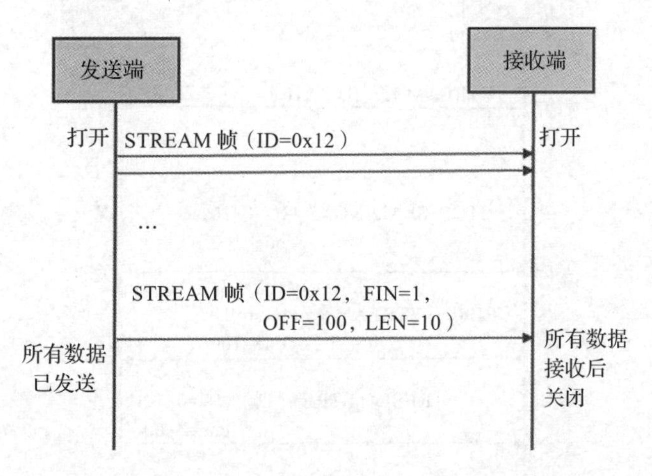

图 2-28　单向流的打开和正常关闭

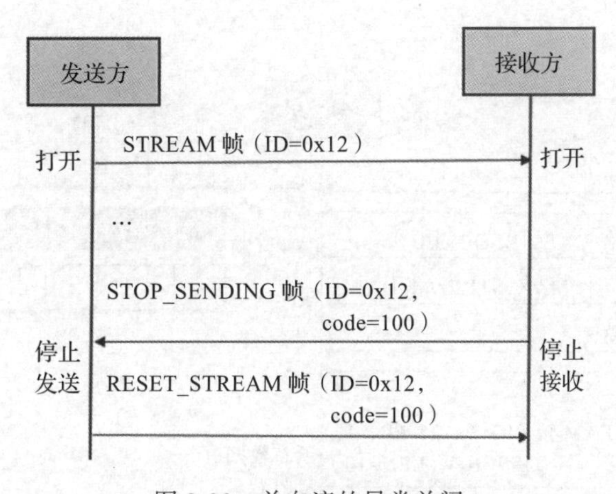

图 2-29　单向流的异常关闭

双向流的异常关闭也可以在一端同时发送 RESET_STREAM 帧（表示自己不会再发送数据）和 STOP_SENDING 帧（建议对方不要再发送数据），如图 2-30 所示。

2.5.3　流状态

流的典型状态转换如图 2-31 所示，在使用 STREAM 帧打开流之后，接收方将数据缓存到缓冲区；应用读取缓冲区，如果应用读取速度比数据接收速度慢，缓冲区会逐渐填满，发送方可能会因为耗尽流的流控而被阻塞，这时就需要发送 STREAM_DATA_BLOCKED 帧通知接收方；应用读取一部分数据后，缓冲区空闲，接收方再发送 MAX_STREAM_DATA 帧告知发送方可以继续发送数据。

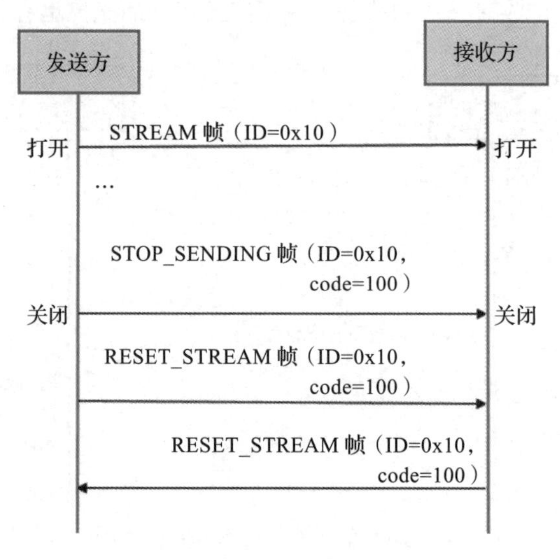

图 2-30　双向流的异常关闭

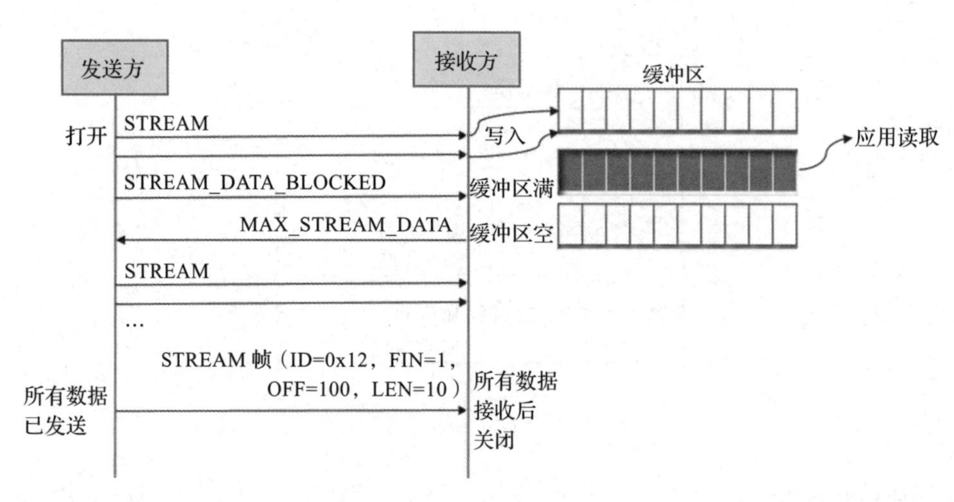

图 2-31　流的典型状态转换

流的发送状态是为了记录追踪数据发送的状态，状态的完整转换过程见图 2-32。

本端发起的流的发送（本端主动打开的流）由应用触发创建（客户端发起的流类型是 0 和 2，服务器发起的是 1 和 3），对端发起的流（本端被动打开的流）的发送只在接收状态建立时建立（即收到对端在双向流上发送的帧后），建立后进入“就绪”状态。发送 STREAM 帧或 STREAM_DATA_BLOCKED 帧后流发送进入“发送”状态。

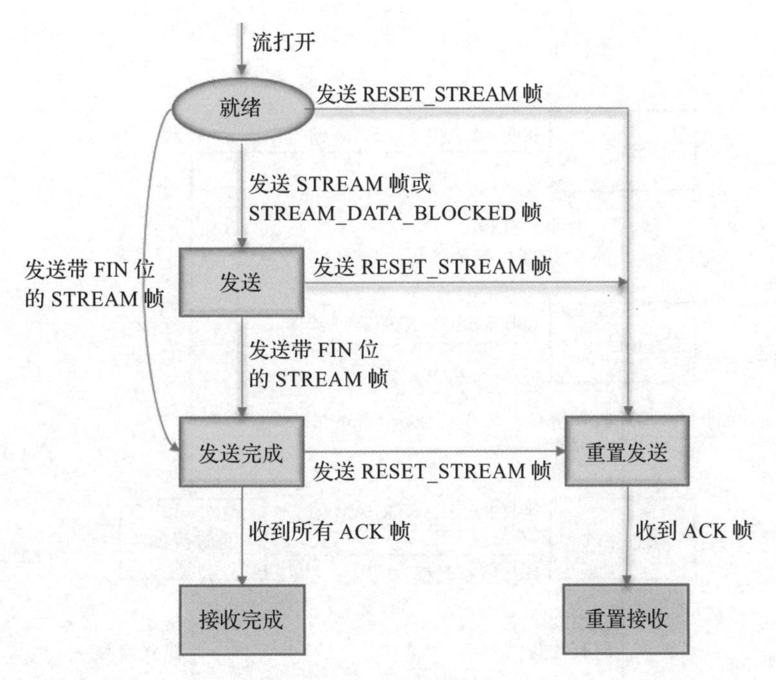

图 2-32　流发送状态转换

在“发送”状态，会在流上发送 STREAM 帧，并持续接收对端的 MAX_STREAM_DATA 帧，如果对端流控更新不及时，数据发送被流级别流控阻塞，还需要发送 STREAM_DATA_BLOCKED 帧。直到应用通知数据发送完毕，会发送一个带 FIN 位的 STREAM 帧，流发送状态进入“发送完成”状态。在这个状态只能发送必要的重传，因为有的 STREAM 帧可能会丢失。除此之外，在应用的指示下可以发送 RESET_STREAM 帧。

这条流上所有数据都被确认后，流进入“接收完成”状态，即最终状态，单向流可以直接关闭。

在进入最终状态之前，应用可能会取消发送，或者对端发送了 STOP_SENDING 帧，这时需要发送一个 RESET_STREAM 帧，并进入“重置发送”状态。

在“重置发送”状态需要关注 RESET_STREAM 帧的确认，如果判断 RESET_STREAM 帧丢失，则需要重传。直到收到一个 RESET_STREAM 帧的确认，即进入最终的“重置接收”状态，这也是一个最终状态。在“重置发送”或最终状态时，不能够再发送 STREAM 帧或 STREAM_BLOCKED 帧。

有两种情况需要特别注意：如果流发送的第一个帧是带 FIN 位的 STREAM 帧，那么流直接跳过“就绪”和“发送”状态，进入“发送完成”状态。如果流发送的第一个帧是 RESET_STREAM 帧，那么流直接进入“重置发送”状态。

流的接收状态是为了记录跟踪数据交付应用的状态，如图 2-33 所示。

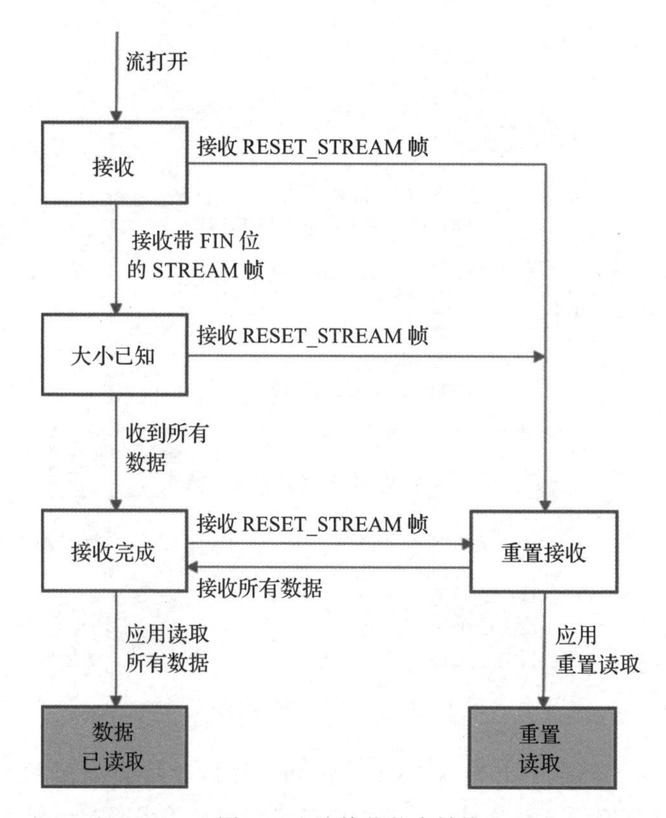

图 2-33 流接收状态转换

对于对端打开的单向流和双向流来说，接收状态由收到对应流上的帧被动创建。这些帧可能是 STREAM 帧、STREAM_DATA_BLOCKED 帧或 RESET_STREAM 帧。对于对端打开的双向流，触发的帧还可能是 MAX_STREAM_DATA 帧或 STOP_SENDING 帧。对于本端打开的双向流来说，接收状态在打开时自动创建。

接收状态创建后即进入“接收”状态，在这个状态一般处理接收 STREAM 帧，可能还有 STREAM_DATA_BLOCKED 帧，在缓冲区释放的情况下还需要发送 MAX_STREAM_DATA 帧。这也是可以发送 MAX_STREAM_DATA 帧的唯一状态。

收到一个带 FIN 位的 STREAM 帧即进入“大小已知”状态，但由于丢包重传和乱序，这时可能还没有流上的所有数据。

流上的所有数据接收完毕后，进入“接收完成”状态，但由于应用读取的滞后，这时应用可能还没有读完所有数据。

应用读完该流缓冲区所有数据后，进入“数据已读取”的最终状态。

在除最终状态以外的所有状态，“接收”“大小已知”和“接收完成”状态，都可能接收到 RESET_STREAM 帧，接收即进入“重置接收”状态。这时需要通知应用，通知完成后进入“重置读取”的最终状态。此时的 RESET_STREAM 帧可以是对端应用主动通知的，也可能是本端应用通过 STOP_SENDING 帧触发的。

需要注意的是，状态不是严格逐个转换的，有的情况下一个报文可以触发几个状态的转换，比如第一个报文是带 FIN 位的 STREAM 帧，则直接进入“接收完成”状态。

2.6　帧

QUIC 报文一般由一个或多个帧组成，如图 2-34 所示，这些帧可以是同一类型或者多种类型，但不同加密级别的帧不能合并到一个 QUIC 报文中。只有版本协商报文、重试报文和无状态重置报文没有任何帧。

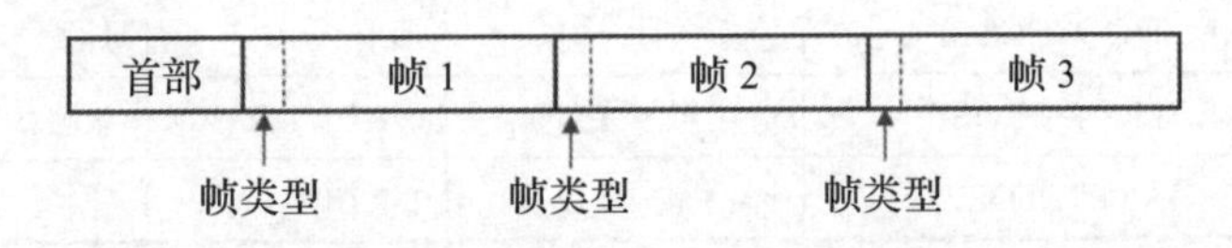

图 2-34　QUIC 报文中的帧

所有帧都由帧类型开始，帧类型是一个变长编码的整数，接下来是特定于帧类型的字段。最新帧的定义见 https://www.iana.org/assignments/quic/quic.xhtml#quic-frame-types，目前支持的帧见表 2-3。

表 2-3　QUIC 帧

类型值	帧类型名称	用途	报文类型	特殊规则
0x00	PADDING	填充	所有	不触发 ACK/ 探测
0x01	PING	ping	所有	
0x02	ACK	确认	除 0-RTT	不触发 ACK/ 不受拥塞控制
0x03	ACK（带 ECN）	通知拥塞的确认	除 0-RTT	不触发 ACK/ 不受拥塞控制
0x04	RESET_STREAM	重置流	0-RTT/1-RTT	
0x05	STOP_SENDING	停止流	0-RTT/1-RTT	
0x06	CRYPTO	加密参数	除 0-RTT	
0x07	NEW_TOKEN	发放令牌	1-RTT	
0x08-0x0f	STREAM	发送数据	0-RTT/1-RTT	受流控
0x10	MAX_DATA	连接级别流控	0-RTT/1-RTT	
0x11	MAX_STREAM_DATA	流级别流控	0-RTT/1-RTT	
0x12	MAX_STREAMS	双向流数上限	0-RTT/1-RTT	
0x13	MAX_STREAMS	单向流数上限	0-RTT/1-RTT	
0x14	DATA_BLOCKED	连接级流控阻塞	0-RTT/1-RTT	

（续）

类型值	帧类型名称	用途	报文类型	特殊规则
0x15	STREAM_DATA_BLOCKED	流级流控阻塞	0-RTT/1-RTT	
0x16	STREAM_BLOCKED	双向流数达上限	0-RTT/1-RTT	
0x17	STREAM_BLOCKED	单向流数达上限	0-RTT/1-RTT	
0x18	NEW_CONNECTION_ID	新连接 ID 通知	0-RTT/1-RTT	探测
0x19	RETIRE_CONNECTION_ID	停用连接 ID	0-RTT/1-RTT	
0x1a	PATH_CHALLENGE	路径探测	0-RTT/1-RTT	探测
0x1b	PATH_RESPONSE	路径探测回复	0-RTT/1-RTT	探测
0x1c	CONNECTION_CLOSE	连接关闭	所有	不触发 ACK
0x1d	CONNECTION_CLOSE	应用触发关闭	0-RTT/1-RTT	不触发 ACK
0x1e	HANDSHAKE_DONE	握手完成	1-RTT	

对于这些帧的不同属性总结如下。

1）只有 STREAM 帧受流控，这是因为流控的目的是保护接收方缓冲区，而只有 STREAM 帧中有应用数据可以占用缓冲区。

2）只有 ACK 帧不受拥塞控制，也不计入拥塞控制的字节。这是因为 ACK 帧的及时发送对于帮助发送方及时调整发送策略、提高效率非常重要。

3）PADDING 帧、ACK 帧、CONNECTION_CLOSE 帧不触发确认，虽然所有报文最终都要确认，但报文中包含除这三个帧以外的帧时需要及时确认。

4）只有 NEW_CONNECTION_ID 帧、PADDING 帧、PATH_CHALLENGE 帧和 PATH_RESPONSE 帧可以用来探测，包含探测帧以外的帧会导致连接迁移。

2.6.1 PADDING 帧

PADDING 帧是用来填充报文长度的，可以用来增加报文长度来达到需要的长度，或者隐藏报文的真实长度。

PADDING 帧的类型值是 0，没有其他内容，如下所示。因为 0 变长编码后也是 0，所以填充时简单根据长度填入全 0 值就可以了。

```
PADDING 帧 {
    Type = 0x00,
}
```

2.6.2 PING 帧

PING 帧用来检查对端是否活跃；还可以用来防止空闲超时、保持连接状态；也可以用于触发 ACK 帧，比如发送确认的端点想要知道对端 ACK 帧的接收情况，但 ACK 帧本身并不触发确认，在没有其他帧要发送的情况下，就可以使用 PING 帧触发对于 ACK 帧的确认。

PING 帧的类型为 0x01，没有内容，如下所示：

```
Ping 帧 {
    Type = 0x01,
}
```

2.6.3　ACK 帧

ACK 帧用来通知发送方对应报文已经收到并处理完成，所以 ACK 帧内容主要是一段又一段的确认报文编号。但这里的报文编号是变长整数编码的完整值，不同于报文首部中截断的报文编号。

ACK 帧只能出现在触发确认报文的相同报文编号空间中，所以不同空间的相同编号不会引起混淆。0-RTT 报文的确认必须在 1-RTT 报文中，两者属于同一个报文编号空间。版本协商报文和重试报文没有报文编号，不需要确认。

ACK 帧的类型有两种：0x02 和 0x03。0x02 类型的 ACK 帧不包含 ECN 标记，格式如下所示：

```
ACK 帧 {
    Type = 0x02,                    // 变长编码
    Largest Acknowledged,           // 变长编码
    ACK Delay,                      // 变长编码
    ACK Range Count,                // 变长编码
    First ACK Range,                // 结构见下文 ACK Range
    ACK Range (..) ...,             //0 到多个 ACK Range
}
```

0x03 类型的 ACK 帧包含 ECN 标记，格式如下所示：

```
ACK 帧 {
    Type = 0x03,                    // 变长编码
    Largest Acknowledged,           // 变长编码
    ACK Delay,                      // 变长编码，单位为 μs
    ACK Range Count,                // 变长编码
    First ACK Range,                // 结构见下文 ACK Range
    ACK Range ...,                  //0 到多个 ACK Range
    ECN Counts,                     // 见下文 ECN Counts 结构
}
```

各字段的含义如下。

Largest Acknowledged：表示该 ACK 帧确认的最大报文编号。

ACK Delay：确认延迟，单位是 μs。实际的延迟值是 ACK Delay 的值乘以 2 的 ack_delay_exponent 次方，其中 ack_delay_exponent 是 ACK 帧的发送方的传输参数，在建立连接期间确定。这样虽然降低了精度，但可以节省编码空间，能够携带更多的 ACK Range，使得发送方更快得到反馈。

ACK Range Count：ACK 帧中 ACK Range 的数量，不包含 First ACK Range。

First ACK Range：第一个 ACK Range，这个块确认的报文编号范围是从 Largest Acknowledged 减去本块中的 ACK Range Length 到 Largest Acknowledged。

ACK Range：其他的报文编号块，可以是没有确认的块，使用 ACK Range 中的 Gap 表示，也可以是确认的块，使用 ACK Range 中的 ACK Range Length 表示。

ACK Range 是确认或者不确认的报文编号个数，结构如下：

```
ACK 帧 {
    Gap,   // 变长编码
    ACK Range Length,    // 变长编码
}
```

相邻的 ACK Range 的 Gap 和 ACK Range Length 交替出现，按报文编号降序排列。Gap 表示比前面 ACK Range 中确认的最小报文编号小 1 的报文前连续未被确认的报文数。ACK Range Length 表示表示先前 Gap 确定的最大报文编号之前连续被确认报文的数目。

Gap 中编码的值比连续未确认的报文数小 1，计算方法为：

```
Gap = 区段内最大报文编号 - 区段内最小报文编号 - 1
```

ACK Range Length 中编码的值比连续确认的报文数小 1，计算方法为：

```
ACK Range Length = 区段内最大报文编号 - 区段内最小报文编号 - 1
```

Gap 值为 0 表示连续未确认报文只有一个，ACK Range Length 为 0 表示连续确认报文只有一个。

Gap 和 ACK Range Length 的应用举例如图 2-35 所示。图 2-35 中，收到了报文编号 7～14 的报文，未收到报文编号 15～22 的报文，但收到了报文编号 23～30 的报文，所以当前确认的最大报文编号（Largest Acknowledged）是 30，ACK Range 总共是 3 个，除去 First ACK Range 还有 2 个，所以 ACK Range 为 2，编码的结构为：

```
ACK 帧 {
    Type = 0x03,
    Largest Acknowledged = 30,
    ACK Delay = 10,
    ACK Range Count = 2,
    First ACK Range（ACK Range Length = 7），    // 确认 23 ~ 30
    ACK Range（Gap = 7），                       // 未确认 15 ~ 22
    ACK Range（ACK Range Length = 7），          // 确认 7 ~ 14
}
```

ECN 信息是为了向发送方传递当前报文编号空间内收到的，在 IP 首部中携带 ECN 标记的 QUIC 报文的个数。ECN Counts 的结构为：

```
ECN Counts {
    ECT0 Count,          // 变长编码
    ECT1 Count,          // 变长编码
```

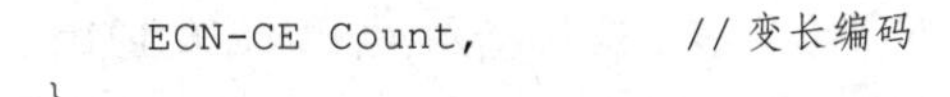

```
    ECN-CE Count,          //变长编码
}
```

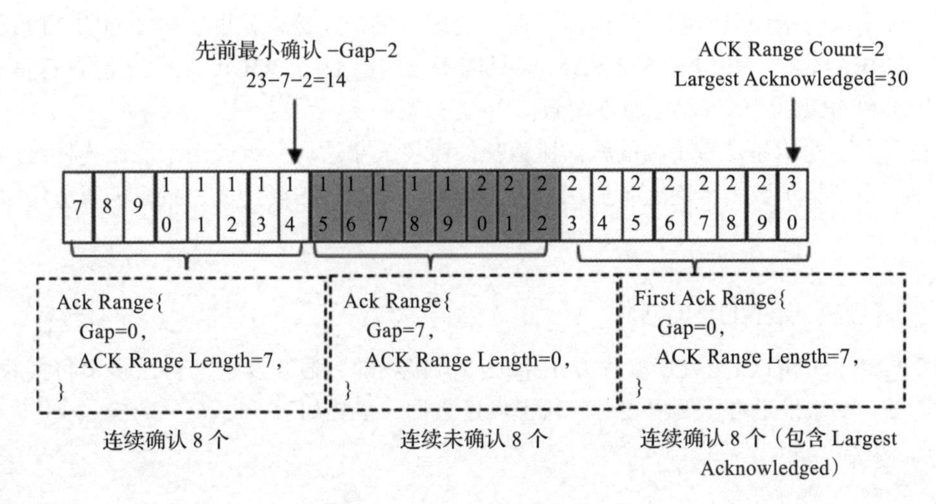

图 2-35　ACK 帧编码示例

其中各字段的含义如下。

ECT0 Count：表示 ACK 帧所在报文编号空间里收到的携带 ECT(0) 标识的报文总数。

ECT1 Count：表示 ACK 帧所在报文编号空间里收到的携带 ECT(1) 标识的报文总数。

ECN-CE Count：表示 ACK 帧所在报文编号空间里收到的携带 ECN-CE 标识的报文总数。

这里的报文数量一般指 QUIC 报文数量，对于 1-RTT 报文来说，就是 UDP 数据报的数量，也是 IP 数据包的数量。这是因为 QUIC 是根据路径 MTU 组装 UDP 数据报的，不允许 IP 分片，而短首部 QUIC 报文没有长度，多个短首部报文不能合并到一个 UDP 报文中，也没有这种需要。

2.6.4　RESET_STREAM 帧

RESET_STREAM 帧是数据发送方用来关闭流的，用于通知对端本端已经关闭发送，之后不会再在该流上发送或重传 STREAM 帧。RESET_STREAM 帧的具体格式为：

```
RESET_STREAM 帧 {
    Type = 0x04,                          //变长编码
    Stream ID,                            //变长编码
    Application Protocol Error Code,      //变长编码
    Final Size,                           //变长编码
}
```

其中各个字段的含义如下。

Stream ID：需要关闭的流的流标识。

Application Protocol Error Code：应用协议错误码，表示应用指示关闭该流的原因。

Final Size：RESET_STREAM 帧发送方的流最终大小（也是偏移量大小），单位是字节。

如果应用层的错误只影响了当前流，而不会影响整个连接，就可以通知 QUIC 协议发送 RESET_STREAM 帧。RESET_STREAM 帧只能由应用层触发，QUIC 协议不能自行重置流，不然应用层和 QUIC 层的流状态将不一致。

流最终大小的传递是为了两端就该流消耗的流控大小达成一致，用于协调连接级的流量控制。而不用于指示数据传递或者应用交付，如果应用交付需要达成一致，需要应用协议自己实现。

2.6.5 STOP_SENDING 帧

STOP_SENDING 帧是数据接收方用来关闭流接收的，通知发送方自己将不再接收相应流上的数据，要求发送方不要再在对应流上发送数据，格式如下：

```
STOP_SENDING 帧 {
    Type = 0x05,                        // 变长编码
    Stream ID,                          // 变长编码
    Application Protocol Error Code,    // 变长编码
}
```

STOP_SENDING 帧中各字段含义如下。

Stream ID：需要关闭的流的流标识。

Application Protocol Error Code：应用协议错误码，应用层用来传递关闭流的原因。

2.6.6 CRYPTO 帧

CRYPTO 帧用来传输 TLS 的加密信息，包括握手信息和其他信息，内容是由 TLS 产生的。QUIC 使用 CRYPTO 帧在每个加密级别分别为 TLS 提供了可靠保序的字节流传输，类似于提供给应用协议的流传输。每个加密级别分别对应一条加密信息流，所以偏移也是分别从 0 开始的。

CRYPTO 帧格式如下：

```
CRYPTO 帧 {
    Type = 0x06, // 变长编码整数
    Offset,      // 变长编码整数
    Length,      // 变长编码整数
    Crypto Data, // 字节数组，长度由 Length 决定
}
```

CRYPTO 帧的各字段含义如下。

Offset：这个 CRYPTO 帧中的数据（Crypto Data）在整个加密信息流中的字节偏移量。

Length：CRYPTO 帧的 Crypto Data 字段携带的数据的字节长度。

Crypto Data：TLS 提供的加密信息数据字节流。

2.6.7 NEW_TOKEN 帧

NEW_TOKEN 帧是服务器用来给客户端分发令牌的，每个 NEW_TOKEN 帧提供一个令牌。客户端恢复连接时可以携带这个令牌为服务器提供源地址验证，并且协助服务器恢复部分连接状态。

NEW_TOKEN 帧的结构如下：

```
NEW_TOKEN 帧 {
    Type = 0x07,            // 变长编码整数
    Token Length,           // 变长编码整数
    Token,                  // 字节数组，长度由 Token Length 决定
}
```

NEW_TOKEN 帧包含如下字段。

Token Length：Token 字段的字节长度。

Token：一个不透明数据块的令牌。

2.6.8 STREAM 帧

STREAM 帧是用来携带应用层数据的可靠、保序字节流，STREAM 帧的类型可以从 0x08 到 0x0f，格式形如 0b00001XXX，低 3 位是几个标识位，具体如下。

- 帧类型中的 OFF 位（0x04）用于表示 Offset 字段是否存在，为 1 表示 Offset 字段存在。此位为 0，则 Offset 字段不存在，表示这是该流的第一个帧，偏移为 0。
- 帧类型的 LEN 位（0x02）用于表示帧的 Length 字段是否存在，为 1 则表示 Length 字段存在。此位为 0 则表示 Length 字段不存在，这种情况下 Stream Data 字段延续到 QUIC 报文的末尾。
- 帧类型的 FIN 位（0x01）表示流的结束。流的最终数据大小等于携带 FIN 位的 STREAM 帧中 Offset 与该帧的 Length 之和。携带 FIN 位的 STREAM 帧必须携带 Offset 字段，用于通知接收方流数据的最终大小。

所有流都是从偏移 0 开始的，最大偏移量不能超过 $2^{62}-1$，这受到变长整形编码的范围限制。另外由于连接级的流控编码（MAX_STREAM_DATA 帧）范围限制，多个流存在时，流的最大偏移量还要更小。

STREAM 帧结构如下所示：

```
STREAM 帧 {
    Type = 0x08..0x0f,    // 从 0x08 到 0x0f，变长编码整数
    Stream ID,            // 变长编码整数
    [Offset],             // 变长编码整数，可选字段，Type 为 0xb～0xf 时存在
    [Length],             // 变长编码整数，可选字段，Type 为 0xa、0xb、0xe、0xf 时存在
    Stream Data,          // 字节数组，长度由 Length 或者报文总长度决定
}
```

STREAM 帧包含如下字段。

Stream ID：发送数据的流的流标识。

Offset：STREAM 帧中的 Stream Data 在整条流中的字节偏移量。这个字段在 OFF 位置为 1 时存在。当此字段不存在时，偏移量为 0。

Length：STREAM 帧中的 Stream Data 字段的字节长度。该字段在 LEN 位置为 1 时存在。当 LEN 位置为 0 时，QUIC 报文的所有剩余字节都是 Stream Data。

Stream Data：流中需要传递的数据。

STREAM 帧只能出现在 0-RTT 和 1-RTT 报文中，而且必须进行拥塞控制。它是唯一受到流控的帧，这是由于流控是保护端点上缓冲区的，只有 STREAM 帧内的应用数据会占用缓冲区。

2.6.9 MAX_DATA 帧

MAX_DATA 帧用于连接级别的流量控制，用于通知对端整个连接上可以发送的最大数据量。最大数据量指的是所有 STREAM 帧上发送的数据总和，也就是各个流的最大偏移量总和，包括已经关闭的流，也包括 0-RTT 报文中的数据，但不包括 CRYPTO 帧内的数据。

MAX_DATA 帧格式如下：

```
MAX_DATA 帧 {
    Type = 0x10,           // 变长编码整数
    Maximum Data,          // 变长编码整数
}
```

MAX_DATA 帧包含如下字段。

Maximum Data：表示可以在整个连接上发送的最大数据量，单位为字节。

由于可能存在乱序，有可能收到比先前限制小的 MAX_DATA 帧，这时接收方忽略该帧，即只处理更大限制的 MAX_DATA 帧。

2.6.10 MAX_STREAM_DATA 帧

MAX_STREAM_DATA 帧用于流级别的流量控制，用于限制对端在这个流上可以发送的最大数据量，结构如下：

```
MAX_STREAM_DATA 帧 {
    Type = 0x11,           // 变长编码整数
    Stream ID,             // 变长编码整数
    Maximum Stream Data, // 变长编码整数
}
```

MAX_STREAM_DATA 帧包含如下字段。

Stream ID：流量控制的流的流标识。

Maximum Stream Data：可以在该流上发送的最大数据量，单位为字节。

这个最大数据量指的是流的最大偏移量，因为存在丢包和乱序，在达到流控上限时，接

收数据量总数可能要小于最大偏移量，因为丢包导致中间有空隙，但QUIC并不能将空隙之后的数据交付给应用，还是要占用缓冲区，如图2-36所示，此时发送方只能重传未收到的数据部分，不能发送100之后的偏移量数据。

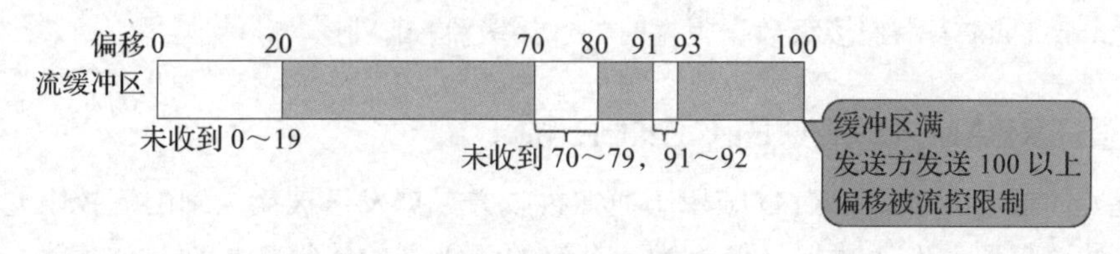

图2-36 流级流控限制

由于可能包含MAX_STREAM_DATA帧的报文也可能存在乱序，所以会收到比先前限制小的MAX_STREAM_DATA帧，这时接收方应该忽略该帧，即只处理包含更大限制的MAX_STREAM_DATA帧。

2.6.11 MAX_STREAMS帧

MAX_STREAMS帧用于通知对端连接生存期间可以打开的流的总数，也包括已经关闭的流。类型0x12的MAX_STREAMS帧用于双向流，类型0x13的则用于单向流。

MAX_STREAMS帧的格式如下：

```
MAX_STREAMS 帧 {
   Type = 0x12 或 0x13,     // 变长编码整数
   Maximum Streams,         // 变长编码整数
}
```

Maximum Streams的值是在连接的生命周期内可以打开的单向流（Type为0x13时）或者双向流（Type为0x12时）的总数。该值不能超过2^{60}，因为不能编码大于$2^{60}-1$的流ID。只有流标识小于（Maximum Streams × 4 + first_stream_id_of_type）的流可以被开启。first_stream_id_of_type取值0～3，具体地，服务器限制客户端创建的双向流时取值0，客户端限制服务器创建的双向流时取值1，服务器限制客户端创建的单向流时取值2，客户端限制服务器创建的单向流时取值3。

由于可能存在乱序，有可能收到比先前限制小的MAX_STREAMS帧，这时接收方忽略该帧，即只处理更大限制的MAX_STREAMS帧。

2.6.12 DATA_BLOCKED帧

DATA_BLOCKED帧用于通知接收方数据发送被连接级别的流控阻塞了。当发送方想要发送数据，但因为连接级别的流控耗尽无法发送（即由接收方MAX_DATA帧设置的流控），就需要发送一个DATA_BLOCKED帧通知接收方。

DATA_BLOCKED帧的结构如下：

```
DATA_BLOCKED 帧 {
    Type = 0x14,        // 变长编码整数
    Maximum Data,       // 变长编码整数
}
```

Maximum Data 表示连接级数据阻塞时的连接级流控限制。

2.6.13 STREAM_DATA_BLOCKED 帧

STREAM_DATA_BLOCKED 帧用于通知接收方数据发送被流级别的流控阻塞了。当发送方想要在一个流上发送数据，但因为这个流的流级别的流控耗尽而无法发送（由接收方 MAX_STREAM_DATA 帧设置的流控），就需要发送一个 STREAM_DATA_BLOCKED 帧通知接收方。

STREAM_DATA_BLOCKED 帧结构如下：

```
STREAM_DATA_BLOCKED 帧 {
    Type = 0x15,              // 变长编码整数
    Stream ID,                // 变长编码整数
    Maximum Stream Data,      // 变长编码整数
}
```

STREAM_DATA_BLOCKED 帧包含如下字段。

Stream ID：被流量控制阻塞的流的流标识。

Maximum Stream Data：阻塞发生时该流的数据偏移量。

2.6.14 STREAMS_BLOCKED 帧

当发送方想要打开一个流，但因为对端设置的流数上限（由接收方 MAX_STREAMS 帧设置的上限）而无法打开，就需要发送一个 STREAMS_BLOCKED 帧通知接收方。类型为 0x16 的 STREAMS_BLOCKED 帧用于表示双向流数量达到上限，而类型 0x17 则表示单向流数量达到上限。

STREAMS_BLOCKED 帧的结构如下：

```
STREAMS_BLOCKED Frame {
    Type = 0x16..0x17,    // 变长编码整数
    Maximum Streams,      // 变长编码整数
}
```

Maximum Streams 字段的值表示受对端的数量限制无法打开新的流时已经打开的单向流或者双向流的总数，该值不能超过 2^{60}，因为不能编码超过 $2^{62}-1$ 的流标识。

2.6.15 NEW_CONNECTION_ID 帧

NEW_CONNECTION_ID 帧用来提供给对端新的连接标识，当对端进行连接迁移时就可以使用新的连接标识，防止观察者关联迁移前后的活动。

NEW_CONNECTION_ID 帧的结构如下：

```
NEW_CONNECTION_ID 帧 {
    Type = 0x18,                    // 变长编码整数
    Sequence Number,                // 变长编码整数
    Retire Prior To,                // 变长编码整数
    Length,                         // 固定长度一字节
    Connection ID,                  //8～160 位，长度由 Length 决定
    Stateless Reset Token,          //128 位
}
```

NEW_CONNECTION_ID 帧包含如下字段。

Sequence Number：发送方分配给连接标识的序列号。

Retire Prior To：将要停用的自己发布的连接标识，序列号小于这个值的连接标识都被停用。

Length：8 位无符号整型值，标识 Connection ID 字段的字节长度。QUICv1 取值范围是 1～20，即对应 8～160 位的 Connection ID。

Connection ID：Length 字节长度的连接标识。

Stateless Reset Token：128 位的无状态重置令牌，NEW_CONNTION_ID 帧的接收方在收到该连接标识的报文时，对相关连接进行无状态重置。

在处于打开状态的流数量将要超过限制时，可以使用 NEW_CONNECTION_ID 帧中的 "Retire Prior To" 字段退出一部分流，暂时性地超出限制，避免被阻塞。

由于丢包和乱序，NEW_CONNECTION_ID 帧也是不能保证顺序的，所以可能会收到序列号更小的连接标识；也可能会收到重复的连接标识，这种情况视为发送方的重传，也就是说对应的序列号、无状态重置令牌必须相同。更极端的情况下，还可能会收到比之前收到的 NEW_CONNECTION_ID 帧中 " Retire Prior To" 字段值更小的序列号，这些序列号也在要停用的连接标识之内，对应的连接标识也要停用。

2.6.16　RETIRE_CONNECTION_ID 帧

RETIRE_CONNECTION_ID 帧用来通知对端不再使用对端发布的某个连接标识。主动发送的情况下也表示请求对端通过 NEW_CONNECTION_ID 帧再发布一个新的连接标识，除此之外，也可以是收到 NEW_CONNECTION_ID 帧中退出连接标识时被动发送。

RETIRE_CONNECTION_ID 帧的结构如下：

```
RETIRE_CONNECTION_ID Frame {
    Type = 0x19,            // 变长编码整数
    Sequence Number,        // 变长编码整数
}
```

Sequence Number 表示想要停用的连接标识的序列号，一般是之前对端通过 NEW_CONNECTION_ID 帧发布的序列号，也可以是初始连接协商的目的连接标识（序列号为 0）

或者客户端想要停用服务器通过首选地址传输参数 preferred_address 发布的连接标识（序列号为 1），但不能是包含这个 RETIRE_CONNECTION_ID 帧的 QUIC 报文的目的连接标识。

RETIRE_CONNECTION_ID 帧和 NEW_CONNECTION_ID 帧的区别如下。

- RETIRE_CONNECTION_ID 帧停用的是对端发布的连接标识，而 NEW_CONNECTION_ID 帧停用的是自己发布的连接标识。
- RETIRE_CONNECTION_ID 帧停用的是指定序列号的连接标识（即指定一个连接标识），而 NEW_CONNECTION_ID 帧停用的小于等于某个序列号的所有连接标识（可能是多个连接标识）。

2.6.17 PATH_CHALLENGE 帧

PATH_CHALLENGE 帧用来探测对端可达性，一般用来在连接迁移时探测新路径的可达性。

PATH_CHALLENGE 帧包含如下字段：

```
PATH_CHALLENGE Frame {
    Type = 0x1a,  //变长编码整数
    Data,         //64 位数据
}
```

Data 字段是固定长度的 8 字节（64 位）任意数据，用于回复的 PATH_RESPONSE 帧中必须包含相同的数据，这是为了确保对端确实接收到了这个帧，而不是基于猜测的攻击。

2.6.18 PATH_RESPONSE 帧

PATH_RESPONSE 帧是用来回复 PATH_CHALLENGE 帧的，所以格式与 PATH_CHALLENGE 帧类似，具体内容如下：

```
PATH_RESPONSE 帧 {
    Type = 0x1b,   //变长编码整数
    Data,          //64 位
}
```

Data 字段中是 PATH_CHALLENGE 帧中的 Data 字段内的值，探测的发送方收到一样的 Data 值才能认为是探测成功，因为这代表了对端真的收到了 PATH_CHALLENGE 帧，而且有正确的解密和加密状态。

2.6.19 CONNECTION_CLOSE 帧

CONNECTION_CLOSE 帧用来通知对端连接正在关闭。帧类型 0x1c 表示是 QUIC 层发起的关闭，可能是 QUIC 层出现了错误不得不关闭，也可能是正常的关闭，正常关闭时错误码是 NO_ERROR。帧类型 0x1d 表示是应用层发起的关闭，带有应用层错误码。

CONNECTION 格式如下：

```
CONNECTION_CLOSE 帧 {
    Type = 0x1c,                    // 变长编码整数
    Error Code,                     // 变长编码整数
    Frame Type,                     // 变长编码整数
    Reason Phrase Length,           // 变长编码整数
    Reason Phrase,                  //Reason Phrase Length 字节长度
}

CONNECTION_CLOSE 帧 {
    Type = 0x1d,                    // 变长编码整数
    Error Code,                     // 变长编码整数
    Reason Phrase Length,           // 变长编码整数
    Reason Phrase,                  //Reason Phrase Length 字节长度
}
```

CONNECTION_CLOSE帧包含如下字段。

Error Code：表示关闭该连接的原因。0x1c类型CONNECTION_CLOSE帧QUIC层错误码的具体定义见2.7.1节。0x1d类型CONNECTION_CLOSE帧使用应用层错误码。

Frame Type：触发该错误的帧类型。值为0（相当于PADDING帧）表示帧类型未知。应用层CONNECTION_CLOSE帧（类型0x1d）不包含此字段。

Reason Phrase Length：Reason Phrase字段的字节长度，长度受QUIC报文长度的限制，而QUIC报文长度受PMTU等原因的限制。

Reason Phrase：关闭连接原因的附加信息，主要用来诊断。长度可以为0，表示关闭连接的原因细节只限于错误码的信息。该字段使用UTF-8编码的字符串，以便于跨实体理解。

由于应用触发的连接关闭（帧类型为0x1d）只可以在0-RTT和1-RTT报文中发送，所以如果应用想在握手流程结束前关闭连接，只能通过QUIC层的关闭实现，即在初始报文中或者握手报文中携带帧类型为0x1c的CONNECTION_CLOSE帧，错误码为APPLICATION_ERROR。

2.6.20 HANDSHAKE_DONE帧

HANDSHAKE_DONE帧只能由服务器在1-RTT报文中发送，用来告知客户端握手已完成。

HANDSHAKE_DONE帧格式如下：

```
HANDSHAKE_DONE Frame {
    Type = 0x1e, // 变长编码整数
}
```

这个帧是在2020年的draft-ietf-quic-transport-25版本加入的，主要是希望客户端能明确得知握手确认信息，以后可以安全地发送1-RTT数据。虽然客户端包含TLS的Finished消息的握手报文会由服务器握手加密级别的ACK帧回复，但ACK帧只是说明客户端包含TLS

握手消息的 CRYPTO 帧已被服务器确认，但客户端并不知道自己发出去的 TLS 握手消息具体是什么内容，在典型的例子中也可能是服务器要求客户端提供的证书，所以无法推断 TLS 的 Finished 消息到底有没有被服务器确认。另外，不同的实现中服务器可能还有别的握手消息要发送，比如某些情况下服务器可能会发送 TLS 的 NewSessionTicket 消息，但客户端无法知道服务器是否要发送其他消息，所以客户端需要得到服务器握手消息已经结束的明确指示，以便丢弃握手密钥和握手报文编号空间，结束握手阶段。所以服务器在收到客户端的 Finished 消息后，先通过 1-RTT 发送一个 HANDSHAKE_DONE 帧，来告诉客户端握手已经成功结束。

2.6.21 扩展其他帧

定义其他帧需要确保 QUIC 两端都可以理解新增加的帧，如果接收者不知道接收到的帧的格式，将无法解析新的帧，由于不知道帧的长度，也就没法解析这条报文中剩下的帧。

一般通过传输参数协商是否支持其他的帧，增加新的传输参数代表支持新的一个或者多个帧。如 7.2 节所述的不可靠数据报功能，参数 max_datagram_frame_size 的非零值代表支持不可靠数据报功能，也就是支持 DATAGRAM 帧。

新的帧必须受拥塞控制，并且必须触发 ACK，原因参见 3.3 节中介绍的拥塞控制的必要性。

2.7 错误码

2.7.1 连接错误码

连接错误码在帧类型 0x1c 的 CONNECTION_CLOSE 帧中携带，用来通知对端连接关闭的原因。定义的错误码及其含义如下[㊀]。

NO_ERROR (0x00)：表示连接正常关闭，没有任何错误。

INTERNAL_ERROR (0x01)：终端遇到内部错误而不能继续维持连接。

CONNECTION_REFUSED (0x02)：服务器拒绝接收新连接。

FLOW_CONTROL_ERROR (0x03)：终端收到的偏移总和大于通告给对端的连接级流控最大偏移。

STREAM_LIMIT_ERROR (0x04)：终端收到流标识总数超过了通告给对端的该类型流的数量上限。

STREAM_STATE_ERROR (0x05)：终端收到一个当前状态不允许接收的帧类型。

FINAL_SIZE_ERROR (0x06)：终端收到带 FIN 位的 STREAM 帧或者 RESET_STREAM

㊀ 最新的错误码定义见 https://www.iana.org/assignments/quic/quic.xhtml#quic-transport-error-codes。

帧后确定了流的最终大小后，又收到了超过这个最终大小的偏移的 STREAM 帧；或者，终端收到的带 FIN 位的 STREAM 帧或者 RESET_STREAM 帧确定的最终大小比先前收到的 STREAM 帧中的最大的偏移要小；或者，终端收到了最终大小不一致的带 FIN 位的 STREAM 帧或者 RESET_STREAM 帧。

FRAME_ENCODING_ERROR (0x07)：终端收到的帧格式错误。例如，收到的帧类型不认识，ACK 帧中确认的报文编号超出范围，MAX_STREAM 帧中的值大于 2^{60}，NEW_TOKEN 帧中的令牌为空，STREAM 帧或者 CRYPTO 帧中的偏移和长度之和大于 $2^{62}-1$，NEW_CONNECTION_ID 帧中的连接标识长度为 0 或者大于 20，这些都很有可能是格式错误导致的。

TRANSPORT_PARAMETER_ERROR (0x08)：终端收到的传输参数存在格式错误、包含无效值、缺少必须存在的参数、包含禁止传输的参数，或存在其他错误。

CONNECTION_ID_LIMIT_ERROR (0x09)：对端提供的连接标识数量超出了 active_connection_id_limit 的限制。

PROTOCOL_VIOLATION (0x0a)：终端检测到没有更具体错误码的违背协议的其他错误。

INVALID_TOKEN (0x0b)：服务器收到了包含无效令牌字段的客户端初始报文。

APPLICATION_ERROR (0x0c)：应用程序触发的连接关闭。

CRYPTO_BUFFER_EXCEEDED (0x0d)：终端在 CRYPTO 帧收到的数据量超出其缓存容量。

KEY_UPDATE_ERROR (0x0e)：终端在执行密钥更新中检测到错误。

AEAD_LIMIT_REACHED (0x0f)：终端已经达到给定连接所用 AEAD 算法的保密性或完整性上限。

NO_VIABLE_PATH (0x10)：终端已经确认网络路径不能支持 QUIC。不太可能收到携带该错误码的 CONNECTION_CLOSE 帧，除非是路径不支持足够大的 MTU。

CRYPTO_ERROR (0x0100～0x01ff)：加密握手失败，即 TLS 提示的失败。QUIC 为 TLS 加密握手专用的错误码保留了 256 个值。TLS 遇到错误发出告警时，TLS 错误码转换为此范围内的 QUIC 错误码在 CONNECTION_CLOSE 帧中发送，具体错误码见表 2-4。

表 2-4　TLS 错误码

错误名称	错误码	说明
close_notify	0	正常关闭，发送者不会再在这个连接上发送任何消息
unexpected_message	10	收到了不正确的消息，如错误的握手信息等
bad_record_mac	20	收到不能解密的数据，为防攻击不区分具体的错误
record_overflow	22	收到的密文或者解密得到的明文过长
handshake_failure	40	无法在给定选项下协商出一套安全参数

（续）

错误名称	错误码	说明
bad_certificate	42	证书损坏了，如签名不能通过验证等
unsupported_certificate	43	不支持的证书类型
certificate_revoked	44	证书被签发者撤销
certificate_expired	45	证书过期了
certificate_unknown	46	在验证证书过程中发现了其他问题
illegal_parameter	47	握手的一个字段不正确或与其他字段不一致
unknown_ca	48	无法找到 CA 证书或无法与已知信任锚匹配
access_denied	49	由于证书或者 PSK 的访问限制而不继续协商
decode_error	50	消息不符合正式协议的语法
decrypt_error	51	握手解密操作失败，如签名或 Finished 消息等验证不过
protocol_version	70	协商的协议版本可以识别但不支持
insufficient_security	71	服务器要求的参数比客户端的更安全而握手失败
internal_error	80	与对端或协议的正确性无关的内部错误
inappropriate_fallback	86	客户端连接重试失败
user_canceled	90	发送者因为某些与协议失败无关的原因取消了握手
missing_extension	109	缺失必需的扩展
unsupported_extension	110	消息中出现了该消息类型不支持的扩展
unrecognized_name	112	服务器不认识 ClientHello 中 server_name 扩展内的名称
bad_certificate_status_response	113	不接收服务器通过 status_request 扩展提供的 OCSP
unknown_psk_identity	115	不接收客户端提供的 PSK 标识
certificate_required	116	需要认证客户端，但客户端没有提供证书
no_application_protocol	120	客户端的 application_layer_protocol_negotiation 扩展提供了服务器不支持的协议

2.7.2 应用错误码

应用错误码由具体的应用自己定义，在发生影响整个连接的错误时，可以使用帧类型为 0x1d 的 CONNECTION_CLOSE 帧发送具体的应用错误码和原因短语。应用错误码只能通过 0-RTT 和 1-RTT 报文发送，如果是握手期间应用想要终止连接，只能发送帧类型为 0x1c 错误码为 APPLICATION_ERROR 的 CONNECTION_CLOSE 帧。

多数应用错误并不会导致整个连接关闭，而是只影响单个流，这时应用错误码在触发流关闭时使用 STOP_SENDING 帧或者 RESET_STREAM 帧发送。

2.8　传输参数

QUIC 的传输参数是在 TLS 扩展中传输的，这是为了利用 TLS 握手过程的完整性保护——可以通过 TLS 的 Finished 消息保护整个握手过程。所以，在握手完成前，QUIC 传输参数是没有完整性保证的，需要谨慎使用。中间件如果篡改 QUIC 传输参数，会造成 TLS Finished 消息验证失败，最终导致握手失败。

虽然很多 TLS 消息都能携带扩展，但 QUIC 的扩展只能在特定的 TLS 消息中携带，客户端的 QUIC 传输参数在 TLS 的 ClientHello 消息中发送，服务器的 QUIC 传输参数在 EncryptedExtensions 消息中发送。

在客户端，QUIC 需要先向 TLS 提供传输参数列表，TLS 封装在 ClientHello 消息中；在服务器端，TLS 将客户端的 QUIC 传输参数解析后交给 QUIC，QUIC 提供服务器的 QUIC 传输参数给 TLS，TLS 将服务器 QUIC 传输参数封装在 EncryptedExtensions 消息后再交给 QUIC，QUIC 将 TLS 消息的流序列作为 CRYPTO 帧内容传输。TLS 1.3 的扩展结构如下：

```
struct {
    ExtensionType extension_type; //扩展类型
    opaque extension_data<0..2^16-1>;  //特定于类型的数据
} Extension;
```

QUIC 增加的传输参数类型为 0x39（对应十进制 57），名称为 quic_transport_parameters，可以出现在 ClientHello 消息和 EncryptedExtensions 消息中。extension_data 的内容是 QUIC 定义的参数列表，结构如下：

```
Transport Parameters {
    Transport Parameter,
    Transport Parameter,
    ......
}
```

其中 Transport Parameter 的结构如下：

```
Transport Parameter {
    Transport Parameter ID ,            //变长编码整数，QUIC 的传输参数标识
    Transport Parameter Length (i),     //变长编码整数，Transport Parameter Value
                                          字段的字节长度
    Transport Parameter Value (..),    //QUIC 的传输参数对应的值
}
```

Transport Parameter 中不同 Transport Parameter ID 分别对应了 QUIC 自己的传输参数。QUIC 将 Transport Parameters 结构编码为一个字节序列，作为 0x39 类型的 TLS 传输参数。QUIC 传输参数结构如图 2-37 所示。

因为传输参数的完整性保护是依赖于 TLS 的 Finished 消息，所以在握手完成之前，传输参数的完整性是得不到保障的，在握手完成之后使用才是比较安全的做法。

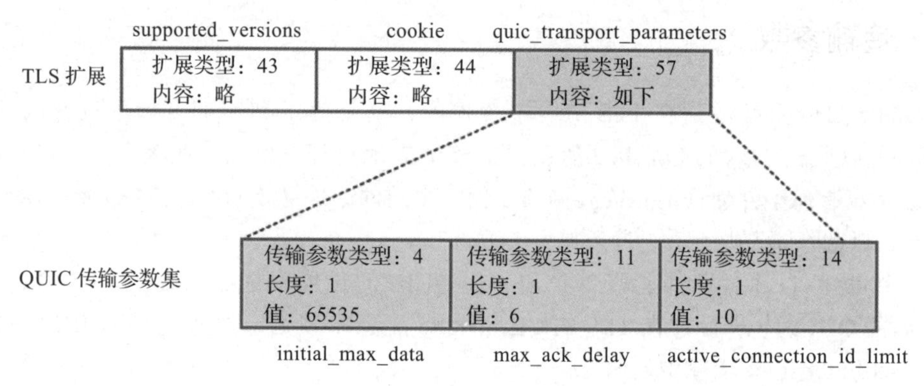

图 2-37 QUIC 传输参数结构

如果 QUIC 连接中没有类型 0x39 的 TLS 传输参数[一]，必须使用 TLS 中致命级别的 missing_extension 警告关闭连接。

QUICv1 中定义的传输参数具体有以下几种[二]。

original_destination_connection_id(0x00)：这个参数是由客户端发出的第一个初始报文的目标连接标识字段的值。该传输参数只会由服务器发出。

max_idle_timeout(0x01)：最大空闲超时，是一个编码为整数的值，单位为 ms。当两端没有发送此传输参数或设置其值为 0 时，空闲超时被禁用。

stateless_reset_token(0x02)：这个传输参数的值是长度为 16 字节的序列。这个无状态重置令牌对应于握手期间协商的连接标识，可用于该连接标识的无状态重置。只有服务器可以发送此参数。没有发送此参数的服务器不能对握手期间协商的连接 ID 使用无状态重置。

max_udp_payload_size(0x03)：最大 UDP 载荷参数值是一个整数，用于终端指定愿意接收的 UDP 载荷的最大长度。发送的 UDP 载荷如果大于对端指定的限制，则不太可能被接收。该参数默认值是最大 UDP 载荷 65527，不能小于 1200。实际 UDP 载荷大小受到此参数值和路径 MTU 的共同约束，路径 MTU 是网络路径的约束，而此参数值是端点的约束，可以认为这是终端用于保存传入报文的空间。

initial_max_data(0x04)：初始最大数据量参数值是连接可发送初始最大数据量，等效于在完成握手后立即发送一个 MAX_DATA 帧。

initial_max_stream_data_bidi_local(0x05)：本地双向流初始最大数据量参数值用于指定本地初始化的双向流的初始流控限制。这个限制适用于由发送传输参数的端点创建的双向流。

initial_max_stream_data_bidi_remote(0x06)：对端双向流初始最大数据量参数值用于指定对端初始化的双向流的初始流控限制。这个限制适用于由接收传输参数的端点创建的双向流。

[一] TLS 1.3 中 0x39 对应 quic_transport_parameters。

[二] 最新 QUIC 传输参数定义见 https://www.iana.org/assignments/quic/quic.xhtml#quic-transport。

initial_max_stream_data_uni(0x07)：单向流初始最大数据量参数值用于指定单向流的初始流量控制限制。这个限制适用于接收传输参数的端点创建的单向流。

initial_max_streams_bidi(0x08)：双向流初始最大流数参数值用于限制对端可以打开的双向流的总数。如果这个参数未设置或置为 0，则对端不能打开双向流，直到一个类型为 0x12 的 MAX_STREAMS 帧发送成功。设置该参数等效于发送类型为 0x12 的 MAX_STREAMS 帧。

initial_max_streams_uni(0x09)：单向流初始最大流数参数值用于限制对端可以打开的单向流的总数。如果该参数未设置或设置为 0，则对端不能开启单向流，直到成功发送一个类型为 0x13 的 MAX_STREAMS 帧。设置该参数等效于发送类型为 0x13 的 MAX_STREAMS 帧。

ack_delay_exponent(0x0a)：确认延迟指数参数值用于指定编码和解码 ACK 帧的"ACK Delay"字段的指数值。如果该值未设置，则为默认值 3（表示 8 的倍数），大于 20 是非法值。

max_ack_delay(0x0b)：最大确认延迟参数值表示终端会延迟发送确认的最大 ms 数。该值应该包括告警触发时接收者的预期延迟。例如，如果接收者设置了一个 5ms 超时的定时器，且告警通常会延迟 1ms，那么它应该发送一个值为 6ms 的 max_ack_delay 参数。如果该值未设置，则使用默认值 25ms。该值必须小于 214，否则为非法值。

disable_active_migration(0x0c)：禁止迁移传输参数值表示不支持对端将握手阶段所使用的地址迁移到其他地址。收到该传输参数的终端不能够在有效连接上使用新的本地地址发送报文。但该传输参数不能在客户端使用首选地址后阻止连接迁移。该参数值必须是一个非零值，如果该参数未发送则代表支持连接迁移。

preferred_address(0x0d)：服务器首选地址参数用于在握手后变更服务器地址。该传输参数只能由服务器发送。参数值包含一个 IPv4 地址和对应的端口号，以及一个 IPv6 地址和对应的端口号，和首选地址对应的连接标识，以及该连接标识对应的无状态重置令牌。

active_connection_id_limit(0x0e)：活跃连接标识上限参数用于指定终端愿意存储的来自对端的连接标识的总数。其中包括握手阶段协商的连接标识，也包括从 preferred_address 参数中收到的连接标识，更普遍的是从 NEW_CONNECTION_ID 帧里收到的连接标识。该值必须大于等于 2。终端收到小于 2 的值以错误类型 TRANSPORT_PARAMETER_ERROR 关闭连接。如果没有设置该传输参数，则默认值为 2。如果终端使用零长度连接标识，则会忽略从对端发来的 active_connection_id_limit 参数值。

initial_source_connection_id(0x0f)：初始源连接标识参数值的内容是终端收到的首个初始报文的源连接标识的值，对端用此参数验证该终端确实收到了原始报文。

retry_source_connection_id(0x10)：重试源连接标识参数值是服务器发送的重试报文的源连接 ID 字段的值。该传输参数仅由服务器发出。

标识为 $31 \times N + 27$（其中 N 为整数）的传输参数保留，用于测试忽略未知传输参数功能。

这些传输参数没有语义，可以携带任意值。定义新的扩展 Transport Parameter ID 可以使用保留值之外的其他值。

注意 收到的不认识的传输参数必须忽略，不能返回错误。否则如果新功能增加了传输参数，更新对端实现而没有更新本端实现，对端旧的实现将无法建立连接。

2.9 变长整型编码

QUIC 报文中大多数的整数都采用了变长编码的方式，这样可以减少报文长度，增加负载率。

QUIC 的变长整型编码不同于常见的 HTTP 或者 protobuf 变长编码，使用最前面两位表示编码后长度的以 2 为底的对数值，其余位放置整数，最前面两位最大值是 3，对应字节长度为 8，也就是说最多有 62 位放置整数。这种变长编码方式可以表示的整数范围见表 2-5。

表 2-5 QUIC 变长整型编码

最前面两位	字节长度	可用位数	可表示范围
00	1	6	0～63
01	2	14	0～16383
10	4	30	0～1073741823
11	8	62	0～4611686018427387903

QUIC 报文中的几乎所有整数都使用变长整型编码，但 QUIC 报文首部中的连接标识和报文编号不使用变长整型编码。对于连接标识来说，一方面这是因为变长整型编码是 QUICv1 定义的，不应该用于版本无关的连接标识，更重要的是连接标识需要更长的编码，62 位是不够用的。很多实现会在连接标识中编码路由信息，有时还需要填充随机数，这都需要更长的编码，未来的版本也可能由于其他原因需要更长的连接标识。

报文首部中的报文编号不使用变长整型编码，主要是因为报文编号是递增的，在连接运行一段时间后，报文编号都是比较大的值，使用变长整型编码后仍然很大；而且报文编码的规律性很强，正常情况下都是逐一递增的，可以使用类似德尔塔编码的方式最小化编码位数。在 QUICv1 中选择将报文编号的字节长度编码进前八位中的低两位（值为报文编号编码值长度减 1）。

|Chapter 3| 第 3 章

QUIC 基础

本章将介绍 QUIC 使用的一些基础机制，包括跟 TCP 类似的报文确认、流控、拥塞控制、PMTU 探测，与 TCP 显著不同的地址验证、连接迁移、中间件的 RTT 测量机制。

3.1 报文确认

跟 TCP 一样，QUIC 也是靠确认来保证可靠性的，也就是靠接收方回复确认得知报文的接收情况。但 QUIC 的确认是基于报文编号的，这与 TCP 基于序列号的确认有很大的不同。TCP 的序列号代表的是数据偏移，TCP 只能根据序列号推测报文的传输顺序，这样很容易产生混淆。QUIC 的报文编号只代表传输顺序，跟数据偏移无关（数据偏移是流的属性），这样能够更清晰地推断出传输顺序。另外，QUIC 的确认是 SACK，可以确认乱序报文，避免不必要的重传。

对于发送方来说，一方面，要靠对端的 ACK 帧告知已经收到的 QUIC 报文，另一方面，需要依靠确认来检测丢包，在没有报文需要发送的情况下，发送探测报文确保对端会回复确认。对于拥塞控制来说，在慢启动以后，就需要靠 ACK 时钟来驱动继续发送报文，在失去 ACK 时钟的情况下（比如尾部丢包）则需要探测超时触发 ACK 时钟再次运转。

3.1.1 生成确认

QUIC 几乎所有报文都需要确认（除重试报文和版本协商报文），但是确认触发报文的确认跟非确认触发报文的确认要求是不同的。确认触发报文必须在端点承诺的时间内至少确认一次，端点承诺的时间是通过传输参数发送的 max_ack_delay 的值。非确认触发报文则一般随着确认触发报文的确认而确认。

注意 确认触发报文指的是包含确认触发帧的报文，确认触发帧是指除 ACK 帧、PADDING 帧、CONNECTION_CLOSE 帧之外的其他帧。

接收方在检测到确认触发报文丢失或乱序情况下或经历拥塞情况下立即发送确认，具体包括如下情况。

1）乱序的情况：收到确认触发报文的报文编号小于之前收到的确认触发报文的报文编号。

2）丢包的情况：收到确认触发报文的报文编号大于之前收到的确认触发报文的报文编号，且之间有空隙。

3）拥塞的情况：收到的 IP 数据包的首部有 ECN 标记。

如果没有发生以上情况，接收到一个确认触发报文可以先等待，等待时间不超过传输参数设置的 max_ack_delay。在这期间看是否有其他报文到来一起通过一个 ACK 帧确认，或者有发往对端的数据与 STREAM 帧一起发送，或者有其他需要发送的帧。这样可以避免频繁发送仅包含 ACK 帧的报文，占用端点和网络资源。TCP 建议收到两个确认触发报文就回复，QUIC 在这方面没有区别，收到两个确认触发报文后，无论有没有到达 max_ack_delay 都可以先回复一个 ACK 帧。虽然理论上可以积累更多的确认触发报文一起回复，但因为 ACK 帧还有作为拥塞控制驱动时钟的作用，过少的 ACK 可能会引起流量突发从而丢包。

如果收到的都是非确认触发报文，接收方可以等待收到一个确认触发报文再一起确认。典型的非确认触发报文如保活报文，用来确认收到报文的只有 ACK 帧的报文。

由于 QUIC 的报文都需要确认，要小心确认的无限循环，不能够以非确认触发报文响应非确认触发报文。典型地，不能以仅包含 ACK 帧的报文回复仅包含 ACK 帧的报文。比如仅接收数据的端点，只有 ACK 帧可发送，如果不添加确认触发帧，端点就不知道对端有没有收到自己发出去的 ACK 帧，这时会偶尔添加 PING 帧。但不能在每个仅用来确认的报文中都添加确认触发帧，如果对端也这样做，两端就陷入了确认的无限循环。

接收方将连续报文编号的报文存入一个 ACK 块，保存最近的 ACK 块，并将最近的 ACK 块放进 ACK 帧中发送。为了控制内存占用，需要限制保存 ACK 块的数量；为了适应 QUIC 报文大小，需要限制报文中承载的 ACK 块数量，因为帧是不可分割在多个报文中的。所以，ACK 帧中 ACK 块的数量最多受一个 QUIC 报文承载量的限制。ACK 块在不同的 ACK 帧中多次发送增加了送达的可靠性，这一般发生在包含 ACK 帧的报文得到确认前，因为发现包含 ACK 帧的报文丢失很可能已经太晚了，发送方很可能在之前就已经判断报文丢失了。

下面给出一个实现的例子，说明生成确认的逻辑，如图 3-1 所示（实现并不必然严格遵循这样的逻辑）。本例中将收到确认的 ACK 帧中的 ACK 块丢弃，这样就不会再确认对应 ACK 帧中 Largest Acknowledged 之前的报文，提供了 1-RTT 内的报文重排。从发送方报文编号 99 开始（简称报文 99），发送方发送的所有报文都是确认触发报文。接收方接收到报文 99 后等待了 max_ack_delay 后没有收到新报文，所以发送 ACK 帧确认报文 99（简称

ACK99）；发送方收到 ACK99 后，发送了报文 100、报文 101，并携带了 ACK99 的确认；接收方收到后丢弃了 ACK 块 99，将 ACK 块更新为 100～101，并且遵循收到两个报文回复一个 ACK 帧的原则立即发送了一个确认；发送方收到确认 101 后，又发送了报文 102、报文 103，其中报文 102 乱序到达；接收方收到报文 103 后，遵循收到乱序确认触发报文马上发送 ACK 帧的原则进行了确认；然后又收到了报文 102，此时按照收到乱序报文理解确认的原则，立即发送 ACK 帧，这个 ACK 帧更新了上一个 ACK 帧的空隙。

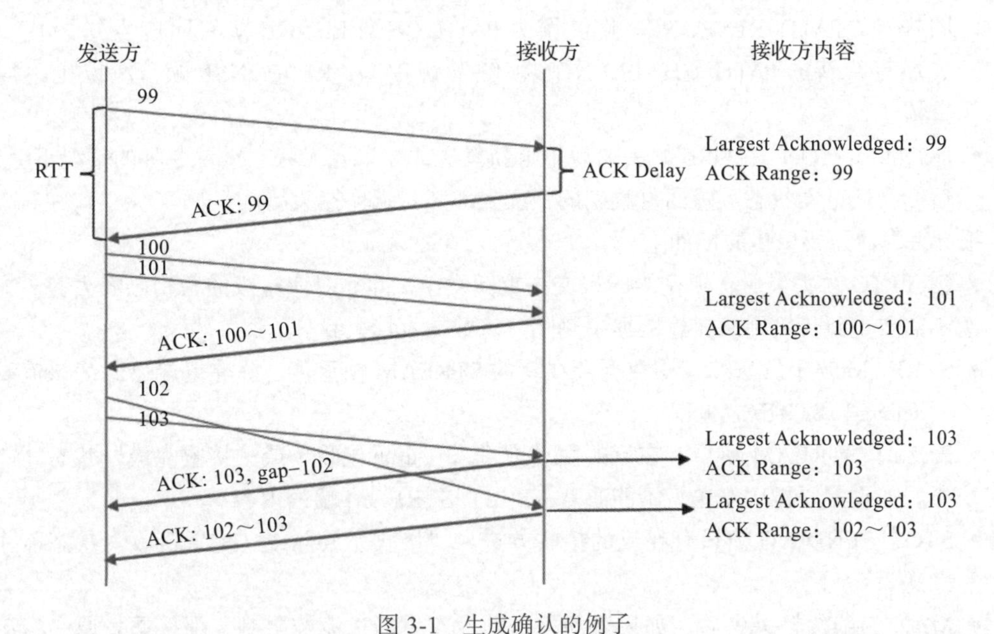

图 3-1　生成确认的例子

3.1.2　处理确认和重传

发送方收到报文的确认后，判断是否是最新的确认信息（关于具体报文编号的最新确认），本地需要处理的事情可能包含以下内容。

1）计算 RTT，为拥塞控制和丢包检测提供依据。

2）判断之前的报文是否丢失，如果丢失则可能安排重传；如果还没到时间阈值也没收到确认，则安排剩余时间定时器。

3）判断是否有 ECN 计数。

4）更新拥塞窗口，按照新的拥塞窗口发送报文。

对于已确认报文之前发送的报文，超过了时间阈值或者报文阈值还没有收到确认，则判断为已经丢失。这些丢失的报文不会像 TCP 一样直接按照原来的报文重发一遍，而是分析报文内的帧，针对具体的帧看是否需要重传、是否需要更新。然后将需要重传的帧更新后使用新的报文发送，新的报文使用更新的报文编号。

报文丢失后不需要重传的帧如下。

- PING 帧和 PADDING 帧不包含信息，因此丢失的这两种帧不需要修复。
- ACK 帧不需要重传，重传 ACK 帧会使得对端生成过高的 RTT 样本或不必要地禁用 ECN。
- PATH_CHALLENGE 帧用来每隔一段时间执行一次存活确认或路径验证检查，丢失后不用重传，每次间隔时间到期发送不一样载荷的 PATH_RESPONSE 帧就可以了。同样地，PATH_RESPONSE 帧仅作为 PATH_CHALLENGE 帧的回应发送一次，丢失后等待新的 PATH_CHALLENGE 帧触发新 PATH_RESPONSE 帧，所以也不需要重传。
- CONNECTION_CLOSE 帧丢失后不重新发送，如果有无状态重置令牌的情况下丢失，后续会通过无状态重置回复收到的报文来通知对端连接关闭。

报文丢失后需要重传的帧如下。

- CRYPTO 帧丢失后在原密级的报文中重新发送，除非对应密级的密钥已经丢弃。如果不需要重新传输则从在途数据中删除，将数据直接丢弃。
- STREAM 帧中发送的应用数据会在新的 STREAM 帧重传，除非终端已经为该流发送了 RESET_STREAM 帧。
- RESET_STREAM 帧只有在流的发送方进入“重置接收”或“接收完成”状态才能发送。如果需要再次发送，不能改变 RESET_STREAM 帧的内容。
- STOP_SENDING 帧只有在流的接收方进入“接收完成”或“重置接收”状态前才能发送。
- MAX_DATA 帧丢失后，如果重新发送前没有更新过流控限制，那么重发原来的流控限制；如果重新发送前更新了流控限制，那么只发送更新后的流控限制。
- MAX_STREAM_DATA 帧的重新发送与 MAX_DATA 帧类似，即如果重新发送前没有更新过该流的流控限制，那么重新发送原来的流控限制；如果重新发送前更新了该流的流控限制，那么只发送更新后的流控限制。但有一个额外的要求：当流的接收方进入“数据量确认”或“重置接收”状态时，终端不能再发送 MAX_STREAM_DATA 帧。
- DATA_BLOCKED 帧、STREAM_DATA_BLOCKED 帧 和 STREAMS_BLOCKED 帧 都是传递阻塞信息的。DATA_BLOCKED 帧是连接级别总数据达到限制，STREAM_DATA_BLOCKED 帧是流级别数据达到限制，而 STREAMS_BLOCKED 帧是某种类型流的总数达到限制。当这些帧丢失时，仅当确定丢失准备重发时终端仍然被阻塞于对应限制时，才发送一个新的帧。这些帧重新发送时总是包含那个引起阻塞的限制的最新值。
- NEW_CONNECTION_ID 帧丢失后重传不能改变其内容，即相同连接标识必须对应同样的序列号。

- RETIRE_CONNECTION_ID 帧丢失后需要按照原内容重传。
- NEW_TOKEN 帧丢失后需要重传，但除了直接比较帧的内容之外，没有提供特殊的方法来检测乱序和重复的 NEW_TOKEN 帧。
- HANDSHAKE_DONE 帧丢失后必须重传。

3.1.3 RTT 计算

RTT 一般指的是从发送报文到接收，再到确认所经过的时间，包括往返路径上的时延加上对端的主机延迟。数据包是否丢失、是否需要发送探测报文都是根据 RTT 进行的，拥塞控制算法一般也以 RTT 为基础。

一般情况下，中间网络转发路径是不固定的，在中间设备上的排队时间也是不固定的，所以 RTT 总是在变化。为了免受个别突变 RTT 的影响，一般使用平滑后的 RTT 和估计的 RTT 变化来计算。另外需要判断 RTT 的最小值以剔除不可置信的小 RTT。所以，QUIC 需要为每个路径计算 RTT 相关的三个值：一段时间内的最小值（下文记作 min_rtt）、指数加权移动平均值（下文记作 smoothed_rtt）和观察到的 RTT 样本中的平均偏差（下文记作 rttvar）。

对于 QUIC 来说，对端可能会故意延迟确认，这样可以将几个报文的确认合并到一个 ACK 帧中，节约资源。QUIC 标准规定，确认触发的报文必须在 max_ack_delay 时间内确认（max_ack_delay 在连接建立期间通过 QUIC 传输参数发送给对端，是本端承诺确认触发报文可能延迟确认的最大值）。一个 ACK 帧可能确认了多个报文，但只通告最大报文编号的那个报文的主机延迟，对端的主机延迟用于调整 smoothed_rtt 和 rttvar。

QUIC 只有在收到的 ACK 帧满足以下两个条件时，才生成一个 RTT 样本。

1）确认了最大报文编号。

2）包含了确认触发报文。

RTT 样本中包含了对端的延迟，计算方法为：

```
latest_rtt = ack_time - send_time_of_largest_acked
```

min_rtt 是估计的最小 RTT，用于确定是否要对 RTT 样本调整。如果 RTT 样本减去对端的主机延迟后小于 min_rtt，则认为是对端通告的确认延迟有问题，不进行调整。在第一个 RTT 样本产生时初始化为 latest_rtt，之后每个 RTT 样本产生后，如果 RTT 样本更小，则 min_rtt 更新为当前 RTT 样本。min_rtt 也包含了对端的主机时延，这是为了防止对端误报导致无法排除低估的 RTT，低估的 RTT 会误判丢包，影响效率。第二个 RTT 样本产生后 min_rtt 计算方法为：

```
第一个 RTT 样本产生:
    min_rtt = latest_rtt
之后:
    min_rtt = min(min_rtt, latest_rtt)
```

根据 min_rtt 的计算方法，min_rtt 只能一直减小，当路径实际 RTT 增大时无法适应。所以应该在适当的时候重新设置 min_rtt，以便使用合理大小的值。比如在持续拥塞出现时，RTT 一般会显著增大，这时调整 min_rtt 可以避免误判。

smoothed_rtt 是近期一段时间内对确认时延调整后的 RTT 估计平均值。握手确认前，确认时延就是 ACK 帧中通告的值，握手确认后需要根据 max_ack_delay 调整，如果确认延迟大于 max_ack_delay，可能是对端调度器的延迟、对于 ACK 帧的重传、或者不符合要求的接收者造成的，大部分情况都是重复的延迟，这部分延迟可以作为路径延迟看待。

当出现一个新路径，比如连接建立时或者连接迁移时，初始化 smoothed_rtt 和 rttvar，第一个 RTT 样本产生后，smoothed_rtt 和 rttvar 使用第一个样本重置。之后不断调整，计算如下：

```
初始化:
    smoothed_rtt = kInitialRtt
    rttvar = kInitialRtt / 2
第一个 RTT 样本产生:
    smoothed_rtt = latest_rtt
    rttvar = latest_rtt / 2
之后:
    if (handshake confirmed):
        ack_delay = min(ack_delay, max_ack_delay)
    adjusted_rtt = latest_rtt
    if (latest_rtt >= min_rtt + ack_delay):
        adjusted_rtt = latest_rtt - ack_delay
    smoothed_rtt = 7/8 * smoothed_rtt + 1/8 * adjusted_rtt
    rttvar_sample = abs(smoothed_rtt - adjusted_rtt)
    rttvar = 3/4 * rttvar + 1/4 * rttvar_sample
```

3.1.4 丢包检测

TCP 是基于确认检测丢包的，但 TCP 的序列号既代表了应用数据的交付位置，也代表了 TCP 的传输顺序。TCP 的负载内只有应用数据，没有 TCP 本身的内容，所以确认序列号是在 TCP 首部中传输的，每个 TCP 报文可以携带一个确认序列号（实际实现中这个确认序列号是希望收到的下一个序列号），因此 TCP 的丢包检测是基于累积确认的。比如 TCP 的快速重传认为收到三个重复的确认就认为是丢包，立即开始重传。TCP 后来也增加了对于选择性确认、早期重传、尾部丢包检测等的支持。

QUIC 跟 TCP 类似，也是基于确认检测丢包的。但不同的是 QUIC 将应用数据交付和报文传输分开了，报文传输顺序是由报文编号表示的，报文编号的大小直接说明了报文发送的先后顺序。QUIC 在收到确认时，判断之前发送的报文是否丢失：在报文阈值或者时间阈值之前发送的、还未被确认的报文判定为已经丢失。

报文阈值和时间阈值为报文重排提供了一定的空间。报文阈值 kPacketThreshold 的初始值为 3，这对应于 TCP 中收到三个重复确认认为是丢包的逻辑。时间阈值计算方法为：

```
max(kTimeThreshold * max(smoothed_rtt, latest_rtt), kGranularity)
其中：
    kTimeThreshold 推荐值是 9/8
    kGranularity 是本地定时器的粒度，推荐值是 1ms
```

3.1.5　探测超时

对于报文是否被可靠传输，QUIC 是依赖对端报告的 ACK 帧中报文编号的。如果发送的报文丢失，但之后很长时间都没有新的报文需要发送，对端就不知道本端已经发送了报文但丢失了，也就不会发送 ACK 帧，本端也无从知道报文已经丢失。如果对端收到了报文，但回复的 ACK 帧丢失时也会造成本端不知道具体接收情况。在这种情况下，只能依靠 PTO（Probe Time Out，探测超时），即一定时间内没有收到确认，发送探测报文来促使对端通告当前接收到的报文情况。

当发送一个触发确认的报文时，发送方以 PTO 周期启动一个定时器，初始 PTO 周期计算如下：

```
PTO = smoothed_rtt + max(4*rttvar, kGranularity) + max_ack_delay
```

初始 PTO 周期是预计收到确认的最长时间，包含了估计的 RTT（smoothed_rtt）和估计的 RTT 变化（4*rttvar），以及对端可能延迟的最大时间 max_ack_delay，当为初始空间和握手空间计算 PTO 时，max_ack_delay 值为 0。其中 kGranularity 是本地定时器的粒度，用来防止定时器立马过期。

当发送一个触发确认的报文或者收到一个确认时，启动 PTO 定时器，如果 PTO 定时器已经启动则使用计算出的新 PTO 周期重新启动；PTO 定时器超时后发送探测报文，并使用退避后的周期重新启动定时器，如图 3-2 所示。发送速率指数级减小，即退避后的 PTO 周期为当前 PTO 周期的两倍。

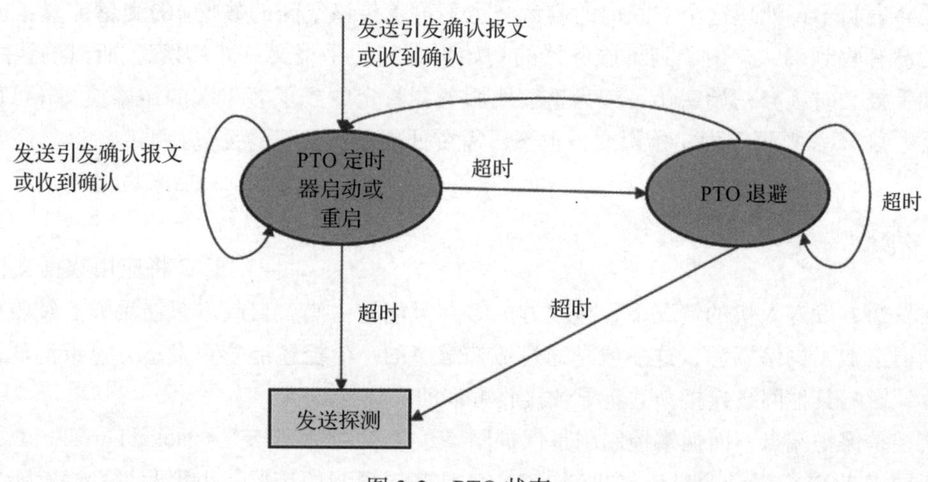

图 3-2　PTO 状态

当 PTO 定时器到期时，必须发送一个触发确认的报文，报文中可以包含新数据、旧数据，或者没有数据可以发送的情况下使用 PING 帧。之后，收到对端确认就可以知道对端的接收情况，从而推断哪些报文已经丢失，安排重新发送。如果经过多次退避后仍然没有收到任何确认，这可能是因为网络已经断了，或者对端已经挂了，没有收到确认的时长到达连接空闲超时时间就可以关闭连接。

除此之外，也可以在报文发送时使用时间阈值启动超时定时器，定时器超时认为报文已丢失，这样就不用发送额外的探测报文。

PTO 定时器超时只是触发探测报文发送，以及 PTO 定时器退避，并不直接影响拥塞窗口。只有收到确认，且判断报文超过了时间阈值或者报文阈值才认为是丢包，可能会折叠拥塞窗口进入快速恢复期（有的拥塞算法不会对丢包做出反应）。QUIC 允许 PTO 定时器到期后为了发送探测报文而暂时超过拥塞窗口。

同一网络上恢复的连接可以使用先前连接的最终平滑 RTT 作为初始 RTT。当没有以前的 RTT 可用时，初始 RTT 应该设置为 333 ms，这样新的连接就以 1 s 的 PTO 周期开始。

客户端发送初始报文后，以初始 RTT 得到的 PTO 周期启动定时器，在确定服务器验证了客户端的地址前，不能重置 PTO 退避，以避免过于频繁地探测服务器。为了能够在服务器被反放大限制而不能发送或者重发完整初始和握手报文时，客户端可以主动发送探测报文，在连接建立期间，客户端接收到初始报文的确认后，虽然没有在途报文了，仍然需要启动 PTO 定时器。

服务器接收到客户端初始报文并发送初始报文或握手报文时，就可以启动 PTO 定时器，但如果发送的数据量达到了反放大限制，那么在收到客户端更多数据前，不能启动 PTO 定时器，否则定时器超时后发送探测报文就违反了反放大限制。这种情况下，服务器等接收到客户端回复的报文才可以重置 PTO 定时器。

当丢弃初始密钥或握手密钥时，要重置 PTO 定时器和丢包检测定时器（如果有的话），因为丢弃表明不再处理这个空间内的确认，也不再重传该空间的数据。比如客户端发送初始报文后没有收到确认，但收到了服务器的初始报文和握手报文，然后发送自己的握手报文，发送握手报文时丢弃初始密钥，因为这表明服务器肯定收到了客户端的初始报文（可能只是确认丢失），不需要再重发初始报文，也不再需要处理初始空间的丢包和重传。

3.2 流控

在发送方发送太快的情况下，接收方的缓存可能被占满，接收方只能丢弃后续收到的报文，白白浪费了网络资源，这一般是通过流控解决的。流控还能防止发送方过量消耗接收方的缓存，影响其他网络连接，甚至导致接收方崩溃。

流控是保护端点，而拥塞控制则是保护网络。

不同于 TCP 的滑动窗口流控机制，QUIC 是基于限制的流控，由接收方发送总字节数的限制，发送方遵循该限制发送流数据。

QUIC 协议的流控有两个级别：一是流级别的流控，基于流的数据偏移量；二是连接级别的流控，基于连接上所有流的数据偏移量之和。

3.2.1 流级别的流控

流级别的流控是为了限制单个流占用的缓冲区大小，防止一个流占用了整个连接的缓冲区，导致其他流无法接收数据。

图 3-3 展示了 QUIC 流级别流控的简化例子，缓冲区为 10 字节，随着应用消费数据，流级别流控允许的最大偏移达到 29，应用继续消费掉偏移为 20、21、22 的三个字节，最大偏移则达到 32，但偏移为 23 的字节一直没收到，所以应用无法继续消费，最大偏移也不能得到进展。当然实际上缓冲区要大得多，消费者消费也快得多。

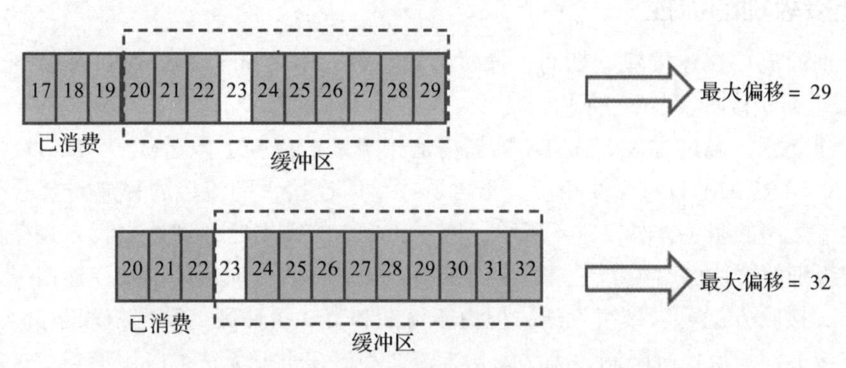

注：图中灰色格子中的流偏移是已收到的字节，白色格子中的则是未收到的字节。

图 3-3 流级别流控

流级别的流控在连接建立期间，通过传输参数 initial_max_stream_data_bidi_local（发送方创建的双向流）、initial_max_stream_data_bidi_remote（接收方创建的双向流）、initial_max_stream_data_uni（接收方创建的单向流）通知对端相应类别的流的初始接收字节数上限。

流创建后，数据的接收方通过 MAX_STREAM_DATA 帧通知数据发送方提高接收字节数上限。MAX_STREAM_DATA 帧的通知频率不能太低，否则发送方很可能被阻塞，无法继续发送数据，影响效率；但也不能太高，不然将产生太多的额外流量占用网络资源。我们知道只有 STREAM 帧类型会消耗缓冲区，而且 STREAM 帧是确认触发帧，必然会产生一个确认报文，那么 MAX_STREAM_DATA 帧最好跟其他帧（多数情况下都存在的 ACK 帧）合并在一个 QUIC 报文发送，不至于因为流控上限释放而产生额外的报文，占用网络资源。但在某些极端情况下，MAX_STREAM_DATA 帧单独发送也是不可避免的。另外频率高也容易造成很多小的更新，这会造成发送方每次只能发送很少的数据，报文承载率低，影响效率，就算是频率低的小更新也应该尽量避免。

由于存在丢包和乱序，接收方收到的 MAX_STREAM_DATA 帧并不能保证顺序，所以只处理可以提高流控上限的 MAX_STREAM_DATA 帧。相应地，服务器可以不重传较小上限的 MAX_STREAM_DATA 帧，而只重传最大上限的 MAX_STREAM_DATA 帧。

数据发送方达到流控上限而无法发送数据时，需要发送 STREAM_DATA_BLOCKED 帧来告知对端自己由于流级别的流控而无法发送数据。STREAM_DATA_BLOCKED 帧的发送除了让服务器知晓客户端的状态，还能在长时间阻塞的情况下避免连接空闲超时而关闭连接。

所以在数据发送被流级别流控阻塞情况下，应该定期发送 STREAM_DATA_BLOCKED 帧。另外由于 STREAM_DATA_BLOCKED 帧是需要确认的，如果接收方有可用缓冲区，但因为不想单独发送 MAX_STREAM_DATA 帧而没有发送，发送方发送 STREAM_DATA_BLOCKED 帧就可以给 MAX_STREAM_DATA 帧一个合并 ACK 帧发送的机会。

3.2.2 连接级别的流控

连接级别的流控在连接建立期间，通过传输参数 initial_max_data 通知对端整个连接在 STREAM 帧上初始接收字节数上限。

在连接建立后，通过 MAX_DATA 帧提高连接级别的流控上限。MAX_DATA 帧发送和接收与 MAX_STREAM_DATA 帧相似，不再赘述，但连接级别流控的释放需要避免导致有依赖关系的流之间的阻塞。如图 3-4 所示，流 2 和流 3 的数据已经到达接收方并存在了缓冲区，但连接级别的缓冲区已经满了，正常情况下，随着接收方应用的消费，连接级别缓冲区又会被释放，接收方就可以接续发送，但由于流 2 和流 3 缓冲区的数据依赖于流 1，而流 1 的数据被连接级别的流控所限制，无法发送，流 2 和流 3 也就无法被应用消费，这就造成了流控死锁。

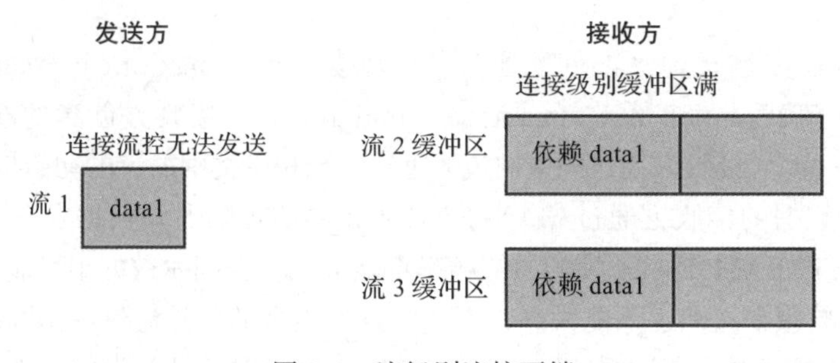

图 3-4 流级别流控死锁

同样地，数据发送方被连接级别的流控阻塞时，也应该定期发送 DATA_BLOCKED 帧。

不同于流级别流控的一点是，连接级别流控包含已经关闭的流。所以数据发送方和接收方必须对每个已经关闭的流的最终偏移量（它们也消耗了连接级别的流控）达成一致认识。对于正常关闭的流，带有 FIN 位的 STREAM 帧会给出最终偏移量；对于异常关闭的流，通过主动发送 RESET_STREAM 帧关闭，或者由 STOP_SENDING 帧触发一个 RESET_

STREAM 帧的发送，无论哪一种情况，最终都需要一个 RESET_STREAM 帧，RESET_STREAM 帧中包含了该流的最终偏移量，这个值就是为了使两端对该流达成一致的最终偏移量。

连接级别流控的确定如图 3-5 所示。

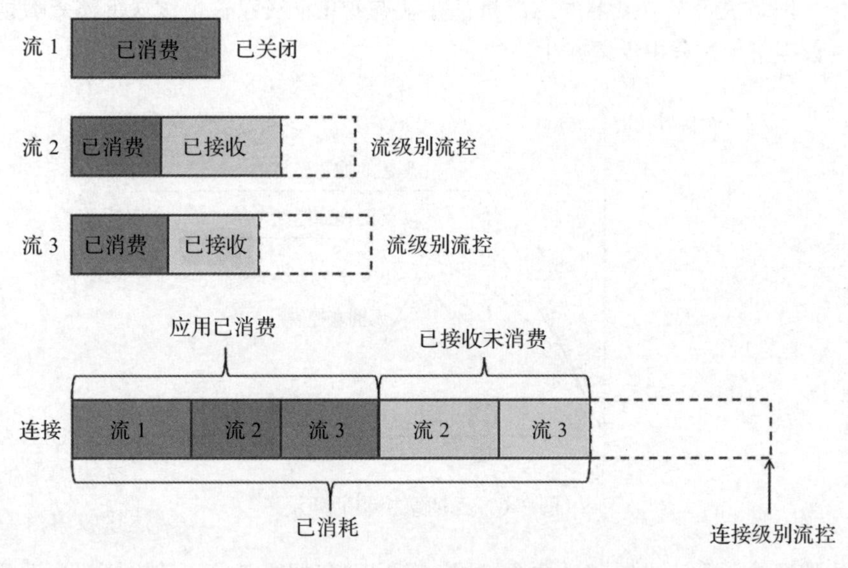

图 3-5　连接级别流控的确定

在整个连接的级别上，除了可以限制发送的 STREAM 帧中的数据总字节数，还可以限制指定类型流的总数量。

连接级别的流控在连接建立期间，通过传输参数 initial_max_data 通知对端初始连接级别流控限制，通过传输参数 initial_max_streams_bidi（接收方创建的双向流总数）、initial_max_streams_uni（接收方创建的单向流总数）通知对端可以创建的相应流的总数。

在连接建立后，通过 MAX_STREAMS 帧增加打开流的总数量限制。单向流和双向流的总数分别控制，单向流使用帧类型为 0x13 的 MAX_STREAMS 帧，而双向流使用帧类型为 0x12 的 MAX_STREAMS 帧。

因为流的总数限制包含了关闭的流，所以随着流的关闭，流的总数量限制需要随之增加，一般是在流关闭后增加。

3.3　拥塞控制

3.3.1　拥塞控制概述

与流控的目的不同，拥塞控制是为了保护端点之间的网络，防止网络过载产生死锁，如

图 3-6 所示。当一个传输协议开始发送数据时，它并不知道网络能够承载多少流量，因此只能一点点增加流量试探网络承载能力，直到发现丢包，开始减少发送的流量。当前能发送多少流量（即已发送未确认字节数）就是常说的拥塞窗口。因为网络上有很多不同端点间的流量，在传输协议发送数据的整个过程中，有的流量变大，有的流量变小，有的流量开始，有的流量停止，网络上每个节点上的总流量都在动态变化，所以这个试探网络承载能力的过程需要在传输数据整个过程中反复发生。

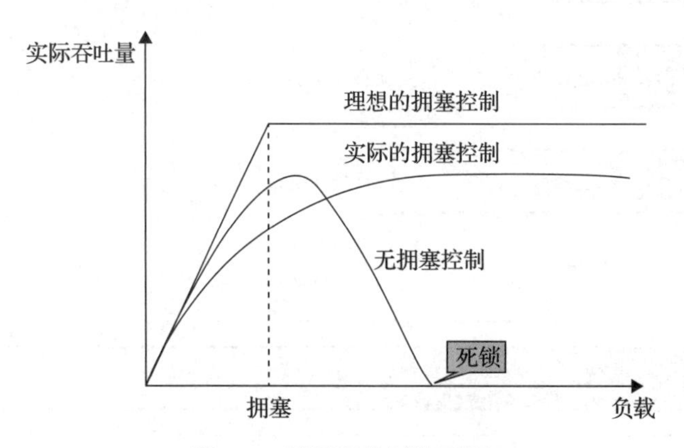

图 3-6　无拥塞控制的死锁

最初的拥塞控制算法主要包括两个阶段：慢启动和拥塞避免。传输协议启动后进入慢启动阶段，初始拥塞窗口（Congestion Window，cwnd）为 1 个报文。在慢启动阶段，每收到一个确认，cwnd 翻倍，即窗口指数增加，直到到达慢启动阈值 ssthresh，进入拥塞避免阶段。在拥塞避免阶段，每次收到确认，cwnd 线性增加。这样直到发现丢包，调小 cwnd 和 ssthresh，早期的 Tahoe 算法丢包后将 cwnd 调为初始值 1 进入慢启动阶段，Reno 算法在这种情况下将 cwnd 和 ssthresh 减半，进入快速恢复阶段（Reno 及以后的算法增加了快速恢复阶段）。在快速恢复阶段，对于接收到的每个重复的确认，拥塞窗口加一，直到进入快速恢复阶段前的所有数据包都被确认，结束快速恢复阶段，重新进入拥塞避免阶段。没有快速恢复的 TCP 拥塞控制和有快速恢复的 TCP 拥塞控制分别如图 3-7 和图 3-8 所示。

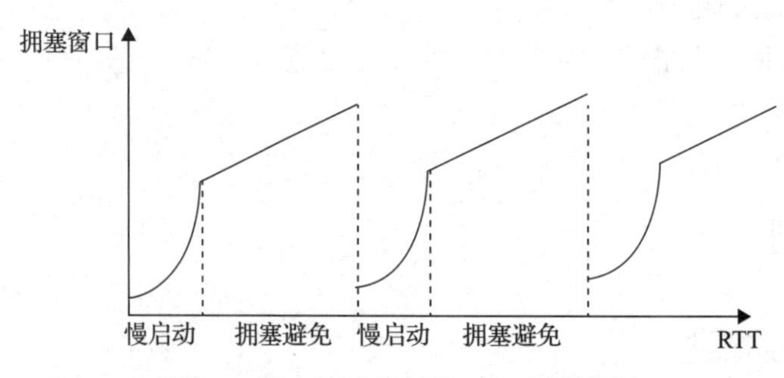

图 3-7　没有快速恢复的 TCP 拥塞控制

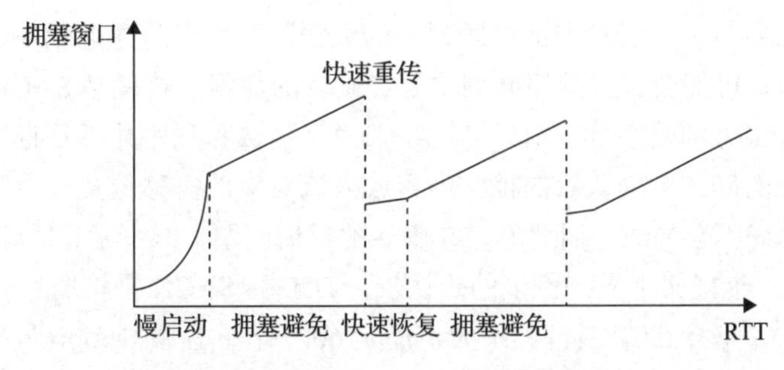

图 3-8　有快速恢复的 TCP 拥塞控制

最初的拥塞算法基本都是根据丢包判断网络拥塞情况，如 Tahoe、Reno、BIC-TCP、Cubic 等。但实际上丢包并不一定是拥塞造成的，也可能是不稳定或者误码率高的网络造成的，比如无线网络。基于丢包的拥塞算法的目的是最大程度地利用网络资源，但在将网络资源最大化利用的情况下也会增加时延。这是因为尝试塞满整个网络通道的过程，也是塞满中间设备队列的过程，而时延主要来源于中间设备排队长度的增长。于是有一些算法希望通过时延的变化检测到中间设备的排队状况，这个想法类似于 ECN，但不需要中间设备的通知，仅依靠端点上的推测。当检测到时延变大，就说明中间设备排队变长，网络正在变得拥塞，从而提前感知到拥塞，调整后发送速率，这类算法如 Vegas、FAST、Westwood。

现在比较受欢迎的算法 BBR（Bottleneck Bandwidth and Round-trip Time，带宽瓶颈和往返时间）则是基于链路容量来进行拥塞控制。BBR 根据最大带宽和最小时延不断测量 BDP（Bandwidth Delay Product）。BDP 就是网络链路中可以存放数据的最大容量。BBR 以网络容量为依据，更平稳地发送数据，不会因为偶然的丢包就调整速率，抗丢包性强。

3.3.2　QUIC 拥塞控制的改进

对于 TCP 来说，增加一种新的拥塞控制算法是很麻烦的工作，需要改动终端的内核，这阻碍了算法的更新。QUIC 将算法放在了用户态，可以很容易地更新或者调整算法，甚至可以在线插拔，也能够根据网络环境使用不同的算法。虽然很多 QUIC 实现将拥塞算法默认设置为 Cubic，但是调整或者添加其他算法也是很容易的事情。

QUIC 与 TCP 的最大区别是：将报文传递顺序与数据交付顺序分开，报文传递顺序使用报文编号，数据交付使用 STREAM 帧的偏移。一个连接中，一个方向（发送或接收）上的所有报文编号在当前报文编号空间中都只使用一次，丢失报文的报文编号本身不用重传，仅把丢失的帧重新放入新编号的报文中重传。报文编号必须单调递增，因此报文编号的大小就是传递顺序的证明，所以不存在 TCP 中原始报文和重传报文确认的混淆问题，可以更精确地测量 RTT。为了能够更加精确地测量 RTT，QUIC 还在确认中增加了主机时延 ack_delay，用于通知接收方从接收到报文到发送确认之间的延时。

QUIC 不支持确认的反悔。TCP 在支持 SACK 时，接收方维护了两个队列，乱序确认的数据存在乱序队列中，然后检查乱序队列中的数据是否可以合并进顺序队列。在这个过程中，由于内存压力，可能会丢掉乱序队列中已经确认的数据。这就是 SACK 的反悔问题，这给传输协议带来了很大的复杂性。对于 QUIC 来说，确认和乱序并不是直接相关的，确认是指对应编号的报文的确认，确认后的报文内容放入流对应的偏移位置，由于发送方遵守了流控的限制，这个过程不会失败，因此不存在确认的反悔问题，减少了这方面的复杂度。

QUIC 可以在一个报文中支持更多的确认块。TCP 的 SACK 是将增加的 SACK 选项作为 TCP 首部的 Option 传输，TCP 首部的最大长度是 60 字节，其中 Option 最大长度是 40 字节，所以 SACK 的数量最多是 4 个（$4 \times 8 + 2=34$），在与时间戳一起使用的情况下最多只能是 3 个。QUIC 的确认是通过 ACK 帧放在负载中的，个数受最大报文长度的限制，远超过 TCP 的 4 个块的限制，这在高丢包率的环境中，可以显著改善报文的反馈速度，减少虚假重传，从而更快地推进发送进度。

QUIC 针对拥塞控制还做了一些其他改进，最小拥塞窗口是 2 个报文（但初始拥塞窗口是 10 个报文）。如果使用 1 个报文，单个报文丢失的代价比较大，只能使用 PTO 恢复。2 个报文的窗口增加了针对单个报文丢失的健壮性。

QUIC 的快速恢复期在收到恢复期内发送报文的确认时结束，而 TCP 不支持 SACK 的情况下是没办法确认丢失报文之后的数据段的。由于每个恢复期只能减少一次拥塞窗口，所以对于持续丢包的网络情况，QUIC 可以多次进入恢复期，拥塞窗口的折叠更快，而对于暂时的网络不稳定导致丢失报文的情况，QUIC 可以更早地退出恢复期，避免过度反应。

QUIC 定义了自己的探测超时机制，虽然跟 TCP 的 RTO（Retransmission Time Out，重传超时时间）很相似，但 PTO 只负责过期后的探测，PTO 过期并不认为是持续拥塞。在 QUIC 中，只有认为超过一定时长范围内发送的报文全部丢失时才认为是持续拥塞，从而触发折叠拥塞窗口。

QUIC 在整个连接期间采用了统一的拥塞控制，连接建立期间的报文丢失并不特殊。而 TCP 将 SYN 或 SYN-ACK 报文丢失视为持续拥塞，并将拥塞窗口减少到 1 个报文。

除了以上 QUIC 对于拥塞控制的改进外，还有一些针对 QUIC 本身特性的区别需要注意。

拥塞控制是基于路径的，QUIC 可以连接迁移（见 3.6 节），这时可能同时在多个路径上发送报文，这种情况下应该为每个路径建立一个拥塞控制状态。比如开始探测一个新路径时，初始化一个新的拥塞控制器。

QUIC 有多个报文编号空间，分别维护自己的报文编号，但拥塞控制和 RTT 测量在各空间是统一的。丢弃初始密钥和握手密钥时，任何初始报文和握手报文都不能再被确认，所以它们被从在途字节中删除。

QUIC 只有在超过持续拥塞时间持续发送的报文全部丢失的情况下才认为是持续拥塞。具体来说，丢失的 2 个报文符合以下条件。

- 在所有的报文编号空间中，在这 2 个报文之间发送的报文都没有被确认。

- 这 2 个报文的发送间隔超过了持续拥塞时间。
- 这 2 个报文是在有 RTT 样本的情况下发送的。

持续拥塞时间的计算如下，其中，kGranularity 是本地定时器的粒度，推荐值是 1ms；kPersistentCongestionThreshold 是计算持续拥塞时间时 RTT 预计最大值的倍数，推荐值为 3。

```
(smoothed_rtt + max(4 * rttvar, kGranularity) + max_ack_delay)
* kPersistentCongestionThreshold
```

3.3.3　ECN

严格地讲，显示拥塞通知（Explicit Congestion Notification, ECN）是拥塞控制的一部分，但又不同于传统的端到端的拥塞控制方法，所以单独介绍。

传统的拥塞控制方法通过丢包来感知网络拥塞，丢包后降低报文发送速率，防止拥塞崩溃。但是，发送方感知到丢包一般是通过超时后没有收到对应的确认，这可能需要数个 RTT，对 RTT 的合理估计也带来了实现复杂性。快速重传在拥塞情况下也难以应用，丢包后发送的报文很可能经历同样的拥塞点，难以到达对端。所以，端点仅仅依靠丢包管理难以及时感知到网络中的拥塞，延迟的拥塞反应导致了更多的丢包，也加重了网络负担。

RFC 2309 提出了路径上中间设备（路由器、交换机等）实施主动队列管理（Active Queue Management，AQM）的技术。虽然 RFC 2309 后来更新为 RFC 7567，但基本思想还是一致的。支持主动队列管理的中间设备可以在发现拥塞迹象时，在 IP 首部中设置显式标记，这个时间点远在队列满而丢弃报文之前，而且可以在一个 RTT 内通知到发送方，发送方收到拥塞发生通知及时调整发送速率。这个显式拥塞通知就是我们常说的 ECN。端点通过支持 ECN，可以获得如下好处。

- 通过更早地通知拥塞发生，端点可以及时调整流量，从而避免丢包，提高吞吐量。
- 在丢包前通知拥塞发生可以降低重传超时的可能性，重传超时会导致网络路径的所有状态丢失，显著降低传输的性能。
- 对于不重传丢失数据的应用，比如使用 QUIC 不可靠数据报功能的应用，能够在检测到初期拥塞后调整发送速率，避免出现丢包后消耗额外的网络容量（丢包后可能会使用 FEC（Forward Error Correction，前向纠错）等方法恢复）。
- ECN 可用于监控传输路径或者网络运营商的拥塞水平，这比丢包的信息收集更加准确。
- ECN 能够提供更详细的信息给传输协议，传输协议可以据此做出更合理的决定，从而促进传输协议的发展。

ECN 在 IP 首部中占用了两位，00 表示不支持 ECN，01 和 10 表示支持 ECN，11 表示经历了拥塞。支持 ECN 的端点在发出的 IP 报文首部中的 ECN 位设置为 01 或者 10，设置为 01 称为 ECT（0）标记（ECT 即 ECN-Capable Transport，表示 ECN 传输能力），设置为 10 称为 ECT（1）标记。对于发现拥塞迹象的中间设备，如果 IP 报文首部中的 ECN 值为 01 或者 10，则将其修改为 11（称为 CE 标记，即 Congestion Experienced，表示发生拥塞）继续转发；中间设备如果收到 ECN 值为 11 的 IP 报文，则不修改，保持为 11 继续转发；接收方收到 ECN 值为 11 的 IP 数据包则将拥塞信息通过传输协议通知给发送方；发送方收到 ECN 拥塞通知，调整拥塞控制器，将发送速率降低；发现拥塞迹象的中间设备上的流量得到减少，从而实现拥塞缓解的闭环。

在 QUIC 中，接收方通过 ACK 帧中 ECN 计数将信息反馈给发送方，每个报文编号空间单独维护 ECN 计数。除了 CE 的计数（ECN 值为 11），ECT（0）和 ECT（1）的计数也分别通知给发送方，这主要是为了验证发送方、接收方和路径上的设备是否都支持 ECN。QUIC 的 ECN 的通知过程如图 3-9 所示。

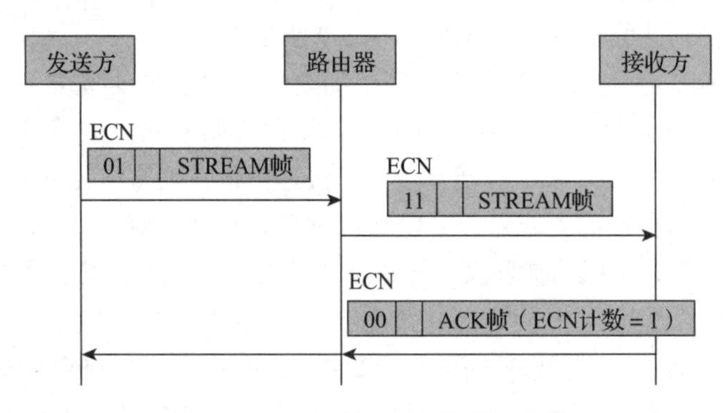

图 3-9　QUIC 的 ECN 的通知过程

QUIC 发送方将 IP 报文中的 ECN 位设置为 01 或者 10；该 IP 报文经过初期拥塞的路由器时，路由器将 IP 首部中的 ECN 位设置为 11，该 IP 报文即为 CE 标记的报文；接收方收到有 CE 标记的报文，将含有 CE 标记的报文计数通过 ACK 帧中的 CE 计数发送给发送方；发送方据此得知路径上出现初期拥塞，从而调整拥塞控制器，降低发送速率。

接收方将收到 ECN 标记的 IP 报文根据具体的标记为每个报文编号空间分别维护 ECT（0）、ECT（1）、ECN-CE 计数，在计数增加时，将计数放入 ACK 帧通知给发送方。对于合并的 QUIC 报文，一个 UDP 数据报中包含多个 QUIC 报文，这样的 IP 报文首部中的 ECN 标记按照 QUIC 报文分别计数。

但在现实的网络中，并非所有的中间设备都能支持 ECN，有的设备会清除 ECN 标记，还有的设备甚至会丢弃含有 ECN 标记的 IP 数据包。另外接收方也可能没有处理 ECN 的能力，或者无法获取 IP 首部中的 ECN 标记，也会导致传输协议无法实现 ECN 功能，因此，QUIC 需要探测路径和端点对于 ECN 的支持。对于每个可识别的新路径，比如迁移至服务器首选地址或者客户端主动迁移，都需要探测 ECN 的支持，方法是对于每条新路径早期的几个报文设置 IP 首部 ECT（0）或者 ECT（1）。在 QUIC 建立连接的最初的路径上，最早可以在初始报文中设置 ECN 标记，然后观察相应的 ACK 帧是否包含了发送的 ECN 标记。

以下情况为验证 ECN 失败。

- 设置 ECT（0）或者 ETC（1）的报文全部丢失，这表明有中间设备丢弃了有 ECN 标记的报文。
- 发送了设置 ECT（0）或 ECT（1）标记的报文，但相应的 ACK 帧中并没有正确的 ECN 计数，这表明有中间设备将 ECN 标记清零了，或者接收方不报告 ECN 标记。
- ECT（0）计数和 ECN-CE 计数的增加量的总和小于新确认的发送时有 ECT（0）标记的报文数。
- ECT（1）计数和 ECN-CE 计数的增加量的总和小于新确认的发送时有 ECT（1）标记的报文数。
- 接收到的 ECT（0）或 ECT（1）中任意一个的计数，超过了已发送的有相应 ECT 标记的报文数。

ECT（0）、ECT（1）和 ECN-CE 的增加量的总和大于 ACK 帧新确认的报文数是可能的，并不是验证失败。这是由于携带相应 ECN 标记的报文的 ACK 帧可能会丢失或者乱序，此时报文发送方看到的 ACK 帧新确认的报文数并不是全部，但 ECN 标记是接收方累计的。报文发送方应该识别乱序的 ACK 帧，即没有增加最大确认报文编号的 ACK 帧，这样的 ACK 帧的 ECN 计数是不准确的，不能用于验证。

ECN 验证失败后要禁用 ECN，发出的 IP 数据包中不再设置 ECN 标记。但中间路径仍然可能存在报文发送方感知不到的链路切换，这种链路切换有可能避开了不支持 ECN 的中间设备，使得原来不支持 ECN 的路径开始支持 ECN。因此，ECN 验证失败后，可以过一段时间再执行，如果后来验证成功，仍然可以启用 ECN。

在 ECN 标记的发送路径上（发送方 -> 接收方），ECN 标记是在 IP 报文首部中的，没有受到 QUIC 的保护，攻击者可以通过设置 ECN-CE 标记来降低发送方的速率，但能够进行这种攻击的攻击者肯定在路径中，也有能力丢弃报文，设置 ECN-CE 标记并没有收获更大的好处。攻击者同样也可以通过清除 ECN-CE 标记来误导发送方以不适当的高速率往已经出现拥塞的网络中注入报文，端点也可以偶尔设置 ECN-CE 标记来检测是否存在这样的攻击者。

3.3.4　QUIC 拥塞控制算法 NewReno

本节介绍经典的拥塞控制算法 NewReno，以便读者对 QUIC 的拥塞算法有一些简单的认识。实际上，除了 3.3.2 节中介绍的一些区别外，QUIC 的拥塞控制与传统上 TCP 的拥塞控制并没有什么不同。

拥塞控制算法 NewReno 的状态转换如图 3-10 所示，包含三个状态：慢启动、快速恢复和拥塞避免。

（1）慢启动

当拥塞窗口低于慢启动阈值时，NewReno 发送方就处于慢启动状态。因此，拥塞控制总是从慢启动开始。慢启动阈值可以看作是拥塞控制算法估计的网络容量。

当 QUIC 开始在一个新路径发送报文时，将拥塞窗口设置为 QUIC 的初始拥塞窗口，目

前推荐值为 $10 \times$ max_datagram_size，慢启动阈值初始化为无限大，进入慢启动状态。但是当 QUIC 连接建立时，客户端可能并没有那么多报文要发送，服务器发送则进一步受到反放大限制的控制，一般不会达到拥塞控制窗口。

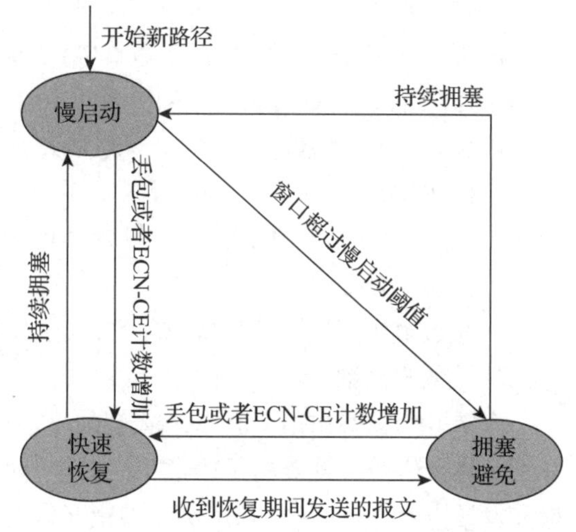

图 3-10　NewReno 的状态转换

如果慢启动是持续拥塞触发的，拥塞控制窗口则从最小拥塞窗口开始，目前推荐值为 $2 \times$ max_datagram_size。在一些实现中，如果在空闲期后又开始发送数据，也会认为网络情况无法判断，进入慢启动状态，也从最小拥塞窗口开始。

每次收到 ACK 帧，就将拥塞窗口加上该 ACK 帧中确认报文的字节数。如果拥塞窗口超过了慢启动阈值，则进入拥塞避免状态。

如果拥塞窗口达到慢启动阈值之前就遇到丢包，或者收到的 ACK 帧中 ECN-CE 计数增加，就将拥塞窗口减半，慢启动阈值设置为减半后的拥塞窗口大小，并进入快速恢复状态。

慢启动状态中，一般不会发生持续拥塞，因为在持续拥塞之前肯定会先发现丢包，就进入了快速恢复状态。因此，慢启动一般不会重新进入。

（2）快速恢复

拥塞控制器发现丢包或者 ECN-CE 计数增加时，就会进入快速恢复状态。已经处于恢复期的发送方将保持在恢复期，而不是重新进入。在进入恢复期时，发送方必须将慢启动阈值和新拥塞窗口设置为检测到丢包时拥塞窗口的一半。

丢包可能说明发生了轻微拥塞，因此快速恢复状态减小了拥塞窗口，先尝试重传丢失的报文。对于 QUIC 来说，则是重传报文中需要重传的帧。当快速恢复期间发送的报文被确认时，拥塞控制器进入拥塞避免状态。这个报文可以是新数据（快速恢复期间收到确认可以增加拥塞窗口，在拥塞窗口允许的情况下可以发送新数据），并不一定是负责重传的那个报文，这样如果收到了承载新数据报文的确认（进入拥塞避免状态），而负责重传的报文丢失，能够重新进入快速重传状态，就能够再次将慢启动阈值和拥塞窗口减半，在网络条件不好的情况下能够更快速地减少网络负载。但如果快速恢复状态下发现了新的丢包，或者 ECN-CE 计数继续增加，拥塞控制器仍然保持在快速恢复状态，不会重新进入，也不会减少拥塞窗口。

快速恢复状态下如果发现了持续拥塞，则将慢启动阈值设置为当前拥塞窗口的一半，拥塞窗口设置为最小拥塞窗口，进入慢启动状态。

（3）拥塞避免

当拥塞窗口达到或者大于慢启动阈值时，拥塞控制器进入拥塞避免状态。

在拥塞避免状态，使用加法增加乘法减少（Additive Increase Multiplicative Decrease,

AIMD）的方法。在拥塞避免期间，每个拥塞窗口确认完可以增加一个最大数据报大小，这相当于每个 RTT 增加一个数据报。

如果发现丢包或者 ECN-CE 计数增加，则将慢启动阈值和新的拥塞窗口设置为当前拥塞窗口的一半，进入快速恢复状态。

如果发现了持续拥塞，则将慢启动阈值设置为当前拥塞窗口的一半，拥塞窗口设置为最小拥塞窗口，进入慢启动状态。

3.3.5　QUIC 拥塞控制算法 BBR

传统的拥塞控制算法大都是基于丢包的，将中间设备上的队列包含进网络容量，只有填满所有设备的队列，开始出现丢包才会调整拥塞窗口。这样做是不合理的，首先设备的队列是为了缓解流量突发的，如果发送策略一直都是尽量占满，就会影响缓解流量突发的能力；其次，填满队列会显著增长时延，这是当下大部分应用不愿意看到的；最后，丢包并不一定是网络出现了拥塞，特别是现代网络结构复杂，互联网上传播距离长，因为正常丢包就降低拥塞窗口会影响发送效率。

但是无论如何，拥塞控制算法都需要根据估算出的网络容量进行设计，比如传统拥塞算法的慢启动阈值。慢启动阈值主要根据丢包信息来调整，包含了中间设备的缓存队列。BBR 希望估算出的网络容量不包含中间路径上的缓存，所以根据最小 RTT 和最大带宽计算网络容量。但是最小 RTT 和最大带宽不能同时测量到，如图 3-11 所示，最小 RTT 和最大带宽需要分别测量。图 3-11 中，虚线代表丢包。

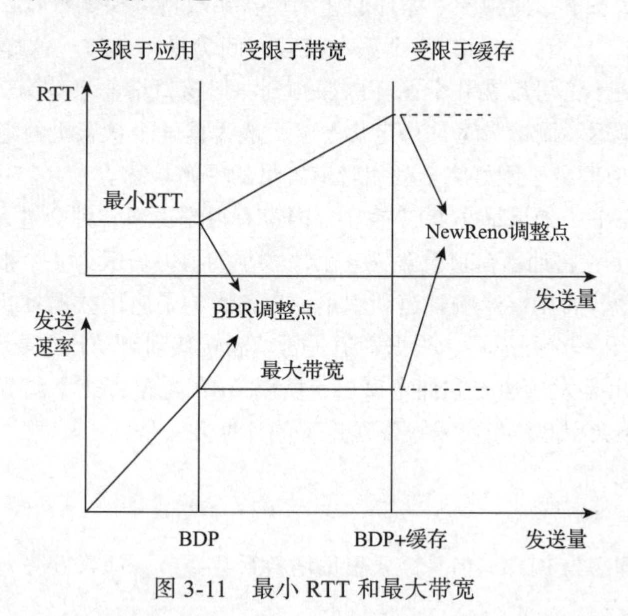

图 3-11　最小 RTT 和最大带宽

根据图 3-11 可以看出，在受限于应用的阶段，即应用提供的数据不足以达到最大带宽，所以发送速率小于最大带宽时，可以得出最小 RTT；发送速率到达最大带宽后，进入受限于带宽阶段，在这个阶段发送速率达到最大带宽，RTT 开始增加，这是因为这个阶段开始填充链路中间设备上的缓存；缓存填充满之后进入受限于缓存阶段，在这个阶段中间设备开始丢弃收到的数据包。传统上的拥塞算法在缓存满时开始调整自己的发送速率，BBR 则在缓存开始增加时调整发送速率。

BBR 的输入主要是 QUIC 的确认信息，包括确认的字节数、确认的 RTT 样本等。BBR 根据一段时间内的确认总字节数除以时间得到当前的带宽。

BBR 算法的核心是分别测量到最小时延（minRTT）和最大带宽（maxBW），从而得到时延带宽积（Bandwidth Delay Product，BDP），计算如下：

```
BDP = maxBW * minRTT
```

BBR 算法的基本过程如图 3-12 所示。算法启动时拥塞窗口设置为初始拥塞窗口，进入启动状态。在启动状态，以指数级增加拥塞窗口和发送速率，使用增益系数 2/ln(2)，约为 2.89，比每轮翻倍稍快，这是为了更快地找到最大带宽。当带宽连续几轮不再增加，或者增量很少，说明网络管道已经填满，就进入排空状态。

在排空状态下，使用小于 1 的增益系数，比如可以使用启动状态下增益系数的倒数 ln(2)/2，这就是说减小拥塞窗口，以便排空管道内的超过容量数据。所以，只要是在途数据（管道中的数据）还大于 BDP（管道容量），就说明管道依然超载，还需要继续排空，直到在途数据小于或等于 BDP，说明管道不再超载，就进入测量带宽阶段。

在测量带宽的状态下，使用一个循环的速率增益系数持续探测带宽，比如循环过程可以是：5/4，3/4，1，1，1，1，1，1，每个系数持续时间为最小 RTT。这样可以适应带宽变化的情况，变大或者变小都可以在几个循环内探测到。但窗口增益系数为 2，这是因为这个阶段的确认很可能会延迟。测量带宽是稳定状态，一般占据整个状态机的绝大部分时间，这保证了 BBR 在大部分时间处于刚好完全利用管道容量的平衡状态。

在以上三种状态下，如果最小 RTT 在 10s 内没有得到更新，则会进入测量 RTT 的状态。在测量 RTT 的状态下，将拥塞窗口设置为一个比较小的值，一般为 4 个报文相应的值。测量 RTT 的时间必须很短，否则会影响管道利用率，也就影响了应用数据吞吐量。在维持一段时间（通常是 200ms）和一个往返后，根据管道是否填满转移到启动状态或者探测带宽状态。

BBR 算法的输出是发送速率和拥塞窗口，所以 BBR 是自带速率调节的，即使没有单独的速率调节器，也不会引起流量突发。发送速率的计算方法是：

```
//G 为增益系数
pacingRate = maxBW * G
```

拥塞窗口可以理解为 BDP，但是需要根据增益系数调节，计算方法为：

```
//G' 为窗口增益系数
cwnd = BDP * G'
```

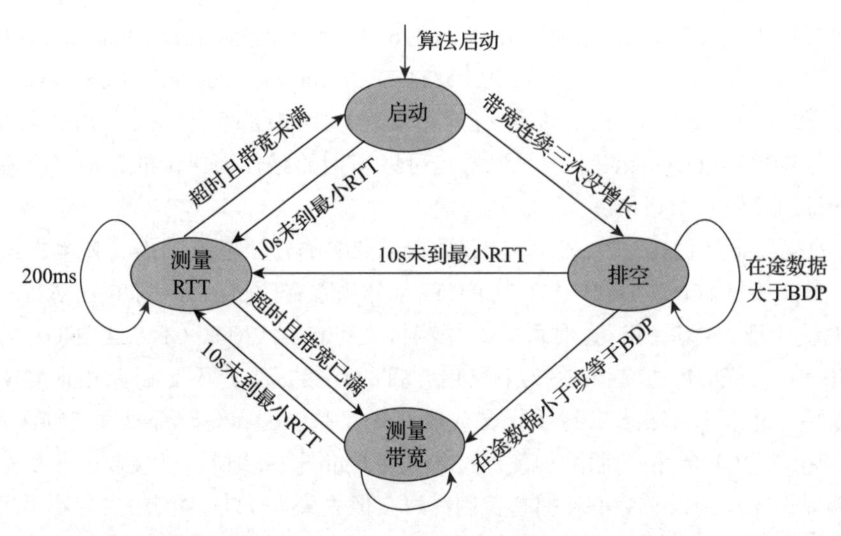

图 3-12　BBR 算法的基本过程

增益系数是由 BBR 状态决定的，比如启动期间是 2/ln(2)、排空期间小于 1、测量 RTT 期间是 1、测量带宽期间在 1 上下周期浮动。

3.4　PMTU 探测

在互联网中，客户端和服务器之间的网络路径一般会穿越多个设备，设备接口的 MTU（Maximum Transmission Unit，最大传输单元）可能各不相同，如果报文超过了设备接口的 MTU 值，就会被 IP 层分片或者丢弃。封装 QUIC 的 IP 数据包需要设置 DF（Don't Fragment，不分片）位，这是为了避免分片带来的传输效率和传输可靠性问题。对于 QUIC 来说，一个 IP 数据包包含一个 UDP 数据报，一个 UDP 数据报包含一到多个 QUIC 报文，选择一个 UDP 数据报载荷的大小对于传输来说很重要。如果使用过小的 UDP 数据报长度，就会浪费网络资源，无法达到最优吞吐量；如果使用过大的 UDP 数据报长度，会增加丢包的可能性，也增加了重传的压力，甚至可能导致头部阻塞。

QUIC 规定路径必须支持 1200 字节或以上的 UDP 数据报载荷大小，如果不能支持则不允许使用 QUIC。这是根据 RFC 8200 规定的 IPv6 链路 MTU 最小值是 1280 字节得到的，大部分的 IPv4 链路也是支持的。

在连接建立期间，客户端发送承载首个初始报文的 UDP 数据报载荷必须填充至 1200 字节，收到服务器对于这个初始报文的确认，则可以确认客户端到服务器方向的路径支持 1200 字节长度的 UDP 数据报载荷大小；服务器回复的首个触发确认的初始报文对应的 UDP 数据报载荷也必须填充至 1200 字节，服务器收到这个初始报文的确认，则可以确认服务器到客户端方向的路径支持 1200 字节长度的 UDP 数据报载荷大小。

如果想要使用更大的 UDP 数据报大小，QUIC 可以使用 PMTUD（Path MTU Discovery，路径最大传输单元发现）或者 DPLPMTUD（Datagram Packetization Layer Path MTU Discovery，数据报分组层路径最大传输单元发现）探测路径上可以发送的数据报大小。PMTUD 或者 DPLPMTUD 探测发现是以端点可以识别的路径为单位的，即一个本地地址与一个远端地址组合为一个路径。

QUIC 的探测报文使用一个 PING 帧和数个 PADDING 帧填充到需要探测的大小，并设置 DF 位。当连接迁移时探测 BASE_PLPMTU（分组层路径最大传输单元基数）时，可以将探测与地址验证一起进行，这时可以在探测报文里包含 PATH_CHALLENGE 帧。如果选择使用 PTB 消息，QUIC 短首部报文中只包含目的连接标识，不足以路由回 QUIC 连接发送方，需要将一个长首部报文（握手报文或者 0-RTT 报文）和短首部报文（包含 PING 帧和 PADDING 帧的报文）合并，使用 0-RTT 报文的例子如图 3-13 所示。接收方收到这样的报文忽略长首部报文。探测报文会消耗拥塞控制窗口，但丢失 PMTU 探测报文并不是可靠的拥塞依据，不能用来触发拥塞控制反应。

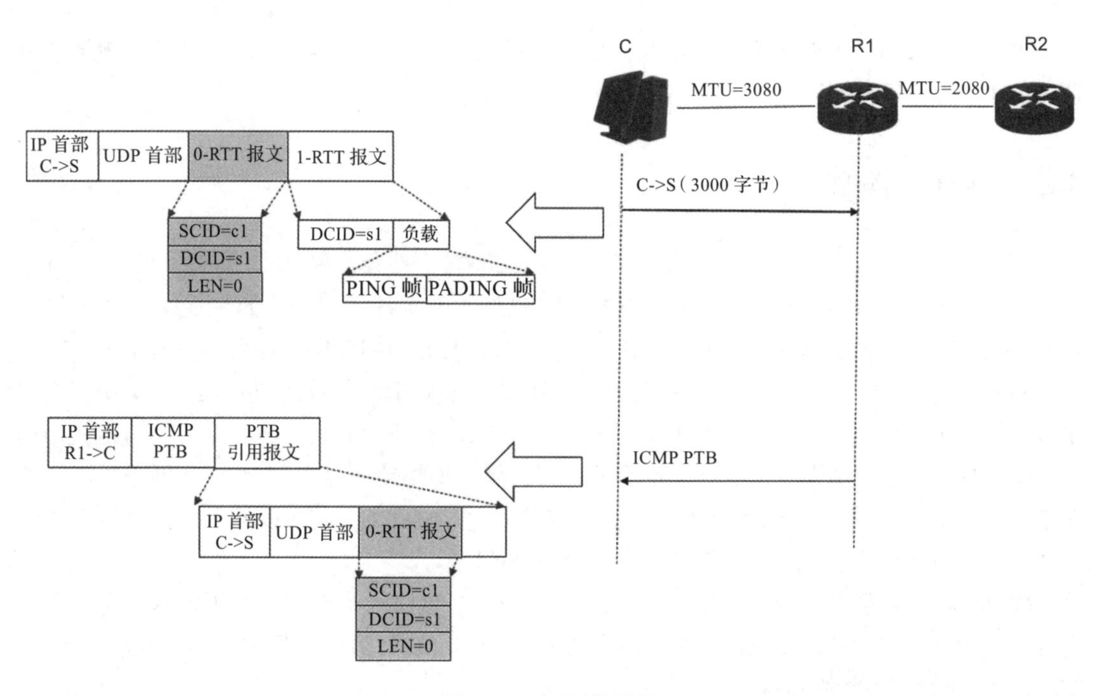

图 3-13　探测数据报

3.4.1　PMTUD

PMTUD（Path MTU Discovery）依赖于 ICMP（Internet Control Message Protocol，互联网控制报文协议）的 PTB（Packet Too Big，数据包过大）消息来确定路径的 MTU。中间路

由器收到带有 DF 位的 IP 数据包，如果 IP 数据包的大小大于路由器出口的 MTU，则生成 ICMP PTB 消息。在 PTB 消息中包含了下一跳 MTU 和原始报文的引用。发送方收到 PTB 消息后，验证原始报文确实是自己发送的报文，且原始报文已确认丢失，则确认是合法 PTB 报文。然后根据下一跳 MTU 调整探测报文的大小，直到收到对端的确认。

PMTUD 的例子如图 3-14 所示，发送方 C 先以本地出接口 MTU 大小 5000 发送一个探测报文。路径 MTU 值是取所有段上最小的 MTU 值，所以不可能超过本地出接口的 MTU。R1 收到该报文后发现下一跳 MTU 是 4000，所以生成一个 ICMP PTB 消息，指示下一跳的 MTU 值。发送方 C 收到 PTB 报文后更改探测报文大小为 4000 字节后发送。以此类推，直到确定该路径的最小 MTU 值 2000。

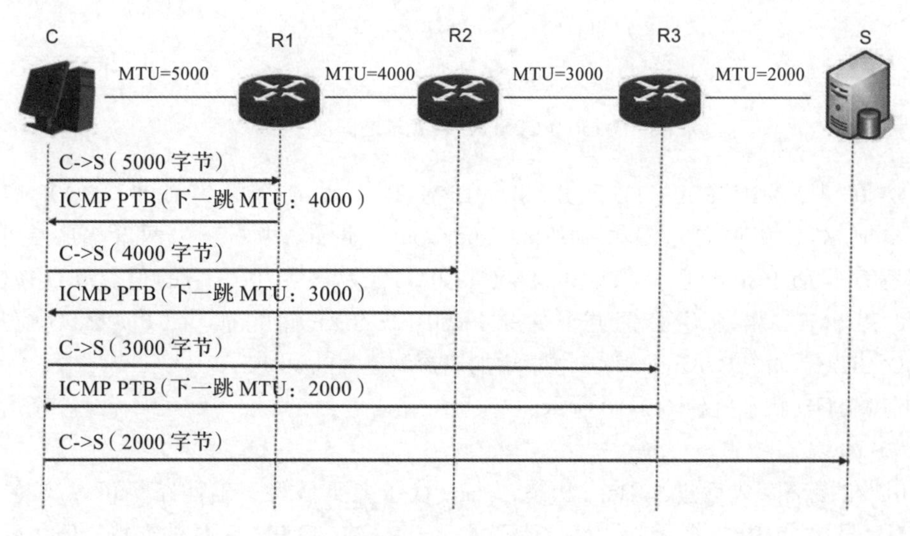

图 3-14 PMTUD 过程

3.4.2 DPLPMTUD

传统的 PMTUD 依赖于 ICMP 的 PTB 消息。但是 ICMP PTB 消息在部分情况下是收不到的，而且 ICMP PTB 消息中的引用报文在部分情况下也无法提供足够的信息证明不是攻击报文，这些问题会导致 PMTUD 不健壮，甚至无法使用。比如由于 ICMP 生成速率限制、防火墙过滤、反向路径缺失等原因，ICMP PTB 消息无法到达发送方。生成 ICMP 消息的路由器没有引用足够的报文、隧道和加密导致引用报文太少、NAT 翻译导致引用报文的修改等原因，导致无法验证 ICMP PTB 消息是否合法。

DPLPMTUD（Datagram Packetization Layer Path MTU Discovery）是一种不依赖 ICMP 消息的更强大的路径 MTU 探测方法。DPLPMTUD 主要依赖于黑洞探测，这可以选择依赖 PTB 消息，也可以不依赖 PTB 消息。黑洞探测根据 PTB 消息或者 QUIC 的异常丢包判断路径不支持当前使用的 PLPMTU（Packetization Layer Path MTU，分组层路径最大传输单元）。

QUIC 依赖于 PMTU 探测报文的丢失或确认判断 PMTU 的大小。这包括发现网络路径是否能支持当前数据报的大小；当发送方遇到报文黑洞时，检测和减少消息大小；周期性地探测网络路径以发现是否可以增加最大报文。

在以下的介绍中，当前需要探测的大小为 PROBED_SIZE，QUIC 发送的其他报文要根据实际探测结果的大小封装，PLPMTU 是 QUIC 报文的总长度，不包含 IP 首部和 UDP 首部。探测报文的大小 PROBED_SIZE 和当前估计的 PLPMTU 之间的关系如图 3-15 所示。

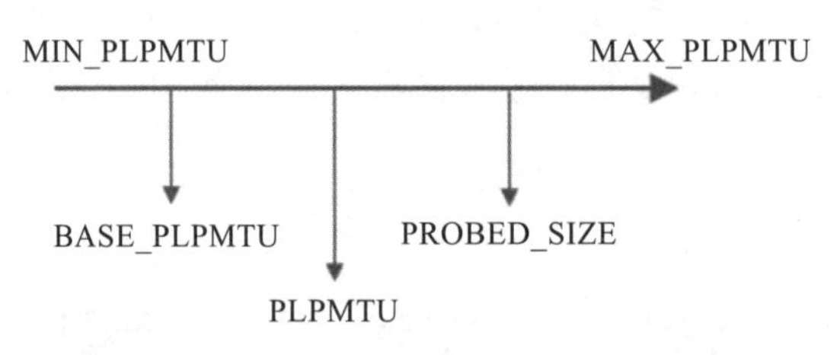

图 3-15　PLPMTU 各变量之间的关系

在 QUIC 中，MIN_PLPMTU 和 BASE_PLPMTU 一般都设置为 1200。MAX_PLPMTU 受限于本地 MTU 和对端的传输参数 max_udp_payload_size，一般为两者当中更小的值；当应用程序设置 PLPMTU 上限时，MAX_PLPMTU 为三者中最小的值。PROBED_SIZE 从 BASE_PLPMTU 增加开始探测，如果 PROBED_SIZE 探测成功，PLPMTU 则提高到 PROBED_SIZE，而 PROBED_SIZE 继续增加以探测更大的 PLPMTU。

DPLPMTUD 状态机如图 3-16 所示。

（1）Base 状态

QUIC 在握手完成后进入 Base 状态，Base 状态主要是为了确认路径可以支持 BASE_PLPMTU。虽然 QUIC 在握手阶段已经保证了对于 BASE_PLPMTUD 的支持，但之后端点不可见的中间网络路径变化还是可能导致新路径不支持 BASE_PLPMTUD，所以检测到黑洞后还需要探测 BASE_PLPMTUD。

在这个阶段，如果收到探测报文的确认，则进入 Search 状态；如果探测次数达到上限或者收到的 PTB 消息通过了验证，则说明该路径不支持 BASE_PLPMTUD，进入 Error 状态。

（2）Search 状态

Search 状态负责探测最大的可用 PLPMTU。进入 Search 状态后发送 PROBED_SIZE 的探测报文，如果收到确认则设置 PLPMTU 为当前 PROBED_SIZE，PROBED_SIZE 增加后继续发送探测报文，PROBED_SIZE 增加的大小可以根据常见的 PMTU 选择。如果在探测指定间隔内（一般大于 15s）没有收到回应，则重新发送探测报文。如果指定 PROBED_SIZE 的探测报文发送次数超过探测次数上限（一般为 3 次），或者收到对应的有效 PTB 消息，或者 PLPMTU 已经达到 MAX_PLPMTU，则进入 Search Complete 状态。在这个状态中，发送检测的次数上限不能太少，以便保持对偶然丢包的鲁棒性。如果没有应用流量，可以先停止探测。

如果检测到黑洞，则进入 Base 状态。

（3）Search Complete 状态

Search Complete 状态表示搜索已完成，进入维护状态，这是一个维持在当前能探测到的最大 PLPMTU 的状态。当超过持续使用当前 PLPMTU 的期限，这个期限一般为 600s，则重新进入 Search 状态。维持期限应该远大于探测报文发送间隔，以避免产生过多的探测流量，影响传输效率。

如果检测到黑洞，则进入到 Base 状态。

（4）Error 状态

Error 状态一般说明测量到的 PLPMTU 冲突或者无效，比如小于 BASE_PLPMTU，在这种状态下 QUIC 无法工作。

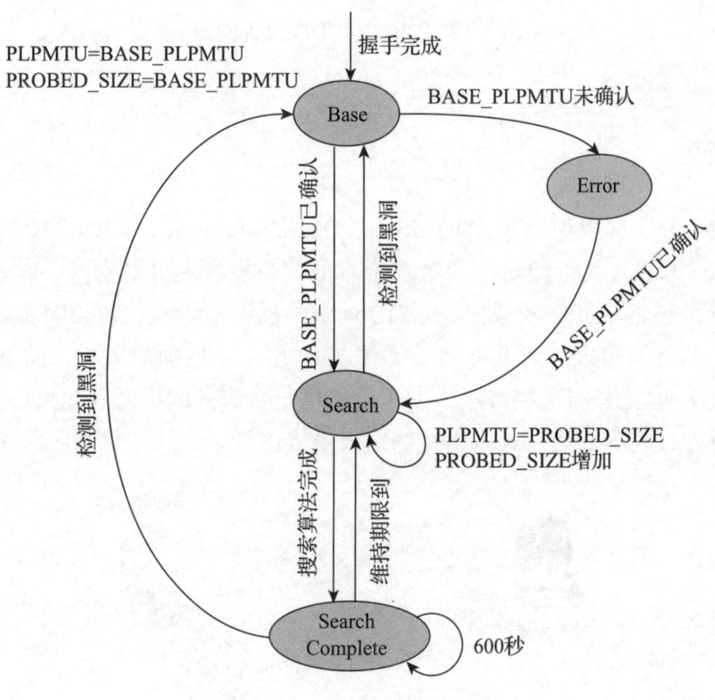

图 3-16　DPLPMTUD 状态机

图 3-17 给出了一个 DPLPMTUD 过程的例子。发送方 C 从 BASE_PLPMTU 大小的报文开始探测，这个探测报文得到了接收方 S 的确认，PLPMTU 即设置为 1200；然后使用下一个 MTU 得出下一个 PROBE_SIZE 为 2000，这个探测报文仍然没有超过路径上任何一个 MTU，也得到了确认，PLPMTU 即设置为 2000；继续增加探测报文大小到下一个 PROBE_SIZE 值 3000，这个探测报文因为超过了 R1 的下一跳 MTU，R1 返回了 PTB 报文。所以，最终探测到的 PLPMTU 为 2000。

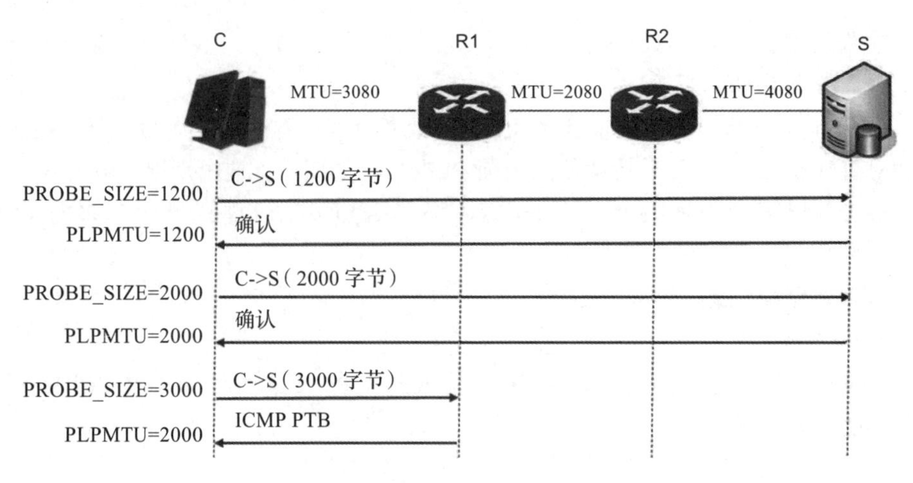

图 3-17　DPLPMTUD 过程例子

3.5　地址验证

在互联网中，分布式拒绝服务（Distributed Denial of Service，DDoS）攻击是最常见的攻击形式。DDoS 攻击通过大量流量消耗被攻击者的网络资源和计算资源，使其无法处理正常的业务，最终导致正常服务中断或停止。DDos 中的反射放大攻击可以将流量放大几十倍来攻击受害者，有的甚至可以放大几万倍，如图 3-18 所示。反射放大攻击将受害者的源 IP 和源端口号作为报文的源 IP 和源端口号，发送给提供正常服务的反射器，反射器给受害者回复海量数据，这种方式成本低廉、难以追踪，需要重点防护。

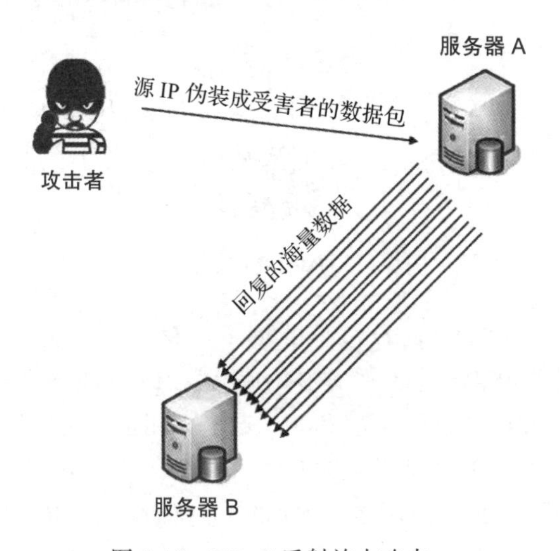

图 3-18　DDoS 反射放大攻击

避免成为反射器最重要的方法是要求发送报文的端点证明自己确实可以在指定的源 IP 和源端口号上接收到对应协议的报文，这就是地址验证。为了避免服务器成为反射器，QUIC 规定了一个反放大上限，即在地址验证之前，能够向那个地址发送的数据量要小于从那个地址收到的数据量的三倍。

使用 QUIC 服务器作为反射器，放大倍数最多是 3 倍，这是为了首次建立连接时客户端能够在 1-RTT 内发送数据的权衡。因为服务器只有在第一轮发包[㊀]时发送完初始报文和握手报文，客户端才可能在第二次发包时发送应用数据（这里指的是 1-RTT 的数据发送）。但是握手报文包含了至少四个 TLS 消息，其中还有证书链，一般是比较大的，如果要求服务器回复的报文一定要小于收到的客户端的初始报文，就没办法让客户端做到在 1-RTT 内发送应用数据了。除反放大限制外，还可以使用其他的机制限制，比如处理同一地址初始报文的时间间隔等，所以三倍是一个权衡后的合理选择。防范反射放大攻击最根本的还是要互联网服务提供商将包含欺骗性的源 IP 地址的数据包拦截，这并不属于 QUIC 的范畴。

地址验证的通常方式是发送给对端包含足够熵的不透明数据，要求对端回复的报文中包含自己发送的数据。除此之外，如果对端按照要求付出了一定的算力（比如通过解密加密等），就不太可能是攻击者（攻击者这么做很不划算），也认为是验证了地址。

QUIC 的地址验证有几种方式：握手期间的隐式地址验证，握手期间通过重试报文进行地址验证，握手时通过 NEW_TOKEN 帧提供的令牌进行地址验证，迁移过程中使用 PATH_CHALLENGE 帧进行地址验证。前三种主要是在连接建立期间用于反放大攻击，PATH_CHALLENGE 帧的地址验证主要是在连接迁移期间防止攻击者欺骗性地迁移。在连接期间其他任意时刻也都可以发起地址验证，比如在一段沉默期后验证对方是否还在原来的地址上。

注意　地址验证指的是单方向的一端认证了另外一端的地址，双向的地址验证需要每个端点单独进行。

3.5.1　连接建立期间隐式地址验证

一般的地址验证需要通过不透明数据块进行（如令牌或者 PATH_CHALLENGE 帧中的数据），对端回复携带相同的不透明数据块则验证通过。但在连接建立期间，可以通过其他方式隐式的验证，以下几个点都可以认为已经验证了对端的地址。

1）对端回复的 QUIC 报文中使用了本端提供的含有至少 64 位熵的源连接标识。也就是说如果端点选择的连接标识含有足够的熵，那么接收到对端的第一个报文就能认为已经验证了对端的地址。这与通过令牌验证是类似的，令牌通常是 128 位以上的熵。

2）接收到对端的握手报文并成功处理。这表明对端已经成功处理了初始报文，已经针对性地付出了算力，不太可能是攻击者。

㊀ 在很多文献中叫作 first flight，指的是在对端响应前就可以发送的多个数据包。

3）客户端收到包含了首个初始报文的目的连接标识的报文。这可能是服务器的初始报文，这表明服务器根据客户端选择的目的连接标识生成了密钥，并使用对应密钥加密解密（付出了算力）；也可能是服务器回复的版本协商报文，版本协商报文使用首个初始报文的源连接标识作为自己的目的标识，使用首个初始报文的目的连接标识作为自己的源连接标识，证明确实收到了对应报文；还可能是服务器回复的重试报文，重试报文使用首个初始报文的目的连接标识生成了完整性标签，这既是一种对初始目的连接标识的间接回显，也付出了一定的算力，能够证明接收到了对应报文。

连接建立期间的隐式地址验证如图 3-19 所示。

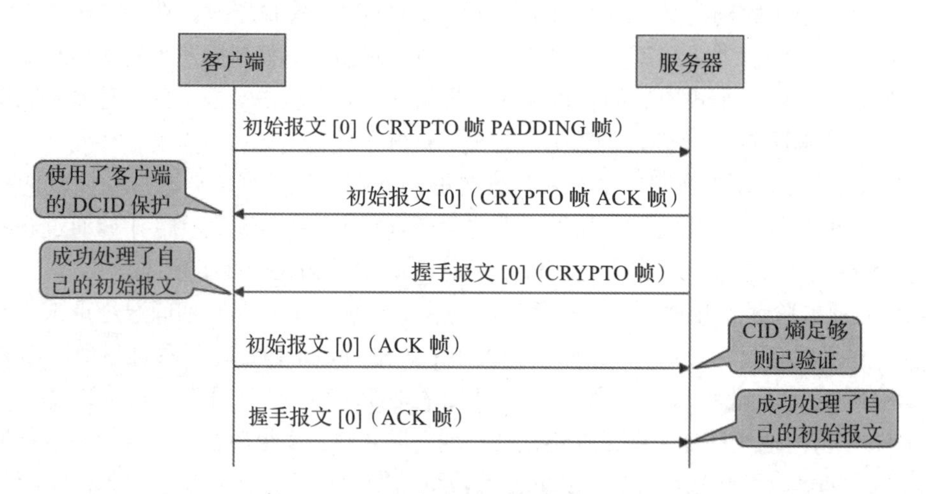

图 3-19 连接建立期间的隐式地址验证

3.5.2 通过重试报文进行地址验证

服务器在处理客户端第一个初始报文时，需要耗费大量的计算资源，容易遭到资源耗尽攻击，因此，服务器可能想要先验证客户端地址，再处理连接，这可以通过发送重试报文进行。

重试报文中包含了一个至少 128 位熵的令牌，客户端如果回复了一个包含这个令牌的初始报文，并且初始报文的目的连接标识是重试报文的源连接标识，且该初始报文是使用重试报文的源连接标识保护的，就认为验证了客户端的地址。服务器和客户端之后使用的初始密钥都使用重试报文中源连接标识衍生的密钥。客户端之后发送的初始报文都要包含这个令牌，但在收到服务器的初始报文后要改变目的连接标识为服务器初始报文的源连接标识（但不改变密钥）。重试的地址验证如图 3-20 所示。

重试报文中发送的令牌一般包含客户端的源 IP 地址和端口的相关信息，可以使用源 IP 地址和端口的校验和，也可以是加密后的信息，这可以让服务器验证客户端数据包中的源 IP 地址和端口是否保持不变。

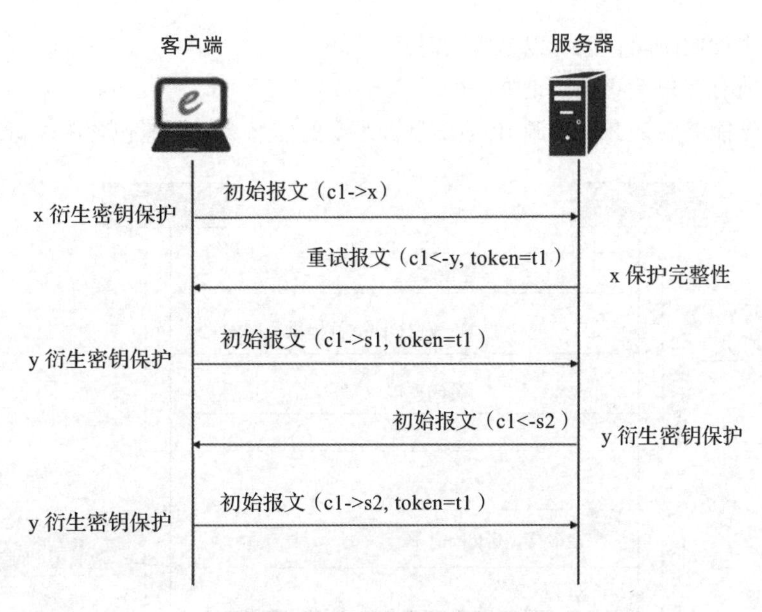

图 3-20　重试的地址验证

重试报文中的令牌和 NEW_TOKEN 帧的令牌都包含在初始报文的令牌字段中，但是重试报文的令牌要求立即使用，所以有效期应该设置得很短，而 NEW_TOKEN 帧提供的令牌一般是在未来恢复连接时使用，可以长达数天。客户端应该根据场景选择使用的令牌，服务器则应该能区分出来令牌提供的方式，这一般是通过令牌中的信息区分，以便不同的实体区分处理，第 6 章给出了重试卸载时使用令牌的例子。

3.5.3　通过 NEW_TOKEN 帧进行地址验证

服务器在连接期间可以通过 NEW_TOKEN 帧将令牌发送给客户端，客户端可以在这个连接断开后重新连接时发送的初始报文中提供这个令牌，这对 0-RTT 非常重要。比如在典型的 HTTP 使用场景中，客户端发送的 0-RTT 数据是 HTTP GET，服务器在第一次发送报文时必须包含 HTTP GET 的结果对应的 1-RTT 报文，才能减少用户感受到的延迟，一般来说服务器发送的报文总字节数远大于 0-RTT 报文。如果服务器没有验证客户端地址，由于反放大限制，就不能够在第一次发送报文时包含足够的 1-RTT 报文，这个场景下的 0-RTT 优势也就无法体现了。因此，必须通过在客户端初始报文中包含 NEW_TOKEN 帧提供令牌进行地址验证，过程如图 3-21 所示。

对于令牌来说，服务器既是生产者又是消费者，所以只要服务器对于生产和消费一致即可。服务器对于生成的 NEW_TOKEN 帧令牌的要求如下。

- 不能有任何显式信息暴露连接信息，以免被用来关联新旧连接。连接相关的信息可以存储在服务器或者以加密的形式包含在令牌中。
- 必须有过期时间限制。时间可以存储在服务器，或者以加密形式包含在令牌中。这可以是一个过期时间，也可以是签发时间。

- 令牌在所有客户端间必须是唯一的。
- 必须包含能够验证客户端源 IP 地址是否改变的信息，但不能包含源端口。

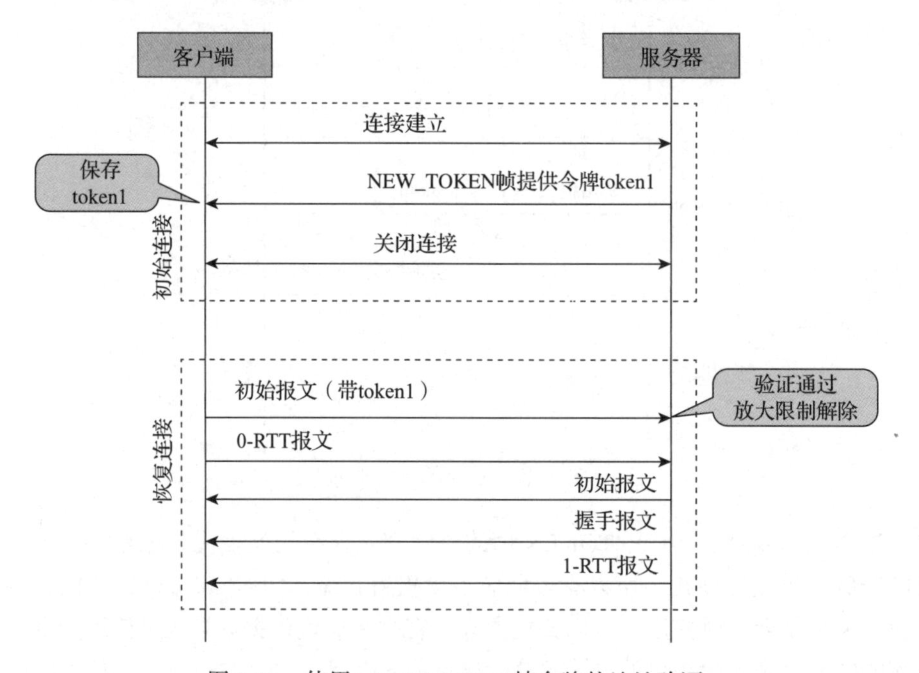

图 3-21 使用 NEW_TOKEN 帧令牌的地址验证

服务器可能会提供多个令牌，这些令牌根据场景不同，可能是都有效的，也可能是需要用有效的令牌替换无效的令牌。但是客户端在不能识别令牌内容的情况下，尽量保存和使用最新的令牌。即使如此，也无法保证使用的令牌一定是有效的，一方面可能是因为信息不完整而选择了无效的令牌（比如已经过期了，但客户端不知道）；另一方面，服务器也可能丢失了状态，无法验证之前发出的令牌。因此，服务器接收到的初始报文如果包含无效的令牌不能拒接连接，而是应该等同于没有令牌。

服务器必须根据令牌中的信息验证客户端 IP 地址是否改变，如果改变了可以不发送重试报文，但在客户端地址得到隐式验证前服务器必须遵守反放大限制。因为恢复连接时客户端 IP 地址改变很可能是 NAT 的正常行为，但也无法排除是反射放大攻击。

如果客户端在初始报文中提供了之前连接中服务器通过 NEW_TOKEN 帧发送的令牌，但随后收到了服务器的重试报文，这时需要将初始报文中的令牌替换为重试报文提供的令牌重新发送。

令牌在提供了 0-RTT 便利的同时，也避免了被观察者关联新旧连接的网络活动，但这会让服务器将客户端的新旧连接关联起来，从而可以分析用户前后的行为。这对于部分用户来说是不可接受的，这样的用户可以选择不使用 0-RTT 特性，再次连接时的初始报文也不携带令牌。

有的客户端希望快速打开多条连接，这时服务器可以在第一个连接建立后立即使用 NEW_TOKEN 帧提供多个令牌，其他连接使用这些令牌开始 0-RTT 连接，如图 3-22 所示。但是对于 QUIC 来说，建立多条并行连接只能是利用服务器的负载分担的好处，效果可能没有 TCP 明显。这是由于 TCP 上的队头阻塞问题可以由多条连接来解决，但 QUIC 基本没有队头阻塞问题。

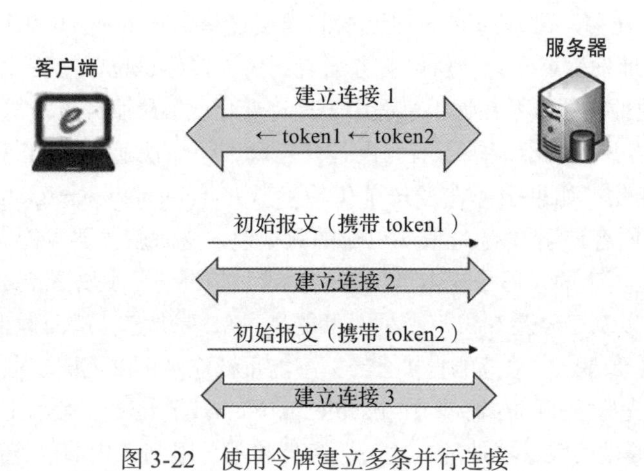

图 3-22　使用令牌建立多条并行连接

3.5.4　通过 PATH_CHALLENGE 帧进行地址验证

在连接建立后，就可以通过 PATH_CHALLENGE 帧进行地址验证。在收到一个未知 IP 地址发送的报文时，使用 PATH_CHALLENGE 帧进行地址验证可以防止放大攻击；在使用新的本地地址发送报文时，PATH_CHALLENGE 帧进行地址验证可以测试新地址的可达性，结合 PADDING 帧还可以测试新路径的 PLPMTU。

这种验证是通过在 PATH_CHALLENGE 帧中包含一个包含足够熵的值发送给要验证的地址，如果对端回复了包含对应值的 PATH_RESPONSE 帧（不管通过哪个路径），则验证了 PATH_CHALLENGE 帧发送的路径。

对于 PATH_CHALLENGE 帧的接收者来说，包含对应 PATH_RESPONSE 帧的 QUIC 报文要在收到 PATH_CHALLENGE 帧的同一路径上发送；对于 PATH_CHALLENGE 帧的发送者来说，并不要求接收到的对应 PATH_RESPONSE 帧一定来自发送 PATH_CHALLENGE 帧的同一个路径，这是为了防止连接迁移中描述的攻击者路径外导致的虚假迁移问题。

在当前活动路径上收到 PATH_CHALLENGE 帧，很可能是对端收到了触发连接迁移的报文，这很可能是个攻击，所以需要回复非探测报文，以触发对端回到当前路径中来。

一个 PATH_CHALLENGE 帧的丢失，或者没有收到 PATH_RESPONSE 帧回复并不意味着地址验证失败。通常在一定时间内多次发送的 PATH_CHALLENGE 帧都没有收到对应的 PATH_RESPONSE 帧回复才意味着地址验证失败。这个时间一般是原路径 PTO 或者新路径 PTO 的三倍，其中新路径 PTO 使用初始值 kInitialRtt 计算。

3.6 连接迁移

QUIC 重要的设计之一是可以更改连接的本地 IP 地址和端口号，这在变化的环境下有更好的适应性。在 QUICv1 中，仅允许客户端的 IP 地址和端口号发生变化。

常见的场景之一是经常在各种网络环境下切换的移动端，这通常伴随着连接标识的变化，是有意的连接迁移。另外还有一种无意的连接迁移，比如 NAT 重绑定，这种情况下客户端往往不知道地址发生了变化，所以服务器看到的连接标识也没有变化。

客户端的 IP 地址和端口号在握手过程中不允许变化。如果服务器发送了传输参数 disable_active_migration，客户端就不能进行有意的连接迁移，但无法避免 NAT 重绑定导致的客户端 IP 地址和端口号变化。如果服务器发送了传输参数 disable_active_migration 并成功建立连接后，收到了来自不同客户端 IP 地址或端口号的数据包，这时服务器可能无法确定这个数据包是由于 NAT 重绑定产生的，还是攻击者伪造的。这种情况下，服务器要么直接丢弃，要么进行地址验证，这可以基于经验知识判断是否可能是 NAT 重绑定，从而做出选择。即使服务器认为不可能是 NAT 重绑定，也只能直接丢弃，不能重置连接，以免被攻击者终止连接。

如果客户端先收到了传输参数 disable_active_migration，然后迁移到了传输参数 preferred_address 提供的服务器地址，这时服务器将不再限制客户端的连接迁移。

服务器发现收到了来自新地址的非探测报文，认为是连接迁移，这时要对没有验证过的对端地址进行地址验证。这可能是客户端有意的连接迁移，也可能是无意的连接迁移（比如 NAT 重绑定），还有可能是攻击者伪造的连接迁移。

探测报文的定义是只包含探测帧的 QUIC 报文，不符合此条件的其他报文都是非探测报文。探测帧包括 PATH_CHALLENGE 帧、PATH_RESPONSE 帧、NEW_CONNECTION_ID 帧和 PADDING 帧。

3.6.1 客户端有意的连接迁移

当客户端想要使用新的本地地址时，一般会先使用探测报文验证新的本地地址到服务器的可达性，确认可达性之后再使用非探测报文进行迁移连接。

有意的连接迁移一般指的是客户端想要保证私密性，防止观察者观察到前后网络连接的关系。在这种场景下，为了防止观察者将新旧路径上的活动关联起来，客户端从新的本地地址发送报文要使用新的连接标识。因此，对端要有还没使用的连接标识供新路径使用，同时，也要保证本端有可用的连接标识供对端使用，如果没有，可以在发送第一个探测报文时使用 NEW_CONNECTION_ID 帧提供一个。

由于新旧路径很可能具有不同的传输指标，所以新路径迁移时，需要重置拥塞控制器和 RTT 预估；ECN 也是路径上的属性，虽然 ECN 是周期性验证的，但这时还是有必要先验证 ECN 能力；PMTU 也是路径属性，这里是通过填充探测报文至 1200 字节验证最小的 PMTU。

当经过数次探测报文发送都没有收到对应的 PATH_RESPONSE 帧，新路径验证失败（具体见第 3.5.4 节地址验证)。新路径探测失败并不影响连接状态，除非没有其他路径可以使用。

如图 3-23 所示，例子中省略了端口号和其他不重要的内容。客户端之前使用本地 IP 地址 IP1 和本地连接标识 10 与服务器通信，服务器使用 IP 地址 IP3 和本地连接标识 200。在连接过程中，客户端给服务器提供了新的连接标识 11 供未来使用；服务器同样给客户端提供了新的连接标识 201。

之后，客户端想要迁移到本地 IP 地址 IP2，于是先在 IP2 上发送目的连接为 201 的探测报文，探测 IP2 上的可达性。这个探测报文包含了值为 x 的 PATH_CHALLENGE 帧，并使用 PADDING 帧填充至 1200 字节，以便确认客户端到服务器方向的 PMTU 是否支持最低值。服务器收到探测报文后，将 x 填入 PATH_RESPONSE 帧，目的连接标识设置为 11，发送给客户端的 IP2。

客户端收到服务器的回复认为验证通过，开始发送包含 STREAM 帧的非探测报文，发起迁移。服务器收到非探测报文，发起包含值 y 的 PATH_CHALLENGE 帧，并使用 PADDING 帧将报文扩充至 1200 字节，发送给 IP2 进行地址验证。服务器的地址验证也可以在收到探测报文时进行，但收到探测报文并不意味着客户端将来会选用这条路径，所以也可以像本例这样先不验证，等待连接迁移时再验证。

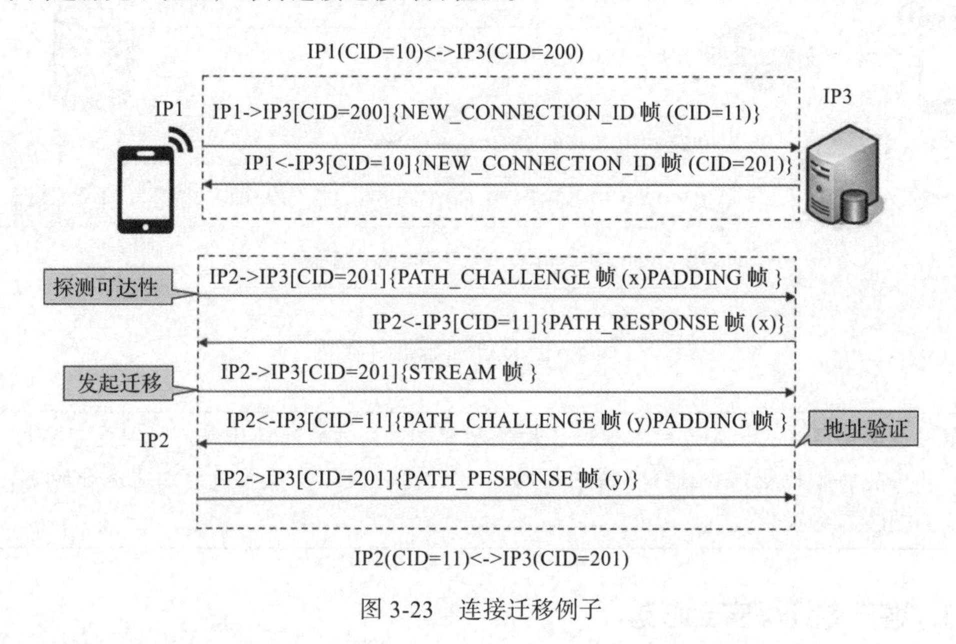

图 3-23　连接迁移例子

3.6.2　客户端无意的连接迁移

服务器收到的数据包中出现了新的远端地址，并不都是客户端有意的迁移，也有可能是中间件的操作，典型的就是 NAT 重绑定。我们知道，NAT 是为了解决 IPv4 地址不足的问题，目前在互联网中还是很普遍的，但随着 IPv6 的普及，NAT 的使用会慢慢减少，但 QUIC 还是不得不适应目前的网络情况。

NAT 一般只识别 TCP 或者 UDP 四元组，根据四元组转换源地址和端口号。TCP 是有状态的传输协议，且暴露了较多的协议状态，所以中间件可以清楚知道 TCP 的状态，老化时间较长，可达数小时。UDP 没有协议状态，QUIC 又不对中间件暴露协议状态，所以包含 QUIC 报文的数据包对于 NAT 来说只是普通的 UDP 报文，老化时间很短。这使得 NAT 重绑定在 QUIC 中相对常见，虽然可以通过保活来保持 NAT 上的状态，但对于发送数据频率较低的客户端来说保活会浪费太多资源。

如图 3-24 所示，本例中客户端经过 NAT 与服务器 IP3 通信，NAT 之前给客户端分配的地址是 IP1（图 3-24 中省略了端口号等不重要的字段）。客户端经过一段时间沉默后，NAT 已经将 UDP 对应的 NAT 表项老化了，所以在客户端重新开始发送数据包时，NAT 为客户端重新分配了 IP2。这整个过程客户端并不知道，所以连接标识并没有改变。服务器收到源地址 IP2 的报文时，发现并不认识 IP2，于是发送了一个目的地为 IP2 的探测报文。客户端收到探测报文后回复了对应的 PATH_RESPONSE 帧。

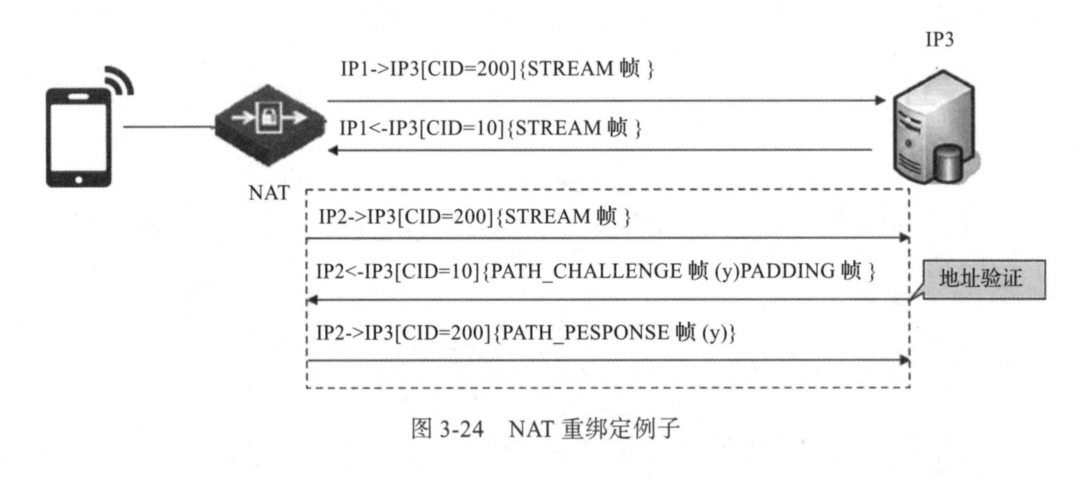

图 3-24 NAT 重绑定例子

注意 移动端网络变化导致的本地地址切换也可以是无意的连接迁移，特别是有些 QUIC 客户端实现将本地地址的选择交给内核的 UDP，这时网络切换导致的本地地址的变化可能是 QUIC 不关心的。

3.6.3 客户端迁移安全考虑

QUIC 支持 NAT 重绑定看起来非常简单，但 IP 地址并不在 QUIC 报文验证范围之内，很容易被攻击者篡改，也就是说服务器可能没有办法判断这个来自新的源地址的报文是 NAT 重绑定的结果，还是攻击者篡改了源 IP。相应地，连接标识在 QUIC 报文的验证范围之内（作为 AEAD 的关联数据），攻击者如果篡改连接标识会被立马识别出来，所以一般攻击者只能篡改 IP，让连接表现地像是 NAT 重绑定。

为了防止被攻击者用于放大攻击，服务器收到新的源地址发送的数据包要先发起地址验证，在地址验证之前要遵循反放大限制。为了保护连接免于被伪造迁移而失败，当对新对端地址的验证失败后，终端必须回退并使用最后一个经验证的对端地址。

对于位于路径中的攻击者，在连接建立后才可以改变源IP地址来伪造连接迁移，如图3-25所示。在图3-25中，攻击者将QUIC报文的源IP地址篡改为IP2用以通过放大攻击攻击受害者。受害者一般是其他服务器，本例中受害者服务器IP地址为IP2。服务器收到篡改后的报文，向IP2发起探测，但IP2没有QUIC功能或者没有连接信息（连接标识、密钥等），无法回应，服务器尝试几次后（受制于探测定时器和反放大限制）探测失败。如果攻击者持续篡改源IP地址，这相当于强制丢弃所有客户端报文，最终导致断链。但如果攻击者位于路径之上且没有其他路径可选的情况下，强制丢包、增加延迟等攻击都是没办法预防的。

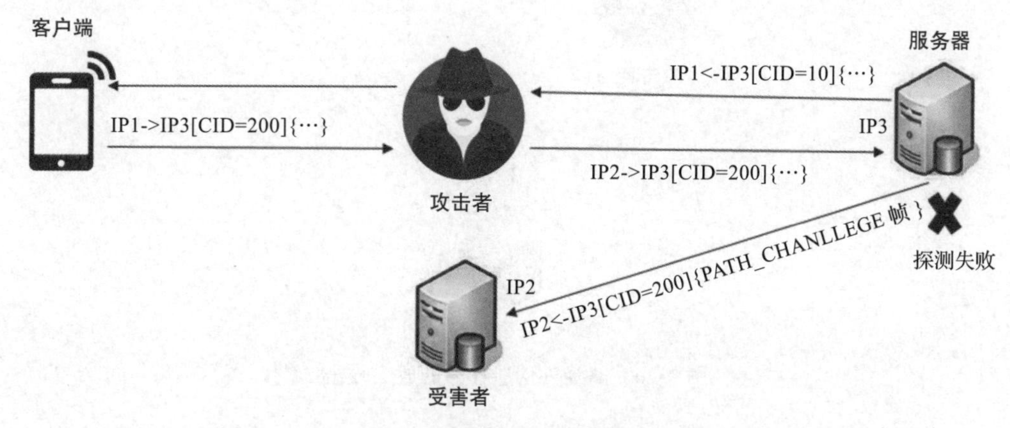

图3-25 路径中的攻击者伪造迁移

对于路径外的攻击者，攻击者没办法直接修改原QUIC报文的数据包，只能通过复制数据包，并篡改源IP地址来企图实现放大攻击。或者通过欺骗服务器和客户端，使它们将路径迁移到自己所在的路径，变成路径中的攻击者，更方便地实施攻击。

对于第一种情况，即将复制的原始数据包的源IP地址篡改为受害者，这要比路径上的攻击更容易发现。因为原始报文也会到达服务器，而且这依赖于攻击者发送的数据包比原始数据包更早到达（晚到达的数据包会被QUIC当作重复报文丢弃）。服务器收到新的非探测报文发起地址验证，由于受害者不能够回复探测报文，最终会探测失败。路径外伪造迁移的放大攻击如图3-26所示。

对于第二种情况，即将复制的原始数据包的源IP修改为自己，企图将QUIC路径迁移到自己所在路径之上。对于攻击者来说，这种攻击成功的关键是攻击者的路径比原始路径快，但一般来说，攻击者的路径是不太可能始终比原始路径快。所以，在客户端发送的报文频率较低的情况下更有可能成功。那么对于服务器来说，关键就是触发客户端发送非探测报文，所以服务器可以在这种情况下在原路径上发送一个探测报文，客户端收到这个探测报文后在原路径上回复非探测报文，如果这个报文先到达，连接就切回了原路径。服务器可以基于判断来确定是否在原始路径上发送探测报文，比如如果短时间内在原始路径上接收到过 QUIC 报文，那么就不太可能出现 NAT 重绑定，需要预防连接迁移攻击。路径外伪造迁移的其他攻击如图 3-27 所示。

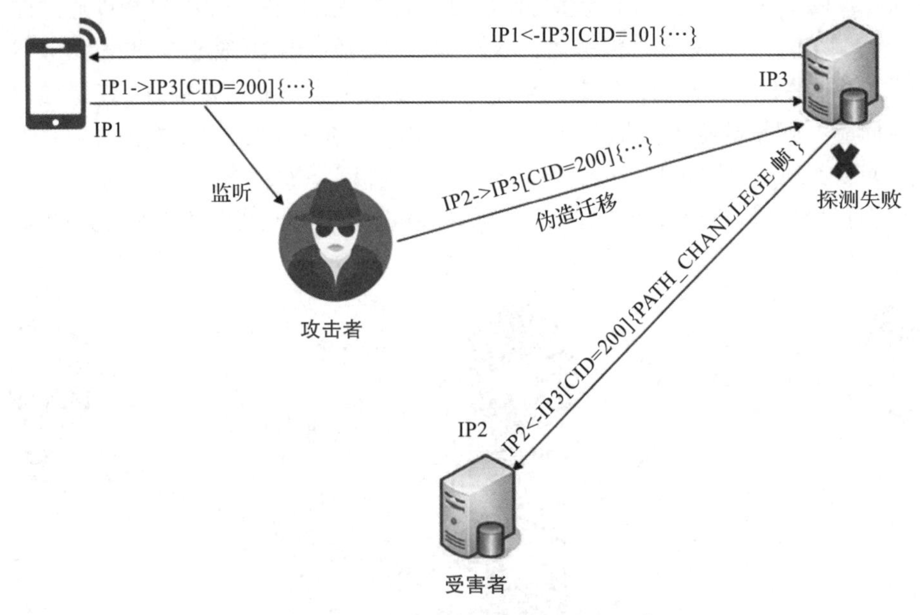

图 3-26 路径外伪造迁移的放大攻击

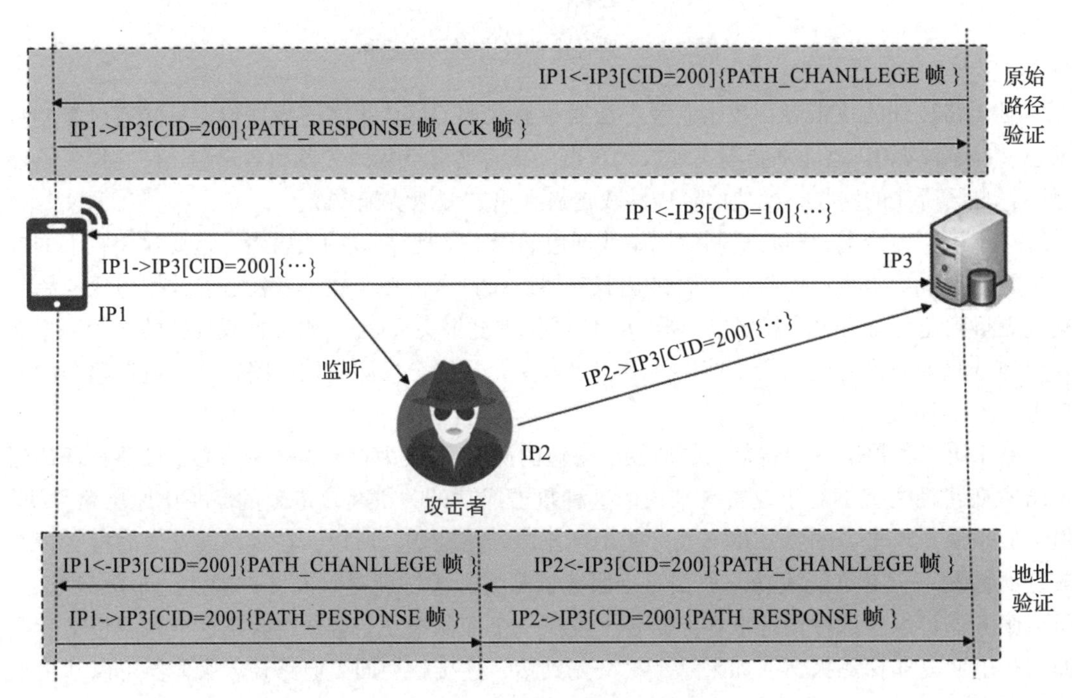

图 3-27 路径外伪造迁移的其他攻击

TCP 如果本地 IP 地址变化，必须重新建立连接，这需要在新 IP 地址上三次握手，甚至还有之前没有传输完成的大文件的重传。与 TCP 相比，QUIC 节省了握手的过程，但由于 QUIC 服务器接收到指示连接迁移的报文也无法确定是否是攻击造成的，需要避免放大攻击，不能回复大量报文；另外，客户端和服务器都需要重置拥塞控制，重新从初始窗口开始（一般是 10 个数据报），所以 QUIC 的连接迁移也需要降速，并没有快很多。

3.6.4　服务器移到首选地址

端点上通过直接改变本地地址的连接迁移在 QUICv1 中只支持客户端发起，服务器如果想变换本地地址，可以在握手期间提供首选地址给客户端，客户端在握手确认后可以迁移到首选地址。

如果服务器希望迁移到一个更优先使用的地址上面，就可以使用服务器首选地址，比如从共享 IP 地址迁移到专用 IP 地址上面。客户端将连接迁移到首选地址可以获得更稳定高效的连接。

服务器首选地址是通过 QUIC 的传输参数 preferred_address 发送给客户端，格式如下。

```
Preferred Address {
    IPv4 Address,  //32 位的 IPv4 地址
    IPv4 Port,  //16 位的 IPv4 端口号
    IPv6 Address ,  //128 位的 IPv6 地址
    IPv6 Port,  //16 位的 IPv6 端口号
    Connection ID Length,  //8 位，Connection ID 字段的字节长度
    Connection ID,  //Connection ID Length 指定的长度，首选地址对应的连接标识
    Stateless Reset Token (128),  //128 位，首选地址的连接标识对应的无状态重置令牌
}
```

服务器发送给客户端的首选地址信息包括：IPv4 地址和端口号、IPv6 地址和端口号、连接标识（长度和值）、首选地址的连接标识对应的无状态重置令牌。

服务器可以同时发送 IPv4 地址和端口号、IPv6 地址和端口号，也可以选择只发送一个地址族中的首选地址，另一个地址族则发送全零地址及端口（IPv4 为 0.0.0.0:0，IPv6 为 [::]:0），其中 IP 地址以网络序编码。首选地址连接标识必须是非零值，如果握手期间服务器选择了零值的连接标识，则不能够提供首选地址。首选地址连接标识对应的序列号固定为 1。

在传输参数 preferred_address 中提供连接标识只是为了保证客户端迁移到首选地址时有连接标识可用，但迁移到首选地址并不是一定要使用这个连接标识；这个连接标识跟通过 NEW_CONNECTION_ID 帧提供的连接标识使用上没有什么区别，同样可以用来客户端自己的连接迁移。

客户端收到后可以迁移到首选地址，但也可以选择不迁移。如果选择迁移，源地址和端口号要使用跟选定的首选地址一致的地址族，并且只能在握手确认后，即收到

HANDSHAKE_DONE 帧后才可以发起到首选地址的验证，验证通过才可以迁移到首选地址，并不再使用原来的服务器地址。如果验证失败，客户端就继续使用原来的服务器地址。客户端恢复连接时，原来连接的首选地址的服务器不一定可用，不能够直接使用服务器之前提供的首选地址。另外，实际部署时，共享 IP 上一般会有一些安全服务，客户端不应该直接使用后端服务器地址绕过这些安全服务。

服务器收到客户端的探测报文后，需要从首选地址发起对客户端地址的验证，确保不是伪造的迁移。服务器完成验证后，且在首选地址上收到了新的最大报文编号的非探测报文，这说明客户端发起了到首选地址的迁移，之后就可以只在首选地址上发送非探测报文，但可以继续处理原来地址上接收到的延迟报文。

图 3-28 展示了一个客户端迁移到首选地址的例子，客户端先是得到了服务器的共享地址 IP2，于是将初始报文发往 IP2，建立 QUIC 连接。在连接建立过程中，服务器在握手报文中发送首选地址（地址 IP3，连接标识 100，其他略）。客户端收到 HANDSHAKE_DONE 帧后开始验证服务器的首选地址，于是发送了一个目的地是 IP3 的探测报文，在这个探测报文中发送了一个新的连接标识 2，以便服务器使用。服务器收到探测报文后回复 PATH_RESPONSE 帧，并且携带自己的探测 PATH_CHANLLEGE 帧来验证客户端地址。客户端探测完成后，发送包含应用数据的 STREAM 帧发起迁移。

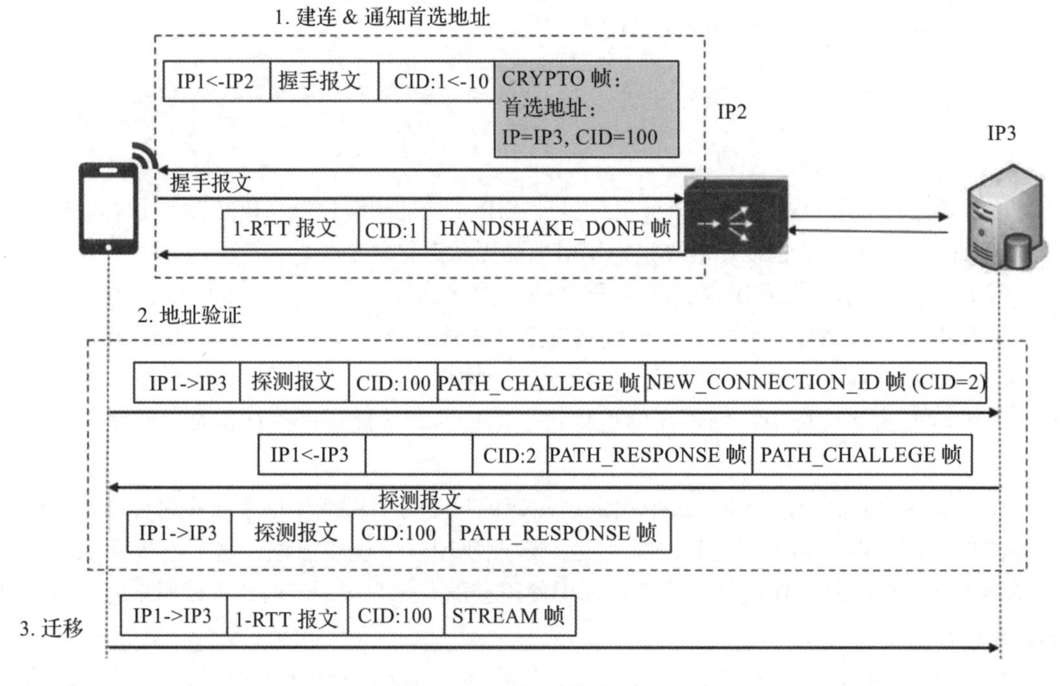

图 3-28　迁移到首选地址

注意 图 3-28 的例子中客户端源 IP 地址并没有变化，但在 IPv4 的场景中，目的 IPv4 地址和端口号变化一般会触发 NAT 重新分配源 IP 或者源端口号。

3.7 中间件的 RTT 测量

对于长首部报文，中间件可以观测到双向的报文往返，可以根据报文类型隐含的关联关系得到 RTT：观察到客户端的初始报文和服务器的初始报文的间隔作为中间件和服务器之间的延迟（下游 RTT），观察到服务器的握手报文和客户端的握手报文的间隔作为客户端到中间件的延迟（上游 RTT），相加后就是客户端和服务器之间的 RTT，如图 3-29 所示。这个 RTT 样本也可以作为后面得到 RTT 样本的参考，用来排除异常的测量值。这也对想要观察到握手期间 RTT 的中间件提出了识别 QUIC 版本的要求：一方面，报文类型是版本特定的；另一方面，服务器发送的初始报文和握手报文有可能是合并到一个 UDP 报文中的，这也需要知晓对应 QUIC 版本的报文结构才能够拆分开 QUIC 报文，并识别各个报文的报文类型。这要求中间件需要观察连接的版本信息，并能够识别使用版本的 QUIC 报文格式。

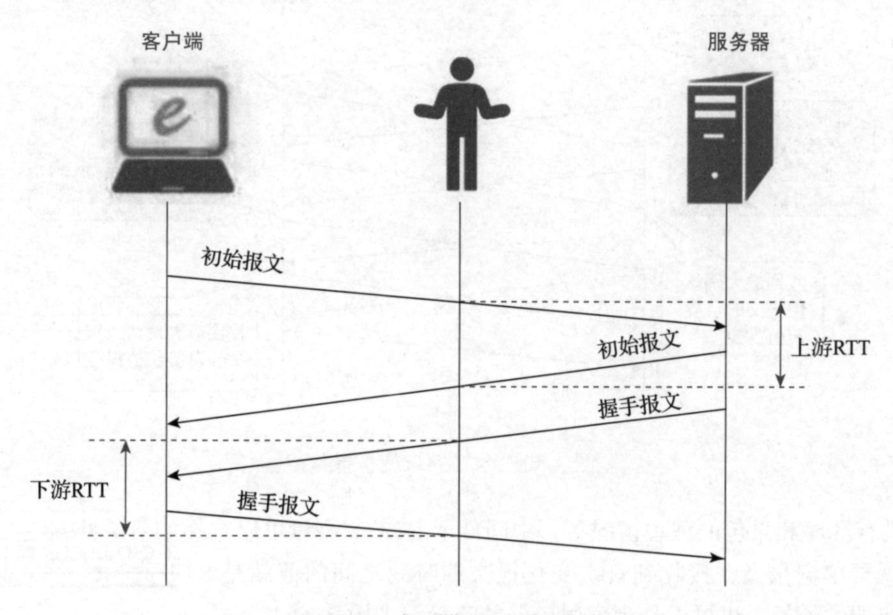

图 3-29 握手期间 RTT 测量

对于短首部报文（即 1-RTT 报文），报文中没有信息可以关联两个报文之间的关系，也就无法关联发送的报文和回复它的报文。QUIC 报文编号是加密的，用于确认的 ACK 帧在报文负载中，也是加密的，因此，无论是报文编号还是对于报文的确认都是中间件无法识别的。但是运营商、云提供商等基础链路提供商非常希望能够测量链路的延迟，以便能够定位故障点或者相应地改进链路质量。QUIC 标准化过程中，对于是否暴露 RTT 经过了激烈的讨论，最终才达成了一致：使用 1 比特位的自旋位。这是基于 RTT 对于网络中观测者的重要性考虑的，另外，一个比特位对于 QUIC 实现的负担和隐私的影响都微乎其微。

自旋位的基本原理是：在每个 RTT 内为观察者提供一个 RTT 样本。客户端在收到首个自旋位变化的报文时（0 变为 1 或者 1 变为 0），翻转自旋位；服务器反射客户端报文中的自旋值。

端点上的具体操作是：两端都保存了一个本地的自旋位值，发送报文时使用这个值设置报文的自旋位。两端自旋位初始值都设置为 0；客户端收到确认后，如果确认了更大的报文编号，则将本地的自旋位值设置为确认的报文的相反值；服务器收到确认后，如果确认了更大的报文编号，则将本地的自旋位值设置为包含确认的报文中自旋位的值，如图 3-30 所示，其中 SpinBit 指 2.2.2 节中短首部报文中的自旋位。

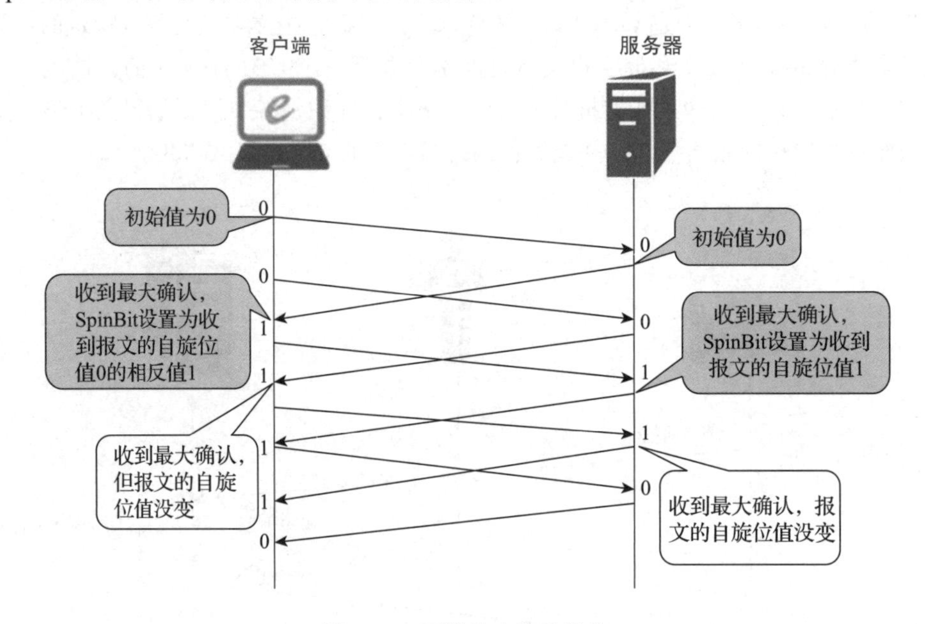

图 3-30　两端的自旋位操作

在没有乱序和丢包的理想情况下，中间件上 RTT 的测量可以选择如下两种方法之一。

- 观察单向报文，接收到首次变化报文的时间之间的值就是 RTT 值。这可以是观察客户端的流量，也可以是观察服务器的流量，如图 3-31 所示。
- 观察双向报文，分别测量上游 RTT 和下游 RTT，加起来就是完整的 RTT。客户端报文首次变化到服务器报文首次变化之间的时间是上游 RTT；服务器报文首次变化到客户端报文首次变化之间的时间是下游 RTT，如图 3-32 所示。

在有少量丢包的情况下，即使丢失的是端点发出的首个报文，由于端点一般会几乎同时发出去一批报文，所以不会影响中间件观察到的 RTT。

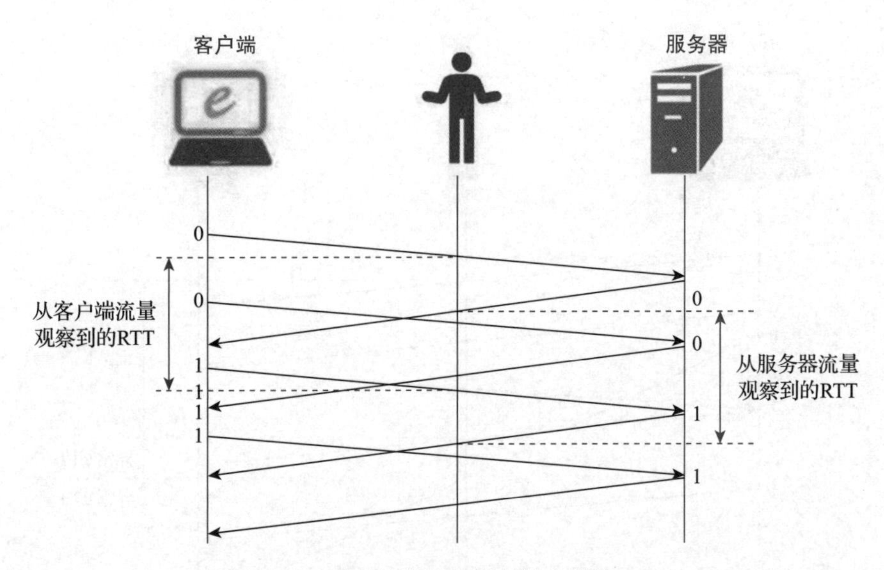

图 3-31　观察单向报文的自旋位测量 RTT

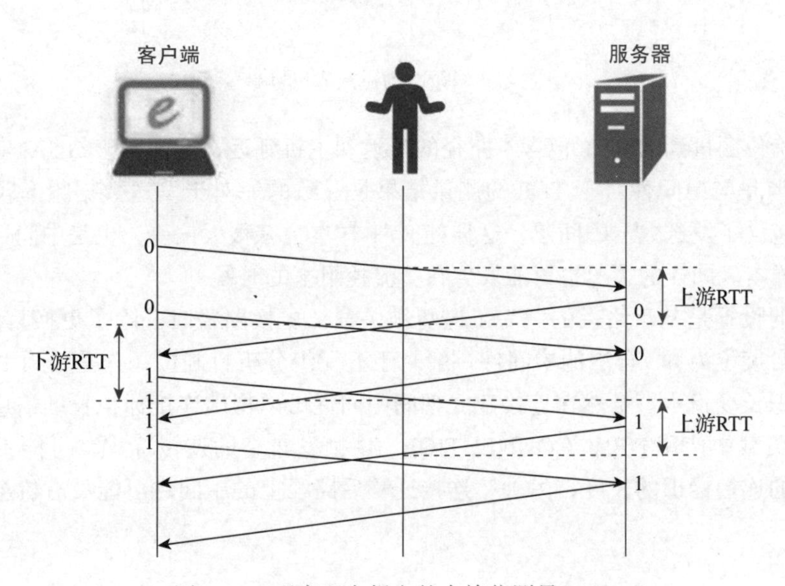

图 3-32　观察双向报文的自旋位测量 RTT

但在有乱序的情况下，中间件可能会观察到过小的 RTT，如图 3-33 所示。这种情况下，中间件应该有措施过滤掉错误的 RTT，比如使用滤波器、参考初始 RTT 等。《使用 QUIC 自旋位实现互联网测量》[⊖]一文中提出了一种通过在 QUIC 报文中增加两位有效边沿计数器（Valid Edge Counter，VEC）来协助中间件过滤掉异常 RTT，但目前并还没有获得 QUIC 工作组的认可。

⊖ https://www.ietfjournal.org//enabling-internet-measurement-with-the-quic-spin-bit/。

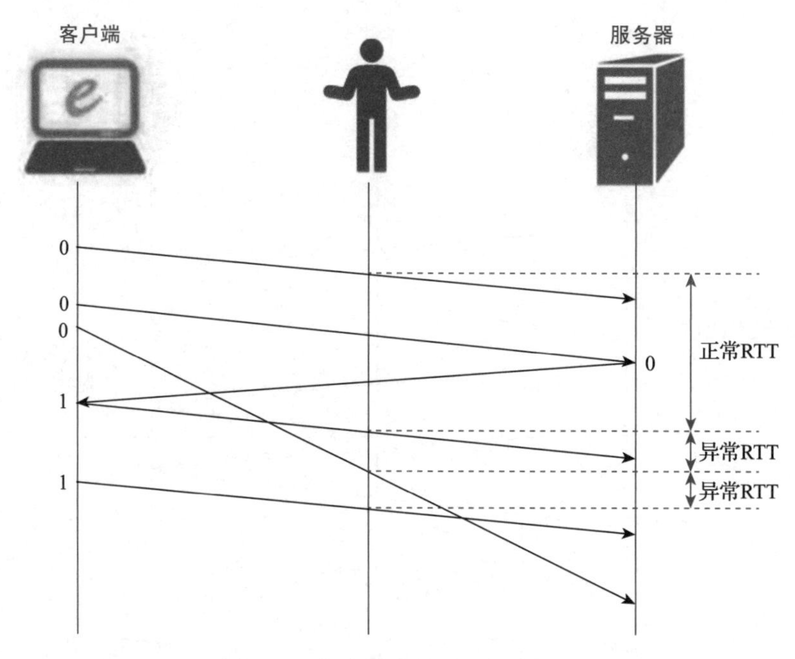

图 3-33 报文乱序情况下的测量

通过自旋位测量到的 RTT 包含了路径的延迟和主机延迟，这不同于 QUIC 实现自己测量到的 RTT，但是与中间件对于 TCP 的测量结果是一致的。对于发送数据频率较低的连接来说，还可能包含了发送数据的间隔，这样的 RTT 样本会有很大偏差，也是中间件需要根据情况排除掉的样本。同样的情况也可能发生在受流控阻塞的时候。

自旋位的设置是基于路径的。为了避免被关联，更换路径时，除了更换目的连接标识，还需要重置自旋位为 0。合法的中间件一般基于五元组分析自旋位，这是因为 1-RTT 报文中没有连接标识长度指示。虽然在连接建立期间中间件可以得出连接标识长度信息，但端点有可能在加密负载中使用 NEW_CONNECTION_ID 帧发布新的连接标识，可能不符合连接建立期间使用的连接标识的长度；另外，连接迁移后路径上的中间件可能没有机会观察到连接建立的过程。

QUIC 加密与保护

在传统上，传输通道需要通过 TLS 提供以下三点保护。

- 身份认证[一]。客户端必须认证服务器，服务器可以选择是否认证客户端。
- 保密。在建立好的通道上发送的数据只能终端可见，这是通过加密实现的。
- 完整性。在建立好的通道上发送的数据不能被攻击者修改，如果修改了一定会被发现。

QUIC 通过 TLS 深度融合也提供了以上三点保护，并且设计了不同于之前传输通道的安全机制，在尽快发送应用数据的前提下，提供最好的安全保证。TLS 为 QUIC 协商密钥，并提供了服务器认证和可选的客户端认证，以及连接建立期间的握手消息完整性保护。QUIC 使用 TLS 协商的结果完成了报文的加密与完整性保护。

本章首先简要介绍 TLS 1.3 的机制；然后介绍 TLS 与 QUIC 的关系，以便更好地理解 QUIC 的安全机制；最后介绍 QUIC 自己的报文保护机制。

4.1 TLS 1.3 介绍

TLS 1.3 是目前 TLS 的最新版本，也是目前为止安全性最高的版本。除了解决之前版本的安全隐患之外，最重要的更新是提供了首次建立连接最低 1-RTT 开始传输应用数据，而恢复连接最低可以 0-RTT 传输应用数据。

4.1.1 TLS 1.3 的密钥

TLS 1.3 删除了使用服务器公钥加密来传递密钥的方法，主要使用 (EC)DHE[二]交换密钥，

[一] 有些书中也叫作“真实性”，RFC 标准中的说法是 Authentication。

[二] 即 (Elliptic Curve) Diffie-Hellman Ephemeral，基于有限域或椭圆曲线的 Diffie-Hellman 算法。

恢复连接时使用 PSK 建立连接。

（1）HKDF

TLS 1.3 改用 HKDF（HMAC-based Extract-and-Expand Key Derivation Function）派生密钥。HKDF 是基于 HMAC 的密钥导出函数，具体分为两步：先使用 HKDF-Extract 将密钥材料伪随机化，然后使用 HKDF-Expand 生成指定长度的密钥。

HKDF-Extract 用于从初始密钥材料中提取固定长度的伪随机密钥，具体输入输出如下：

```
HKDF-Extract(salt, IKM) = HMAC-Hash(salt, IKM) -> PRK
其中：
    salt 是一个不需要保密的值，如果不提供则为固定长度的零值字符串；
    IKM (Input Keying Material) 是密钥材料，需要保密；
    PRK (PseudoRandom Key) 是生成的 HashLen 长度的伪随机密钥。
```

HKDF-Expand 是为了结合上下文信息输出指定长度的密钥，具体输入输出如下：

```
HKDF-Expand(PRK, info, L) -> OKM
其中：
    PRK 为 HKDF-Extract 生成的固定长度伪随机密钥；
    info 是上下文信息和协议特定信息；
    L 是指定需要输出的长度；
    OKM (Output Keying Material) 是输出的 L 字节长的密钥材料。
```

HKDF-Expand 的具体计算过程为：

```
N = ceil(L/HashLen) // 指定输出长度除以散列长度，向上取整

T(0) = empty string (zero length)
T(1) = HMAC-Hash(PRK, T(0) | info | 0x01)
T(2) = HMAC-Hash(PRK, T(1) | info | 0x02)
T(3) = HMAC-Hash(PRK, T(2) | info | 0x03)
...
T(N) = HMAC-Hash(PRK, T(N-1) | info | N)

T = T(1) | T(2) | T(3) | ... | T(N)
OKM = T 的前 L 字节
```

（2）TLS 1.3 密钥派生

TLS 1.3 定义了基于 HKDF-Expand 的函数 HKDF-Expand-Label，具体为：

```
HKDF-Expand-Label(Secret, Label, Context, Length) =
                            HKDF-Expand(Secret, HkdfLabel, Length)
其中 HkdfLabel 指定为：
    struct {
        uint16 length = Length;
        opaque label<7..255> = "tls13 " + Label;
        opaque context<0..255> = Context;
    } HkdfLabel;

HKDF-Expand 使用的散列函数是 TLS 1.3 协商的加密套件指定的。
```

在密钥派生过程中的使用方法简单表示为 Derive-Secret：

```
Derive-Secret(Secret, Label, Messages) = HKDF-Expand-Label(Secret, Label,
                                          Transcript-Hash(Messages),
                                          Hash.length)
其中:
    Transcript-Hash 散列函数是由 TLS 1.3 协商的密码套件指定的;
    Hash.length 是该散列函数指定的长度。
```

通过 HKDF-Extract 和 Derive-Secret 生成 Early Secret、Handshake Secret 和 Master Secret，再通过这些值生成各种用途的密钥材料（这还不是最终加密的密钥），如图 4-1 所示。

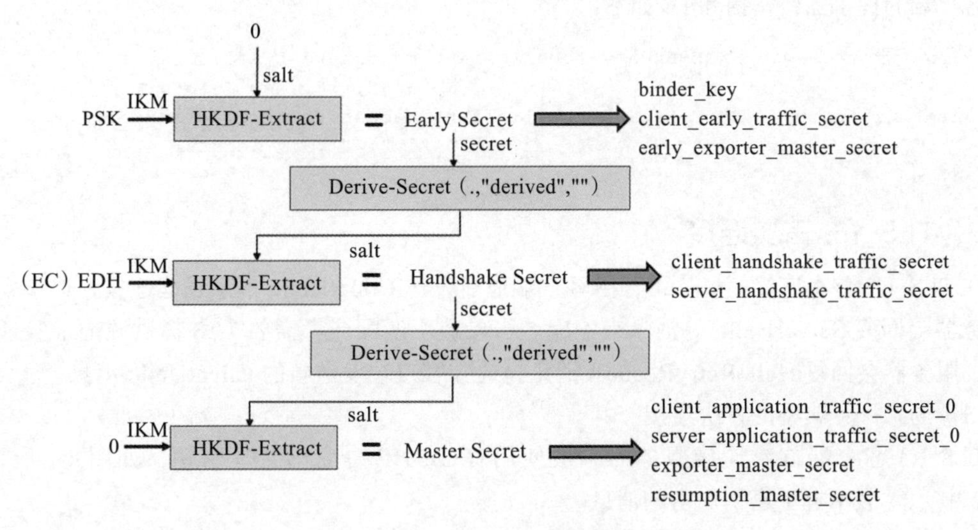

图 4-1　TLS 1.3 密钥派生

用于不同目的的密钥材料具体的生成算法如下：

```
#binder_key 用来计算 ClientHello 中的 PSK binder 值
# 来自先前握手的 PSK 使用 res binder; 来自外部配置的 PSK 使用 ext binder
binder_key = Derive-Secret(EarlySecret, "ext binder" | "res binder", "")
client_early_traffic_secret = Derive-Secret(EarlySecret, "c e traffic",
                                             ClientHello)
early_exporter_master_secret = Derive-Secret(EarlySecret, "e exp master",
                                             ClientHello)
client_handshake_traffic_secret = Derive-Secret(HandshakeSecret,
                                                "c hs traffic",
                                               ClientHello...ServerHello)
server_handshake_traffic_secret = Derive-Secret(HandshakeSecret,
                                                "s hs traffic",
                                               ClientHello...ServerHello)
client_application_traffic_secret_0 = Derive-Secret(MasterSecret,
                                            "c ap traffic",
                                           ClientHello...server Finished)
server_application_traffic_secret_0 = Derive-Secret(MasterSecret,
```

```
                                                  "s ap traffic",
                                                  ClientHello...server Finished)
exporter_master_secret = Derive-Secret(MasterSecret, "exp master",
                                                  ClientHello...server Finished)
resumption_master_secret = Derive-Secret(MasterSecret, "res master",
                                                  ClientHello...client Finished)
```

保护具体的报文时，需要使用以上密钥材料计算出收发密钥和 IV：

```
[sender]_write_key = HKDF-Expand-Label(Secret, "key", "", key_length)
[sender]_write_iv  = HKDF-Expand-Label(Secret, "iv", "", iv_length)
```

客户端的握手加密密钥和 IV 如下：

```
client_write_key = HKDF-Expand-Label(client_handshake_traffic_secret,
                                        "key", "", key_length)
client_write_iv  = HKDF-Expand-Label(client_handshake_traffic_secret,
                                        "iv", "", iv_length)
```

4.1.2 TLS 1.3 首次连接

在 TLS 1.3 首次连接的场景下，由客户端通过发送 ClientHello 消息发起连接，典型场景中服务器会回复 ServerHello 等消息来响应。当参数不匹配或者需要 TLS 提供源地址验证功能时，服务器会回复 HelloRetryRequest 消息，通知客户端发送新的 ClientHello 消息。

（1）场景一：典型的首次连接

TLS 1.3 客户端首次连接服务器一般使用 (EC)DHE 协商出共享密钥，如图 4-2 所示，图 4-2 中，{} 表示握手密钥加密的消息。

客户端发出的 ClientHello 消息结构可以表示为：

```
// 本节不讨论版本兼容问题，所以省略版本兼容相关字段，以便于理解
struct {
    Random random;
    CipherSuite cipher_suites<2..2^16-2>;
    Extension extensions<8..2^16-1>;
} ClientHello;
```

客户端第一次发送的 ClientHello 消息的主要内容包含以下几个部分。

- 客户端随机数。即 ClientHello.random 的值，这个随机数用于生成密钥。
- 客户端支持的协议版本列表。这在 support_versions 扩展中携带。
- 客户端支持的密码套件列表。这包含客户端支持的 AEAD 算法和 HKDF 散列算法，在 ClientHello.cipher_suites 中携带。
- (EC)DHE 共享密钥列表。这在 key_share 扩展中携带。

服务器收到 ClientHello 消息后如果选择接收客户端的一组握手参数，则回复 SeverHello 消息，SeverHello 消息结构可以表示为：

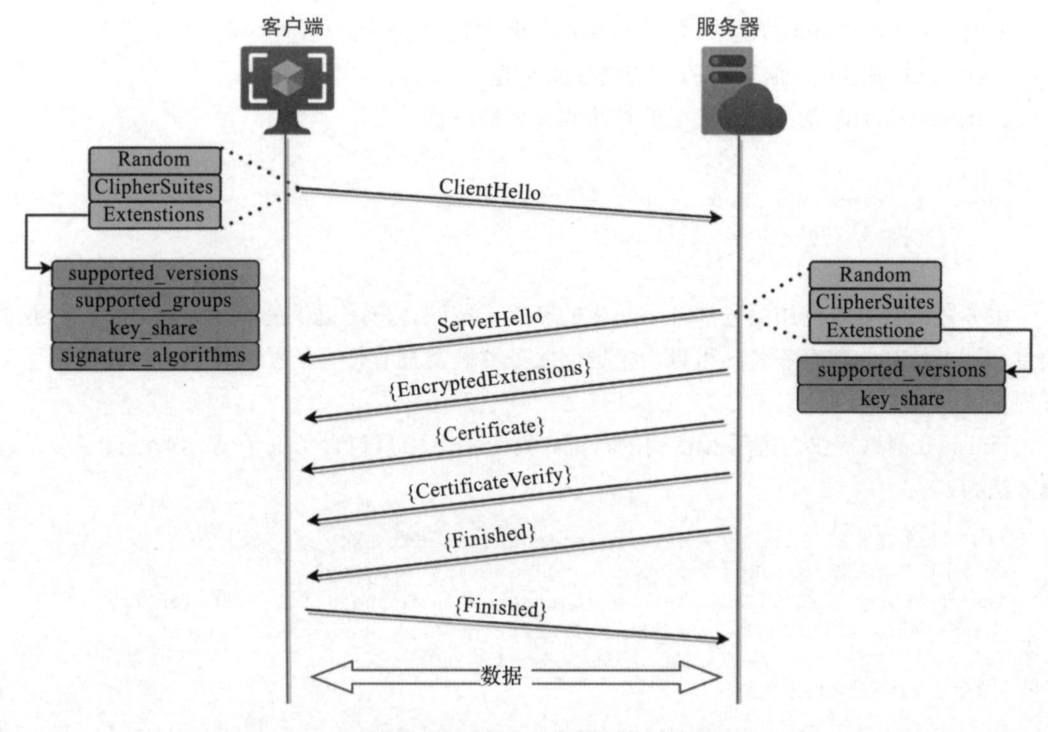

图 4-2　TLS 1.3 首次连接例子

```
//本节不讨论版本兼容问题，所以省略版本兼容相关字段，以便于理解
struct {
    Random random;
    CipherSuite cipher_suite;
    Extension extensions<6..2^16-1>;
} ServerHello;
```

SeverHello 消息包含的主要内容如下。

- 服务器随机数。即 random 的值，这个随机数用于生成密钥。
- 服务器从客户端支持的密码套件列表中选择的一个密码套件。这在 cipher_suite 中携带。
- 服务器需要发送的扩展。这在 extensions 中携带。

ServerHello 消息中的扩展只能包含用于确定加密上下文和协商版本号必需的扩展，这是由于 ServerHello 消息是明文，其中的信息可能会被恶意观察者观察到。其余扩展应该在握手密钥加密的 EncryptedExtensions 消息中携带，以尽量保证扩展的秘密性，但证书相关的扩展在 Certificate 消息中。

服务器在发送 ServerHello 消息之后，会发送使用握手密钥加密的 EncryptedExtensions 消息、Certificate 消息，CertificateVerify 消息和 Finished 消息，在需要认证客户端的情况下还需要发送 CertificateRequest 消息。

EncryptedExtensions 消息如上文所述携带可以加密的扩展。

Certificate 消息包含服务器的证书或者证书链。

CertificateVerify 消息中是签名的算法和签名的内容：

```
struct {
    SignatureScheme algorithm;          // 签名
    opaque signature<0..2^16-1>;        // 算法
} CertificateVerify;
```

服务器的签名是使用服务器证书对应的私钥，按照客户端提供的签名算法之一，对握手消息和证书计算的数字签名，可以用来证明服务器确实拥有证书的私钥，也为当前的握手流程提供了一次完整性证明。

Finished 消息提供对握手和密钥的认证，这个消息中只包含了一个 verify_data 字段，计算方法为：

```
// 对于服务器来说，BaseKey 是 server_handshake_traffic_key
// 对于客户端来说，BaseKey 是 client_handshake_traffic_key
finished_key = HKDF-Expand-Label(BaseKey, "finished", "", Hash.length)
verify_data = HMAC(finished_key, Transcript-Hash(Handshake Context,
                   Certificate*, CertificateVerify*))
* 表示发送过该消息时才存在
```

计算 Finished 消息时使用的握手上下文（Handshake Context）包括收到的消息和发送的消息。典型的场景中，对于服务器来说就是 ClientHello 消息、ServerHello 消息、EncryptedExtensions 消息、Certificate 消息和 CertificateVerify 消息；对于客户端来说就是 ClientHello 消息、ServerHello 消息、EncryptedExtensions 消息、Certificate 消息、CertificateVerify 消息和服务器的 Finished 消息。

发送 Finished 消息之后就完成了连接建立，可以发送加密的应用数据。

（2）场景二：重试的连接

如果客户端发送的 key_share 列表中没有服务器可以支持的 DHE 或 ECDHE 组，但 ClientHello 消息中的 support_groups 列表中包含服务器可以支持的组，服务器就会回复 HelloRetryRequest 消息，携带服务器选中的组，通知客户端应该为该组生成 key_share。

注意 客户端可以故意使用空 key_share 列表，来让服务器先选择 DHE 或 ECDHE 组。

服务器也可以使用 HelloRetryRequest 消息来验证客户端的网络可达性，同时可以使用 cookie 参数卸载状态（将 ClientHello 消息的散列值存放在 cookie 中）。

一个典型的触发 HelloRetryRequest 消息的流程如图 4-3 所示。

（3）场景三：双向认证

在 TLS 1.3 中，客户端必须认证服务器，服务器可以选择是否认证客户端，上文的例子中，都是仅有客户端认证服务器的单向认证过程。由于客户端认证服务器是必须的，所以客户端不需要显式请求证书，服务器就会回复 Certificate 消息和 CertificateVerify 消息。但在有的场景中，服务器会要求客户端提供证书，比如物联网的终端接入、微服务通信等场景，这样的场景需要更高的安全性，这时服务器就会通过 CertificateRequest 消息显式请求客户端证书。

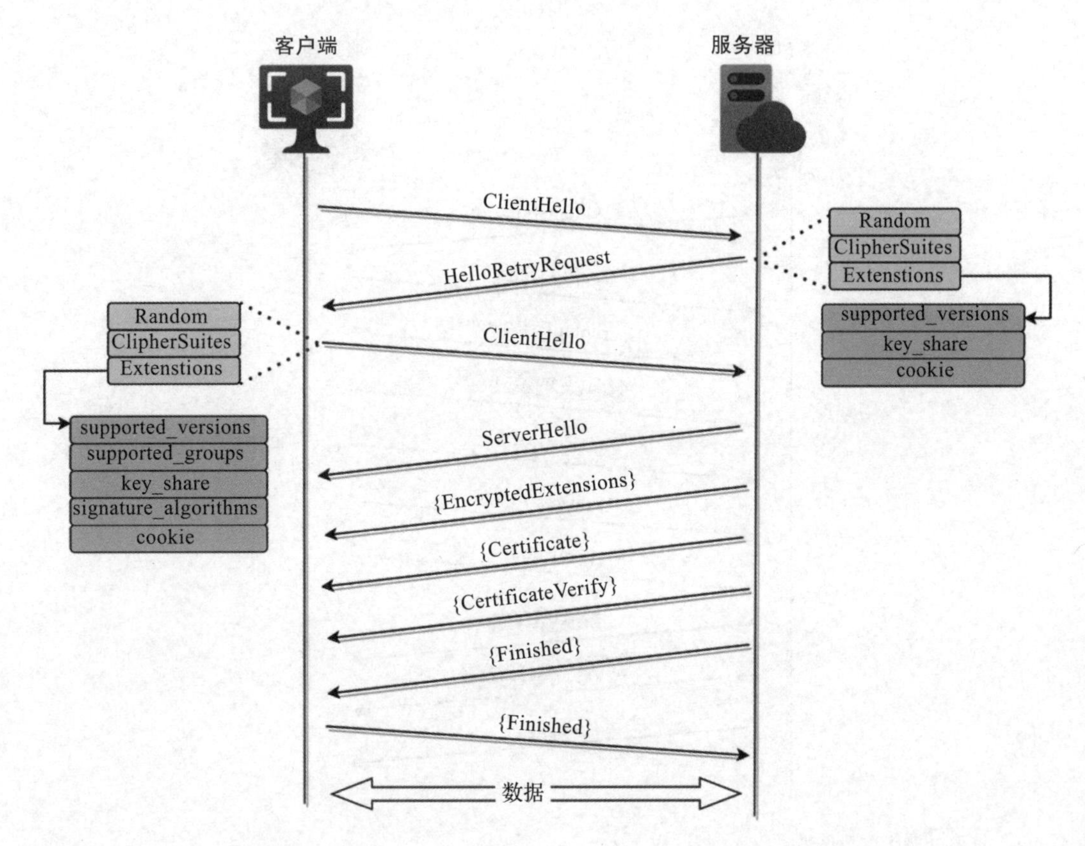

注：1. HelloRetryRequest 中的 key_share 仅选择了一个组，不包含服务器的共享密钥值
　　2. {} 表示握手密钥保护

图 4-3　TLS1.3 首次连接的重试

服务器认证客户端有两种方式：一种是握手过程中请求客户端提供证书和验证信息，另一种是握手完成后请求客户端提供证书和验证信息。前者用于安全性要求更高的场合，也是比较常用的方式。

服务器在握手过程中认证客户端的流程如图 4-4 所示，服务器收到 ClientHello 消息后会发送 CertificateRequest 消息，客户端回复 Certificate 消息和 CertificateVerify 消息。握手过程中客户端认证要求连接中所有资源需要的客户端证书相同，但有的场景并不能满足这种要求，这就需要握手后客户端认证。

握手后认证客户端需要客户端在 ClientHello 消息中包含 post_handshake_auth 扩展，服务器只有收到该扩展才可以在握手完成后请求客户端认证，如图 4-5 所示。在收到服务器的 CertificateRequest 消息后，客户端如果选择接收认证信息，则发送 Certificate 消息、

CertificateVerify 消息和 Finished 消息；如果拒绝认证，则发送一个不包含证书的 Certificate 消息，然后发送 Finished 消息。

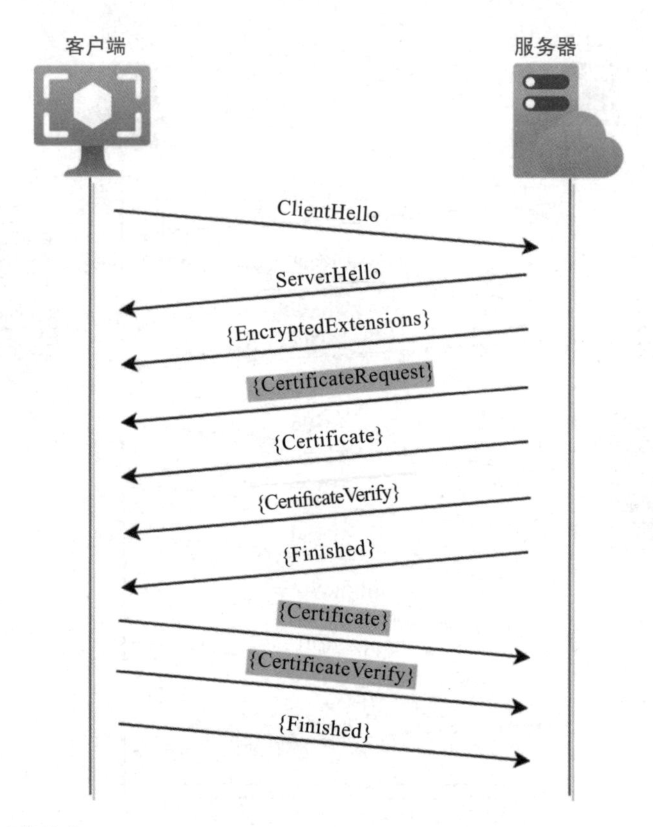

注：{} 表示握手密钥保护。

图 4-4　握手期间的双向认证

握手后客户端认证提供了在先前建立的安全通道上进行多次认证（可能使用不同的证书和身份）的功能。在有些协议的应用中，尤其是应用广泛的 HTTP 应用，访问不同的资源可能需要不同的安全要求，比如网站根路径可以不受限地访问，有些子路径需要客户端提供特定的证书。这在以前的 TLS 版本中是通过重协商实现的，但重协商功能后来被发现有严重的安全问题[㊀]，因此，TLS 1.3 提供了握手后客户端认证的方式。然而，在多路复用的协议中，比如 HTTP2、QUIC 等，协议无法识别哪些流需要客户端认证，如果在连接级别上进行客户端认证，在认证过程中或者认证失败之后，势必会导致不需要客户端认证的资源也无法访问，严重影响用户体验。因此，握手后认证的使用并不广泛。

㊀ 见 https://www.oracle.com/java/technologies/javase/tlsreadme2.html 和 https://www.ietf.org/proceedings/76/slides/tls-7.pdf。

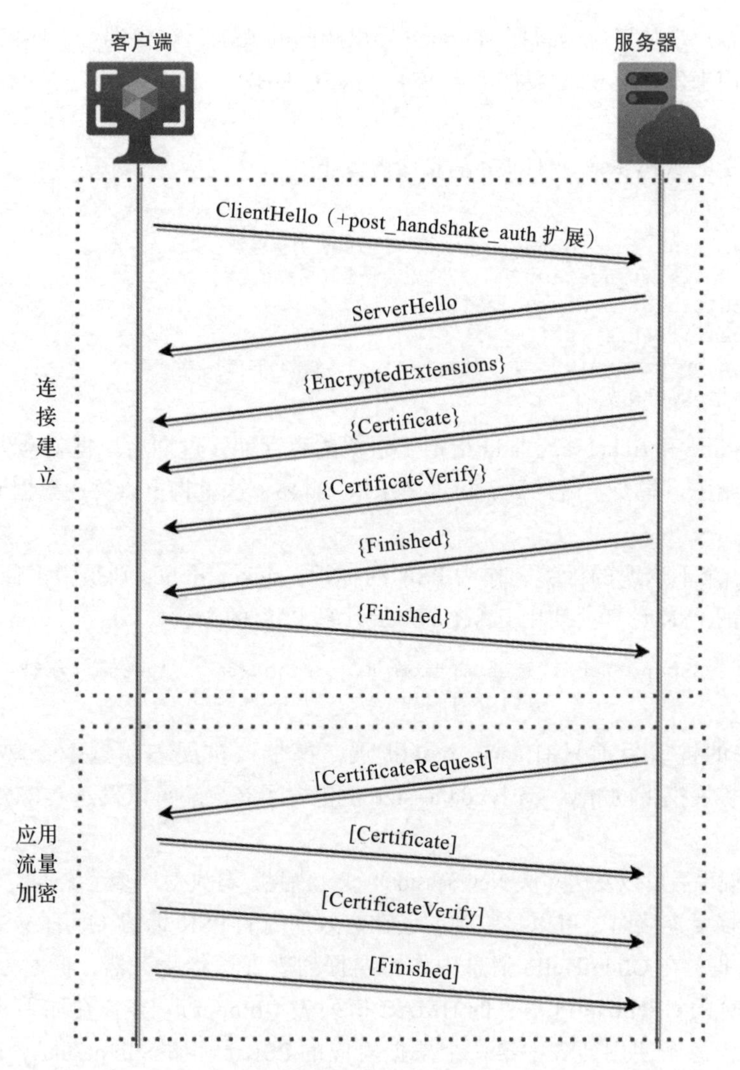

注：{} 表示握手密钥保护；[] 表示使用流量密钥保护。

图 4-5　握手后客户端认证

注意　HTTP2（RFC 8740）与 QUIC（RFC 9001）都选择不使用握手后客户端认证。

4.1.3　TLS 1.3 恢复连接

在之前的 TLS 版本中，恢复连接是直接使用上次握手期间服务器提供的会话标识（session ID）进行的，或者使用会话票据进行。TLS 1.3 废除了之前的机制，使用 1-RTT 加密的 NewSessionTicket 消息发送的票据来实现，具有更高的安全性。服务器从 resumption_master_secret 和 nonce 导出 PSK，然后将关联的票据和 nonce 通过 NewSessionTicket 消息发送给客户端，客户端从对应的票据和 nonce 导出相同的 PSK，客户端可以使用该 PSK 计算出 0-RTT 密钥，用来发送 0-RTT 数据。当 PSK 与 (EC)DHE 一起使用时，还可以实现连接间的前向安全。

服务器发送的 NewSessionTicket 消息内容如下：

```
struct {
    uint32 ticket_lifetime;      // 对应 PSK 的生存期
    uint32 ticket_age_add;       // 混淆生存期的信息
    opaque ticket_nonce<0..255>;
    opaque ticket<1..2^16-1>;
    Extension extensions<0..2^16-2>;    // 票据相关扩展
} NewSessionTicket;
```

ticket_lifetime 和 ticket_age_add 指定了票据的生存期，过期后票据就会失效，生存期的逻辑不详细介绍了，想要了解的读者可参考 RFC 8446，这里将重点关注票据 ticket 和 ticket_nonce。

ticket 是一个不透明的标签，作为 PSK 的标识；ticket_nonce 则是为了保证 PSK 的唯一性，参与具体的 PSK 计算。使用 ticket_nonce 计算 PSK 的方法如下：

```
PSK = HKDF-Expand-Label (resumption_master_secret,  "resumption",
                         ticket_nonce,  Hash.length)
```

票据相关的扩展目前只有 early_data 扩展，携带该扩展表明这个令牌可以用于发送 0-RTT 数据，扩展携带的 max_early_data_size 值包含了客户端可以发送 0-RTT 数据的总字节数上限。

服务器在握手后可以发送多次 NewSessionTicket 消息，分别对应多个 PSK，如图 4-6 所示。

客户端在恢复连接时，可以将收到的还在有效期内的 PSK 标识（即 NewSessionTicket 消息中收到的票据）在 ClientHello 消息中作为票据列表发送给服务器，同时发送的还有使用 binder_key 计算的 ClientHello 消息的 HMAC 值列表（binder）。客户端如果还发送了 0-RTT 消息，0-RTT 消息则使用列表中第一个票据对应的 PSK 产生的 client_early_traffic_secret 来导出密钥加密。

服务器收到包含票据列表的 ClientHello 消息后，选择其中一个票据，选定票据对应的 PSK 将参与后续密钥的派生（具体见 4.1.1 节），并将选定的票据发送给客户端。

图 4-7 展示了仅使用 PSK 恢复连接的场景（即 PSK-only 方式，另一种选择是 PSK 与 DHE 一起使用）：恢复连接时，客户端在 ClientHello 消息中发送 PSK 标识列表（即上次连接期间服务器通过 NewSessionTicket 消息通知的票据），相应的 ClientHello 消息结构如图 4-8 所示；服务器收到 ClientHello 消息后选定一个 PSK 标识在 ServerHello 消息的 pre_shared_key 扩展中发送，相应的 ServerHello 消息结构如图 4-9 所示。

注意 这里使用了“PSK 标识”而不是票据，是因为服务器通过 NewSessionTicket 消息通知的票据仅仅是 PSK 标识的选择之一，在有些场景下 PSK 标识也会使用外部配置的值。

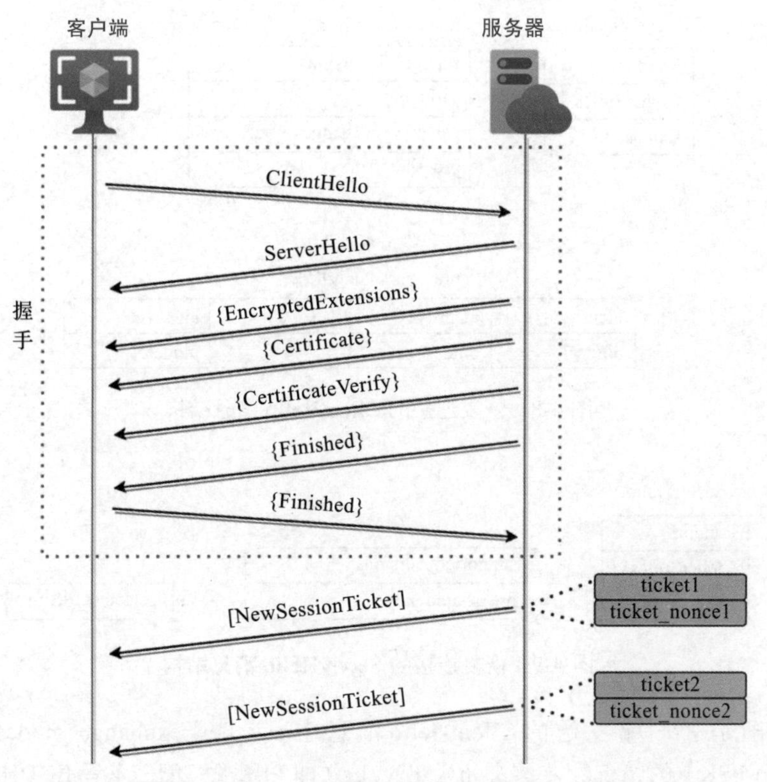

图 4-6 服务器通知客户端票据

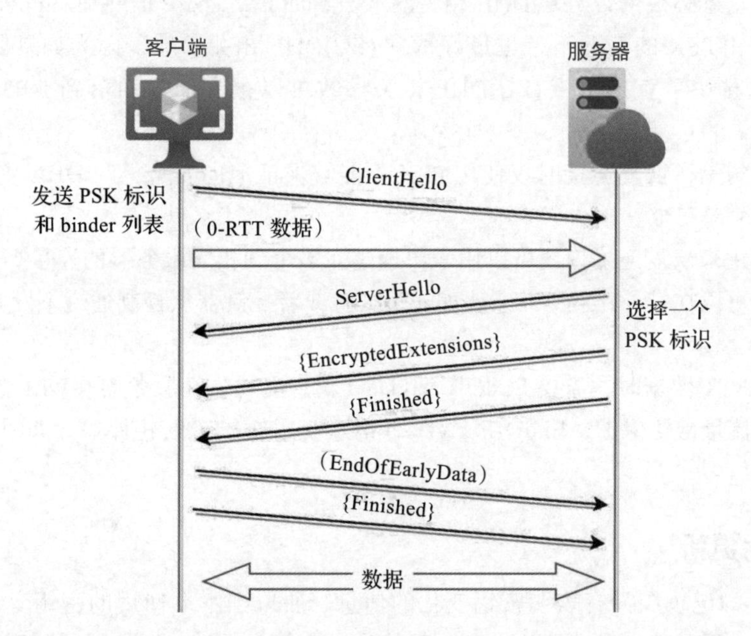

注：{} 表示使用握手密钥保护；() 表示使用 0-RTT 密钥保护。

图 4-7 客户端使用 PSK 恢复连接（PSK-only）

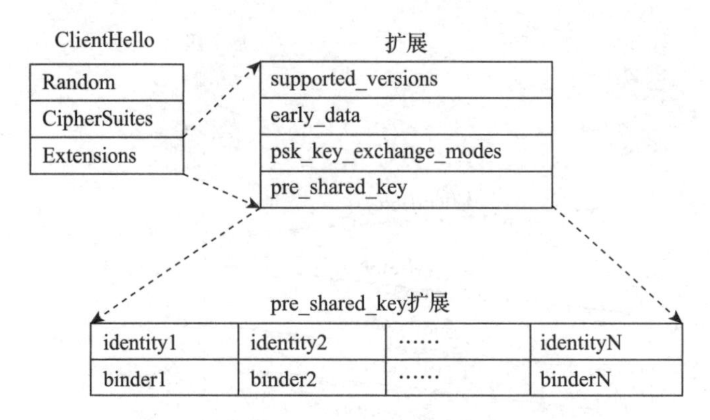

图 4-8 恢复连接的 ClientHello 消息结构

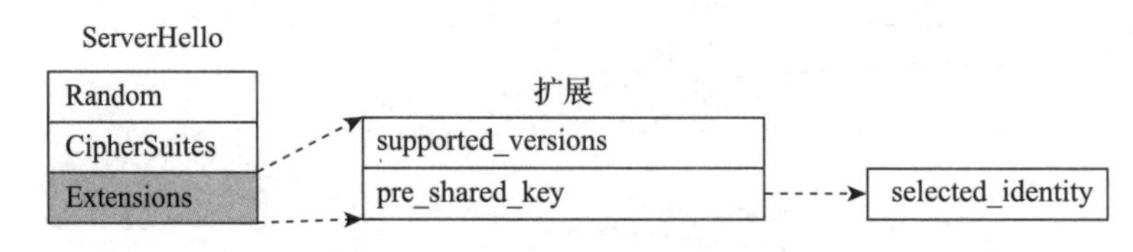

图 4-9 恢复连接的 ServerHello 消息结构

以上例子是客户端发送的 ClientHello 消息中 psk_key_exchange_modes 扩展是 psk_ke（即仅使用 PSK）的情况，如果是 psk_dhe_ke（即 PSK 跟 DHE 或者 ECDHE 一起使用），ClientHello 消息还必须携带 (EC)DHE 相关的参数，如 key_share 扩展和 supported_groups 扩展。即使仅使用 PSK 的情况下，也最好携带 (EC)DHE 相关参数，因为如果所有的 PSK 都没有被服务器选中，直接携带 (EC)DHE 相关参数可以很方便地回落到 1-RTT，如图 4-10 所示。

需要注意的是，恢复连接时仅使用 PSK 不能够保证前向安全，与 DHE 或 ECDHE 一起使用才能确保前向安全。

PSK 除了用来恢复连接，还可以用来快速建立多个到相同服务器的连接。除了在连接中建立 PSK，也可以在带外建立 PSK（比如通过配置或者控制器从控制通道下发），首次建立连接就直接使用。

当发送 0-RTT 数据时，需要 EndOfEarlyData 消息显式告知服务器 0-RTT 数据发送完毕，以后数据使用流量密钥保护，EndOfEarlyData 消息使用 0-RTT 密钥保护，如图 4-7 和图 4-10 所示。

4.1.4 密钥更新

由于 TLS 的记录层没有表明密钥变化的信息，所以当本端使用的密钥变化需要明确告知对端时，要么通过消息隐式通知，要么显式发送密钥变化消息通知。比如客户端不再使用

0-RTT 密钥保护应用数据时，需要先发送 EndOfEarlyData 消息，服务器才能正确解密之后的 1-RTT 应用数据。而客户端和服务器不再使用明文，转而使用握手密钥时，就不需要显式通知，这是通过发送或者接收 ServerHello 消息隐式通知的。

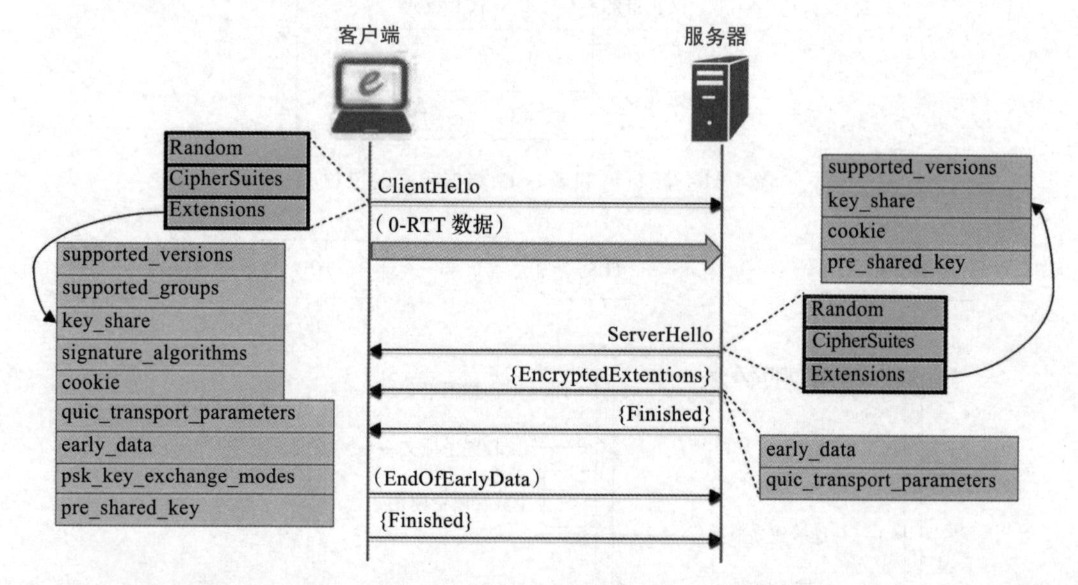

注：{} 表示使用握手密钥保护；() 表示使用 0-RTT 密钥保护。

图 4-10　PSK 与 (EC)DHE 一起使用

由于每一种加密方式都不能使用同一个密钥加密无限多的数据，到达安全上限前必须重新计算一个密钥，所以握手成功完成后，到达加密上限前，需要使用 KeyUpdate 消息通知对端更新流量保护密钥，TLS 1.3 规定使用当前密钥计算下一个密钥的方法为：

```
application_traffic_secret_N+1 = HKDF-Expand-Label(application_traffic_secret_N,
                                         "traffic upd", "", Hash.length)
```

4.2　QUIC 与 TLS 1.3

4.2.1　TCP 与 TLS

传统上，TCP 与 TLS 一起使用时，TCP 为 TLS 提供了可靠的数据流传输，TLS 则负责握手和数据保护。这种简单的交互是因为 TCP 是单一数据流，可以为 TLS 所有消息保证顺序。TCP 与 TLS 在 IP 数据包中的位置如图 4-11 所示。

TLS 在其中主要提供了完整性保护、机密性保护以及对端的认证等安全相关的功能，而 TCP 负责按照顺序发送字节流，包括保序、去重、流控、拥塞控制、发送节奏等网络中 IP 数据包发送和接收的逻辑，如图 4-12 所示。

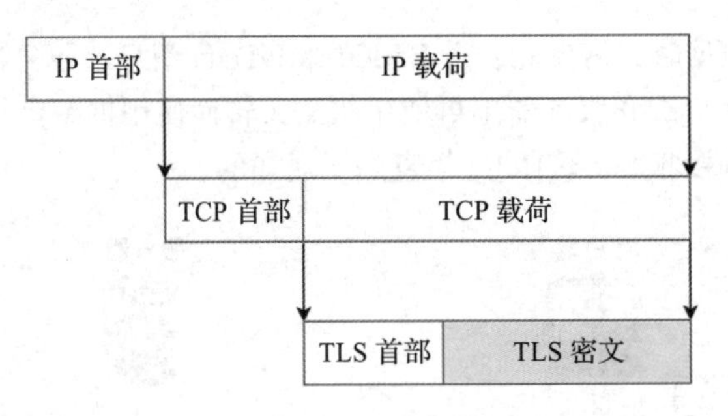

图 4-11 TCP 与 TLS 在 IP 数据包中的位置

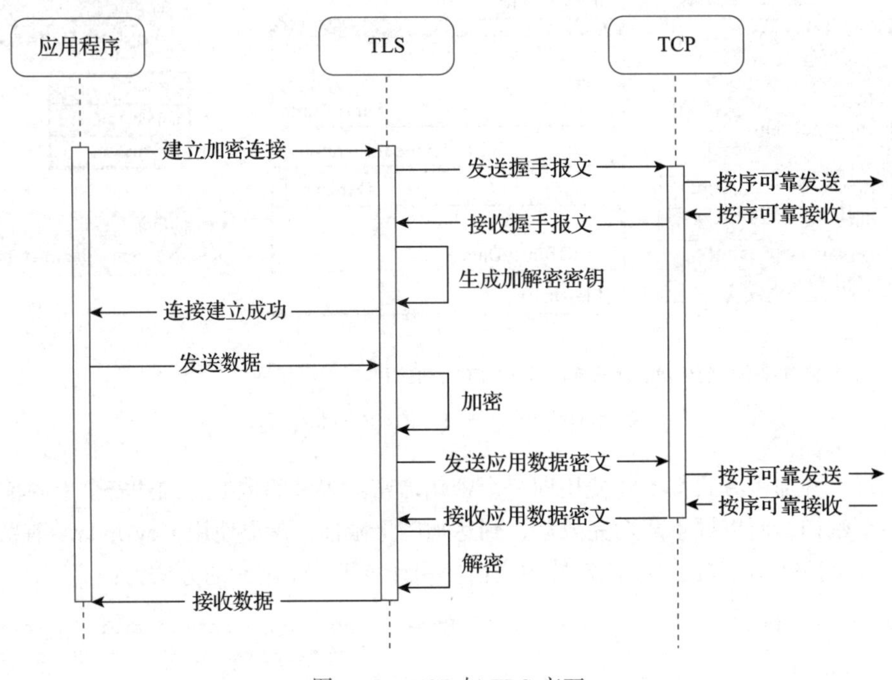

图 4-12 TCP 与 TLS 交互

4.2.2 QUIC 与 TLS 的关系

跟 TCP 使用 TLS 的方式有所不同，QUIC 并不是直接使用 TLS 加密和解密，而是只使用 TLS 完成参数和密钥的协商，以及认证和握手过程的完整性保护。以下原因使得 QUIC 重新设计了使用 TLS 的方式。

- QUIC 整个连接上并不能保持绝对顺序，这与 3TCP 不同。
- QUIC 的加密范围更广，不仅限于应用数据，还要加密 QUIC 协议本身的部分，如除 STREAM 帧外的其他帧。
- QUIC 的保护也不仅限于负载，还要使用不同方式实现首部保护。

• QUIC 的初始报文不是明文，而 TLS 的 ClientHello 消息和 ServerHello 消息是明文。

QUIC 与 TLS 的关系如图 4-13 所示。TLS 主要负责生成和处理 TLS 握手消息，QUIC 将这些消息封装在 CRYPTO 帧中加密后发送；TLS 还负责协商和通知 QUIC 的不同加密级别的密钥，QUIC 使用这些密钥衍生值进行报文的保护和去保护。

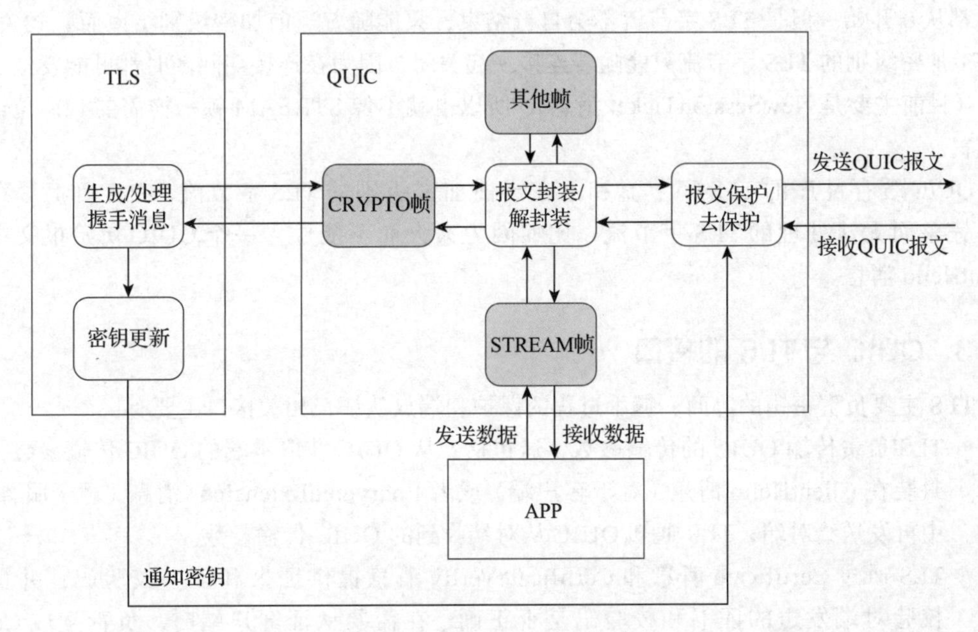

图 4-13　QUIC 与 TLS 的关系

QUIC 提供了 CRYPTO 帧来传递 TLS 消息，提供了 STREAM 帧来传递应用数据，TLS 告警消息则转换为对应错误码的 CONNECTION_CLOSE 帧，QUIC 的功能分层如图 4-14 所示。

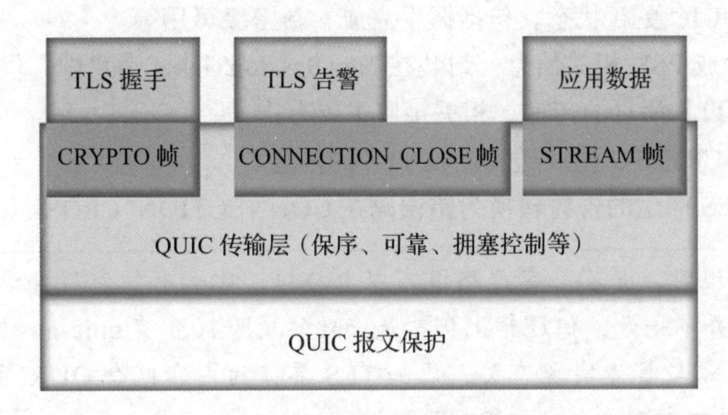

图 4-14　QUIC 的功能分层

TLS 的握手消息以明文字节流的形式提供给 QUIC，QUIC 将其封装在 CRYPTO 帧中。QUIC 为每个加密级别内的 CRYPTO 帧携带的字节流分别提供保序、去重和可靠的传输，并实现报文加密和完整性保护。

QUIC 中 CRYPTO 帧的实现与 STREAM 帧相似，也提供了类似的功能，CRYPTO 帧可以看作 QUIC 为 TLS 提供的特殊数据流。与 STREAM 帧相似，CRYPTO 帧也是靠偏移和长度来发送和重组帧内字节流，每个加密级别对应一条单独的字节流，所以每个加密级别的偏移都从 0 开始。但是 TLS 字节流不会自行结束，只能随着当前加密级别结束而隐式关闭。1-RTT 加密级别的 TLS 字节流只能随着连接一起关闭，因为在连接期间随时都可能发送 TLS 消息（目前主要是 NewSessionTicket 消息），所以也就不像 STREAM 帧一样需要 FIN 位或者流重置。

QUIC 缓存乱序的 TLS 字节流和不在当前加密级别的 TLS 字节流，TLS 负责缓存因为不完整而无法处理的 TLS 字节流，比如因为太大而不能放入一个 QUIC 初始报文中的 ClientHello 消息。

4.2.3 QUIC 与 TLS 的接口

TLS 主要负责密钥的协商、握手过程的保护和端点认证，相关接口主要有：

- TLS 负责传输 QUIC 的传输参数，这包括：从 QUIC 获取本端的 QUIC 传输参数，并封装在 ClientHello 消息（对于客户端）或者 EncryptedExtensions 消息（对于服务器）中再发送给对端；TLS 通知 QUIC 从对端收到的 QUIC 传输参数。
- TLS 通过 Certificate 消息和 CertificateVerify 消息提供证书和证书校验码，并负责校验对端发送的证书和校验码是否正确；在需要认证客户端时，负责生成 CertificateRequest 消息。
- TLS 负责验证握手过程的完整性，生成 Finished 消息。
- TLS 将计算出来的密钥材料告知 QUIC 密钥，包括不同加密级别的接收密钥和发送密钥。
- TLS 通知 QUIC 更新状态，包括握手完成、新密级可用等。
- TLS 负责生成 PSK 相关信息，封装在 NewSessionTicket 消息中，供 QUIC 发送。

QUIC 代理了 TLS 消息的传递，相关接口主要有：

- QUIC 通过 CRYPTO 帧发送和接收 TLS 的消息。
- QUIC 将 TLS 产生的告警转换为错误码在 CONNECTION_CLOSE 帧中发送。

注意　在代码实现时，并不一定严格遵守以上接口，比如有的实现会通过回调来实现，看起来调用方向并不一致，但逻辑上仍然是一致的（见 10.3 节 quic-go 的源码分析）；有的实现提供的内容与具体实现有关，比如 TLS 票据的内容包含 QUIC 相关信息时需要 QUIC 提供相关接口，不包含时就不需要提供。

当某个密级的密钥对 TLS 可用时，TLS 会告知 QUIC 那个密级的读取密钥或写入密钥已经变为可用。当新密级可用时，TLS 会向 QUIC 提供以下内容。

- 密钥。
- 带有关联数据的认证加密（AEAD）函数。
- 密钥衍生函数（KDF）。

首次建连时 QUIC 与 TLS 的交互过程如图 4-15 所示。客户端在想要建立连接时，会先向 TLS 提供传输参数，并将从 TLS 获取的字节流再封装在 CYRPTO 帧中（这些字节流包含 TLS 的 ClientHello 消息），通过初始密钥保护的初始报文发送给服务器；服务器收到客户端的初始报文后，将 CRYPTO 帧中的字节流传递给 TLS，TLS 根据接收到的 ClientHello 消息生成 ServerHello 消息提供给 QUIC，QUIC 将 TLS 提供的字节流封装在初始报文中，使用初始密钥保护发送给客户端；然后 TLS 将密级切换到握手密钥（通过向 QUIC 提供握手密钥），这时还会提供 EncryptedExtensions 消息、Certificate 消息、CertificateVerify 消息和 Finished 消息对应的字节流，QUIC 将这些消息封装在握手报文中，使用握手密钥保护发送给客户端（连接恢复时没有 Certificate 消息和 CertificateVerify 消息）；服务器这一轮发送中也可能会发送 1-RTT 报文，尤其是接收到 0-RTT 报文的情况下。

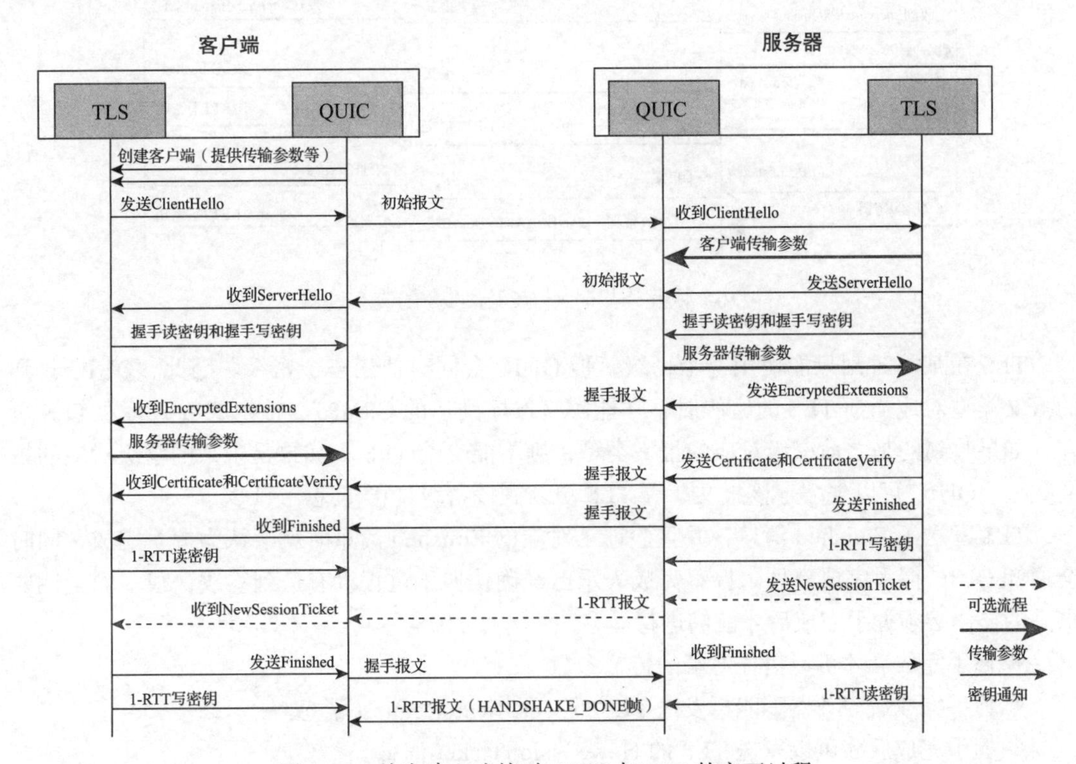

图 4-15　首次建立连接时 QUIC 与 TLS 的交互过程

恢复连接时 QUIC 与 TLS 的交互过程如图 4-16 所示。QUIC 客户端也是通过提供传输参数来触发 TLS 客户端启动，与首次连接并没有太大不同；但 QUIC 还会从 TLS 获取 0-RTT 密钥，用来衍生 QUIC 的 0-RTT 写密钥来保护 0-RTT 报文；TLS 服务器收到 ClientHello 消息后，需要计算出相应的 0-RTT 密钥，并通知给 QUIC 服务器；在恢复连接的情况下 TLS 服务器不会发送 Certificate 消息和 CertificateVerify 消息，但在发送 Finished 消息后可能会立即发送 1-RTT 报文以回复 0-RTT 报文。

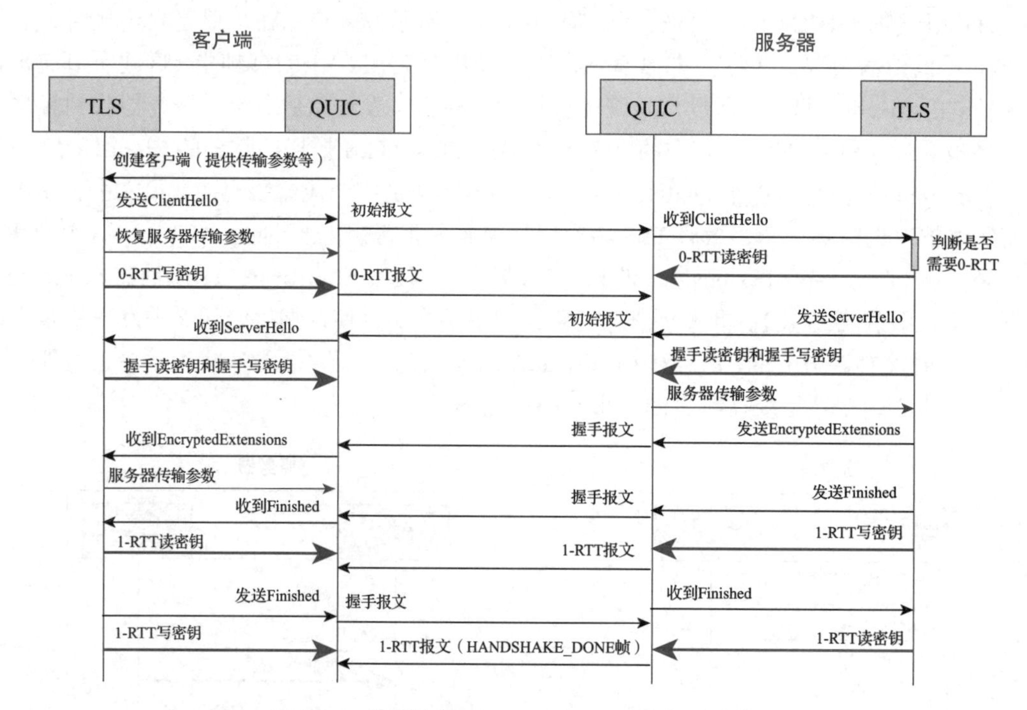

图 4-16　恢复连接时 QUIC 与 TLS 的交互过程

TLS 在某一时刻只能使用一个密级，但 QUIC 会同时使用多个密级。因此，QUIC 收到的报文类型对应当前 TLS 的密级时，才能够将按序到达的 CRYPTO 帧中的数据写入 TLS 缓存；如果收到的是之前密级对应的报文类型，则不能交给 TLS；如果是未来的密级对应的报文类型，QUIC 可以先缓存该报文，等 TLS 更新到该密级，再传递给 TLS。

TLS 发送了 Finished 消息，并且验证了对端的 Finished 消息时就会认为握手完成，同时会通知 QUIC 握手完成事件。握手完成表示已经确认握手过程没有遭到篡改，很多安全性要求高的操作必须握手完成后才能够进行。

- 握手完成后才可以信任对端的传输参数。
- 握手完成后服务器不能再发送 TLS 的 CertificateRequest 消息。
- 握手完成后才可以发送 TLS 的 NewSessionTicket 消息。
- 握手完成后才能够解密对端的 1-RTT 报文（相对地，发送完 Finished 消息就可以发送 1-RTT 报文）。

由于 QUIC 无法识别 CRYPTO 内的 TLS 消息，所以握手完成是由 TLS 判断后通知的；而握手确认事件则是 QUIC 判断的：服务器在收到 TLS 通知握手完成就认为握手确认，这时会在 1-RTT 报文中发送 HANDSHAKE_DONE 帧通知客户端；客户端是通过收到 1-RTT 报文中的 HANDSHAKE_DONE 帧得知握手确认的，典型的过程如图 4-17 所示。握手确认表明对端已经确认了本端发出的 Finished 消息，比握手完成的要求更高，握手确认后才可以进行的操作如下。

- 握手确认后才可以发起密钥更新。
- 握手确认后才可以丢弃握手密钥。
- 握手确认后客户端才能进行连接迁移。

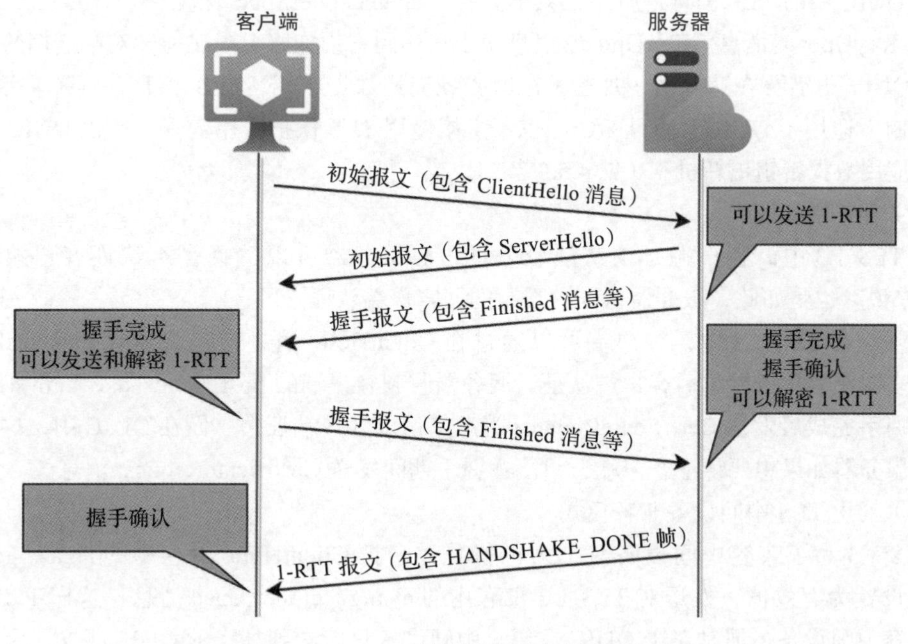

图 4-17　QUIC 的握手完成和握手确认

> **注意**　考虑到 QUIC 报文存在乱序和延迟，在没有收到 HANDSHAKE_DONE 帧的情况下，客户端收到服务器对于 1-RTT 报文的确认也认为是握手确认。

4.2.4　QUIC 对 TLS 的修改

由于 QUIC 使用自身的报文保护机制，因此不再使用 TLS 的一些机制，这主要包括删除了一些不需要使用的 TLS 消息，不使用不适用于 QUIC 的握手后客户端认证机制，不支持 TLS 的中间设备兼容模式。

（1）删除的 TLS 消息

QUIC 对不同的加密级别使用了不同的报文类型，所以不再需要 TLS 改变密钥通知类的消息，为此删除了一些 TLS 消息。

1）EndOfEarlyData 消息。在 TLS 1.3 中，由于内容层加密后没有能够指明使用密钥的字段，所以 0-RTT 数据发送结束后需要显式通知服务器，服务器才能够正确解密握手密钥加密的 Finished 消息。但 QUIC 使用首部中的报文类型指明了加密密钥，不需要显式通知。

2）ChangeCipherSpec 消息。在 TLS 1.2 中，ChangeCipherSpec 消息用于通知对端不再使用握手密钥，切换为应用数据密钥。TLS 1.3 已经使用 Finished 消息作为隐式切换密钥通知，不再需要这个消息。但 TLS 1.3 为了兼容之前版本的 TLS 中间件，有时也会使用 ChangeCipherSpec 消息。然而，支持 TLS 之前版本的中间件支持的仅仅是 TCP+TLS，无法观察到 QUIC 中的 TLS 消息，所以也就不需要 ChangeCipherSpec 消息。

3）KeyUpdate 消息。KeyUpdate 消息用于在达到密钥加密上限时通知对端应用数据密钥更新。QUIC 也需要在达到密钥加密上限时更新应用数据密钥，TLS 基于单一有序字节流的假设机制不适用于 QUIC，而且 QUIC 也不直接使用 TLS 保护应用数据，所以 QUIC 设计了自己的应用数据密钥更新机制（见 4.5.3 节）。

（2）客户端认证

在 TLS 1.3 中，客户端必须认证服务器，而服务器可以选择是否认证客户端。对于 QUIC 来说，也是如此，服务器认证是强制的，客户端认证是可选的。

但是，在 TLS 1.3 中，客户端可以通过在 ClientHello 消息中包含 post_handshake_auth 扩展来表明愿意执行握手后客户端认证。服务器收到客户端的 post_handshake_auth 扩展，就可以在握手完成后发送 CertificateRequest 消息来请求客户端证书。而在 QUIC 中，这是不允许的，服务器如果想要认证客户端，只能在握手期间发送 CertificateRequest 消息。

（3）禁止 TLS 中间设备兼容模式

TLS 1.3 为了兼容中间设备对 TLS 的操作，会把 ClientHello 消息中的 legacy_session_id 字段设置为有效值，发送对 TLS 1.3 没有用的 change_cipher_spec 消息，这样 TLS 1.3 就可以兼容中间设备。但是对于 QUIC 来说，中间设备只能看到加密的 QUIC 报文，无法看到 TLS 消息，所以对于之前版本 TLS 的兼容操作没有什么用处。因此，QUIC 使用 TLS 1.3 时，不允许 TLS 1.3 执行兼容操作，也就是说 ClientHello 消息中的 legacy_session_id 字段必须为 0，也不允许发送 change_cipher_spec 消息。

4.3 QUIC 的报文保护

QUIC 没有像 TCP 一样直接使用 TLS 记录层进行加密，而是设计了自己的方式来保护报文，这包括首部保护和负载保护：首部保护使用首部密钥加密首部中需要隐藏的字段，首部密钥由当前密级的密钥材料根据规则计算出来（见 4.4 节）；负载保护使用与 TLS 一样的算法和根据 TLS 密钥衍生的密钥保护整个负载，并为首部提供完整性保护。

QUIC 分为四个加密级别，不同报文的报文类型对应不同的加密级别，但与 TLS 不同的是首次往返中的初始报文并不是明文。

对于大部分的长首部报文来说，首部保护加密首字节最后4位（保留位2位和报文编号长度位2位）和报文编号字段，如图4-18所示。但版本协商报文是完全的明文，没有加密和完整性保护；重试报文也是明文，没有加密只有完整性保护。

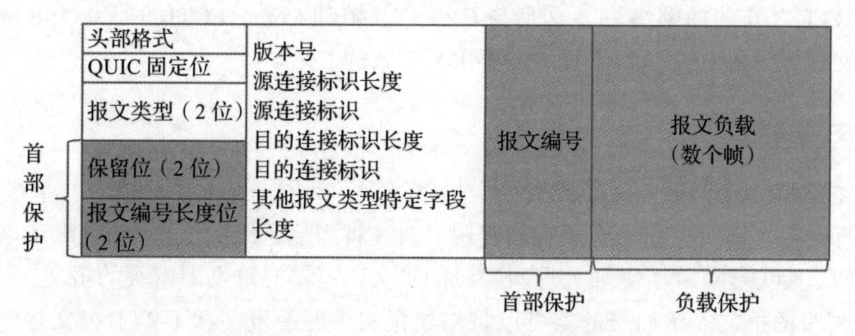

图 4-18 QUIC 长首部报文的报文保护

对于短首部报文来说，首部保护包括了首字节的最后5位（保留位2位、密钥阶段位1位和报文编号长度位2位）和报文编号字段，如图4-19所示。

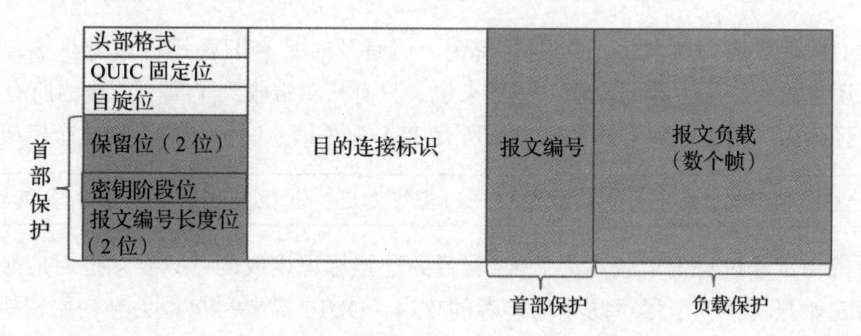

图 4-19 QUIC 短首部报文的报文保护

由各种帧组成的报文负载则由TLS协商的AEAD算法保护，整个首部的明文作为AEAD的关联数据，所以负载保护不仅提供了负载的加密性和完整性保护，也提供了首部的完整性保护。

4.3.1 QUIC 的加密级别

根据QUIC的报文类型，加密分为如下四个级别。

- 初始密级。使用初始密钥，对应于初始报文。
- 早期数据密级。使用0-RTT密钥，对应于0-RTT报文。
- 握手密级。使用握手密钥，对应于握手报文。
- 应用数据密级。使用1-RTT密钥，对应于1-RTT报文，即短首部报文。

这四个加密级别对应了三个报文编号空间，0-RTT密钥和1-RTT密钥使用同一个报文编号空间——应用数据报文编号空间。

应用数据只能出现在 0-RTT 密钥或者 1-RTT 密钥的加密级别中，这是与 STREAM 帧只能出现在 0-RTT 报文和 1-RTT 报文中的要求是一致的。TLS 的握手消息和告警消息可以出现在除 0-RTT 之外的加密级别，这是与 CRYPTO 帧和 CONNECTION_CLOSE 帧可以出现在初始报文、握手报文和 1-RTT 报文的要求是一致的。

4.3.2 丢弃密钥

虽然 TLS 在一个时间点只能处在一个加密级别，即同一时间点只能有一个级别的密钥，但 QUIC 有时需要同时保存几个级别的密钥。TLS 将当前密级的消息交给 QUIC 就可以移动到新的密级，但 QUIC 除了需要处理新密级的报文，还需要重发旧密级的报文，或者确认接收到的旧密级的报文。比如服务器可以将初始报文、握手报文和 1-RTT 报文在同一个 UDP 数据报中发送，如果这个报文丢失，需要三个级别的密钥才能够重发；客户端收到服务器的完整握手报文后，可以将握手报文和 1-RTT 报文分别发送，在收到握手报文确认之前，也需要保留握手密钥，以便准备重发握手报文，这段时间内客户端的握手密钥和 1-RTT 密钥也同时存在。

虽然 QUIC 有能力保留多个级别的密钥，但是及时丢弃旧密钥可以减少被攻击的可能性，所以还是需要尽早丢弃旧密钥。一般来说，只有从对端收到了某个密级的所有 TLS 握手消息，并且确保对端也收到了这个密级的所有 TLS 握手消息时，才能弃用这个密级的密钥。

注意 ACK 帧和 CRYPTO 帧必须在相应的密级发送，其他数据都使用最高密级发送。

初始密钥是通过特定于版本的盐值[1]和目的连接标识生成的，只要知道对应版本的盐值就能伪造初始报文，为了尽量防止伪造者的攻击，QUIC 需要尽早地丢弃初始密钥。与上文所述丢弃密钥的一般考虑一样，丢弃初始密钥的时间点应该在终端确信对端已经收到本端发送的初始密级的所有 TLS 消息，并且本端也已经收到了对端发送的初始密级的所有 TLS 消息。对于客户端来说，这个时间点是首次发送握手报文；对于服务器来说，这个时间点是首次成功处理握手报文，如图 4-20 所示。

握手密钥的丢弃时间点在握手确认时，这是在服务器收到客户端的 Finished 消息时和客户端在收到 QUIC 的 HANDSHAKE_DONE 帧时确认。

在丢弃密钥时，本端发出的旧密级的确认可能已经丢失，丢弃后就没有机会再次确认了，但这一般不会影响正常的流程。如图 4-21 所示，客户端丢弃初始密钥时，发出的携带 ACK 帧的初始报文已经丢失，但是服务器收到客户端的握手报文也能说明客户端肯定已经收到了完整的初始报文。在建立连接的逻辑上这个携带 ACK 帧的初始报文没有什么作用，但

[1] 盐值在散列时加入，可以使得同一数据不同盐值散列结果不相同，通常用于防止密码破解，见 https://zh.wikipedia.org/wiki/%E7%9B%90_(%E5%AF%86%E7%A0%81%E5%AD%A6)。但在 QUIC 中是为了防止不了解该 QUIC 版本的中间件操作，QUIC 对于盐值的具体用法见 4.5.1 节。

是客户端仍然会尝试发送，这样可以尽力为服务器提供一个 RTT 样本。

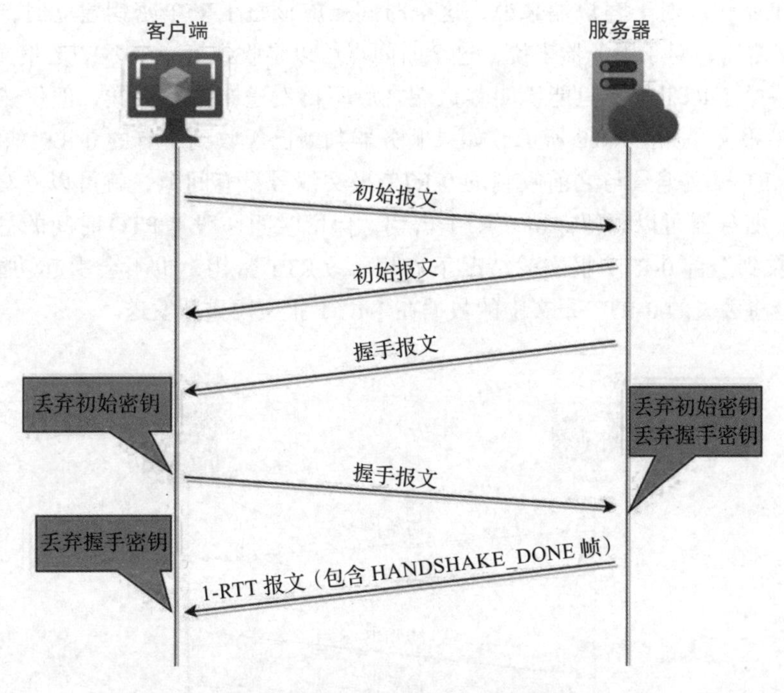

图 4-20　丢弃初始密钥和握手密钥

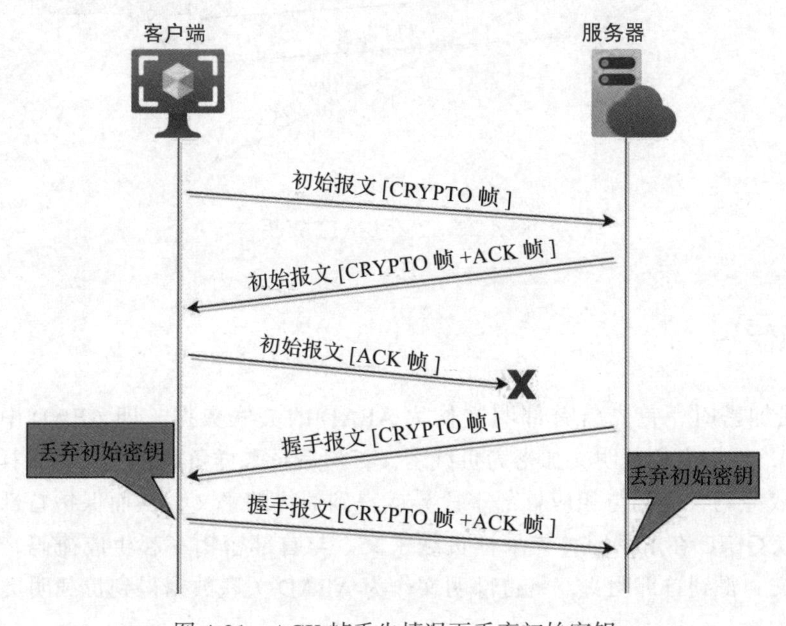

图 4-21　ACK 帧丢失情况下丢弃初始密钥

RTT 报文和 1-RTT 报文使用同一个报文编号空间，因此，当 1-RTT 密钥可用时，就应该丢弃 0-RTT 密钥。对于客户端来说，这个时间点应该是 1-RTT 密钥建立时，即接收到完整的握手报文之后；对于服务器来说，这个时间点可以是收到第一个 1-RTT 报文时。但是服务器收到第一个 1-RTT 报文只能说明客户端之后不再发送 0-RTT 报文，但仍然可能接收到延迟的 0-RTT 报文，如图 4-22 所示。如果服务器判断已经收到所有的 0-RTT 报文，比如发现收到的 1-RTT 报文编号与之前收到的 0-RTT 报文编号没有间隙，就可以立马弃用 0-RTT 密钥；否则，服务器可以短暂保留 0-RTT 密钥，保留时间一般是 PTO 时间的三倍。即使服务器在没有收到全部 0-RTT 报文的情况下弃用了 0-RTT 密钥，也不会引起功能上的问题，因为客户端会将丢失的 0-RTT 报文中的数据在 1-RTT 报文内重新发送。

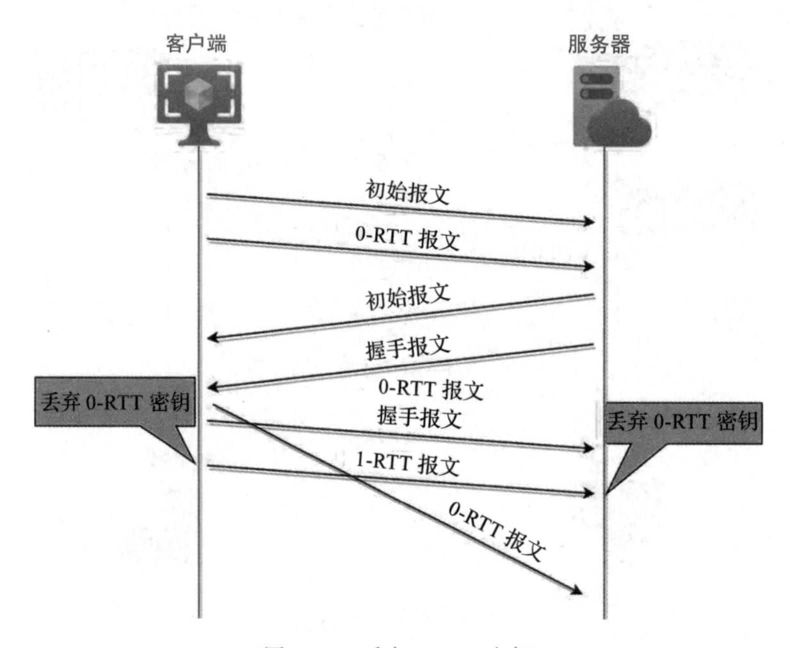

图 4-22　丢弃 0-RTT 密钥

4.4　首部保护

QUIC 在加密时，首先将首部明文作为 AEAD 的关联数据，即 AEAD 中的第 2 个 A（Associated），将报文负载明文加密为负载密文，然后再采样负载密文，将采样结果与首部密钥一起生成掩码，掩码与相应首部字段异或得到最终的密文，从而保护首部中的部分字段。相应地，QUIC 在解密时，先采样负载密文，与首部密钥一起生成掩码，使用掩码来解密首部密文，得到首部明文，将首部明文作为 AEAD 关联数据得到负载明文，如图 4-23 所示。

注意　首部保护只加密了首部中部分字段，但整个首部是通过作为负载保护的关联数据而受完整性保护的。

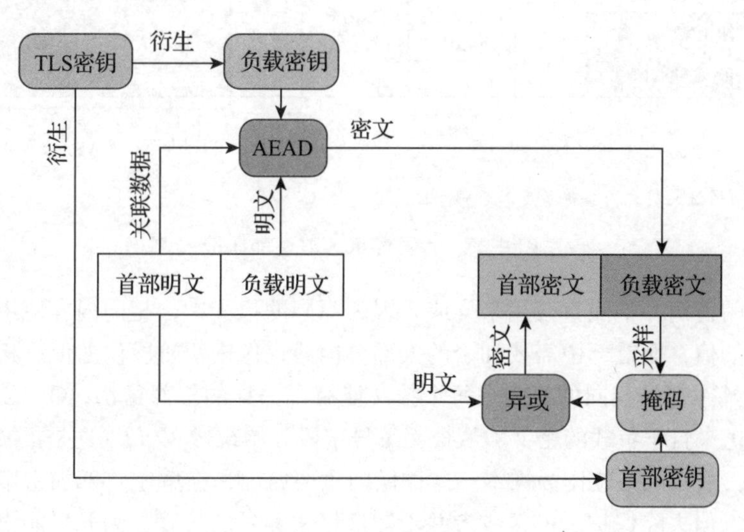

图 4-23　首部保护

在短首部报文中，首部保护加密的字段包括：前八位中的低 5 位，包括 2 位保留位、1 位密钥阶段位、2 位报文编号长度位，以及报文编号字段，这些字段受到加密性保护。整个首部作为 AEAD 的关联数据受到了完整性保护。短首部报文的首部保护如图 4-24 所示。

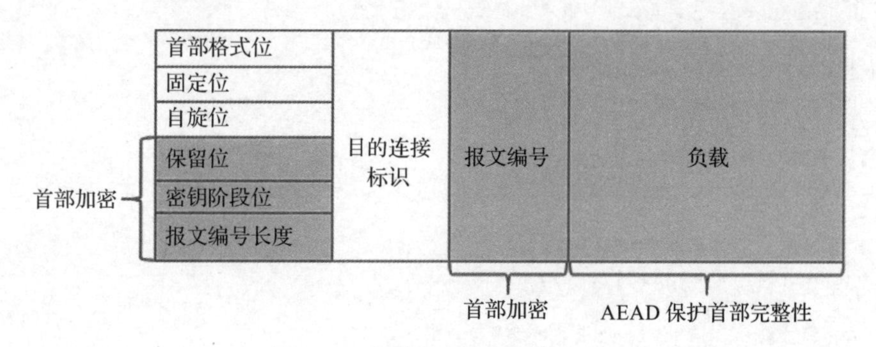

图 4-24　短首部报文的首部保护

在长首部报文中，版本协商报文没有任何保护，重试报文只有固定密钥的完整性保护，其他长首部报文（0-RTT 报文、初始报文、握手报文）中的 2 位保留位、2 位报文编号长度位和报文编号字段是收到首部加密的加密性保护的，整个首部作为 AEAD 的关联数据受到完整性保护，如图 4-25 所示。

用于首部保护的密钥 hp_key 由密钥材料通过标签 quic hp 衍生而来：

```
hp_key = HKDF-Expand-Label(secret, "quic hp", "", 16)
```

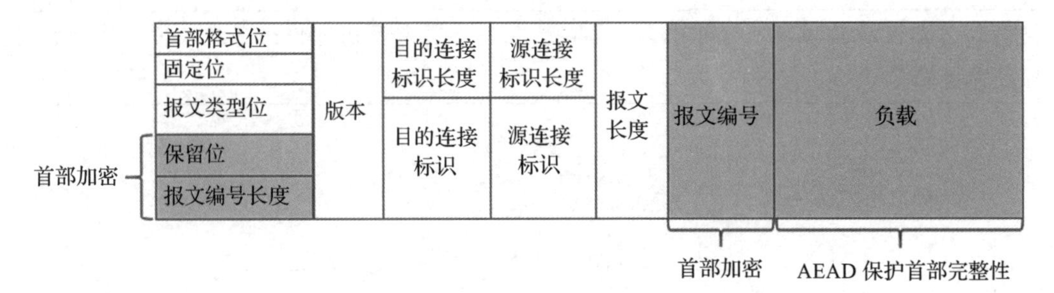

注：省略了初始报文明文的令牌长度和令牌字段。

图 4-25　长首部报文的首部保护

这样生成的密钥并不能直接用来异或，因为不同的报文中，相同内容使用同一个密钥异或会暴露密钥的值，而首部中需要加密的大部分内容，像密钥阶段位的值、相邻报文报文编号高位的值，基本都是相同的。为了每个报文能有不一样的首部密钥，QUIC 定义了一个采样值，该采样值来自于负载的密文，从报文编号字段开始跳过 32 位（这是报文编号的最大长度）开始采样，采样 128 位作为样本。这样做的主要原因是在解密首部加密字段之前就需要确定采样的值，但去除保护之前接收者并不知道报文编号的长度，因此只能根据最大长度来确定一个跟发送方采样一致的值。将采样得到的样本与密钥一起计算出掩码，再将掩码的低位与报文首字节低几位异或（长首部低 4 位，短首部低 5 位），将掩码的高位与报文编号字段异或。首部保护过程伪码表示如下：

```
# 密钥和采样一起生成掩码
#header_protection 的具体实现取决于具体的 AEAD 算法
mask = header_protection(hp_key, sample)
# 取出报文编号长度 pn_length
pn_length = (packet[0] & 0x03) + 1
if (packet[0] & 0x80) == 0x80:
    # 长首部 : 异或加密首字节的低 4 位
    packet[0] ^= mask[0] & 0x0f
else:
    # 短首部 : 异或加密首字节的低 5 位
    packet[0] ^= mask[0] & 0x1f

# 异或加密报文编号，pn_offset 是报文编号字段的起始位置
packet[pn_offset:pn_offset+pn_length] ^= mask[1:1+pn_length]
```

生成掩码的方法（即伪码中的 header_protection）由 TLS 协商出的加密套件中 AEAD 算法决定，如果协商的是 AEAD_AES_128_GCM 或 AEAD_AES_128_CCM 或 AEAD_AES_256_GCM，计算方法为：

```
mask = AES-ECB(hp_key, sample)
```

如果协商的结果是 AEAD_CHACHA20_POLY1305，计算方法为：

```
counter = sample[0..3]
```

```
nonce = sample[4..15]
mask = ChaCha20(hp_key, counter, nonce, {0,0,0,0,0})
```

4.5　负载保护

TLS 用于保护报文的密钥分为早期数据密钥、握手密钥、应用数据密钥三个级别。TLS 在当前级别的密钥可用后会通知给 QUIC，QUIC 根据 TLS 的密钥和 TLS 提供的 KDF 计算出自己的 0-RTT 密钥、握手密钥和 1-RTT 密钥，分别用于保护 0-RTT 报文、握手报文、1-RTT 报文。

> 注意　虽然 TLS 有三个加密级别，但 QUIC 有四个加密级别，除了与 TLS 相应的加密级别外，还有初始加密级别。在初始加密级别中，初始报文是使用固定的盐值和目的连接标识计算出的密钥保护的，安全性相对较低。

TLS 1.3 规定的 KDF 是 HKDF-Expand-Label，入参有四个，具体如下：

```
HKDF-Expand-Label(Secret, Label, Context, Length)
```

QUIC 使用时 Secret 是 TLS 通知的当前级别的密钥；Label 对于不同用途的密钥使用不同的值，具体见表 4-1；Context 使用零长度的空值；Length 则对应固定的密钥长度或者 IV 长度。

表 4-1　QUIC 密钥标签

密钥用途	Label
首部保护	quic hp
密钥	quic key
IV	quic iv
密钥更新	quic ku

除此之外，QUIC 还有没有任何保护的版本协商报文、仅有完整性保护的重试报文，初始报文的密钥也不是来自于 TLS。

QUIC 使用的 AEAD 算法是由 TLS 协商出的加密套件指定的。对于 TLS 1.3 来说，QUIC 支持除 TLS_AES_128_CCM_8_SHA256 外的所有加密套件，为支持的加密套件都定义了首部保护算法。

> 注意　对于 TLS 来说，如果 ClientHello 消息包含了不支持的加密套件，服务器应该忽略不支持的加密套件，选择一个支持的加密套件，这是为了防止客户端增加新套件后功能不可用。

QUIC 使用 AEAD 的入参如下。

- 一个密钥 K，计算方法如上所述。
- 一个随机数 N，重建的完整报文编号左侧补零扩充至 IV 的长度，然后与上文所述产生的 IV 按位异或得到。
- 关联数据 A，QUIC 报文首部的明文，从首字节开始，到报文编号结束。
- 明文 P，QUIC 报文的载荷，即除首部外的所有帧。

4.5.1 初始报文

QUIC 的初始报文包含了 TLS 的 ClientHello 消息或者 ServerHello 消息，在特殊情况下也可能包含 HelloRetryRequest 消息。在 TLS 1.3 的规定中 ClientHello 消息和 ServerHello 消息是明文，只是在 Finished 消息中验证了完整性，但 QUIC 加密了初始报文。

QUIC 的定位是端到端数据通道，希望能够不受中间件操纵，能够做到只在连接的两个端点上操作就可以升级协议、部署新特性，出于这个目的加密了初始报文。初始报文加密时使用固定于版本的盐值和客户端首个初始报文的目的连接标识作为 HKDF-Extract 的输入生成伪随机密钥，再用伪随机密钥作为 HKDF-Expand-Label 的入参，分别生成客户端和服务器的密钥：

```
//散列函数是 SHA-256
initial_salt = 0x38762cf7f55934b34d179ae6a4c80cadccbb7f0a
initial_secret = HKDF-Extract(initial_salt, client_dst_connection_id)
//Hash.length 是 32
client_initial_secret = HKDF-Expand-Label(initial_secret,  "client in",
                                                    "", Hash.length)
server_initial_secret = HKDF-Expand-Label(initial_secret, "server in",
                                                    "", Hash.length)
```

由于客户端构造初始报文时，加密套件还没有协商出来，所以初始报文的 HKDF 使用固定的散列函数 SHA-256，最终生成的密钥为 32 字节。

QUICv1 中使用的盐值是 0x38762cf7f55934b34d179ae6a4c80cadccbb7f0a，其他版本需要定义不同的盐值，这是为了保证能够识别固定 QUIC 版本的中间件（知道该版本的盐值）不会影响到其他 QUIC 版本，避免 QUIC 版本升级后的行为改变，或者现存的中间件影响 QUIC 版本升级。

HKDF-Extract 使用的 client_dst_connection_id 是客户端发送的首个初始报文的目的连接标识。客户端第一次发送初始报文时，这是客户端随机选择的值，长度在 8 字节到 20 字节之间，初始报文传递给服务器后，服务器根据其中的目的连接标识字段生成相同的密钥。

如果是客户端收到重试报文后发送的初始报文，这个初始报文使用的目的连接标识是由服务器选择的值，通过重试报文中的源连接标识传递给客户端，保护这个初始报文的密钥也要根据重试报文的源连接标识重新生成。

客户端和服务器使用 client_initial_secret 和 server_initial_secret 作为 Secret 参数，和对

应的标签字符串输入 HKDF-Expand-Label 分别生成首部保护密钥、AEAD 密钥、IV；使用 AEAD_AES_128_GCM 保护负载，并使用 QUIC 对应于该加密套件的首部保护来加密 QUIC 报文的首部。

初始报文的保护只能防止不能够识别该版本的攻击者的攻击，对于可以识别该版本并且能够观察并注入数据包的攻击者，TLS 可以通过 Finished 消息的验证确保 TLS 的消息没有经过篡改。如果攻击者修改了初始报文中的 TLS 消息，会导致握手失败。由于客户端初始报文中的 QUIC 传输参数作为 TLS 扩展在 ClientHello 消息中传输，对于客户端初始报文中 QUIC 传输参数的修改也会导致握手失败，这也间接保护了首部中的源连接标识和目的连接标识。除此之外，针对其他部分篡改是没有办法检测出来的，比如 QUIC 首部中除连接标识外的大部分字段、ACK 帧，这可能使得端点对对端是否接收到某个报文做出完全错误的判断。

4.5.2 重试报文

重试报文没有加密防护，只有完整性保护，这是通过增加一个完整性标签实现的。完整性标签只能够防止网络对重试报文无意的破坏，或者不能观察到原始初始报文的中间人对重试报文的篡改，但并不能防止可以观察到原始报文的中间人对重试报文的篡改。完整性标签由 AEAD_AES_128_GCM 计算得出，输入参数如下。

- 128 位的固定密钥 K，值为 0xbe0c690b9f66575a1d766b54e368c84e。
- 96 位的随机数 N，值为 0x461599d35d632bf2239825bb。
- 明文 P 为空。
- 关联数据 A，A 为重试伪报文，由重试报文附加原始目的连接标识得到。

其中 K 和 N 是通过对密钥和标签 quic key 和 quic iv 调用 HKDF-Expand-Label 计算得来，密钥的值为：

```
0xd9c9943e6101fd200021506bcc02814c73030f25c79d71ce876eca876e6fca8e
```

重试伪报文的结构如下：

```
Retry Pseudo-Packet {
    ODCID Length (8),
    Original Destination Connection ID (0..160),
    Header Form (1) = 1,
    Fixed Bit (1) = 1,
    Long Packet Type (2) = 3,
    Unused (4),
    Version (32),
    DCID Len (8),
    Destination Connection ID (0..160),
    SCID Len (8),
    Source Connection ID (0..160),
    Retry Token (..),
}
```

重试伪报文并不发送，仅仅用作完整性标签计算的关联数据。增加的两个字段是为了证明重试报文的发送者确实观察到了原始的初始报文，所以知道初始报文中的原始目的连接标识。这也防止了没有观察到原始的初始报文的中间人篡改报文，因为这样的中间人不知道原始目的连接标识，无法生成可接受的完整性标签。重试伪报文中增加的两个字段如下。

ODCID Length（Original Destination Connection ID Length）：原始目的连接标识长度，即接收到的初始报文中的目的连接标识字节长度。

Original Destination Connection ID：原始目的连接标识。

4.5.3 密钥更新

AEAD 算法都规定了使用相同密钥加密和解密的上限，不同 AEAD 算法的加密上限和完整性上限的规定见表 4-2[⊖]。

表 4-2 不同 AEAD 算法的加密上限和完整性上限的规定

算法	加密上限	完整性上限
AEAD_AES_128_GCM	2^{23}	2^{52}
AEAD_AES_256_GCM	2^{23}	2^{52}
AEAD_CHACHA20_POLY1305	$>2^{62}$	2^{36}
AEAD_AES_128_CCM	$2^{21.5}$	$2^{21.5}$

加密上限指的是使用相同密钥加密的最大报文数量，超时此数量将不能保证安全，所以 QUIC 必须在到达此上限前发起密钥更新。如果无法发起密钥更新，则使用 AEAD_LIMIT_REACHED 的连接错误来关闭连接。如果已经触及完整性上限，终端需要立即关闭连接，只能用无状态重置报文响应后续的报文。

完整性上限指的是一个连接可以接收未通过认证的报文总数量，如果一个连接上接收到未通过认证的报文总数量超过完整性上限，则立即使用类型为 AEAD_LIMIT_REACHED 的连接错误关闭连接。在 TLS 中，由于假设了存在 TCP 之类的传输协议保证顺序，收到一个不能通过认证的报文就可以关闭连接。但在 QUIC 中，QUIC 无法保证收到的报文是保证顺序的，网络中可能存在严重延迟的报文到达后无法用当前密钥解密，所以必须容忍未通过认证的报文。

TLS 1.3 的密钥更新是通过 KeyUpdate 消息通知的，QUIC 不使用 TLS 的密钥更新机制，QUIC 密钥更新是通过首部中的密钥阶段位通知的，密钥阶段位在第一个 1-RTT 报文中初始化为 0，握手确认后就可以通过修改密钥阶段位通知对端密钥更新。这样可以保证即使只收到一个密钥变化的报文，两端也可以就使用新密钥达成一致。新一轮的密钥材料由上一轮密钥材料生成，然后由新的密钥材料生成新一轮的写密钥和读密钥，以及相应的 IV。

⊖ 加密上限指的是加密多少个报文，完整性上限指的是收到多少个非法报文。

新一轮的密钥材料生成方式为：

```
secret_<n+1> = HKDF-Expand-Label(secret_<n>, "quic ku", "", Hash.length)
```

密钥阶段位被首部保护加密，首部保护的密钥在当前加密级别内都是一致的，不会变化，解密完首部保护后就可以得到变化了的密钥阶段位。这时应该使用新的负载保护密钥解密报文负载，并使用新的负载保护密钥加密需要发送的报文，新报文的密钥阶段位设置为新的值。

为了防止发起密钥更新的一端过快的更新密钥，对端跟不上更新节奏而使用错误密钥，密钥更新必须得到对端的回应才能进行下次更新。也就是说，在收到对端对于当前阶段密钥保护的报文的确认前，不能发起下次密钥更新。一次完整的密钥更新流程如图 4-26 所示。

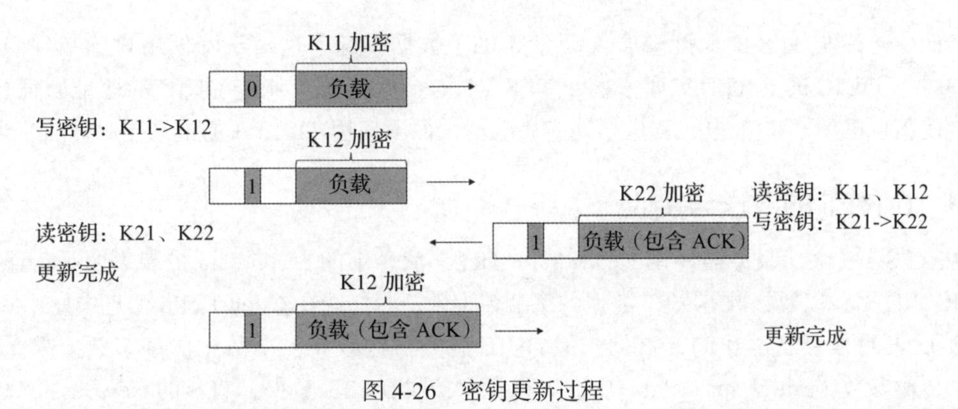

图 4-26　密钥更新过程

图 4-26 中，密钥更新发起端将写密钥由 K11 更新到下一轮写密钥 K12，使用新密钥 K12 保护新的报文，并将新报文的密钥阶段位置为新的值 1；被动端收到新报文后，去除首部保护，发现密钥阶段位变化，即使用新一轮密钥的读密钥 K12 去除负载保护，并使用新一轮密钥的写密钥 K22 加密报文负载（其中包含了对密钥更新报文的确认）、将报文的密钥阶段位置为与收到密钥更新报文中密钥阶段位相同的值 1；发起端收到对于密钥更新报文的确认，则认为对端已经同意了此次密钥更新，并且也使用了新密钥，此次密钥更新完成；同样地，被动端收到新密钥对应报文的确认也认为此次密钥更新完成。

为了便于理解，图 4-26 中新一轮密钥（读密钥和写密钥）的生成是在报文交互过程中进行的，但是这会暴露给计时侧信道密钥更新的信息。在实现时，新一轮密钥应该事先准备好，不能体现在报文处理时间上。

对于任一端来说，除暂时用不上的下一轮密钥外，写密钥可以只保留当前一轮的密钥，之后的负载保护密钥只使用当前一轮的密钥。但是读密钥需要保留旧一轮的密钥和当前一轮的密钥，因为网络中可能存在旧一轮密钥加密的报文会延迟到达。旧一轮的读密钥需要在恰当的时间丢弃，太早丢弃会引起不必要的重传、影响传输效率，太晚丢弃可能会影响新的密钥更新流程，这个时间一般选择为 PTO 的三倍。同样地，终端发起新的密钥更新流程前，也要等待三倍 PTO 的时间再发起。

由于密钥阶段位只有 0 和 1 两个值，被延迟的上一轮密钥保护的报文中的密钥阶段位的值与下一轮密钥保护的报文中密钥阶段位的值是一样的。端点可以根据报文编号的大小，来判断不同于当前阶段密钥阶段位值的报文是属于上一密钥阶段的延迟报文，还是新发起的密钥更新。如果重建出的完整报文编号小于当前报文编号，则是上一密钥阶段的报文，使用上一轮密钥去除保护；如果重建出的报文编号大于当前报文编号，则是下一密钥阶段的报文，是对端发起了新的密钥更新。

4.6 连接恢复与 0-RTT

QUIC 通过与 TLS 的深度整合实现了 0-RTT 数据发送，这对于降低用户感知到的延迟非常重要。QUIC 的 0-RTT 实现依赖于 TLS 1.3 的会话恢复机制和 QUIC 的地址验证机制。QUIC 使用自己的 0-RTT 报文发送早期应用数据，而不使用 TLS 1.3 的记录层。

4.6.1 0-RTT 的发送与接收

在 TLS 1.3 中，服务器使用 NewSessionTicket 消息中的 early_data 扩展表明是否愿意接收 0-RTT 数据，以及接收 0-RTT 数据的字节数上限；客户端在 ClientHello 消息中使用 early_data 扩展表明是否发送 0-RTT 数据。但 QUIC 服务器接收 0-RTT 数据的字节数上限受限于 QUIC 传输参数（initial_max_data 等），如果愿意接收 0-RTT 数据，TLS 的 NewSessionTicket 消息中的 early_data 扩展中 max_early_data_size 的值必须是 0xffffffff。

如果 QUIC 服务器不支持 0-RTT，可以在原连接中发送值为 0 的传输参数 initial_max_data，也可以不发送这个传输参数（initial_max_data 默认值为 0）。这种情况下，QUIC 服务器必须尽早发送 MAX_DATA 帧，但携带 MAX_DATA 帧的 QUIC 报文有丢失的可能，这可能会影响客户端 1-RTT 数据的发送。因此，更好的方法是 TLS 在 NewSessionTicket 消息中不携带 early_data 扩展。

总之，在 QUIC 使用 TLS 时，TLS 的 NewSessionTicket 消息要么不携带 early_data 扩展，表示不支持 0-RTT；要么携带 early_data 扩展，但 max_early_data_size 值只能是 0xffffffff，表示支持 0-RTT。如果携带了 early_data 扩展，但 max_early_data_size 值不是 0xffffffff，客户端必须将这种情况视作类型为 PROTOCOL_VIOLATION 的连接错误。

在恢复连接时，服务器如果选择接收 0-RTT 数据，会在 TLS 的 EncryptedExtensions 消息中携带 early_data 扩展，并确认 0-RTT 报文，如图 4-27 所示；服务器如果拒绝 0-RTT 数据，则不发送 early_data 扩展，也不确认 0-RTT 报文，如图 4-28 所示。除此之外，服务器发送了 TLS 的 HelloRetryRequest 也表示拒绝了 0-RTT 数据，如图 4-29 所示。

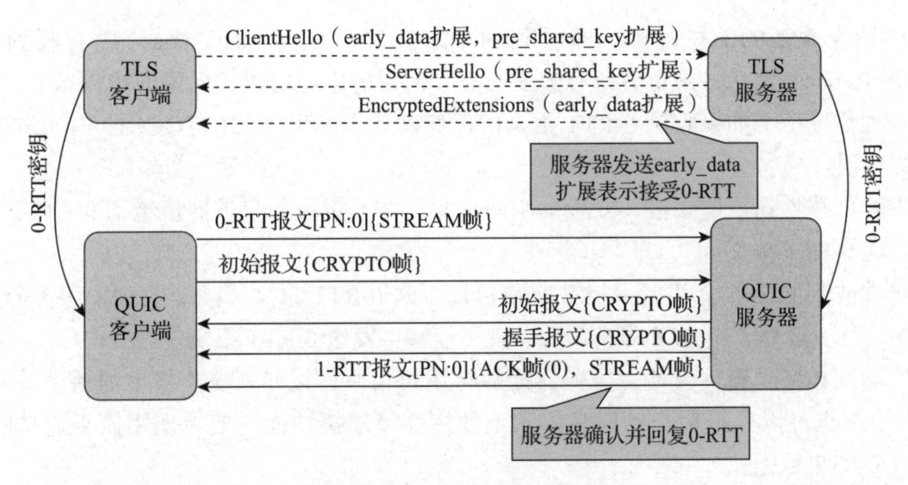

图 4-27　服务器接收 0-RTT

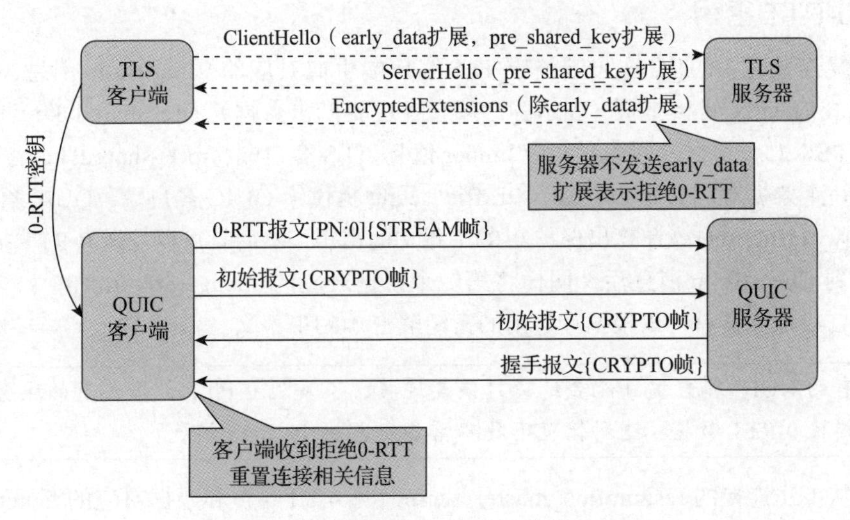

图 4-28　服务器通过 early_data 拒绝 0-RTT

图 4-29　服务器通过 HelloRetryRequest 拒绝 0-RTT

客户端发现0-RTT被拒绝，即收到的TLS扩展不包含early_data，或者收到TLS的HelloRetryRequest消息，则重置所有流的状态、使用的应用协议、保留的传输参数、应用的设置。这种情况下，如果收到0-RTT报文的任何确认，都生成PROTOCOL_VIOLATION类型的连接错误。

如果客户端收到了重试报文或版本协商报文，并不意味着服务器拒绝了0-RTT，可以再次尝试发送0-RTT报文。

客户端收到服务器全部握手报文前都可以发送0-RTT报文，除非收到了服务器拒绝了0-RTT的信号。建立了1-RTT写密钥后，就不能够再发送0-RTT报文。

客户端选择恢复连接会使得服务器能够将用户在原连接和恢复连接上的活动关联起来，QUIC客户端也可以根据用户的隐私需求不使用恢复连接功能，或者使用恢复连接的功能，但不发送0-RTT数据。

4.6.2 0-RTT 密钥

在恢复连接时，QUIC客户端请求TLS客户端生成对应的ClientHello消息，这个消息包含了TLS的early_data扩展（表示客户端会发送0-RTT数据）、pre_shared_key扩展（包含客户端的PSK对应票据的列表和相应binder值）。TLS客户端将pre_shared_key扩展中票据列表中第一个票据对应的client_early_traffic_secret提供给QUIC客户端，QUIC客户端根据client_early_traffic_secret计算出保护0-RTT报文的密钥，然后就可以发送0-RTT报文。TLS服务器收到ClientHello消息后，同样将第一个票据对应的client_early_traffic_secret提供给QUIC，QUIC服务器就可以根据计算出的密钥解密0-RTT报文。

注意 有的QUIC客户端可能会选择只恢复连接，不发送0-RTT数据，有的服务器也会选择不接收0-RTT数据，这种情况下就不需要发送early_data扩展。

TLS从上次连接的resumption_master_secret（见4.1.1节）和票据对应的ticket_nonce导出PSK，再由PSK计算出client_early_traffic_secret，最后将其通知给QUIC，QUIC根据自己的规则生成0-RTT密钥，过程如图4-30所示。

TLS计算流量密钥的过程如下：

```
//resumption_master_secret 来自原连接
PSK = HKDF-Expand-Label(resumption_master_secret, "resumption",
                        ticket_nonce,
                        Hash.length)
EarlySecret=HKDF-Extract(0, PSK)
//ClientHello 是恢复连接的消息
client_early_traffic_secret = Derive-Secret(EarlySecret, "c e traffic",
                                            ClientHello).
```

QUIC的0-RTT首部密钥、0-RTT负载密钥和IV具体计算过程为：

```
RTT 首部密钥 = HKDF-Expand-Label(client_early_traffic_secret,
                                 "quic hp", "", Hash.length)
RTT 负载密钥 = HKDF-Expand-Label(client_early_traffic_secret,
                                 "quic key", "", Hash.length)
RTT IV = HKDF-Expand-Label(client_early_traffic_secret,
                           "quic iv", "", Hash.length)
```

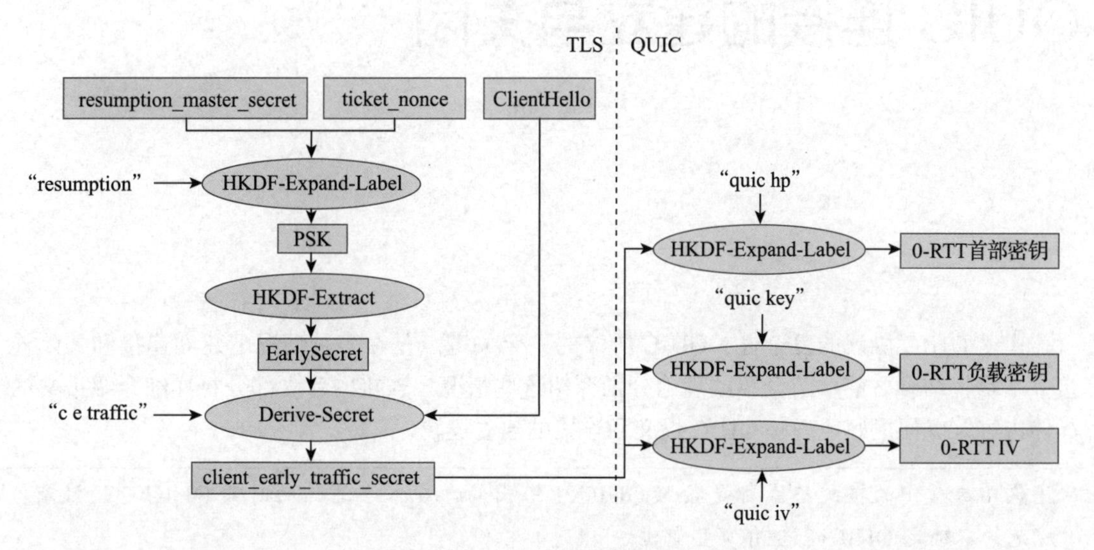

图 4-30　0-RTT 密钥

第 5 章 |Chapter 5|

QUIC 连接的建立与关闭

由于 QUIC 协议的复杂性，QUIC 协议的一个关键点是在多种情况下建立连接和关闭连接。本章将结合之前章节介绍的理论分别介绍这些情况。连接的建立部分将详细介绍报文的具体内容，以便更好地理解 QUIC 报文和连接的建立逻辑。

注意 本章中的报文格式都是按照 QUICv1 给出的，在本书写作的时候 QUICv2 还没有规范，不确定 QUICv2 会有哪些变化。

5.1 首次建立连接

首次建立的 QUIC 连接由客户端发起，通常主要包括：

- TLS 握手报文的交互。
- QUIC 的连接标识协商。
- 传输参数的交换。

QUIC 协议的其他部分，如流控、拥塞控制、自旋位、PMTU 探测等在整个连接期间基本是统一的，具体过程见第 3 章，在本章的连接建立期间不再单独介绍。

首次建立 QUIC 连接的过程一般遵循如下步骤（如图 5-1 所示）。

1）客户端发送初始报文发起建立连接请求，其中包含了 QUIC 客户端选择的连接标识 c1、TLS 的 ClientHello 消息、包含在 ClientHello 消息中的 QUIC 传输参数。

2）服务器收到客户端初始报文后，回复初始报文和握手报文。初始报文包含了 QUIC 服务器选择的连接标识 s1，初始报文的 CRYPTO 帧中携带了 TLS 的 ServerHello 消息；握手报文也使用 s1 作为源连接标识，CRYPTO 帧中包含了 TLS 的 EncryptedExtensions 消息、Certificate 消息、CertificateVerify 消息和 Finished 消息，其中 EncryptedExtensions 消息中携带了服务器的 QUIC 传输参数。

3）客户端收到服务器的初始报文后，就确定了服务器使用的连接标识 s1、服务器使用的加密套件和加密参数。在收到全部 TLS 握手消息后发送握手报文，使用 CRYPTO 帧携带的 TLS 的 Finished 消息。

4）服务器收到客户端的握手报文并验证通过后，将 HANDSHAKE_DONE 帧在 1-RTT 报文中发送。

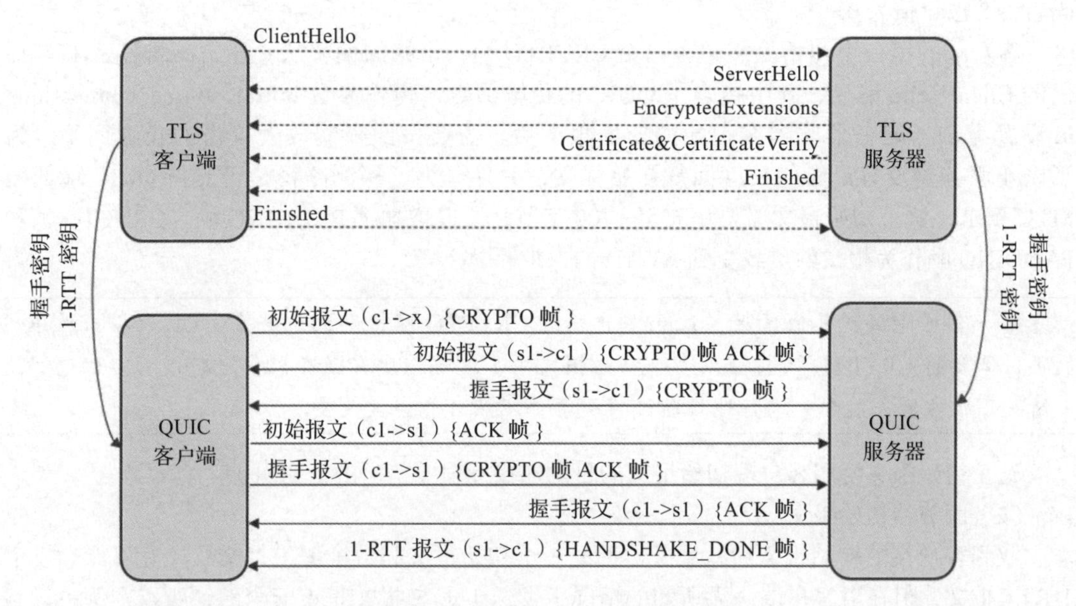

注：TLS 客户端与 TLS 服务器间的虚线表示通过 QUIC 的 CRYPTO 帧交互。

图 5-1　QUIC 首次建立连接过程

在连接建立完成后，双方都得知了对端使用的 QUIC 版本、连接标识、传输参数、加密密钥，并且这些内容都通过 TLS 的 Finished 消息得以保证没有篡改。

5.1.1　QUIC 报文交互

图 5-2 详细描述了首次建立连接的 QUIC 报文交互过程，包含以下报文。

（1）客户端初始报文

客户端首先发送一个初始报文给服务器，请求建立连接。初始报文中，首字节中第一位是首部格式位，长首部报文为 1；第二位是 QUIC 固定位，值固定为 1；第三位和第四位是长首部报文类型位，初始报文类型是 00；第五位和第六位是保留位，固定为 0；第七位和第八位是报文编号长度字段，因为这是初始报文编号空间的第一个报文，所以报文编号为 0，这两位就是 00。综上所述，首字节的值为二进制 11000000，对应十六进制 0xc0，注意这是明文值，后四位会被首部保护变成密文。接下来的 32 位是版本字段，版本 1 使用值 0x1；再往下 8 位是目标连接标识长度（以字节为单位），目标连接标识是客户端随机选择的值，简单起见这里记为 x，用来生成加密密钥和验证服务器的回复；再后面是 8 位的源连接标识长度（以字节为单位），这是源连接标识的字节长度，源连接标识是客户端为该连接选定的标识，为简单起见这里记为 c1；首次建立连接没有令牌信息，所以令牌长度经过变长编码后占 8 位，值为 0；接下来的报文长度字段指明了这个初始报文剩余部分的字节长度，包含报文编号和负载加密后的长度；因为最后的报文编号是初始报文编号空间的第一个报文，所以经过变长编码后占 8 位，值为 0。

客户端的第一个初始报文包含一个 CRYPTO 帧，该帧的偏移从 0 开始，内容是 TLS 提供的 ClientHello 消息，其中包含了 QUIC 的传输参数，传输参数 initial_source_connection_id 设置为 c1。服务器收到客户端的初始报文后，需要按照限制放大攻击的长度回复。为了防止服务器没有足够的长度回复初始报文，另外也为了探测路径是否支持 QUIC 最低的 MTU 要求，这个初始报文需要填充至 1200 字节，所以增加了 PADDING 帧。CRYPTO 帧和 PADDING 帧作为报文的负载受到 AEAD 的保护。

注意　有可能出现其他情况，比如客户端的 CRYPTO 帧特别大，一个 UDP 数据报放不下，需要将 CRYPTO 帧拆分到多个初始报文中，这就需要在服务器中进行缓存。但这种情况下服务器一般要先进行地址验证再缓存，不然可能会被攻击。

这个初始报文使用客户端初始报文的目的连接标识 x 衍生的密钥保护。

（2）服务器初始报文

收到客户端的初始报文后，服务器回复一个初始报文和数个握手报文，还有可能有一个 1-RTT 报文，但在对客户端一无所知的情况下发送 1-RTT 报文是不安全的，所以本例中只有一个初始报文和一个握手报文。

服务器的初始报文中首字节仍然是 0xc0；版本号也是 1；目的连接标识是客户端初始报文中的源连接标识 c1；源连接标识则是服务器选择的值 s1；服务器不能在初始报文中发送令牌，所以这里的令牌长度必须是 0；接下来是这个初始报文剩下部分的字节长度；作为服务器在初始报文编号空间发送的第一个初始报文，这里的报文编号是 0；负载部分包含 CRYPTO 帧和 ACK 帧，CRYPTO 帧携带了 TLS 的 ServerHello 消息，偏移从 0 开始，ACK 帧确认了客户端的初始报文。

这个服务器初始报文使用客户端初始报文的目的连接标识 x 衍生的密钥保护。

（3）服务器握手报文

服务器的握手报文首字节是 0xf0，跟初始报文的首字节只有报文类型不同；版本号也是 1；目的连接标识也是 c1，源连接标识也是服务器选择的值 s1；长度也是报文剩余字节长度；作为握手编号空间的第一个报文，报文编号也是 0。

报文负载中的 CRYPTO 帧携带了 TLS 的几个消息：EE 指的是 EncryptedExtensions 消息，CERT 指的是 Certificate 消息，CV 指的是 CertificateVerify 消息，FIN 指的是 Finished 消息。QUIC 将自己的传输参数传递给 TLS，TLS 将其包含在 EncryptedExtensions 消息中，这其中包含了用于验证服务器初始源连接标识的传输参数 initial_source_connection_id，以及用于验证客户端初始目的连接标识的传输参数 original_destination_connection_id。

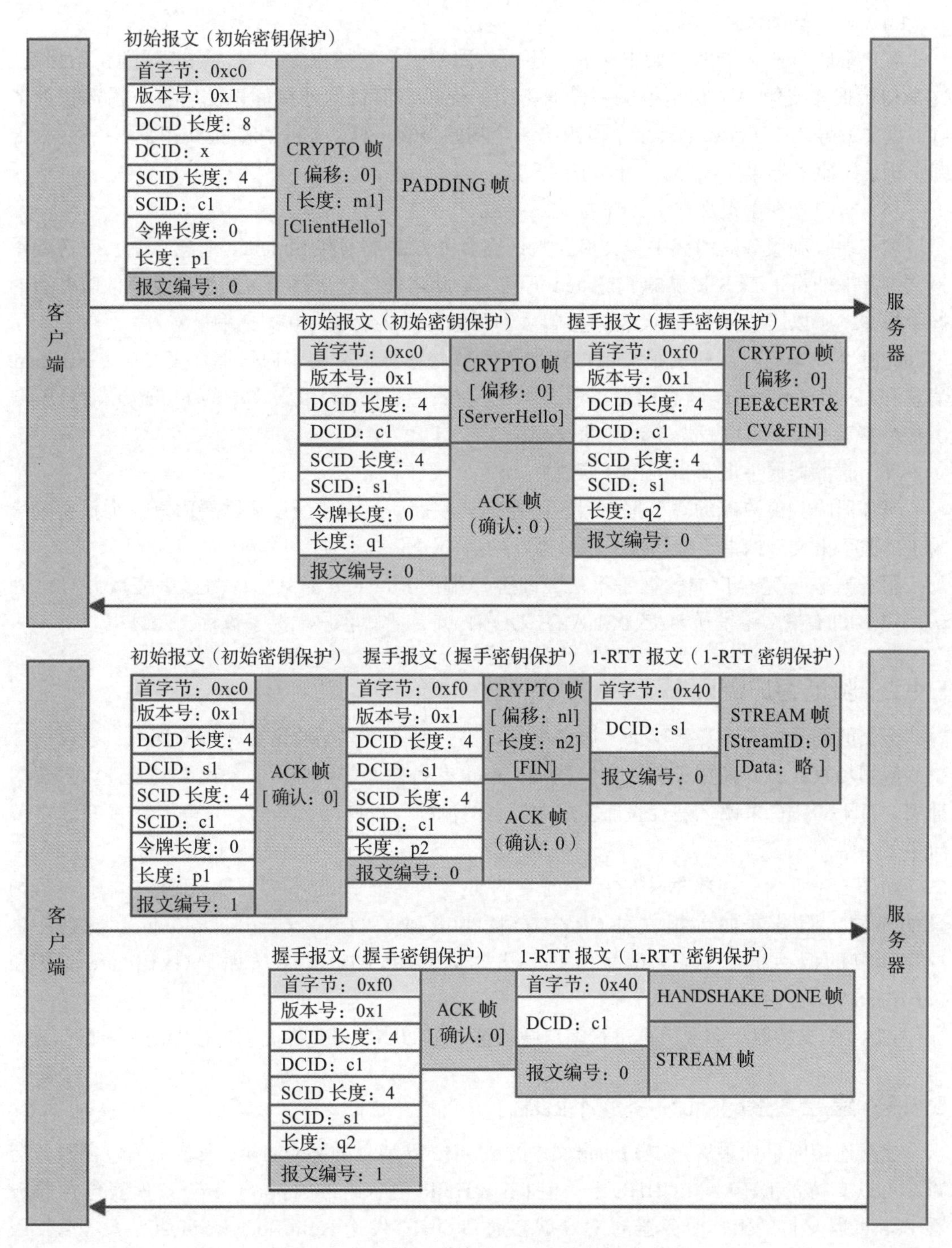

图 5-2　首次建立连接的 QUIC 报文交互过程

这个握手报文使用 TLS 协商的握手密钥衍生的密钥保护。

（4）客户端确认初始报文

客户端收到服务器的初始报文后，还需要回复一个初始报文以确认服务器的初始报文。这个初始报文受第一个初始报文一样的密钥的保护，但目的连接标识使用服务器选择的值 s1，报文编号是 1，首部中其余字段跟第一个初始报文一样。这个初始报文携带了一个 ACK 帧，确认了服务器报文编号为 0 的初始报文。

（5）客户端握手报文和 1-RTT 报文

客户端收到服务器的握手报文后，验证完服务器的证书和 Finished 消息，就会发送握手报文，其中携带了 TLS 提供的 Finished 消息。除此之外，这个握手报文中还要确认服务器的握手报文，所以还包含一个 ACK 帧，确认了服务器报文编号为 0 的握手报文。

此时客户端已经从初始报文中得到加密参数并计算出密钥，通过握手报文中 Certificate 消息和 CertificateVerify 消息验证了服务器的身份，且通过握手报文中的 Finished 消息验证了整个握手过程，可以发送 1-RTT 报文了。

（6）服务器握手报文和 1-RTT 报文

服务器收到客户端的握手报文后，需要确认该握手报文，所以还需要回复一个报文编号为 1 的握手报文，携带了确认报文编号为 0 的 ACK 帧。

服务器验证完客户端的握手报文，即客户端的 Finished 消息，认为握手完成并且已确认，在 1-RTT 报文中发送 HANDSHAKE_DONE 帧，通知客户端握手流程已经结束。

5.1.2 验证客户端证书

上文的例子中，客户端验证了服务器的证书，服务器并不验证客户端的证书，这仅适合一些应用场景，比如使用浏览器浏览网页；但也有另外一些场景，服务器需要验证客户端的证书。对于 QUIC 来说，是否验证客户端证书的流程并没有什么不同，只是传输的 TLS 字节流多了一些。

如图 5-3 所示，在粗框中展示了需要验证客户端证书与不需要验证客户端证书的场景的不同。服务器握手报文的 CRYPTO 帧中增加了 TLS 的 CertificateRequest 消息；客户端回复的握手报文（报文编号为 1 的报文）的 CRYPTO 帧中增加了 Certificate 消息和 CertificateVerify 消息。

TLS 1.3 支持握手完成后再进行客户端认证，但 QUIC 只允许握手过程中的客户端认证。

5.1.3 建立连接时 TLS 参数不匹配

建立连接时，如果客户端初始报文中 ClientHello 消息的 key_share 列表中不包含服务器 TLS 可以支持的 DHE 或 ECDHE 组，但 ClientHello 消息中的 support_groups 列表包含服务器 TLS 可以支持的组，服务器的 TLS 就会通知 QUIC 发送 HelloRetryRequest 消息（携带服务器 TLS 选中的组）。QUIC 在初始报文的 CRYPTO 帧中携带该消息发给客户端，同时携带

ACK 帧确认客户端的初始报文。客户端收到该报文后，将 CRYPTO 帧中的内容交给 TLS(即服务器 TLS 生成的 HelloRetryRequest 消息)，客户端 TLS 为支持的组生成 key_share，更新 ClientHello 消息后重新发送。除了因为增加了报文导致初始报文的报文编号有变化，之后的流程与参数匹配时几乎相同，如图 5-4 所示。

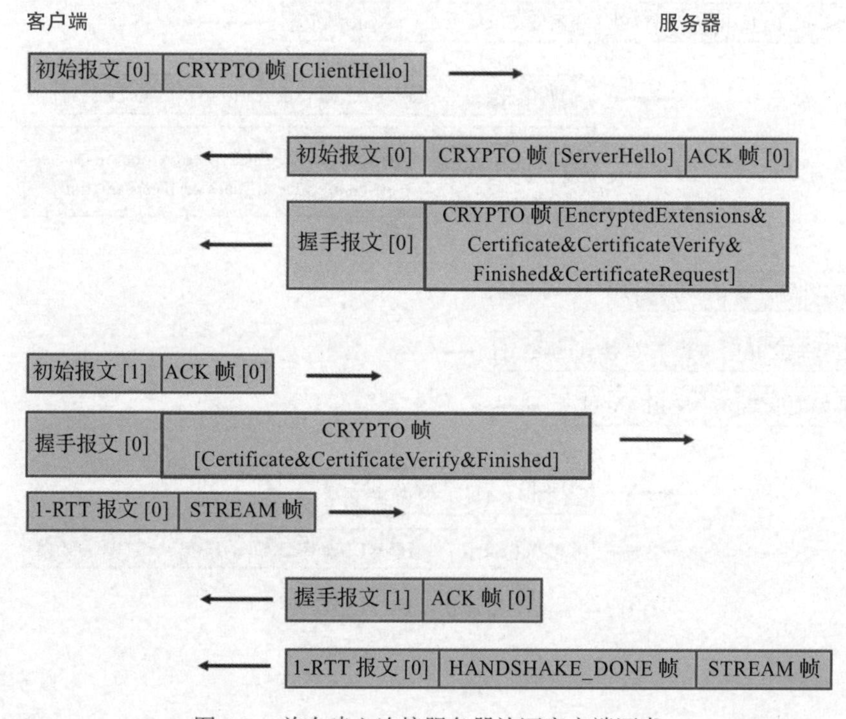

图 5-3　首次建立连接服务器认证客户端证书

需要指出的是，虽然 TLS 可以通过 HelloRetryRequest 消息来验证客户端地址，但 QUIC 服务器如果想要验证客户端地址应该使用 QUIC 自己的重试报文。在 QUIC 中 TLS 的 HelloRetryRequest 消息仅仅用来处理 TLS 参数不匹配的场景。

5.1.4　建立连接过程中丢包

建立连接过程中双方还不能互相信任，服务器要遵循反放大限制，报文的丢失情况要比建立连接完成后的丢包复杂些。我们考虑以下几种情况。

1）如果客户端初始报文丢失，只需要在 PTO 超时后重发初始报文，如图 5-5 所示。

2）如果服务器收到了客户端的初始报文，但服务器发送的报文全部丢失。客户端在这种情况下并不能确定服务器有没有收到，对于客户端来说等同于发送的初始报文丢失，也是 PTO 超时后重发初始报文。服务器收到了两个一样的初始报文，可以认为自己发出的包含 ServerHello 消息的初始报文丢失，立即重发初始报文和握手报文，如图 5-6 所示。

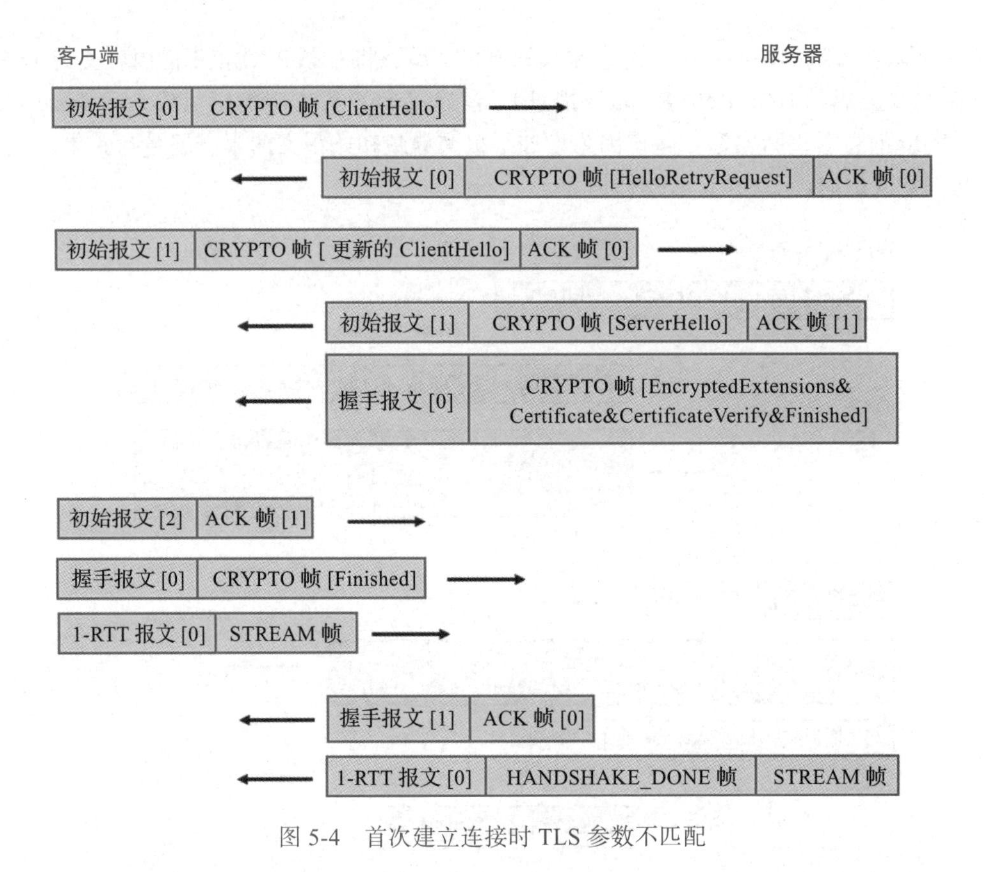

图 5-4　首次建立连接时 TLS 参数不匹配

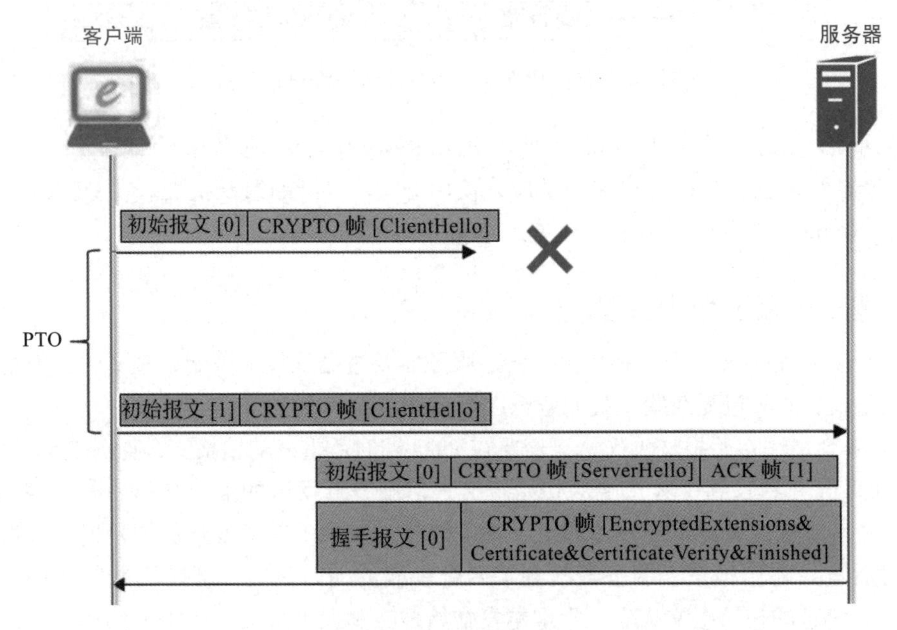

图 5-5　客户端初始报文丢失

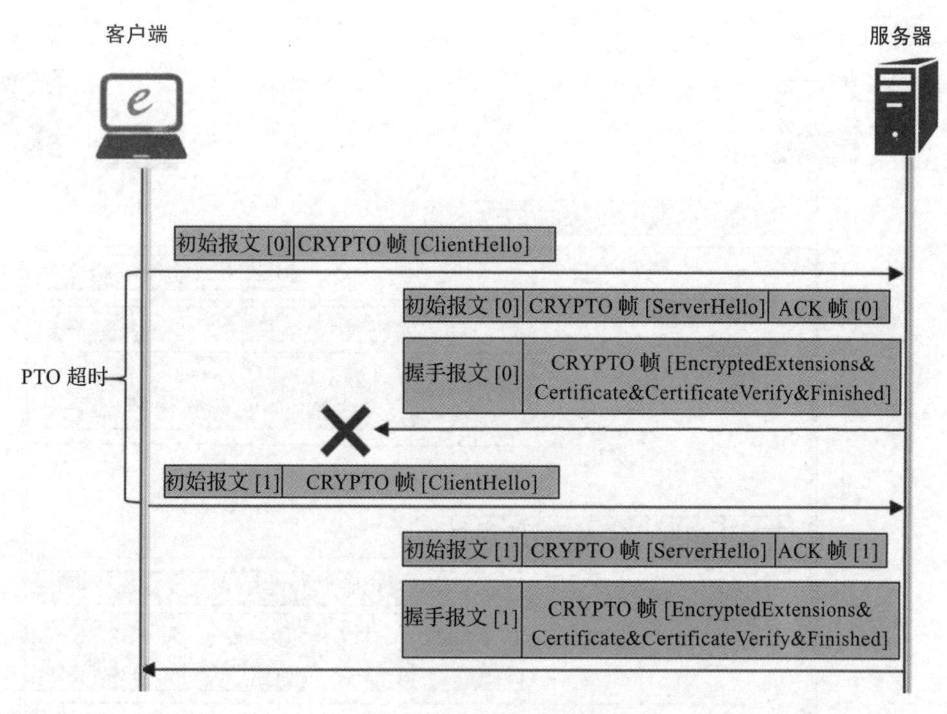

图 5-6 服务器报文全部丢失

客户端发送初始报文后没有收到任何回复，原因除了上述的客户端初始报文丢失或者服务器回复报文丢失，也可能是网络暂时不通或者服务器暂时不在线，客户端并不能知道具体原因。客户端不应该在不知道具体原因的情况下一直发送报文（特别是服务器可能不在线），但又需要尽快地建立连接（在丢包情况下），所以在实现上可能是重试到指定时间就返回失败，让用户排查原因。

3）如果服务器产生的报文（初始报文和握手报文）大于反放大限制，不能一次发送完或者丢失后不能重发。这时客户端已经收到了初始报文的确认，正在等待完整的握手消息，客户端就没有数据需要重发，服务器因为放大限制也无法再发送报文，流程无法继续就会产生死锁。

这种情况下，客户端在 PTO 超时后仍然没有收到等待的消息，但确信对端已经收到了自己的初始报文，这时可以发送一个包含 PING 帧的初始报文，并使用 PADDING 帧填充至 1200 字节。服务器收到这个初始报文后就可以提高反放大限制，重新发送初始报文和握手报文，如图 5-7 所示。注意，服务器收到 PTO 超时后的初始报文只是提高了反放大限制，并没有解除限制，这是因为服务器还没有完成地址验证，也就是说服务器还不能确信客户端就在它声称的地址上。

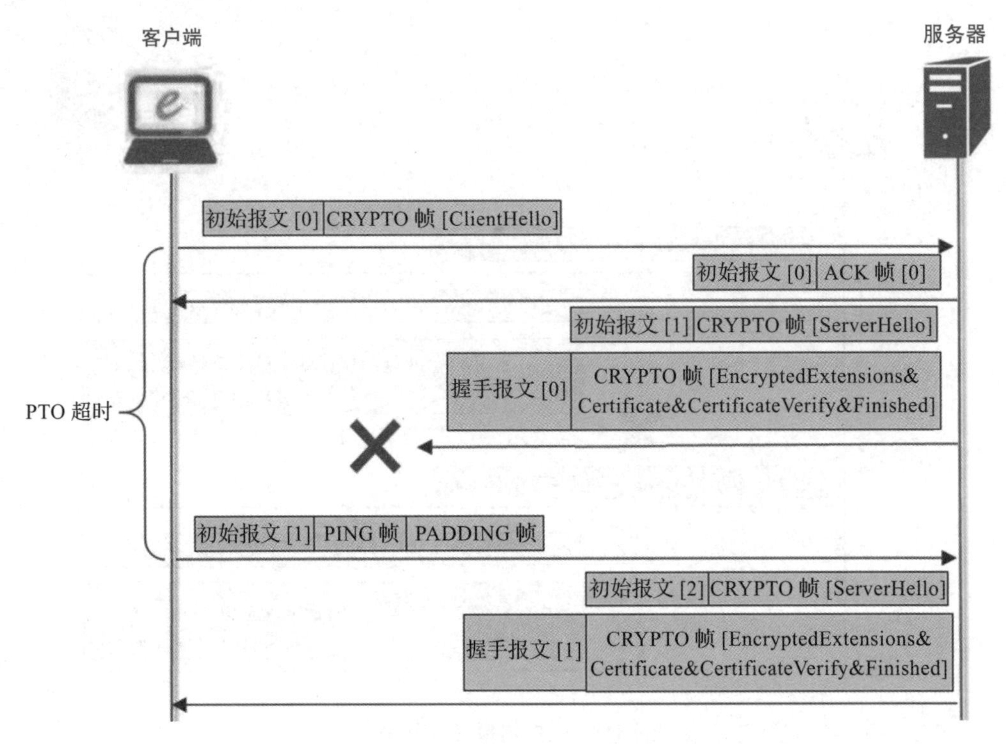

图 5-7 服务器初始报文和握手报文丢失

4）服务器发送的握手报文丢失，这种情况下客户端已经从收到的初始报文中得到了握手密钥，但是没有收到服务器握手报文就不能够发送携带 Finished 消息的握手报文。PTO 超时后仍然没有收到服务器的握手报文，这时客户端发送一个握手报文。服务器收到握手报文后认为地址已验证，可以解除反放大限制，在发现握手报文丢失后立即重发，如图 5-8 所示。

在这种情况下，如果服务器选择的连接标识含有大于 64 位的熵，客户端发送的图 5-8 中的初始报文 [1] 也没有丢失，服务器收到这个初始报文时也可以解除反放大限制。

5.1.5 版本协商

服务器收到报文来自不支持的版本，可以回复一个版本协商报文，并携带自己可以支持的版本列表。版本协商报文的目的连接标识使用收到报文的源连接标识，以帮助客户端定位到需要协商版本的具体连接；源连接标识使用收到报文的目的连接标识，用来表明自己确实收到了该报文。

客户端收到了服务器的版本协商报文，从中选取一个支持的版本，根据新选取的版本重新封装报文发送给服务器。

注意 客户端判断版本协商报文的标准：报文第一位首部格式位为 1（表示长首部），且版本字段为 0。

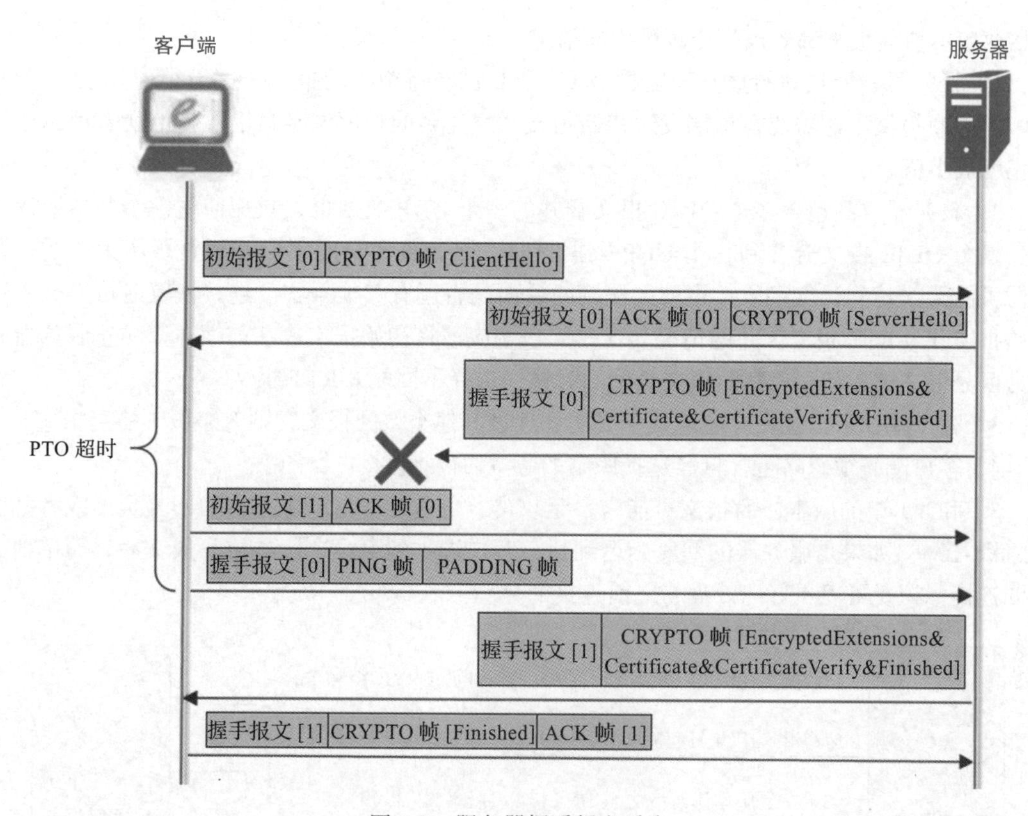

图 5-8　服务器握手报文丢失

版本协商过程如图 5-9 所示。

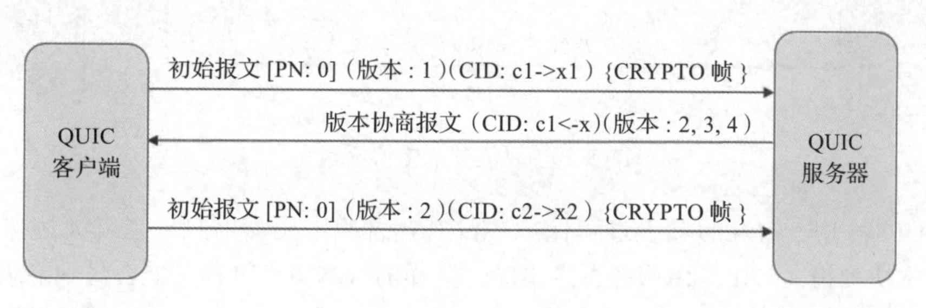

图 5-9　版本协商过程

对于不支持的版本的初始报文，服务器不能产生正确的密钥，也不认识除了版本无关字段以外的字段，所以只能看到报文首部格式位和版本、源连接标识、目的连接标识，验证不了完整性保护和加密部分，判断不了是否是合法报文。

客户端收到的版本协商报文中，使用源连接标识和目的连接标识可以用来判断该报文是否来自于可以观察到原始报文的终端（即使用了自己选择的源连接标识和目的连接标识）。

由于版本协商报文是明文，没有私密性和完整性保护，容易被用作攻击手段，所以发送和接收版本协商报文都要执行比较严格的限定。

1）服务器如果收到的报文长度过小（小于自己支持版本的报文长度最小值），则不能发送版本协商报文。这需要客户端发送初始报文时填充到的长度满足自己支持的所有版本中报文长度最小值。

2）服务器收到包含多个 QUIC 报文合并的一个 UDP 数据报，只能回复一个版本协商报文。多个 QUIC 报文合并到一个 UDP 数据报时，因为报文长度字段并不是版本无关的，服务器可能无法访问长度字段，也就无法判断后面是否还有其他报文。连接恢复时可能会出现初始报文和 0-RTT 报文合并的情况，这时客户端应该将初始报文放在前面，以防止服务器有能力区分报文类型却不能判断报文长度的时候，选择不回复 0-RTT 报文。

3）客户端如果已经在对应连接中成功处理过其他类型的报文，则忽略版本协商报文。

4）客户端必须忽略包含自己选择版本的版本协商报文。

3）和 4）中的版本协商报文可能来自于攻击，也可能来自于服务器的回复延迟或者乱序（见图 5-10）。如果是服务器的回复延迟到达，客户端收到第一个版本协商报文后，简单地更换源连接标识，可以更好地处理与之前连接的分离。

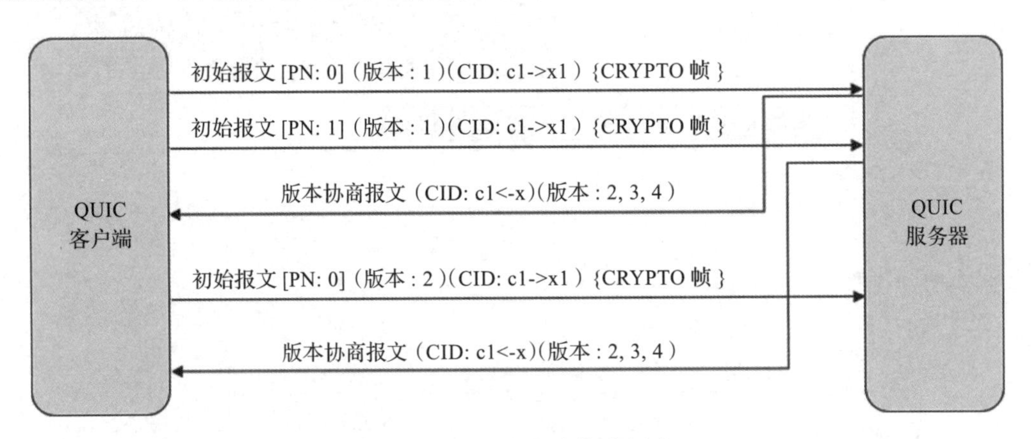

图 5-10　延迟的版本协商报文

在 QUICv1 中，TLS 的握手过程保护中没有包含版本协商信息，也就无法保证客户端收到的版本协商报文一定是由服务器发出的。这样的版本协商过程可能会受到降级攻击。后续版本给出了相应的解决方案。QUICv2 规定了必须按照 RFC 9368 来执行版本协商，即增加一个传输参数包含客户端选择的版本、服务器提供的版本，这样版本会被包含到 TLS 的 Finished 消息中进行验证，如果有攻击者篡改了版本就会被发现。

5.2 连接恢复

QUIC 在第一次连接断开之后，之后再连接时使用连接恢复功能在可以发送 0-RTT 应用数据。本节将介绍连接恢复的主要过程，尤其是其中的 0-RTT 数据发送。

5.2.1　连接恢复过程

在连接恢复时，客户端需要尽快获得服务器回复的数据，这包含两个方面：客户端要有加密 0-RTT 数据的密钥和服务器的传输参数；服务器要能够在收到第一轮数据时就能够验证客户端地址，不被反放大上限所限制。

TLS 1.3 的会话恢复机制提供给 QUIC 衍生 0-RTT 密钥的密钥，QUIC 使用 0-RTT 密钥来保护 0-RTT 报文（见 4.6.2 节）。而 QUIC 自己的地址验证令牌机制使得服务器在第一次收到客户端初始报文时就验证了客户端地址，从而解除反放大上限，尽快回复相应的应用数据（见 3.5.3 节）。

在不稳定的网络连接中，连接恢复功能可以减少连接断开重连的成本，也可以尽早地发送应用数据和收到响应数据。TLS 1.3 在会话恢复时不需要 Certificate 消息和 CertificateVerify 消息，因为客户端在原连接中已经验证了服务器的证书，这就消除了证书验证的复杂度，节省了网络资源和计算资源。

TLS1.3 恢复连接主要依靠之前连接中 NewSessionTicket 消息提供的票据，过程如下。

1）服务器握手完成后通过 NewSessionTicket 消息将票据、票据有效期、是否支持 0-RTT 等信息发送给客户端。

2）客户端在后续恢复连接时将令牌和对应的验证码发送给服务器，携带相应扩展表明是否会发送 0-RTT 数据。

3）服务器根据票据计算出 0-RTT 密钥，还需要根据票据计算出本次连接密钥。

QUIC 连接恢复的客户端地址验证主要是依靠之前连接中 NEW_TOKEN 帧提供的令牌，过程如下。

1）服务器握手完成后，通过 NEW_TOKEN 帧发送地址验证令牌。

2）客户端位续恢复连接时将这个令牌在初始报文中发送给服务器。

3）服务器验证令牌，验证通过后放开反放大限制，将应用数据的回复放在 1-RTT 报文中。

图 5-11 展示了一个典型的连接恢复过程。在原连接中，TLS 服务器通过 QUIC 的 CTYPTO 帧将 NewSessionTicket 消息传递给 TLS 客户端，其中包括票据 ticket、ticket_nonce、有效期等（ticket 是 PSK 的标识，ticket_nonce 用来计算对应的 PSK），early_data 扩展中 max_early_data_size 值为 0xffffffff，表明服务器愿意接收 0-RTT 数据；另外，QUIC 服务器在 1-RTT 报文中通过 NEW_TOKEN 帧将 QUIC 地址验证令牌发送给 QUIC 客户端，其中包含了加密的客户端 IP。

在恢复连接时，QUIC 客户端恢复出原连接中服务器的传输参数，请求 TLS 客户端生成 ClientHello 消息，其中包含了 TLS 的 early_data 扩展（表明会发送 0-RTT 数据）、pre_shared_key 扩展（包含客户端的 PSK 对应票据的列表和对应 PSK 的 binder 值）。TLS 客户端根据票据列表中第一个票据（图 5-11 中 ticket1）对应的 ticket_nonce（图 5-11 中 nonce1）

和 resumption_master_secret 计算出 client_early_traffic_secret，并将其提供给 QUIC 客户端。QUIC 客户端根据 client_early_traffic_secret 计算出自己的 0-RTT 密钥，包括首部密钥、流量密钥和 IV，使用这些值保护发送的 0-RTT 报文。

服务器收到包含 TLS ClientHello 消息的初始报文，TLS 服务器同样根据保存的 resumption_master_secret 和 pre_shared_key 扩展中票据列表中第一个票据对应的 ticket_nonce（图 5-11 中 nonce1）计算出 client_early_traffic_secret，将 client_early_traffic_secret 通知 QUIC 服务器，QUIC 服务器根据 client_early_traffic_secret 计算出 0-RTT 密钥，验证和解密收到的 0-RTT 报文。服务器恢复成功，并且决定接收 0-RTT 报文，就会在 ServerHello 消息中携带 pre_shared_key 扩展，携带选择的票据（图 5-11 中为 ticket1），并且在 EncryptedExtentions 消息中携带 early_data 扩展。

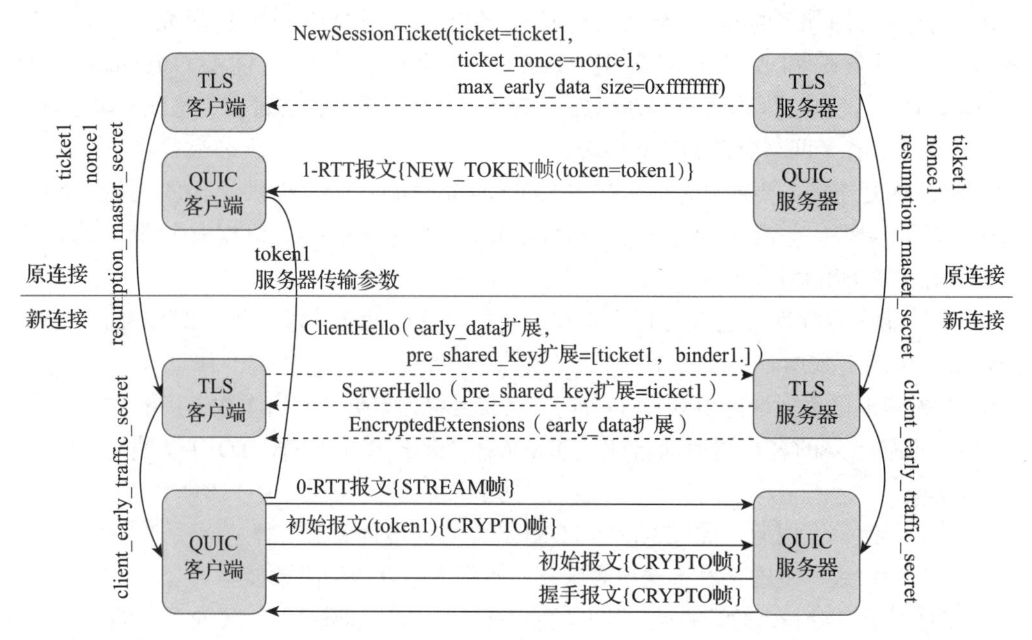

注：TLS 客户端和 TLS 服务器中间的虚线表示 TLS 消息是通过 QUIC 的 CRYPTO 帧交换的。

图 5-11 QUIC 连接恢复过程

5.2.2 0-RTT 传输参数

QUIC 客户端在发送 0-RTT 报文的时候，还没有收到当前连接中的服务器的传输参数，0-RTT 报文中，STREAM 帧需要使用的流控限制和流数限制只能从原连接保存的值中恢复出来。QUIC 规定只有在握手完成后（收到 Finished 消息并发出 Finished 消息）才能够使用收到的对端传输参数，所以在握手完成前，QUIC 客户端都需要使用恢复出来的传输参数。

在连接恢复时，QUIC 服务器在握手完成前就需要通过 1-RTT 报文发送应用数据，这时发送的 1-RTT 报文也需要使用客户端的传输参数。服务器可以使用保存的值，或者将 0-RTT 相关传输参数放在地址验证令牌中，在收到 0-RTT 报文时再将传输参数从令牌中恢复出来。

在发送新连接的传输参数时，需要遵循 0-RTT 相关传输参数不能使用比原连接更小的值。

服务器的传输参数 initial_max_data 限制了握手完成前客户端可以发送的数据量，0-RTT 报文可以发送的数据总偏移量受此参数值限制，所以必须使用原连接中服务器发送的值。如果服务器发送的 initial_max_data 值为 0 或者没有发送 initial_max_data，客户端就不能够发送 0-RTT 报文。

服务器在原连接上发送的传输参数 initial_max_streams_bidi 和 initial_max_stream_data_bidi_remote 则限制了客户端初始状态时可以打开的双向流总数量和每个双向流中可以发送的数据量，这限制了客户端 0-RTT 报文中可以使用的双向流数量和每个双向流中可以发送的数据量。如果服务器原连接发送的 initial_max_streams_bidi 或 initial_max_stream_data_bidi_remote 值为 0，客户端发送的 0-RTT 报文就不能使用双向流。

服务器在原连接上发送的传输参数 initial_max_streams_uni 和 initial_max_stream_data_uni 则限制了客户端可以打开的单向流总数量和每个单向流中可以发送的数据量，这限制了客户端 0-RTT 报文中可以使用单向流的数量和每个单向流中可以发送的数据量。如果服务器在原连接中发送的 initial_max_streams_uni 或 initial_max_stream_data_uni 值为 0，客户端发送的 0-RTT 报文就不能使用单向流。

传输参数 active_connection_id_limit 表示限制对端使用的连接标识个数，即对端通过连接建立、传输参数 prefer_address 或 NEW_CONNECTION_ID 帧提供的活跃连接标识的上限个数。由于 0-RTT 报文可以提供新的连接标识（通过发送 NEW_CONNECTION_ID 帧），这时客户端还没有在新连接上收到服务器 active_connection_id_limit 的值，只能使用保存的之前连接上服务器发送传输参数 active_connection_id_limit 的值，如果服务器在新的连接上将传输参数 active_connection_id_limit 更新为更小的值，可能会导致之前 0-RTT 报文不合法。为了解决这种矛盾，服务器为新连接设置的连接标识限制也不能比之前连接中的 active_connection_id_limit 更小。

客户端不能恢复的传输参数包括：ack_delay_exponent、max_ack_delay、initial_source_connection_id、original_destination_connection_id、preferred_address、retry_source_connection_id 和 stateless_reset_toke。这些传输参数与新创建的连接中的参数一样，如果服务器发送了对应的传输参数则使用服务器发送的值，否则使用默认值。

5.2.3　0-RTT 安全

0-RTT 数据的安全性要弱于 1-RTT 数据，无法保证前向安全[㊀]，容易受到重放攻击，有的

㊀ 前向安全指的是长期密钥泄露不会影响之前连接中的数据安全性，这里指的是 PSK 泄露导致 0-RTT 中的应用数据被解密。

场景下还会出现放大攻击。所以，在应用决定使用 0-RTT 特性的时候，需要控制 0-RTT 报文中可以发送的数据类型，一般限制为重放不会造成问题的数据。

注意 cloudflare 在其网站上详细介绍了 0-RTT 的安全问题，可以参考 https://blog.cloudflare.com/introducing-0-rtt/#whatsthecatch。

0-RTT 报文只使用了从指定 PSK 中导出的密钥进行加密，所以无法保证前向安全。0-RTT 密钥导出过程不依赖 TLS 的 ServerHello 消息中 Random 字段，如果客户端有意构造相同的 ClientHello 消息，就可以产生相同的 0-RTT 密钥，可以将加密的 0-RTT 报文在多个连接间复制重放，如图 5-12 所示。但同样的 0-RTT 报文内容不能在同一连接内复制重放，因为报文编号和流偏移的重复都会导致服务器不处理后来的重复报文。

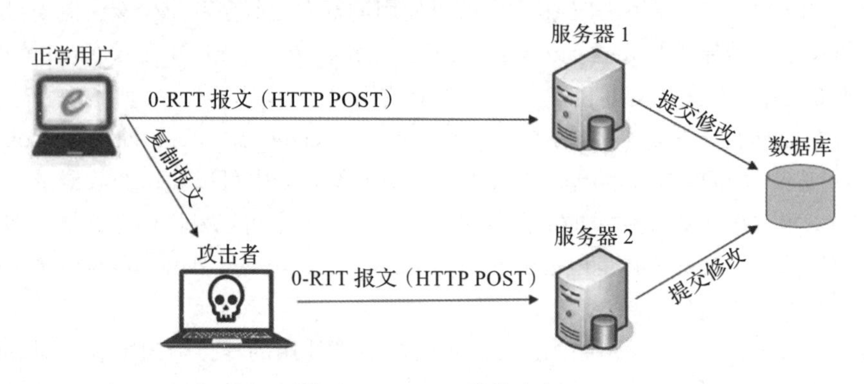

图 5-12　0-RTT 重放攻击

目前防止重放攻击的手段有：服务器分区保持全局一致；每个票据只允许使用一次；记录票据有效期内 ClientHello 消息中的唯一值（一般是 Random 或 PSK binder）并拒绝重复值等。

除了重放攻击，0-RTT 还可能被用于放大攻击，如图 5-13 所示。攻击者使用自己的地址先跟服务器建立 QUIC 连接；服务器在 1-RTT 报文中通过 NEW_TOKEN 帧发送地址验证令牌 token1 给攻击者；攻击者断开连接，释放 IP 地址；一段时间后，受害者开始使用 IP1，攻击者构造源 IP 地址为 IP1 的初始报文和 0-RTT 报文发送给服务器；服务器收到初始报文，验证令牌，并没有发现任何问题：令牌源 IP 没有变，令牌也在有效期内；服务器正常处理收到的初始报文和 0-RTT 报文，将生成的初始报文、握手报文和多个 1-RTT 报文发送给受害者。

在这个过程中，没有任何信息可以帮助服务器识别出放大攻击，所以服务器验证完令牌后就解除了反放大攻击限制。对于典型的 0-RTT 例子，0-RTT 报文中携带了 HTTP GET 消息，服务器可能需要回复大量数据，产生很多 1-RTT 报文。这时只能将放大攻击限制在初始拥塞窗口范围内，另外服务器可以在时间尺度上限制地址验证令牌的使用，也可以在一定程度上防止这种攻击。

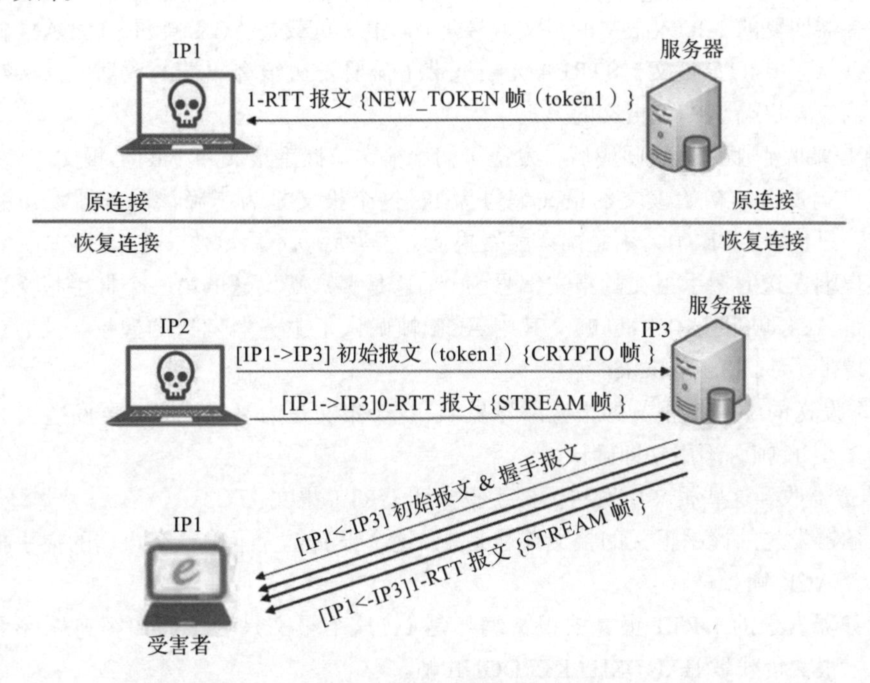

图 5-13　利用 0-RTT 的放大攻击

5.2.4　0-RTT 例子

使用连接恢复特性发送 0-RTT 报文时，在客户端第一轮发送时就可以发送应用数据。图 5-14 展示了在恢复连接并发送 0-RTT 报文时 QUIC 的报文交互，服务器在原连接中通过 NEW_TOKEN 帧提供了地址验证令牌 token1，恢复连接时 QUIC 报文交互过程如下。

1）客户端首先发送初始报文和 0-RTT 报文。

- 客户端发送的初始报文使用初始密钥保护，报文编号从 0 开始，携带了地址验证令牌 token1，报文负载中是 CRYPTO 帧，其中携带的是 TLS 的 ClientHello 消息。
- 客户端发送的 0-RTT 报文使用 0-RTT 密钥保护，应用数据报文编号空间与初始报文编号空间是隔离的，所以报文编号是 0，携带了 STREAM 帧，STREAM 帧中包含了应用数据。

2）服务器收到客户端的 0-RTT 报文和初始报文后，回复初始报文、握手报文和 1-RTT 报文。

- 服务器回复的初始报文的报文编号是 0，报文负载是 ACK 帧和 CRYPTO 帧。其中 ACK 帧用来确认客户端的初始报文，CRYPTO 帧用来携带 TLS 的 ServerHello 消息。
- 服务器回复的握手的报文的报文编号是 0，报文负载是 CRYPTO 帧，其中携带了 TLS

的 EncryptedExtensions 消息和 Finished 消息。

- 服务器回复的 1-RTT 报文的报文编号是 0，报文负载是 ACK 帧和 STREAM 帧，ACK 帧确认了 0-RTT 报文，STREAM 帧携带了需要发送给客户端的数据，这些数据通常是响应客户端 0-RTT 报文的。

3）客户端收到服务器的回应后，发送了初始报文、握手报文和 1-RTT 报文。

- 客户端发送的初始报文的报文编号为 1，这个报文是为了确认服务器发送的初始报文，只包含 ACK 帧，不是确认触发报文，丢失后也不用重传。
- 客户端发送的握手报文的报文编号为 0，这是客户端发送的第一个握手报文，报文负载是 ACK 帧和 CRYPTO 帧。其中 ACK 帧确认了服务器发送的握手报文，CRYPTO 帧携带了 TLS 的 Finished 消息。

客户端发送的 1-RTT 报文的报文编号是 1，这个报文是为了确认服务器发送的 1-RTT 报文，只包含 ACK 帧，不用立即确认。

4）服务器收到这些报文后发送了握手报文和 1-RTT 报文：

- 服务器发送的握手报文的报文编号是 1，这个报文是为了确认客户端的握手报文，只包含 ACK 帧。
- 服务器发送的 1-RTT 报文的报文编号是 1，这个报文是为了通知客户端握手已经确认，报文负载是 HANDSHAKE_DONE 帧。

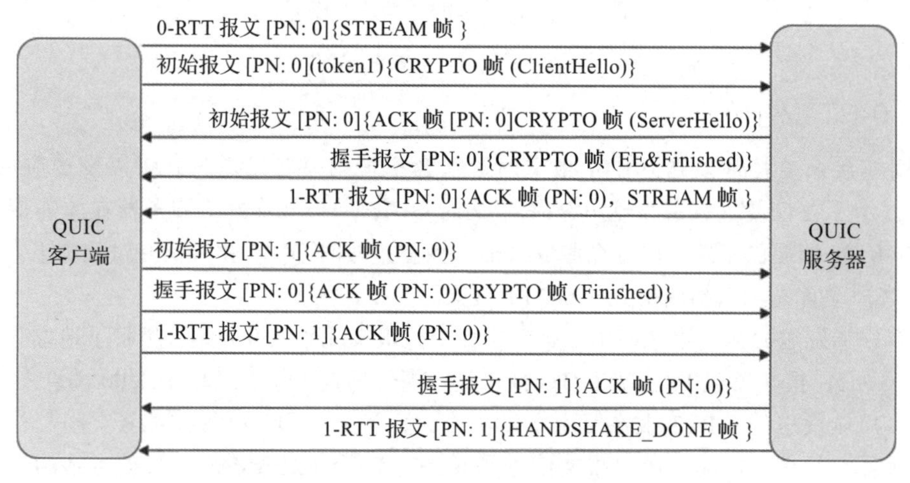

图 5-14　发送 0-RTT 报文时 QUIC 的报文交互

客户端发送 0-RTT 报文时可能会跟初始报文合并，这样可以保证服务器收到 0-RTT 报文时能够有 0-RTT 密钥（0-RTT 密钥的计算依赖于初始报文中的 ClientHello 消息），这样就不需要服务器缓存 0-RTT 报文了，从而提高效率。图 5-15 以合并报文为例，说明 0-RTT 报文的具体内容。将 0-RTT 报文和初始报文合并到一个 UDP 数据报中，顺序是初始报文在前面，0-RTT 报文在后边。

连接恢复的连接标识协商与首次建立连接相同，需要注意的是，0-RTT 报文的连接标识要与初始报文一致。

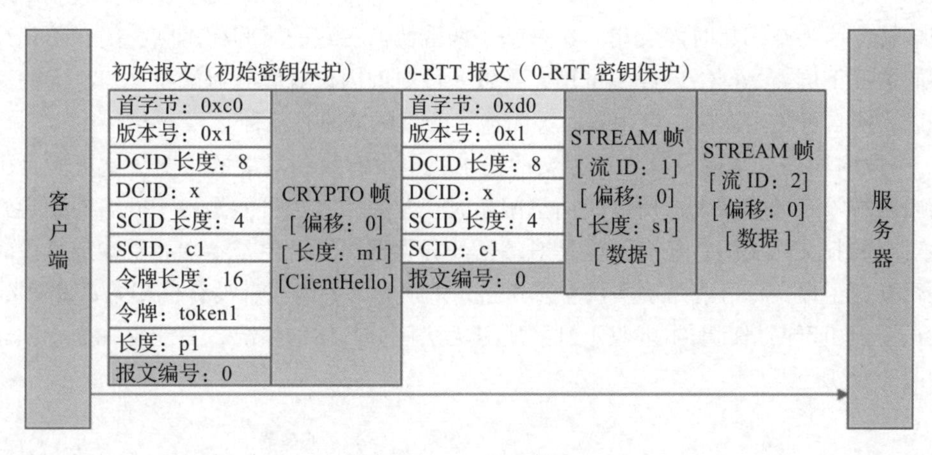

图 5-15　0-RTT 报文

初始报文内容跟首次建立连接相似，但需要填充令牌长度字段和令牌字段，以提供地址验证令牌给服务器。初始报文的报文负载还是 CRYPTO 帧，其中携带的 TLS ClientHello 消息跟首次建立连接是有所区别的，恢复连接的 ClientHello 消息需要携带 PSK 相关信息，但 QUIC 看不到这种变化，因为 CRYPTO 帧内容对 QUIC 来说是不透明字节序列。

0-RTT 报文首字节的第一位是首部格式位，长首部报文为 1；第二位是 QUIC 固定位，值固定为 1；第三位和第四位是长首部报文类型位，0-RTT 报文类型是 01；第五位和第六位是保留位，固定为 0；第七位和第八位是报文编码长度位，报文编码值为 0，所以这两位值是 00；所以首字节的值为二进制 11010000，对应十六进制 0xd0，注意这是明文值，后四位经过首部加密后变成密文；接下来的 32 位是版本字段，版本 1 使用值 0x1；目标连接标识长度、目标连接标识、源连接标识长度、源连接标识这几个字段需要跟初始报文保持一致；长度字段指明了这个报文剩余部分的字节长度，包含报文编号和负载加密后的长度；接下来的报文编号字段因为是应用数据报文编号空间的第一个报文，所以经过变长编码后为 8 位，值为 0。报文负载是两个 STREAM 帧，其中一个携带了流标识为 1 的应用数据，另一个携带了流标识为 2 的应用数据，每个流的偏移分别从 0 开始。

5.3　连接关闭

连接关闭有几种方式：空闲超时、立即关闭和无状态重置。空闲超时用于关闭长时间没有网络活动的连接；立即关闭用于出现错误时关闭连接，或者应用使用完毕主动关闭连接；无状态重置用于关闭没有连接状态但有重置令牌的连接。

5.3.1 空闲超时

如果一个连接上长时间没有网络活动，既没有发送报文的需求，也没有接收到对端的报文，连接就会因为空闲超时而关闭。这是基于两端协商一致的时间而默默关闭，不用通知对端。有的情况下可能是网络已经不可用，导致一段时间内没有收到对端报文，又无法通知对端，所以只能自行关闭连接。空闲超时关闭连接的具体情况有几种。

1）一段时间内，本端没有发送报文的需求，也没有收到对端的报文。这可能是由于这段时间内两端没有通信需求，所以使用空闲超时正常关闭；也可能是由于网络问题导致本端收不到对端的报文而关闭；还有可能是对端已经异常退出了。但是本端并不知道这段时间内对端是否发送了报文，可能是确实没有发送过（由于异常关闭或者没有报文需要发送），也可能是发送了但由于网络问题本端收不到，所以无法区分具体的情况，只能统一为空闲超时关闭，如图 5-16 所示。

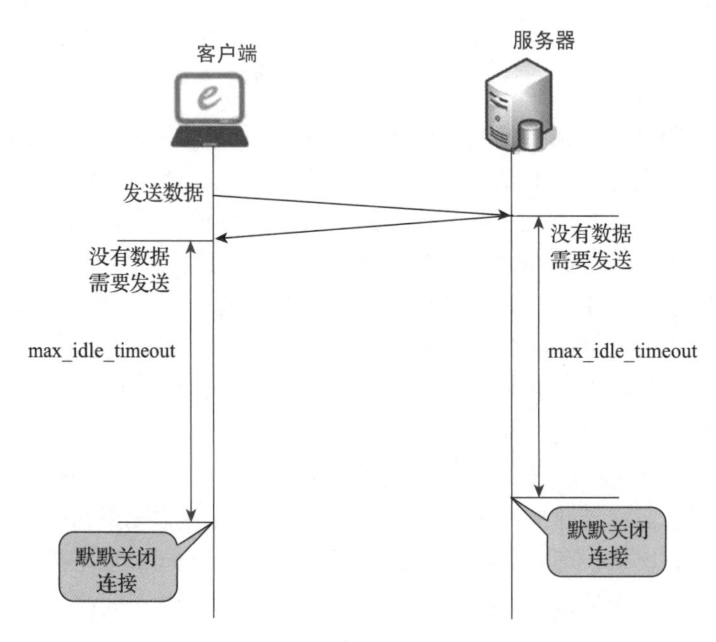

图 5-16　无报文的空闲超时

2）本端发送了触发确认的报文，在一段时间内没有收到回复（从最早发送的那个触发确认的报文算起）。这种情况很有可能是网络不通畅，对端收不到本端发出去的报文，或者本端收不到对端的回复；也有可能是对端已经异常关闭了，比如进程已经退出等，如图 5-17 所示。

空闲超时时间是由连接建立时 QUIC 传输参数 max_idle_timeout 确定的，空闲超时时间是两端选择的 max_idle_timeout 的最小值。如果有一端没有发送 max_idle_timeout 传输参数，则认为这一端没有空闲超时要求，两端都使用发送了 max_idle_timeout 传输参数的那个端点的空闲超时时间。如果两端都没有 max_idle_timeout 传输参数，则认为这个连接不需要空闲超时。需要注意的是传输参数 max_idle_timeout 值为 0 等同于没有发送，都表示该端没有空闲超时要求。另外，终端不能选择过小的 max_idle_timeout 传输参数值，需要给报文提供数个丢失和重传的时间。

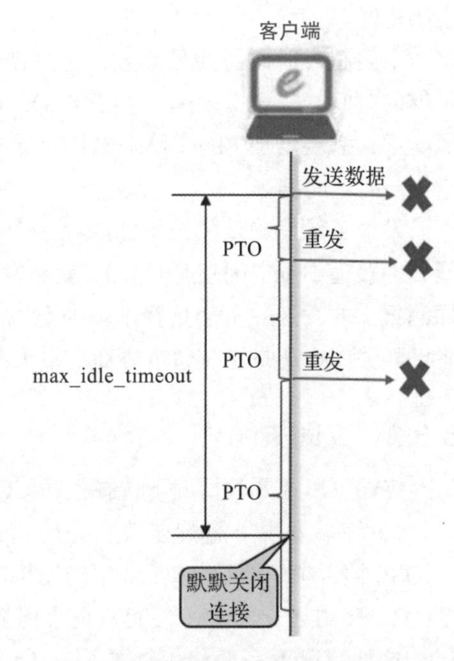

图 5-17 服务器异常退出情况下的空闲超时

大多数的传输协议都会提供保活功能，用于防止两端的空闲超时，避免重新建立连接。重新建立连接会重置拥塞控制器，重新从最小的拥塞控制窗口开始，严重影响初始发送速率，而且使用 0-RTT 数据发送也有很多限制，存在更大的安全风险。除此之外，保活功能也用于防止中间设备的超时。QUIC 使用的是 UDP，很多中间设备上 UDP 的超时老化时间远小于 TCP。如果 NAT 上的 UDP 超时老化了，客户端经过 NAT 的 IP 可能就会改变，服务器就需要启用反放大上限，限制发送给客户端的数据量，重新探测路径，这会影响数据传输效率；如果防火墙上的 UDP 超时老化，服务器将无法主动向客户端发送报文；如果负载均衡器上的 UDP 超时老化，就可能会路由到错误的后端服务器。QUIC 的保活功能使用 PING 帧实现，在保活时间内如果没有其他网络活动，则发送一个 PING 帧，PING 帧是确认触发帧，可以用来维持两个方向路径上的网络活动。

应用需要选择合适的保活时间，这个保活时间需要小于 max_idle_timeout 传输参数，否则端点很可能会在发送 PING 帧之前空闲超时而丢失连接状态。RFC 4787 要求 NAT 设备上 UDP 的状态超时至少为 2min，建议 5min 或更长，但经验表明至少要每 30s 发送一次报文才能避免大多数中间设备丢失有关 UDP 流量的状态，所以应用需要选择小于 30s 的保活时间。但是频繁发送保活报文也加重了网络负担，耗费大量的网络和系统资源。因此，RFC 8085 建议保活时间不能小于 15s，也就是说合适的保活时间应该在 15～30s 之间，并尽可能选择大一点的时间。

应用如果可以不使用保活功能，就可以尽量选择不保活，这样可以节省很多资源，尤其是资源有限的终端。比如手机上流量很少的应用如果发送远多于流量的保活报文，就会显著增加耗电量。QUIC 使用的是 UDP，保活的使用需要更慎重的考虑。UDP 的保活比 TCP 的保活耗费要高得多，因为中间设备上 TCP 状态保持时间要长得多，RFC 5382 中要求 NAT 设备上 TCP 的默认超时时间是 2h（但实际上超时时间一般达不到 2h，但会大于 5min），对比 RFC 4787 中对于 UDP 超时时间 5min 的规定，可以看出 TCP 保活时间比 UDP 长几十倍，用于保活的报文量就少了很多。

如果应用选择不使用保活功能，最好是使用空闲超时时间，不然很难检测到网络问题或者对端异常。一般 QUIC 实现需要默认提供空闲超时时间，在应用不设置的情况下也能支持空闲超时。

空闲超时时间需要足够大，至少需要是当前探测超时时间（PTO）的三倍，给探测提供足够的时间，一般实现上远大于 PTO。在接近空闲超时的时间点发送不触发确认的报文是有风险的，需要增加 PING 帧来确认对端是否已经空闲超时关闭连接，同时也触发重置本端的空闲超时定时器。

发送了触发确认的报文如果在一个较短的时间内没有收到回复（这个时间是探测超时时间，一般远小于空闲超时时间），就会发送数个探测报文用于 QUIC 的探测超时功能，但后续探测报文的发送并不会重置本端的空闲超时定时器，所以如果因为网络断连或者对端异常或者已经关闭，还是能在超过协商的最大空闲时间时关闭连接，就像图 5-17 的关闭过程一样。

5.3.2 立即关闭

终端可以在几种情况下选择发送 CONNECTION_CLOSE 帧立即关闭连接。

1）终端发现了影响连接状态的错误，这种情况下使用帧类型 0x1c 的 CONNECTION_CLOSE 帧，帧中携带 2.7.1 节中的连接错误码。

2）应用触发关闭，可能是正常计划内的关闭，也可能是应用出现了需要关闭连接的错误。这种情况下一般使用帧类型 0x1d 的 CONNECTION_CLOSE 帧，帧中携带应用自己定义的应用错误码，以及原因短语。但握手过程中因为缺少完整性保护，需要转换为连接错误码，使用 0x1c 的 CONNECTION_CLOSE 帧发送，防止泄露应用信息。

3）收到对端关闭连接的信号，比如收到对端的 CONNECTION_CLOSE 帧。这种情况下一般使用帧类型为 0x1c 的 CONNECTION_CLOSE 帧，携带 NO_ERROR 的错误码。

在关闭过程中，会经历以下几种状态中的一种或多种。

（1）关闭状态

端点发送 CONNECTION_CLOSE 帧后就进入了关闭状态，关闭状态下不能再发送出 CONNECTION_CLOSE 帧以外的其他帧，如果收到了对端的报文，就使用包含 CONNECTION_CLOSE 帧的报文回应。关闭状态是为了保证对端能够接收到关闭的信号，因为仅包含 CONNECTION_CLOSE 帧的报文是不触发确认的，发送该报文后就无法确定对方是否收到了关闭信号，对端后来发送的报文认为是没有收到关闭信号导致的（也可能是延迟的报文，但难以区分，所以一致对待），所以再次发送 CONNECTION_CLOSE 帧。

关闭状态需要的信息是连接标识和 QUIC 版本，用以确定收到的报文是否属于当前正在关闭的连接。除此之外，为了进入排空状态，还需要 1-RTT 的接收密钥，用以解密对端回复的 CONNECTION_CLOSE 帧，以便进入排空状态。另外密钥也可以用于判断是否是合法报文，如果丢弃密钥就有可能回复攻击报文，需要遵守反放大攻击的原则，回复报文不得超过收到报文的三倍大小。但排空状态不是必需的，所以丢弃读密钥的结果是跳过排空状态，或者直接进入最终状态，特别是客户端，可以直接关闭 UDP 套接字，但这对服务器来说并不友好，因为客户端的关闭信号可能会丢失，服务器不得不等待空闲超时。但是就算没有丢弃密钥，也可能遇到对端发起密钥更新的情况，在这种情况下，本端不会处理密钥更新，也就无法解析出 CONNECTION_CLOSE 帧，所以也无法进入排空状态，实际上跟丢弃密钥的行为没有区别。

（2）排空状态

端点接收到 CONNECTION_CLOSE 帧后就进入了排空状态，不能再发送任何报文，也不能回复任何报文，可以删除 1-RTT 密钥了。被动关闭的端点不经过关闭状态，直接进入排空状态。

进入排空状态说明对端已经发送过 CONNECTION_CLOSE 帧，处于关闭状态或者排空状态，也就是说对端发出的最后一个报文肯定是包含 CONNECTION_CLOSE 帧的报文，也就是说在发送 CONNECTION_CLOSE 帧之后没有再发送包含其他帧的报文。所以，本端收到的报文很可能是对端在发送 CONNECTION_CLOSE 帧之前发送的乱序报文，不用回复。保留排空状态是为了接收完这些乱序报文，并正确丢弃。如果没有排空状态直接进入最终状态，收到的乱序报文只能用无状态重置回复，这是没有必要的。

（3）最终状态

在发起关闭或者收到关闭信号一段时间后进入最终状态，最终状态下已经丢弃了连接所有的状态信息。在这个状态下收到关闭连接的报文只能回复无状态重置，或者没有保存无状态重置令牌的情况下直接丢弃，如果是客户端可以直接关闭 UDP 套接字，那么 QUIC 就不需要处理传入报文了。关闭状态和排空状态的总时长应该足够长，因为这两个状态都是为了正确处理乱序的报文，关闭状态多次发送了关闭信号后，差不多可以保证对端已经进入排空状态，不会发送更多的报文，只需要处理完之前发送的报文就可以，这个总时长应该不小于 PTO 的三倍。

典型的关闭过程如图 5-18 所示。

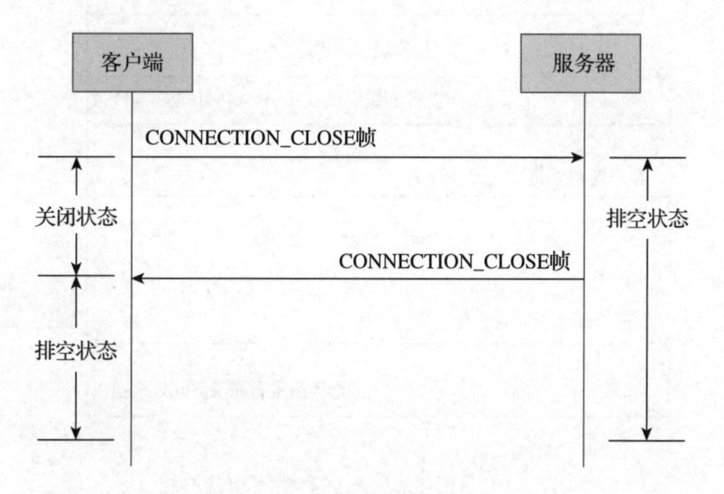

图 5-18　典型的关闭过程

QUIC 关闭连接时排空报文，主要是接收并正确丢弃，这是为了不做不必要的无状态重置，并不能保证这些报文中的数据得到发送或处理。所以，应用使用立即关闭正常关闭连接时，一般需要先在应用层自行排空数据，保证在连接关闭前处理完需要处理的数据，如 HTTP 的 GOAWAY 帧。

5.3.3 无状态重置

如果连接的一端因为某些原因丢失了连接状态，收到对端发送的报文就可以回复无状态重置报文。这可以让对端尽快清理旧的连接、建立新的连接。通常来说，进程重启会导致丢失连接的上下文信息，尤其是对端选择的连接标识和用于保护报文的密钥。

每一个连接标识都对应一个无状态重置令牌，除了初始连接的客户端连接标识。根据连接标识的发布形式，无状态令牌有两种发布形式。

1）在连接建立时，服务器选择的连接标识对应的重置令牌在传输参数 stateless_reset_token 中携带，如图 5-19 中的 s1 对应的无状态重置令牌 token_s1。因为客户端初始报文没有安全性保护，为了避免被中间件观察到重置令牌用于重置攻击，客户端初始连接使用的源连接标识没有无状态重置令牌。

2）在连接建立期间，服务器有可能会发布首选地址，在首选地址传输参数中会提供一个连接标识和对应的无状态重置令牌。

3）连接建立后，分发新的连接标识时，在 NEW_CONNECTION_ID 帧中携带连接标识对应的无状态重置令牌，如图 5-20 中的连接标识 c2 对应无状态重置令牌 token_c2，连接标识 s2 对应无状态重置令牌 token_s2。

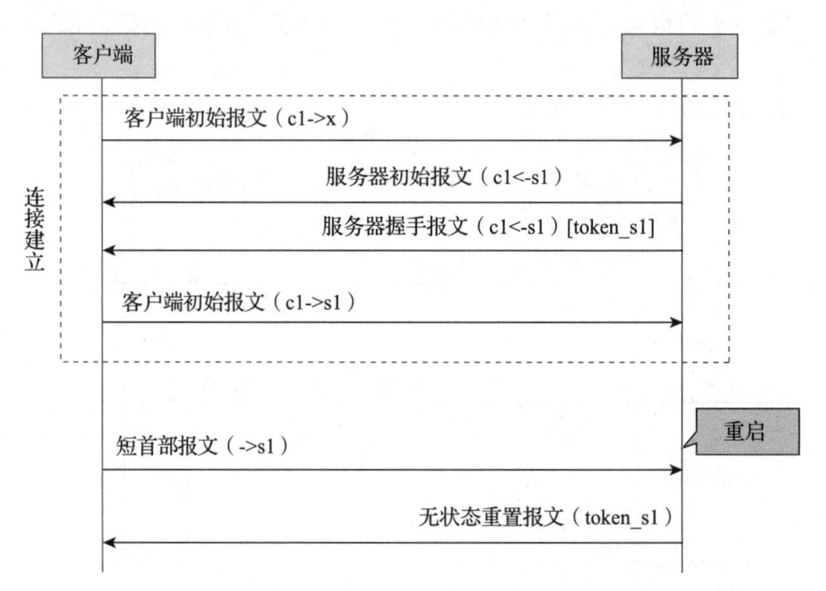

图 5-19 使用无状态重置关闭初始连接

（1）生成无状态重置令牌

使用无状态重置令牌要求在连接上下文已经丢失的情况下，能够找到自己发布的连接标识和无状态重置令牌之间的关系：要么连接标识和无状态重置令牌以其他存储形式得以保存，要么能够在丢失连接标识和无状态重置令牌的情况下，能够识别连接标识并以某种规则计算出无状态重置令牌。第一种方式不存在技术方面的问题，那么我们来讨论下第二种方式的实现（如图 5-20 所示）。

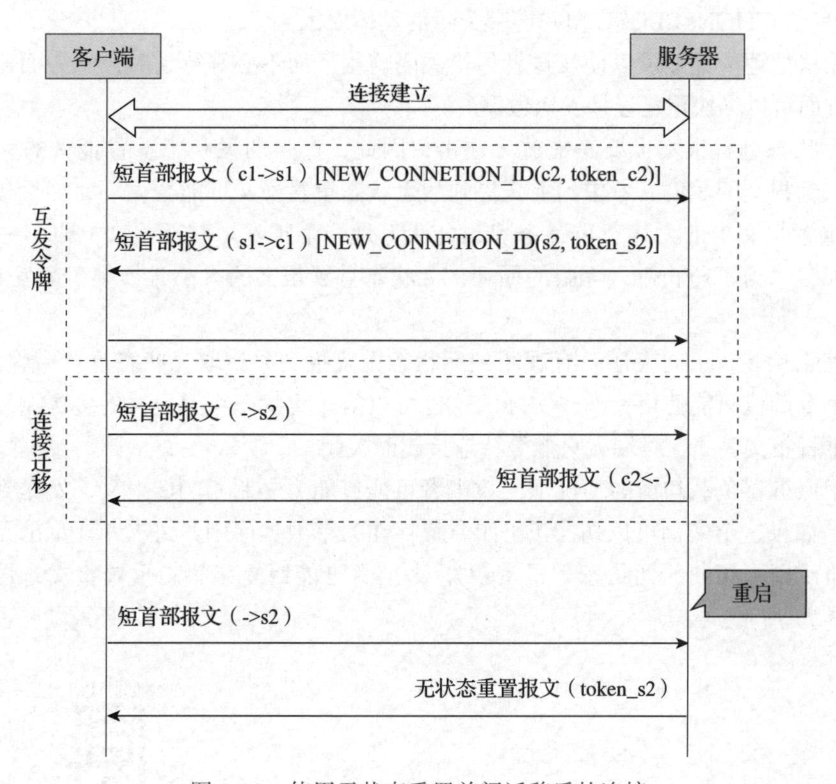

图 5-20　使用无状态重置关闭迁移后的连接

首先，要能够在短首部报文中正确地提取出连接标识。在没有本地存储连接标识的情况下，从短首部报文中提取连接标识一般有两种方式：总是生成固定长度的连接标识；在连接标识中编码长度。这也要求不可以使用零长度连接标识。

其次，能够根据连接标识得出无状态重置令牌。这可以通过固定规则从连接标识中导出，为了保密性可以使用一个本地固定密钥，通过 HMAC（RFC 2104）或者 HKDF（RFC 5869）从连接标识中计算出无状态重置令牌。使用固定密钥（secret）作为密钥材料，连接标识（connectionID）作为盐值，从结果中截取 128 位作为无状态重置令牌：

```
token_pre = HMAC(secret, connectionID) 或
token_pre = HKDF-Extract(connectionID, secret)
token     = token_pre[0:127]
```

（2）发送无状态重置报文

无状态重置报文是关闭连接的一种方式，但仅限于没有连接状态但有连接标识和对应的无状态重置令牌。比如客户端或者服务器突然重启，丢失了连接的上下文，尤其是解密密钥和加密密钥，但保存了连接标识和对应的无状态重置令牌。这时收到这个连接标识的 QUIC 报文，没有能力解密 QUIC 报文，也无法回复一个包含 CONNECTION_CLOSE 帧的正常 QUIC 报文，就只能回复一个无状态重置报文。相对地，如果关闭有连接状态的连接时，应该使用 CONNECTION_CLOSE 帧并携带关闭的具体原因。

关闭无法处理的连接可以使发送者尽快关闭连接，而不必等待超时，一方面避免资源消耗，另一方面可以尽快重建连接发送数据。

发送无状态重置报文也要考虑放大攻击，因此，产生的无状态重置报文的大小同样不能超过接收到报文的 3 倍。考虑到上文提到的无状态重置报文可能会循环，如果接收者不认识无状态重置报文中的无状态重置令牌，会认为是一个正常短首部报文，以另一个无状态重置报文回复。为了防止进入无限的循环，无状态重置报文的大小必须小于触发它的 QUIC 报文。

无论怎么伪装，中间人还是有观测到无状态重置报文并获取无状态重置令牌的可能性，因此，一个令牌值只能使用一次。实际上这也可以防止无状态重置报文的多次循环。如果这个无状态重置报文丢失，对端就只能等待连接超时关闭。

在多个服务器负载均衡的情况下，攻击者可能有能力复制 QUIC 报文，发送到另一个服务器实例。如果这个实例可以访问（比如令牌存在共享数据库中）到或者计算出无状态重置令牌（比如使用了相同的无状态重置密钥），则很有可能回复无状态重置报文，强制连接断开，如图 5-21 所示。

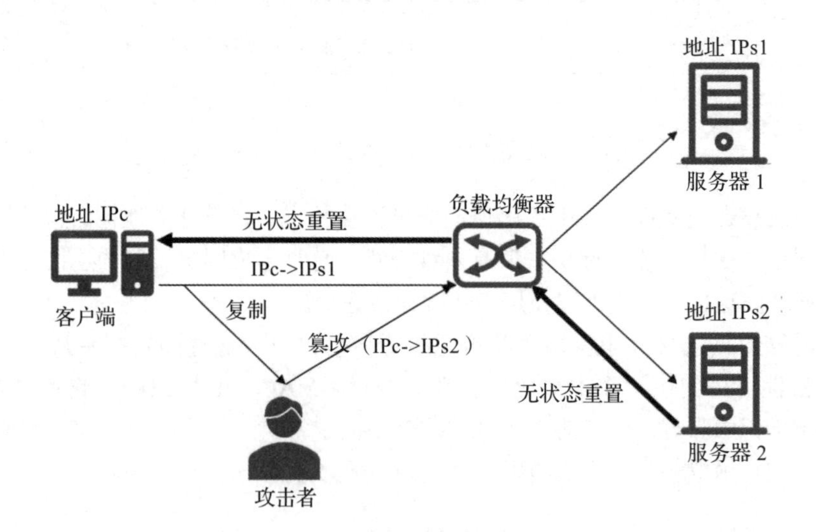

图 5-21　利用无状态重置的拒绝服务攻击

要抵御这种形式的拒绝服务攻击，必须妥善管理无状态重置密钥。如果不使用连接标识路由，那就很容易被攻击者篡改 IP 地址和端口号，路由到错误的实例，这时要保证如果其他实例有活动连接，则不能发送无状态重置报文。如果实例间不共享无状态重置令牌和无状态重置密钥，会导致活跃连接对应的实例宕机后，对端只能依靠超时来停止连接。

第 6 章 |Chapter 6|

QUIC 中间件

传统上 TCP 的负载均衡一般是基于四元组（源 IP 地址、源端口号、目的 IP 地址、目的端口号）实现的，四元组一致的流路由到同一个后端实例上，即使使用了 TLS，TCP 四元组也不会加密，仍然可以根据四元组路由。UDP 的负载均衡一般也是基于 UDP 四元组路由。

传统的负载均衡器会将 QUIC 报文看作 UDP 报文，就会基于 UDP 四元组统一路由，这样在客户端地址迁移后就可能路由到错误的后端实例。所以如果需要支持 QUIC 负载均衡，需要能够识别 QUIC 的连接，这就是说要根据连接标识路由。但是 QUIC 为了防止中间件观察或操作，可能会在连接期间更换新的连接标识，中间件并不知道新旧连接标识的关系。在这种情况下简单按照连接标识路由可能会路由到错误的实例，负载均衡器必须知道连接标识与后端实例的关系，才能够正确路由，6.2 节中将介绍这种负载均衡的实现方案。但是这种方法过于复杂，对负载均衡器要求过高，实现的整体工程量也比较大，简单的支持方案将在 6.1 节中给出。

重试卸载是将重试功能从服务器剥离至硬件加速器或者中间件，如抗 DoS 代理、负载均衡器等，减轻服务器的负担，也是一种常见的中间件操作。重试卸载也需要配置中间件，跟负载均衡器有着差不多的思路和位置。

6.1 简单的负载均衡

如果服务器对外暴露共享的 IP 地址和端口号，那么每一个报文都会经过负载均衡器，负载均衡器就需要在连接期间维持状态。

如果服务器对外暴露的是不同的 IP 地址或者端口号，那么负载均衡器可以使用首选地址通知客户端迁移到服务器。

6.1.1 服务器共享地址

实现 QUIC 负载均衡最简单的方式是要求 UDP 四元组不发生变化，这样大部分情况下仅通过 UDP 四元组就能够选定后端服务器实例，之后只要维持状态就可以了。一般实现的方式是频繁保活，保持住客户端 NAT 后的 IP 地址或端口转换，这也是当下很多使用 TCP 的应用的通常做法。这样负载均衡器看到的 UDP 四元组就不会发生变化，仅根据 UDP 四元组路由 UDP 数据报就可以了，但这就放弃了 QUIC 可以切换客户端地址的好处。另外，NAT 对 UDP 的映射保持应该比 TCP 要差，这种方式可能不如 TCP 连接稳定。

另一种方式是根据 UDP 四元组路由，同时辅以连接标识，这要求连接期间服务器的连接标识不能改变。服务器可以使用 disable_active_migration 传输参数通知客户端不允许主动迁移，也不使用 NEW_CONNECTION_ID 帧发布新的连接标识，但仍然接收源 IP 地址和源端口号的被动变化，比如 NAT 重绑定、客户端从 4G 网络切换到 WiFi。虽然这种方式牺牲了防关联的安全性，但很多情况下也不是一定需要这样的安全保证。

客户端启动连接后，负载均衡器根据 UDP 四元组路由到后端服务器实例。因为握手期间源 IP 地址和源端口号是不允许变化的，所以负载均衡器可以在根据 UDP 四元组路由的同时观察到连接标识，把连接标识与 UDP 四元组绑定。

如图 6-1 所示，负载均衡器收到新的源 IP 地址和端口号发送的初始报文，可以开始根据四元组路由至后端服务器实例，服务器回复初始报文和握手报文（假设没有重试和版本协商），初始报文和握手报文都是长首部的，负载均衡器可以观察到服务器使用的连接标识（图 6-1 中是 CID4）。负载均衡器将 UDP 四元组和连接标识 CID4 关联起来，得到对应关系：CID4-(IP1,PORT1->IP2,PORT2)- 服务器实例 1。

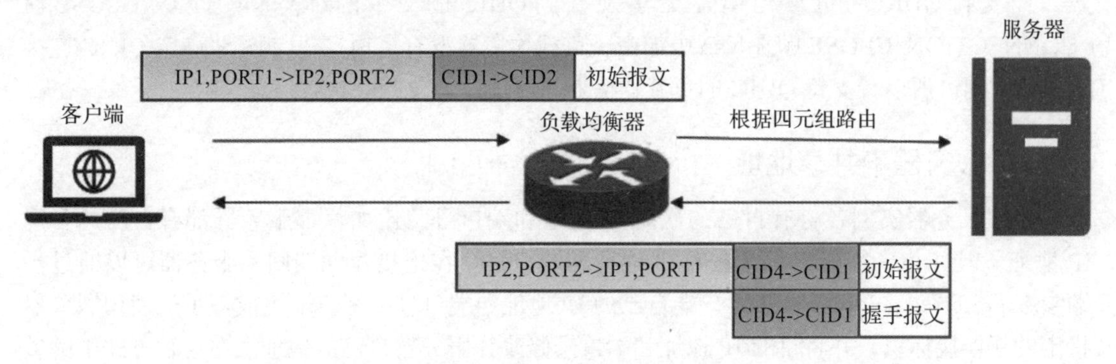

图 6-1 简单负载均衡的启动

在源 IP 地址或者源端口号发生变化后，负载均衡器观察到新的 UDP 四元组和之前记录的连接标识，于是更新绑定关系，将新 UDP 四元组路由到之前的服务器实例。如图 6-2 所示，负载均衡器收到一个短首部的 QUIC 报文，带有不认识的源 IP 地址和端口号（IP3 和 PORT3），但是 CID4 在本地的缓存表中，于是将对应关系更新为 CID4-

(IP3,PORT3->IP2,PORT2)- 服务器实例 1，然后将新报文路由至原服务器实例。

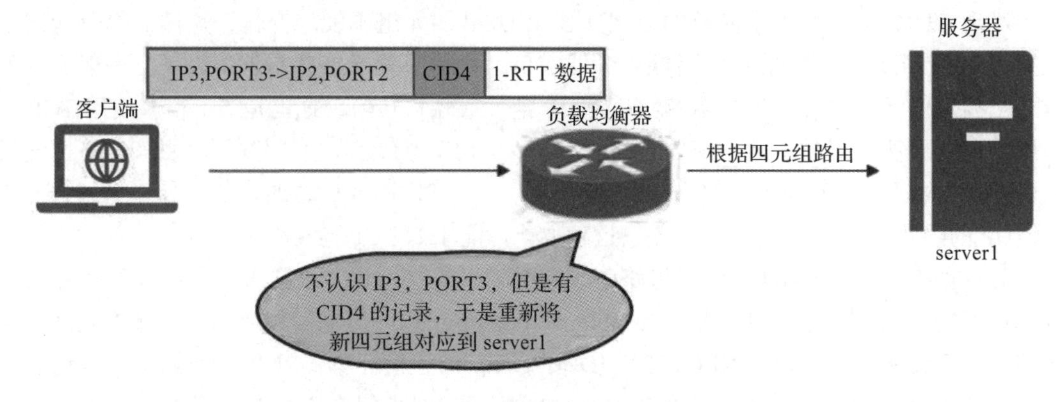

图 6-2 简单负载均衡的切换

需要注意的是，负载均衡器观察到新的源 IP 地址或者源端口号的 QUIC 报文很可能是短首部的报文，在短首部报文中没有目的连接标识长度的信息，所以采用这种方案必须要求所有服务器实例采用相同长度的连接标识，或者连接标识中含有长度自编码，且负载均衡器必须明确知晓编码策略。另外，负载均衡器观察到连接标识对应的新的源 IP 地址或新的源端口号也可能是新的 QUIC 连接启动，所以要注意区分初始报文。

如果是攻击者注入的虚假迁移，负载均衡器缓存的表项会切换到攻击者指定的地址，但当真正客户端的报文到达时，还会切换回去，并不会影响功能。

对于 TCP 的负载均衡，负载均衡器可以观察 TCP 的四次挥手过程确定连接失效，而支持 QUIC 的负载均衡器无法观察到 QUIC 报文中的 CONNECTION_CLOSE 帧（CONNECTION_CLOSE 帧在负载中加密，负载均衡器没有密钥），也就无法确定 QUIC 连接结束的时间。所以，支持 QUIC 的负载均衡器只能通过老化删除状态信息。

6.1.2 服务器不共享地址

如果服务器实例各自有自己的暴露 IP 地址和端口号，比如每个服务器都有自己的公网 IP 地址，但又共享负载均衡器上的 IP 地址和端口号。在连接建立期间，服务器可以通过传输参数 preferred_address 告知客户端自己的 IP 地址和端口号，客户端完成握手后使用服务器指定的新连接标识，并将目的 IP 地址和端口号修改为服务器自己的地址。在这种方式中的负载均衡器不需要感知 QUIC 协议，仅按照 UDP 四元组转发就可以了。

如图 6-3 所示，客户端向服务器共享地址 IP2 和端口 PORT2 发起 QUIC 连接；负载均衡器根据 UDP 四元组将初始报文路由到其中一个后端服务器实例；服务器在握手报文中携带传输参数 preferred_address，其中填有该服务器的专有地址 IP21、端口号 PORT21、新连接标识 CID12；客户端在收到服务器的首选地址后，会对首选地址发起探测。在多数情况下，QUIC 的客户端位于 NAT 后面，对于 NAT 来说，如果目的 IP 地址改变，源 IP 地址或者源端口号也会改变。如果源 IP 地址发生改变，服务器收到的 QUIC 报文的 UDP 首部中可能是没见过的源 IP 地址，也需要发起探测，双方探测结束后可以将连接迁移到首选地址上。

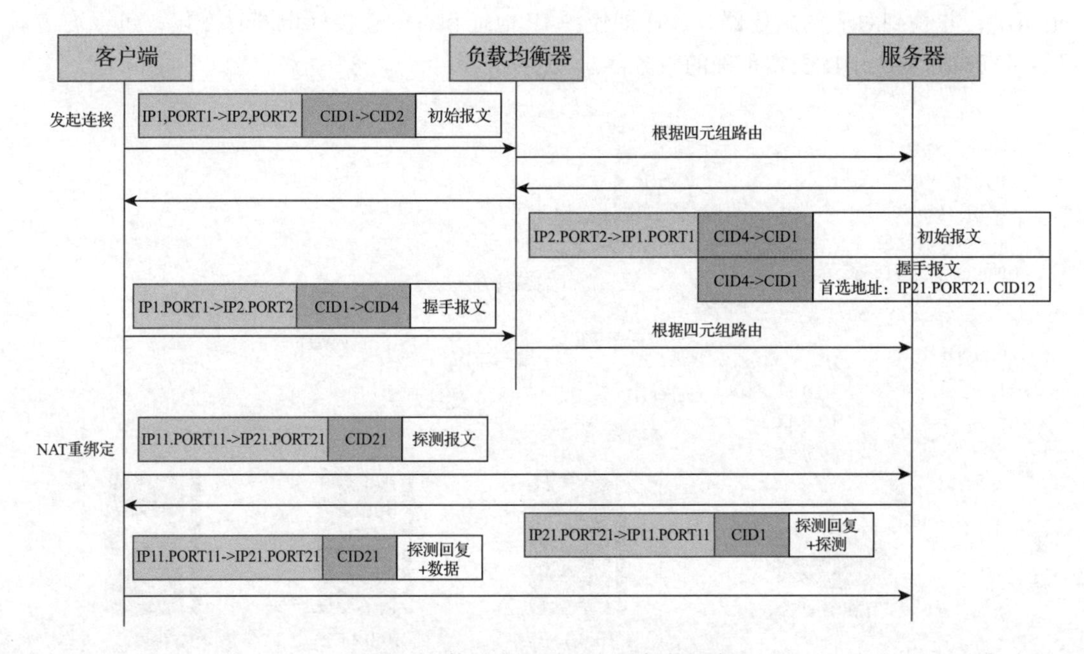

图 6-3　使用首选地址实现负载均衡

QUIC 连接中断恢复后，在连接建立前不能够使用首选地址，仍然需要使用服务器共享 IP 地址，所以过程与第一次相同。

6.2　协作的负载均衡

QUIC 的标准里要求使用新的源 IP 地址或源端口时，必须使用新的连接标识，以避免被观察者关联地址切换前后的网络活动，所以标准的 QUIC 负载均衡器必须能够根据不同的连接标识关联到相同的后端服务器实例。

但是负载均衡器只要是根据连接标识做出路由决定，就一定要与服务器做出某种信息同步，6.1 节中介绍的连接标识不变的负载均衡方式也是一种特殊的同步，也就是就连接标识的固定长度或长度自编码达成一致意见。更复杂的连接标识状态同步也是可行的。本节将介绍一种来自草案 draft-ietf-quic-load-balancers 标准的做法[㊀]。

这种负载均衡将路由信息编码进服务器的连接标识，包括连接标识长度、编码方案标识、服务器标识（以下简称 serverID），负载均衡器根据目的连接标识解码结果路由 QUIC 报文。具体参与者有三种角色：配置代理、负载均衡器和服务器。图 6-4 展示了一个简单的连

㊀ https://datatracker.ietf.org/doc/html/draft-ietf-quic-load-balancers。

接标识编码配置，配置代理将编码方案下发给负载均衡器和每个服务器，服务器将 serverID 按照编码方案的规则编码进连接标识，负载均衡器可以按照编码规则从连接标识中提取 serverID，并找到对应的服务器。这样即使源 IP 地址和目的连接标识同时变化，负载均衡器仍然可以根据 serverID 找到正确的服务器。

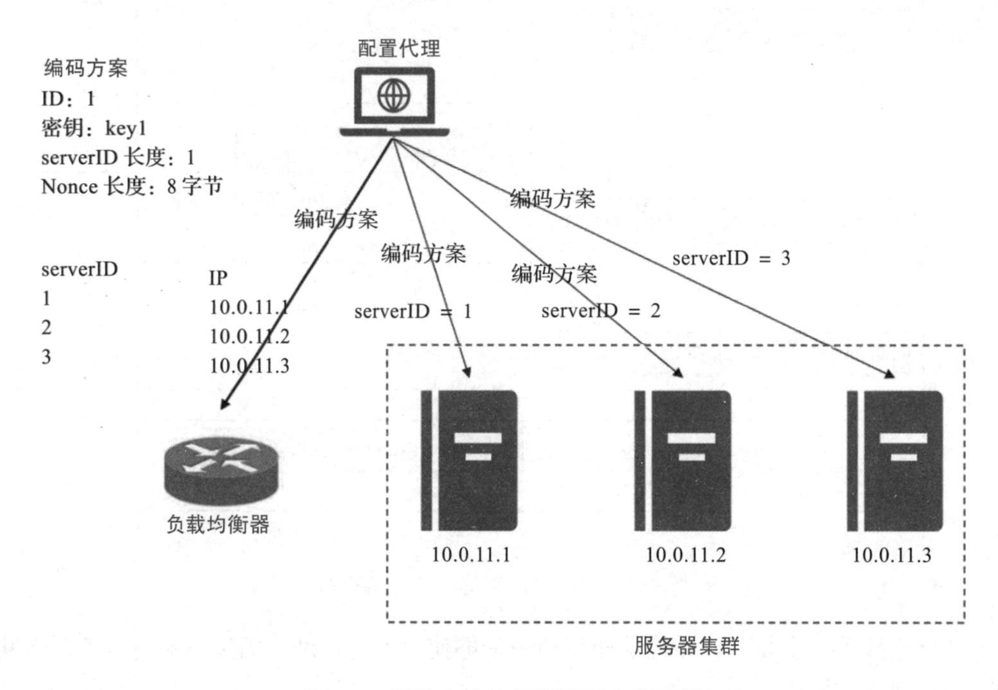

图 6-4 可路由连接标识编码方案配置

6.2.1 连接标识的格式

在这个方案中，连接标识分成三个部分：首字节、服务器标识（serverID）、服务器随机数（Nonce），如图 6-5 所示。

注意 这里指的是明文连接标识格式，报文中传输的很可能是密文连接标识，密文连接标识本身不具有可解析的格式。

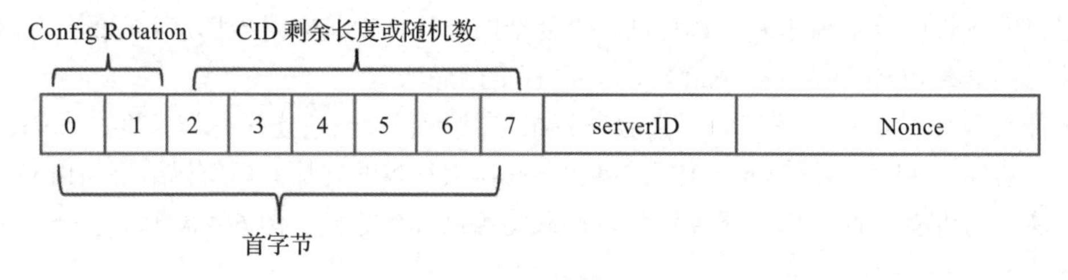

图 6-5 可路由连接标识格式

首字节即连接标识的前八位，其中前两位 Config Rotation 表示配置方案编码，后六位表示连接标识剩余长度，即 serverID 和 Nonce 的长度，也可以是随机数。

配置方案编码只使用了两位，也就是说最多只能同时存在四个方案。对于服务器来说，大部分情形下不能同时使用两种编码方案，使用新的编码方案后必须放弃旧的编码方案，所以配置代理可以用标识轮转。允许多种配置方案共存是为了在升级配置期间可以新旧共存，新方案生成的新连接标识和旧方案生成的旧连接标识都可以正常转发，不会影响到连接状态。有的服务器池可能支持多个编码方案，也可以使用这两位标识。

连接标识长度自编码主要是为了服务器卸载时提取连接标识进行对应操作，比如硬件加密卸载设备可以根据连接标识找到对应的密钥。负载均衡器如果通过配置知晓了连接标识的长度，就可以不关注自编码的长度。

6.2.2　配置代理

配置代理负责几件事情：生成配置并将配置分发给负载均衡器和服务器，为服务器分配标识。但应该先分发给负载均衡器，再分发给服务器，否则可能出现负载均衡器暂时性地无法解析合法报文的连接标识的情况。

配置包括编码方案标识、服务器标识长度、随机数长度、连接标识密钥、以及是否长度自编码。

编码方案标识取值范围是 0～2，上文中连接标识中只有两位是留给编码方案标识的。

服务器标识长度最少 1 个字节，一般是根据服务器数量规划的，但实际上也可以规划远大于可用服务器数量的范围，这样可以减少非法报文中解析出的服务器标识正好是一个在线服务器的概率，能够增加安全性。

随机数长度最少 4 个字节，与服务器标识长度加起来不能超过 19 个字节，因为目前 QUICv1 的连接标识长度最大是 20 个字节。

连接标识密钥是用来加密连接标识的密钥，长度是 16 个字节。也可以不使用密钥，但不加密可能会被观察者关联迁移前后的信息。

一般来说一个服务器分配一个标识，即一个 IP 地址一个标识；但有的情况下，服务器共享地址，如负载均衡器嵌套的情况，负载均衡器的后面是另一个负载均衡器，这样需要一个 IP 地址分配多个服务器标识。

6.2.3　服务器生成连接标识

连接标识的第一个字节根据上文连接标识格式规定，前两位填入配置方案标识；如果需要编码连接标识长度，后面六位填入除第一个字节外的剩余长度，如果不需要编码长度则填入随机数。

从第二个字节开始，将服务器标识填入服务器标识长度规定长度的内容。

接下来是随机数，在有密钥的情况下，随机数唯一就可以；在没有密钥的情况下，使用看起来随机的值。

加密可以使用默认算法，比如 AES-128-ECB，也可以配置具体的加密算法，只加密服务器标识和随机数部分，如图 6-6 所示。

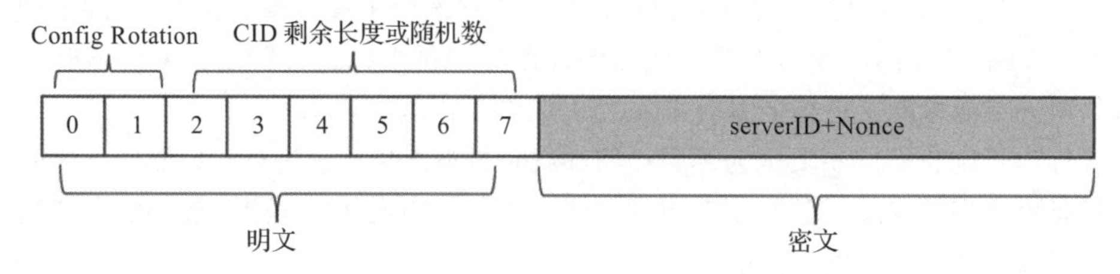

图 6-6　连接标识加密

对于使用 AES-128-ECB 加密，AES 分组长度是 128 位，所以当加密总长度 17 个字节（加密其中 16 个字节，即 128 位）的连接标识时，直接一次加密就可以生成相应密文。其他长度需要计算或者扩展产生一个相同长度的密文，这里因为是相同长度，所以不能进行简单的填充加密。很多加密算法没有对应的方案，可能需要自己设计加解密算法，可以参考草案 draft-ietf-quic-load-balancers 中的算法设计。

6.2.4　负载均衡器路由算法

负载均衡器根据配置代理下发的连接标识编码方案解析收到报文的连接标识，具体步骤如下。

1）从连接标识首字节前两位中得到配置方案标识，据此找到对应的配置方案。

2）对应配置方案中得到服务器标识长度和随机数长度，据此提取连接标识的剩余部分。

3）如果有密钥，先解密，得到明文连接标识；如果没有密钥，报文中的连接标识就是明文连接标识。

4）根据配置方案标识对应配置中的服务器标识长度从连接 ID 中得到服务器标识。

5）根据服务器标识查询服务器映射表获取服务器地址。

6）将报文转发给对应服务器。

但有一个特例，就是客户端发送的第一个初始报文。这个初始报文中的目的连接标识一般是自己产生的随机值，不符合负载均衡器期望的编码格式，所以负载均衡器应该检测到这种报文，将这种报文根据其他规则路由到后端服务器实例，比如可以根据 UDP 四元组负载均衡，或者根据 TLS 的 ClientHello 中服务器名称指示（SNI）扩展来路由。之后客户端发出的报文都携带了服务器产生的连接标识，才可以按照指定的编码方案解析。

如果加密方案是上文提到的 AES-128-ECB，那么解密时，对于服务器标识长度和随机数长度之和是 16 的话，即连接标识总长度为 17 个字节，可以直接按照 AES-128-ECB 算法解密，否则按照加密对应的算法解密。

负载均衡器并不一定要每一个 QUIC 报文都重复完整步骤，重复解密会造成计算负担。所以可以在成功提取服务器标识后，将 UDP 四元组与连接标识关联起来，只有 UDP 四元组或者连接标识发生变化才重新解密，并重新关联。

0-RTT 报文的目的连接标识是初始报文的目的连接标识，是客户端生成的随机值，负载均衡器需要保证这样的 0-RTT 报文跟首个客户端初始报文路由到相同服务器实例。但仅解析连接标识无法将其路由到之前连接到的服务器，这需要服务器间共享 0-RTT 相关内容，比如 TLS 的 PSK 信息、QUIC 的地址验证令牌、服务器相关 QUIC 传输参数等。

6.3　重试卸载

众所周知，TCP 的 SYN Flood 攻击可以利用 TCP 三次握手机制，短时间内给服务器发送大量 SYN 报文，占满服务器的相关资源，导致服务器无法接收新的正常 TCP 连接。如图 6-7 所示，服务器在收到 SYN 报文后就存储连接信息、分配连接资源；如果攻击者只是伪造源 IP 地址或变换源端口号不停发送不同 TCP 四元组的 SYN 报文，而不发送后续的 ACK，服务器将出现大量的半打开连接；一般服务器的连接资源是受限的，占用过多后将无法打开新的连接。

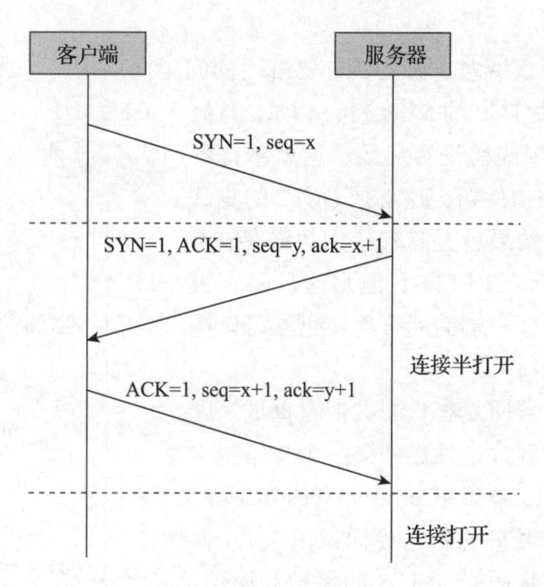

图 6-7　TCP 三次握手

TCP 的 SYN Flood 问题的本质是服务器为未经验证的客户端提供了关键资源。TCP 解决这个问题的经典办法是使用 SYN cookie 机制，将分配资源的时机推后到验证客户端以后。如图 6-8 所示，服务器收到 SYN 后将相关的信息写入本应是随机数的 y 中，包括收到 SYN 时间、MSS（Maximum Segment Size，最大报文长度）选项值、TCP 四元组等，发给客户端；

收到客户端的 ACK 后，还原出 y，判断连接是否合法，合法即说明客户端得到了验证，这时再分配连接资源。

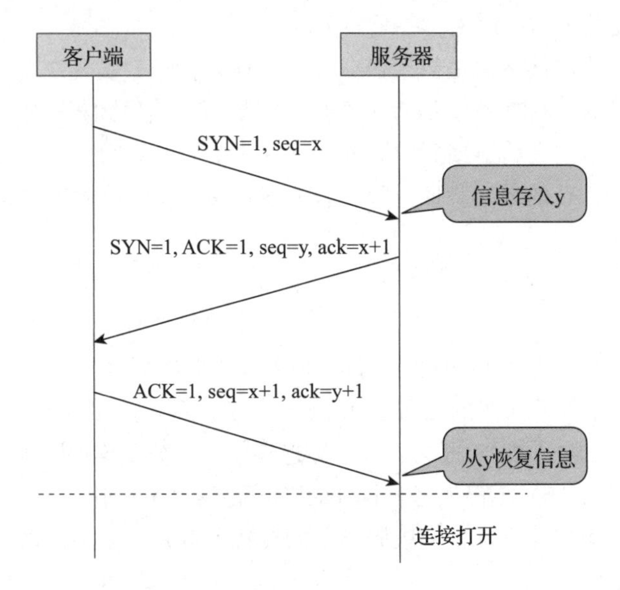

图 6-8 TCP 的 SYN cookie

TCP 有三次握手可以调整，但 QUIC 要解决的问题之一正是 TCP 三次握手带来的首包应用数据时延。要解决 TCP 的 SYN Flood 攻击类似的问题，QUIC 也必须要先验证客户端，这就不得不对首包应用数据施加 RTT 惩罚，这就是 QUIC 的重试机制，如图 6-9 所示。结果就是首包应用数据变成了 2-RTT，效果几乎等同于 TCP+TLS。但是这只限于服务器不认识的客户端，客户端的后续连接仍然可以达到 0-RTT。

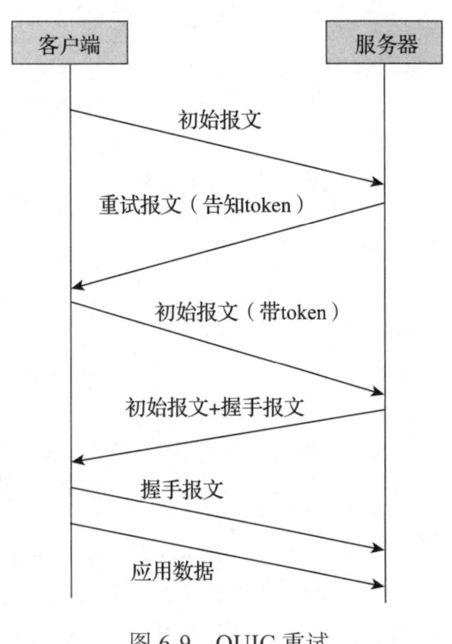

图 6-9 QUIC 重试

在重试之后，服务器回复客户端的带有重试令牌的初始报文时，需要把客户端发送的第一个初始报文的目的连接标识填入传输参数 original_destination_connection_id，把重试报文的源连接标识填入 retry_source_connection_id，从而受到 TLS 的保护和验证。但重试卸载之后，服务器仅能从带有重试令牌的初始报文中得到重试报文的源连接标识（即初始报文的目的连接标识），而无法得到客户端第一个初始报文的目的连接标识，如图 6-10 所示。

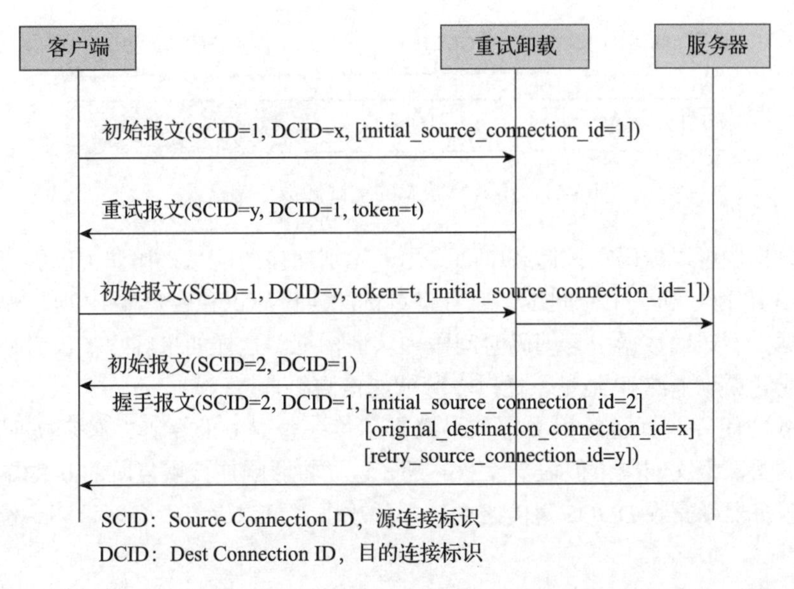

图 6-10　QUIC 重试卸载时报文交互

从图 6-10 中可以看出，如果卸载重试，最重要的是重试卸载中间件和服务器实例之间怎么传递客户端第一个初始报文中的目的连接标识（图 6-10 中为 x）。报文中能传递这一信息的载体只有重试令牌，所以重试卸载中间件和服务器实例之间的问题就在于怎么理解对方生成的令牌，这种一致性需要协调重试卸载中间件和服务器实例之间的令牌编码和解码规则，这同样需要一个配置代理。

注意　更具体的细节可以参考 draft-ietf-quic-retry-offload，但要注意这个草案已过期，没有更新，这意味着实现方案是一种可以参考的方法，并不是标准。

6.3.1　不共享状态的重试卸载

不共享状态指的是重试卸载中间件与服务器不需要共享密钥等信息。在这种方式中，重试卸载以明文方式在令牌中传递客户端第一个初始报文的目的连接标识，所以要求重试卸载和服务器间通信线路是绝对安全的，不会出现任何攻击者，另外重试卸载必须接管服务器的所有流量入口。

令牌通过第一位标识令牌的来源，0 表示是重试卸载中间件生成的重试令牌，1 表示是服务器实例生成的通过 NEW_TOKEN 帧发送的令牌，具体格式如图 6-11 所示。

接下来从第二位起的 8 位是 ODCID（Original Destination Connection ID，初始目的连接标识）长度，即客户端发送的第一个初始报文中目的连接标识的长度，取值范围是 8～20 字节；然后是 ODCID 本身，长度为 64～160 位；最后是不透明数据块，长度由重试报文或者初始报文中的令牌长度字段决定，即令牌总长度减去前三个字段的长度。

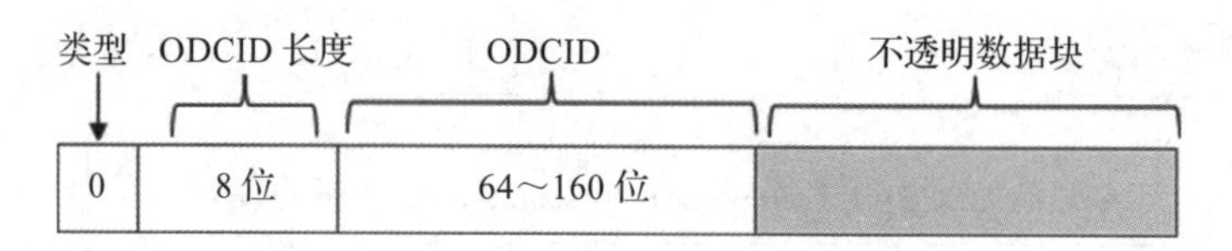

图 6-11 不共享状态的重试卸载令牌格式

不透明数据块可以编码重试卸载中间件用来识别连接的信息，比如可以编码重试源连接标识、客户端 IP 地址和一个时间戳，或者将重试源连接标识和客户端 IP 地址作为加密操作中的相关数据，不透明数据中只编码时间戳和认证标记。这样如果客户端没有使用正确的目的连接标识或者更改了源 IP 地址，通过令牌就能检测出来。

重试卸载中间件收到初始报文中如果携带了第一位是 0 的令牌，必须按照规范验证令牌，否则生成重试报文响应。但需要注意的是，这样将影响连接恢复时的 0-RTT 报文，但不这样做会将服务器暴露在 DDOS 风险之中，比如攻击者可以生成很多携带第一位为 1 的令牌的初始报文。

服务器收到包含重试卸载令牌的初始报文（令牌第一位是 0），表明令牌已经被重试卸载验证过了，只需要将令牌中的 ODCID 复制到传输参数 original_destination_connection_id 中，将收到的初始报文中目的连接标识复制到传输参数 retry_source_connection_id 中。

6.3.2 共享状态的重试卸载

共享状态一般通过重试卸载中间件和服务器实例之间共享一个密钥来实现：重试卸载中间件加密重试令牌，服务器实例解密重试令牌。密钥信息由配置代理分发，如图 6-12 所示，分发内容包括 8 位的密钥序列号、96 位的 IV、128 位的密钥。

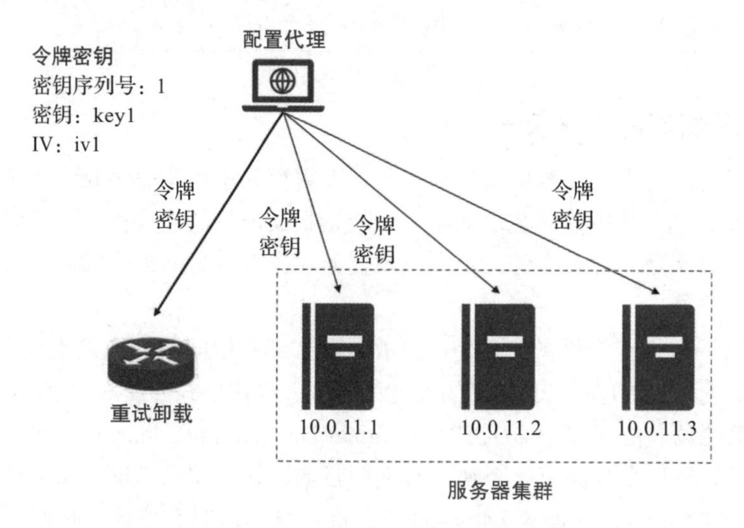

图 6-12 重试卸载密钥分发

重试卸载或者服务器使用配置代理分发的密钥信息加密连接特定信息，生成的重试令牌的格式如图 6-13 所示。

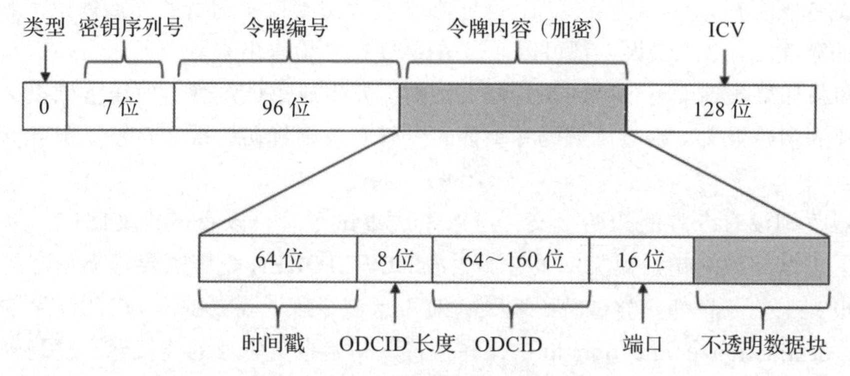

图 6-13　共享状态重试令牌格式

令牌中各字段的含义如下：

类型：令牌的第一位用来区分令牌的来源，0 表示来自重试报文的令牌，1 表示来自 NEW_TOKEN 帧的令牌。

密钥序列号：一个 7 位的令牌密钥标识，由配置代理提供。

令牌编号：96 位的令牌标识，是一个随机值，以明文传输，但作为 AEAD 的关联数据受到完整性保护。

令牌内容（加密）：令牌主体，编码了原始目的连接标识和时间戳，也可以携带服务器的不透明数据。具体如下：

- **时间戳**：一个 64 位的整数，网络序，以 POSIX 时间的秒数表示令牌的到期时间。
- **ODCID 长度**：客户端首个初始报文中的原始目的连接标识字节长度。
- **ODCID**：客户端第一个初始报文中的原始目的连接标识，服务器实例或重试卸载中间件从客户端初始报文中复制出来。
- **端口**：初始报文的 UDP 源端口。ODCID 长度大于 0 时，这个字段必须存在。
- **不透明数据块**：服务器可以使用这个字段来编码额外的信息，如拥塞窗口、RTT 或 MTU。重试卸载中间件生成的重试令牌没有这个字段。

ICV（Integrity Check Value）：完整性校验值，用来检查令牌的完整性。

令牌内容是加密的，可以使用 AEAD_AES_128_GCM 或者 AEAD_AES_128_ECB，需要注意的是 AEAD_AES_128_ECB 只能生成 128 位整数倍的密文（明文不够 128 位整数倍，会自动填充），而 AEAD_AES_128_GCM 没有这种限制，当然也可以使用其他安全的加密方法。以 AEAD_AES_128_GCM 为例（其他方法类似），配置代理需要下发对应的密钥序列号、密钥、IV，加解密需要的内容。

- AEAD IV：由配置代理下发，96 位，根据密钥序列号检索。

- AEAD nonce（N）：由 AEAD IV 与 96 位唯一的令牌编号异或得到。
- 关联数据（A）：包括令牌的明文部分、客户端的 IP 地址、重试报文的源连接标识（仅重试令牌存在）。如果客户端 IP 地址修改或者初始报文的目的连接标识（来自重试报文的源连接标识）错误，都可以通过 AEAD ICV 检查出来。

重试卸载如果收到没有令牌的初始报文，则需要生成重试令牌，发送重试报文；如果收到包含令牌的初始报文，则尝试解码并验证，令牌有效则将初始报文转发至服务器，无效则丢掉。

服务器收到没有令牌的初始报文，可以生成重试令牌，以重试报文回应，因为这很可能是绕过了重试卸载的初始报文。服务器生成 NEW_TOKEN 令牌需要遵循约定的格式。服务器收到报文中的令牌都要尝试解码验证，对于重试令牌，需要提取 ODCID 复制到传输参数 original_destination_connection_id 中，并且将该初始报文中目的连接标识复制到传输参数 retry_source_connection_id 中，以构建报文回应。

|Chapter 7| 第 7 章

QUIC 扩展协议

除了上文介绍的 QUIC 基本功能以外，QUIC 还有一些衍生协议，实现扩展功能，如多路 QUIC、不可靠数据报等，本章将介绍这两个典型的功能。

7.1 多路 QUIC㊀

现在的网络世界与 TCP 刚应用时的网络世界已经发生了很大变化，比如当初客户端和服务器之间一般只有一条路径，而现在移动设备已经相当普及，数据中心中的服务器也普遍多路连接。所以现在的网络中客户端和服务器之间需要能够支持多条路径切换或均衡，可以通过多条路径实现更可靠、更高效的传输。但 TCP 绑定了两端的 IP 地址和端口号，如果这个绑定的路径失效，需要重新建立连接，这个过程可能包括 TCP 的三次握手、TLS 握手、应用协商、拥塞控制算法重启动，应用可能会感觉到明显卡顿。即使同时建立多个 TCP 连接，多个连接间的流量分配、拥塞控制实现起来也是相当困难的。所以，多路传输相关的技术相继问世，如流控制传输协议（SCTP）、多路 TCP 技术（MPTCP）。

SCTP 虽然支持多路传输，也能较好地分配流量，可靠性得到了提升，但是实现过于复杂，能够支持 SCTP 的终端较少，中间件支持的也不完善，所以端到端通信中使用的较少，具体介绍见 1.1.3 节。

MPTCP 慎重考虑了中间件的兼容性，中间件看到的 MPTCP 流量就是普通 TCP 流量，所以在终端应用上使用更合适，比如苹果手机的 Siri 流量、三星手机里的一些流量，都使用了 MPTCP。MPTCP 有多种模式，既可以达到流量无缝切换的保护效果（这也是苹果手机上

㊀ 按照习惯，多路 QUIC 也称为 MPQUIC，多路 TCP 称为 MPTCP，但目前没有标准将其简称为 MPQUIC，所以这里仍然称为多路 QUIC。

的使用方法），也可以做到负载分担，提高应用可以使用的带宽，这在 RFC6182 和 RFC6824 中有详细的阐述。

对于 QUIC 来说，支持多路要简单一些。因为 QUIC 本来就支持多路径，只不过普通 QUIC 标准实现中路径之间是迁移的关系；中间件能识别的 QUIC 信息很少，兼容上也不存在很大问题。需要重点考虑的是流量分配、多个路径间的关系、报文编号和流量密钥的变化等问题，下面介绍多路 QUIC 的具体做法。

7.1.1 多路 QUIC 传输参数

多路 QUIC 增加了一个传输参数，用来表示是否愿意使用多路 QUIC。只有当客户端和服务器都表示愿意使用多路 QUIC，这个连接才能使用多路 QUIC。这个传输参数名称为 enable_multipath，目前临时使用 0x0f739bbc1b666d04 作传输参数的标识[⊖]，还没有注册正式的传输参数标识。传输参数 enable_multipath 的值表示是否支持多路 QUIC，值为 0 表示禁用多路 QUIC，值为 1 表示支持多路 QUIC。没有这个传输参数或者这个传输参数的值为 0，都表示禁用多路 QUIC。

其他传输参数含义不变，如 disable_active_migration 仍然是禁用了多路。active_connection_id_limit 仍然限制了连接标识的数量。

7.1.2 报文编号空间

为了直接使用原始 QUIC 的丢包恢复和拥塞控制机制，多路 QUIC 使用了每个路径一个报文编号空间的机制。但零长度连接标识不同的路径只能使用相同的报文编号空间，如果使用相同的报文编号空间，由于各个路径的时延不一致，会出现报文的乱序到达，结果就是报文编号的确认范围比较散乱，ACK 帧变大，影响确认的效率，对于路径的分辨也很困难，所以使用零长度连接标识时不允许使用多路功能。

由于 ACK 帧不限定于报文发送的同一个路径上回复（应用可以选择策略，在报文发送的相同路径回复，或者在最快的路径回复，或者其他策略），所以 ACK 帧中需要增加报文编号空间标识（PN Space ID），增加了报文编号空间标识的 ACK 帧就是 ACK_MP 帧（具体见 7.1.3 节）。报文编号空间标识的值在一般情况下是连接标识的序列号。

7.1.3 增加的新帧

多路 QUIC 增加了几种帧类型，包括 ACK_MP 帧、PATH_ABANDON 帧和 PATH_STATUS 帧，值和用途见表 7-1。

⊖ 多路 QUIC 截至 2023 年 6 月仍然没有标准化，标准化后会有新的值。

表 7-1　多路 QUIC 新增帧

名称	暂用值⊖	用途
ACK_MP 帧	0xbaba00-0xbaba01	确认
PATH_ABANDON 帧	0xbaba05	通知对端不再使用某条路径
PATH_STATUS 帧	0xbaba06	通知对端某条路径的状态

（1）ACK_MP 帧

ACK_MP 帧在原始 QUIC 的 ACK 帧基础上增加了目的连接标识序列号，但 ACK_MP 帧只能确认 1-RTT 报文，具体结构如下：

```
ACK_MP 帧 {
    Type   // 变长整数，值为 0xbaba00 或 0xbaba01
    Destination Connection ID Sequence Number  // 变长整数
    Largest Acknowledged // 变长整数
    ACK Delay            // 变长整数
    ACK Range Count      // 变长整数
    First ACK Range      // 变长整数
    ACK Range // 一到多个块
    [ECN Counts]         // 零到多个
}
```

字段说明如下。

Destination Connection ID Sequence Number：目的连接标识序列号，用于指定 ACK_MP 帧确认的目的连接标识序列号。

其他字段的规定和使用与 ACK 帧相同。与 ACK 帧一样，类型为 0 表示没有 ECN，类型为 1 表示有 ECN。

建立连接期间，初始报文和握手报文必须使用 ACK 帧。协商多路成功后，且对端没有使用零长度的连接标识接收报文，则可以切换到使用 ACK_MP 帧进行确认。回复使用零长度连接标识的端点的报文，只可以使用 ACK 帧，也不能够支持多路功能。

ACK_MP 帧可以在被确认报文的原路径上发送，也可以根据策略选择其他路径，比如时延最小的路径，甚至可以根据策略在多个路径上发送相同的 ACK_MP 帧副本，需要根据应用情况确定合适的策略。

（2）PATH_ABANDON 帧

PATH_ABANDON 帧用于通知对端本端将不再使用这条路径，发送 PATH_ABANDON 帧后，发送方将不再在指定路径上发送报文，其格式如下：

```
PATH_ABANDON 帧 {
    Type           // 变长整数，值为 0xbaba05
    Destination Connection ID Sequence Number // 变长整数
    Error Code    // 变长整数
```

⊖ 在 IANA 的注册后会更新为正式值。

```
    Reason Phrase Length //变长整数
    Reason Phrase        //UTF-8 编码的字符串
}
```

字段说明如下。

Destination Connection ID Sequence Number：PATH_ABANDON 帧的接收者发送报文时使用的目的连接标识序列号。

Error Code：错误码，表示关闭该路径的原因。

Reason Phrase Length：原因短语的长度，单位为字节。PATH_ABANDON 帧不能跨报文，所以长度应限制在可承载范围内。

Reason Phrase：关闭该路径的原因，提供额外诊断信息，可以为空。内容为 UTF-8 编码的字符串。

PATH_ABANDON 帧可以在任何路径上发送，既可以在打算关闭的路径上发送，也可以在其他路径中发送，因为想要关闭的路径上可能已经无法发送报文。含有 PATH_ABANDON 帧的报文必须被确认，如果丢失需要重传。

（3）PATH_STATUS 帧

PATH_STATUS 帧是用来通知对端路径的状态，建议对端按照通知的状态使用该路径。具体格式如下：

```
PATH_STATUS 帧 {
    Type            //变长整数，值为 0xbaba06
    Destination Connection ID Sequence Number  //变长整数
    Path Status sequence number //变长整数
    Path Status   //变长整数
}
```

字段说明如下。

Destination Connection ID Sequence Number：PATH_STATUS 帧的接收者发送报文时使用的目的连接标识序列号。

Path Status sequence number：这个 PATH_STATUS 帧的序列号。对于每个路径，序列号都必须单调递增。接收者需要为每个路径分别比较序列号，以保证使用最新的路径状态。

Path Status：路径的状态。1 表示备用状态（Standby），2 表示可用状态（Available）。

PATH_STATUS 帧表明了发送方对于路径的偏好，所以收到备用状态的路径状态通知后，接收方应该停止在对应路径上发送非探测帧，但可以发送含有 PING 帧的探测报文，以防止中间件超时。当没有其他可用状态的路径时，也可以使用备用状态的路径发送数据。

PATH_STATUS 帧可以在其他路径中发送，所以需要包含连接标识的序列号来识别路径。含有 PATH_STATUS 帧的报文必须被确认，没有收到确认需要重新发送 PATH_STATUS 帧，但应该发送最新的状态，对应最大的路径状态序列号。

7.1.4　多路的加解密

多路 QUIC 基本继承了原始 QUIC 的加解密原则，涉及加解密的重要变化是使用了多个报文编号空间，也就是说路径之间的报文编号会重复，而原始 QUIC 的负载密钥计算的参数中，Nonce 是报文编号相关的，而使用相同 Nonce 的加密是不安全的。原始 QUIC 的 Nonce 计算方法为：62 位报文编号（网络序）先左侧补零扩充至 IV 的相同长度，再与 IV 按位异或。这样不同路径计算出来的 Nonce 会重复，因此多路 QUIC 需要重新设计 Nonce 的计算。

为了保证 Nonce 的唯一性，多路 QUIC 的 Nonce 计算方法设计为 IV、报文编号和连接标识序列号的组合。具体计算过程为：将 32 位的连接标识序列号、2 位的 0、62 位的报文编号拼接后生成 path-and-packet-number，然后将 path-and-packet-number 与 96 位的 IV 按位异或，得到 Nonce，如图 7-1 所示。

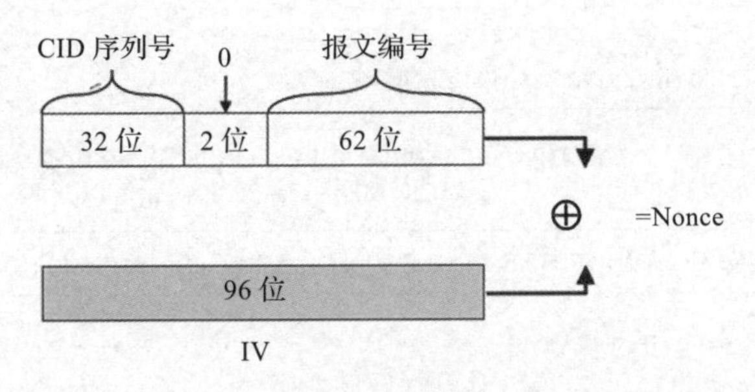

图 7-1　多路 QUIC 的 Nonce 计算

需要注意的是，原始 QUIC 的连接标识序列号是变长编码，最长可以是 62 位，即范围可以达到 $2^{62}-1$。然而上述计算方法限定了连接标识序列号最长 32 位，所以范围只能达到 $2^{32}-1$。由于一般情况下路径个数不会很多，路径变化也不会很频繁，所以 $2^{32}-1$ 足够使用了。

另外一个逻辑稍有不同的是密钥更新，但密钥更新的整体原则并没有改变。原始 QUIC 同一时间只使用一条路径发送数据，所以密钥更新是一个顺序过程。而多路 QUIC 多条路径都在使用同一个密钥，密钥更新是一个并发的过程。如果一个路径更新功能后，其他路径不执行密钥更新的过程，接收方将无法确定其他路径上收到的报文需要使用哪个密钥解密，因为路径之间的报文顺序是无法保证的，此时接收到的报文可能是启动更新路径发送密钥更新之前发送的，也可能是之后发送的。所以每个路径必须单独执行密钥更新流程。在密钥一次更新后，还必须保证在所有路径上都更新成功，即发送含有密钥阶段位更新为新密钥的报文，并收到了确认，再进行下一次更新。

7.1.5　新路径建立和拆除过程

（1）新路径建立

初始连接建立后，多路 QUIC 在连接建立期间也协商成功（两端都包含传输参数 enable_multipath 且值为 1），然后就可以通过 1-RTT 报文发送 NEW_CONNECTION_ID 帧，互相提供新的连接标识，用于建立新路径，如图 7-2 所示。

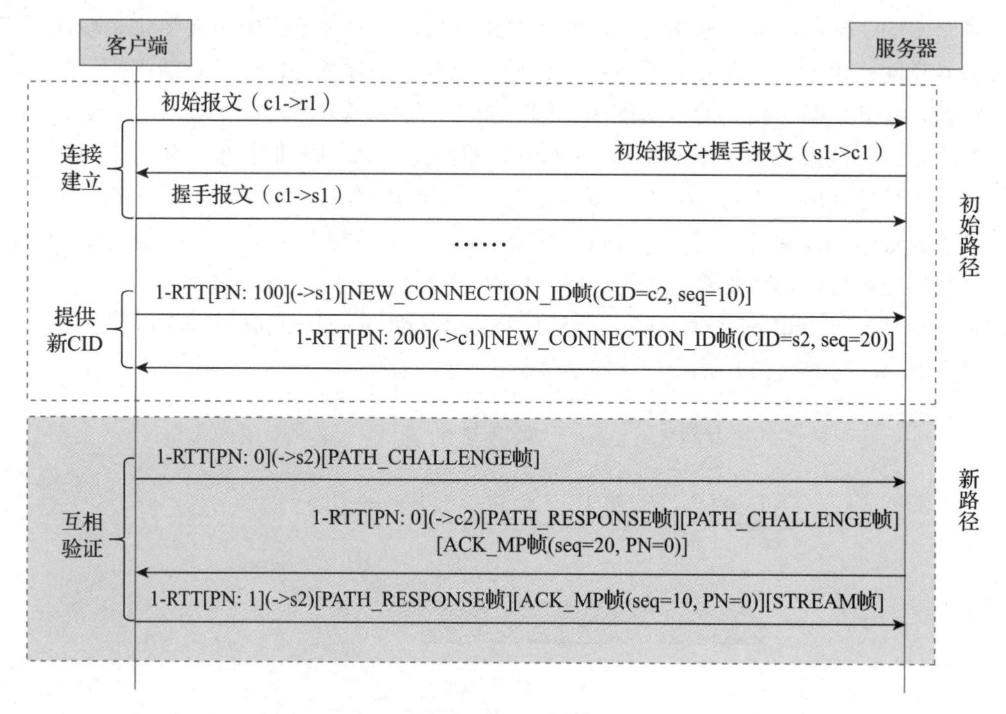

注：1. 客户端的连接标识表示为 c1、c2，以此类推。
2. 服务端的连接标识表示为 s1、s2，以此类推。
3. 1-RTT[0](->s2) 表示 1-RTT 报文，报文编号是 0，目的连接标识是 s2。
4. NEW_CONNECTION_ID 帧 (CID=s2, seq=20) 表示提供新的连接标识，连接标识的值为 s2，序列号为 20[⊖]。

图 7-2　多路 QUIC 路径建立过程示例

图 7-2 中显示客户端提供的新连接标识是 c2，对应序列号为 10；服务器提供的新连接标识是 s2，对应序列号是 20，以示区分。客户端新路径使用的源连接标识是 c2，目的连接标识是 s2，从报文编号 0 开始发送探测报文（包含 PATH_CHALLENGE 帧）；服务器使用 PATH_RESPONSE 帧回复客户端的 PATH_CHALLENGE 帧，并发送自己的探测 PATH_CHALLENGE 帧，同时使用 ACK_MP 帧回复客户端的 QUIC 报文。这条路径在客户端发送报文中目的连接标识对应的序列号是 10，服务器发送报文中使用的连接标识对应的序列号是 20。

需要说明的是新路径并不必然从路径验证开始，如果是之前收到过的 IP 地址或者通过其他途径信任的 IP 地址，是可以不验证的。路径验证完成后就可以开始通过 STREAM 帧发送应用数据。ACK_MP 帧也不必然在路径 c2-s2 上发送。

⊖ 为了在说明的时候区分客户端提供的序列号还是服务端提供的序列号，连接标识的序列号客户端产生的为 1x，服务器产生的为 2x。实际上客户端和服务器是分别产生的，一般都从 1 开始。

计算 Nonce 时，使用该报文中目的连接标识的序列号，是由接收方产生的，如图 7-3 所示。

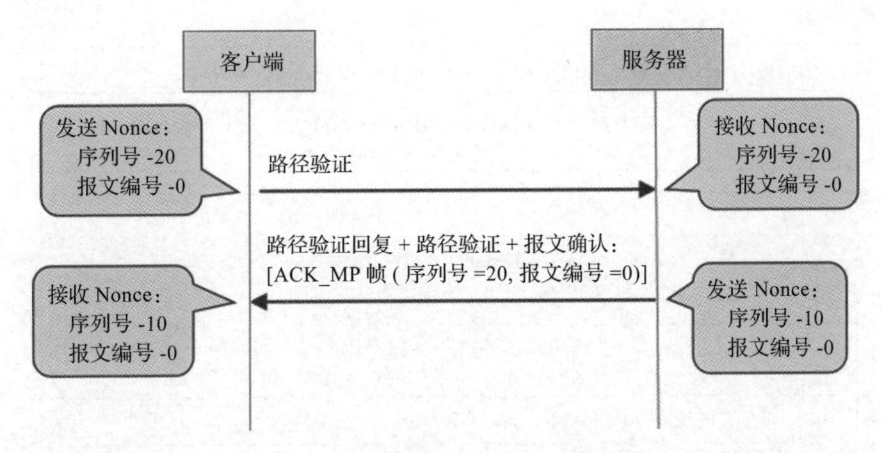

图 7-3　多路 QUIC 的 Nonce 计算示例

（2）路径拆除

当一个端点不想再使用一个路径，或者某条路径由于其他原因变得不可用，就可以拆除对应路径。

路径拆除需要使用 PATH_ABANDON 帧通知对端，过程如图 7-4 所示。客户端想要拆除上文示例中建立的路径，于是发送 PATH_ABANDON 帧给服务器，其中目的连接标识对应的序列号为 10；服务器收到后也可以发送 PATH_ABANDON 帧给客户端。

因为发送 PATH_ABANDON 帧后，就不应该再发送报文，只可以接收报文，所以客户端使用其他路径确认服务器带有 PATH_ABANDON 帧的报文。该路径客户端使用值为 c3 的连接标识接收报文，为其分配的序列号为 13，服务器使用值为 s3 的连接标识接收报文，为其分配的序列号是 23。具体确认见图 7-4 中 1-RTT[u] 中的 ACK_MP 帧，使用连接标识序列号 20 和报文编号表示确认的是 c2-s2 路径的报文。

直到收到对端对于含有 PATH_ABANDON 帧报文的确认，才可以认为路径拆除完成。客户端收到图 7-4 中的 1-RTT(y) 报文，可以不再接收报文，转而在其他路径上发送 RETIRE_CONNECTION_ID 帧。

客户端和服务器需要通过其他路径发送退出连接标识的通知，本例中仍然使用 c3-s3 这条路径。客户端在该路径上通过 RETIRE_CONNECTION_ID 帧内的序列号 10 通知退出 c2，服务器在该路径上通过 RETIRE_CONNECTION_ID 帧内的序列号 20 通知退出 s2。

再次强调下，拆除路径并不一定要在本路径中进行，有的情况下路径已经不可用，只能通过其他路径通知。

因为有可能没有其他路径可以用来发送 PATH_ABANDON 帧，对端也不一定实现了可靠地拆除。因此，除了显示地通过 PATH_ABANDON 帧拆除路径外，还应该支持通过空闲时间隐式地拆除路径。

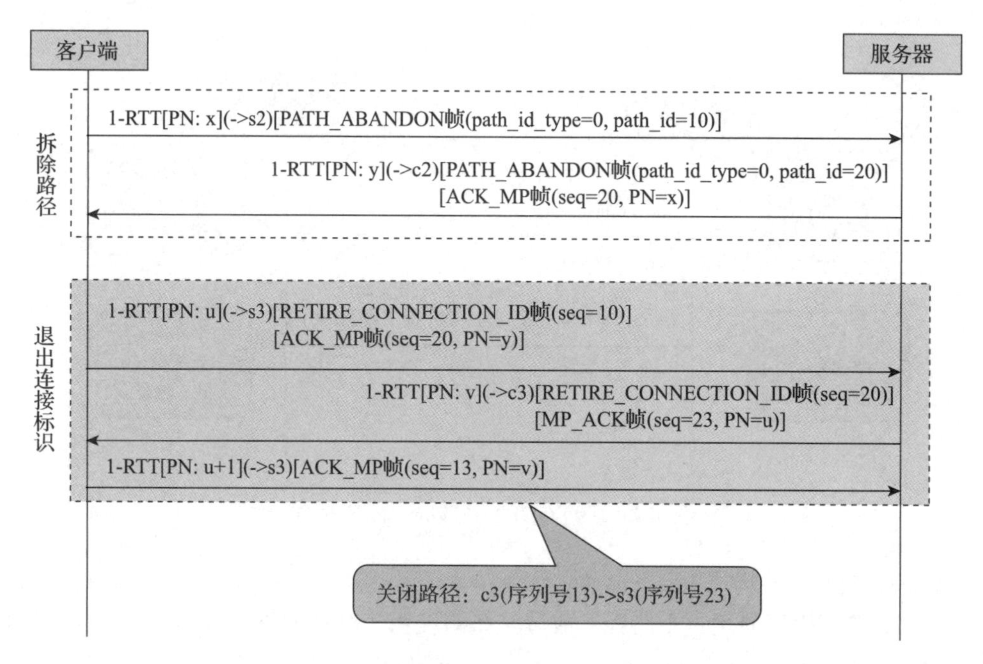

图 7-4　多路 QUIC 拆除路径过程示例

拒绝建立新路径也可以通过类似的过程进行，如客户端想要建立一个新路径（通过在新路径上发送一个 1-RTT 报文），但服务器不同意，于是在其他路径上回复包含该连接标识对应序列号的 PATH_ABANDON 帧。拒绝建立新路径也可以简单地通过不回复 PATH_CHALLENGE 帧实现，但回复 PATH_ABANDON 帧能使对端更快地且明确地知道当前情况和拒绝原因。

7.1.6　数据的调度

数据发送的调度可以根据应用的需求和路径的具体情况（一般指拥塞控制和时延）进行。尽管每条路径都有单独的拥塞控制，但在同时使用多条路径时，仅仅使用每条路径单独的拥塞控制机制会导致路径之前的竞争，降低整体的发送效率。因此，可以使用已经提出的多路拥塞控制方案，如 LIA、机会相关增长算法 OLIA、平衡连接适应算法 BALIA、加权 Vegas 算法 wVegas、mVeno、Balia 等，具体可以参考 RFC 6356 中的要求和建议。

调度如果需要使用延迟数据，需要注意延迟的正确性。如果 ACK(_MP) 帧发送的策略是在原路径上返回，则认为往返时间是一样的；如果 ACK(_MP) 帧发送的策略不是在原路径返回，比如是在时延最小的路径上返回，则往返时间可能差距较大，需要使用其他方式计算单向时延。单向延迟的实现可以通过在报文中打时间戳进行，可以参考 draft-huitema-quic-ts 的实现。

调度的实现可以是在多个路径上发送多个副本（如对于重要数据或者时延要求严格的数据），或者选取最小时延的路径。对于不同类型的内容也要采取不同的策略，比如发送新数据、重传认为丢失的数据、发送控制信息等。例如 draft-bonaventure-iccrg-schedulers 给出了几种通用的调度策略：轮询、权重轮询、基于优先级、基于 RTT 阈值、最小 RTT，以及它们之间的组合。而 draft-ma-quic-mpqoe 给出了时延严格限制的应用的调度策略，如直播和游戏，该策略则是通过冗余数据来降低时延，并且通过 QoE 反馈调整发送策略，这方面的实现可以参考阿里的 XLINK。

调度设计不好的话，或者多占带宽，或者会带来队头阻塞，拖累传输效率。因此，多路 QUIC 的应用门槛还是比较高的，还是要谨慎使用。

7.2　不可靠数据报

在 QUIC 出现之前的互联网上，应用数据传输主要是基于 TCP 和 UDP，其中需要可靠传输的数据使用 TCP，不需要可靠传输的数据使用 UDP。一些实时性要求比较高的数据，比如电话会议、网络直播、网络游戏等，基本是在 UDP 上封装自己的协议传输实时数据。由于现在互联网的复杂性，UDP 上可能还需要提供加密，一般使用 DTLS；如果不考虑网络承载能力盲目发送，会因为网络拥塞而降低发送成功率，所以需要拥塞控制和节奏控制来提供合适的发送频率。另外，一般有一个控制协议来传输实时数据的控制信息，这可能还需要一个 TCP 连接，需要加密的话还要叠加 TLS。这样的实现将应用和网络都变得异常复杂，应用需要自己实现拥塞控制，需要维护 TCP+TLS、UDP+DTLS 连接，并且协调两者间的数据发送顺序和频率。

QUIC 的出现为这类应用提供了新的思路，苹果公司于 2020 年提出了 QUIC 不可靠数据报功能，并于 2022 年 3 月标准化为 RFC 9221。

QUIC 的不可靠数据报功能提供了一种在 QUIC 连接上发送不可靠数据的能力，可以将可靠数据和不可靠数据在同一连接中发送，这样就可以在可靠数据和不可靠数据间共用握手和加密信息。具体来说，就是仅需 QUIC 连接建立时握手一次，首次发送不可靠数据最低可以做到 1-RTT，重新建立连接最低可以做到 0-RTT。不可靠数据与可靠数据流共用加密密钥，在普通报文中是 1-RTT 密钥，在 0-RTT 报文中是 0-RTT 密钥。

另外，QUIC 提供了拥塞控制能力，可以根据不可靠数据的具体接收情况进行丢包判断，控制数据发送窗口和速度。因为 QUIC 的拥塞控制算法的灵活性，应用也可以自己实现合适的定制化算法。

除此之外，QUIC 的迁移能力也是很多实时数据的应用所渴望的。如今大部分的实时应用客户端，比如视频会议、直播平台、网络游戏等，都是手机上的 APP，而手机是典型的移动客户端，经常在 WiFi 和 4G 或 5G 间迁移，需要尽量无缝地连接迁移。

为此 QUIC 增加了 DATAGRAM 帧，DATAGRAM 帧类型为 0x30 或者 0x31，其中最低

位表示长度字段是否存在，即 0x30 表示没有长度字段的 DATAGRAM 帧，数据延伸到 QUIC 报文结束，后面没有其他帧了，而 0x31 表示有长度字段的 DATAGRAM 帧。无长度字段的 DATAGRAM 帧结构如下：

```
DATAGRAM Frame {
    Type = 0x30,            // 变长整数
    Datagram Data,          // 长度直到 QUIC 报文结束
}
```

有长度字段的 DATAGRAM 帧结构如下：

```
DATAGRAM Frame {
    Type = 0x31,            // 变长整数
    Length ,                // 变长整数
    Datagram Data,          // 长度由 Length 指定
}
```

DATAGRAM 帧是基于连接的，没有更具体的标识。如果应用需要在一个 QUIC 连接里传输几种不可靠数据，需要自己在数据中定义数据类型或者标识。

如果每次产生的不可靠数据较少，会发送很多小包，影响效率，最好合并到同一个 DATAGRAM 帧，在数据里自己定义长度，长度可以使用变长整数编码，这样效率最高，是推荐的做法；也可以合并多个 DATAGRAM 帧到同一个 QUIC 报文里；但不可以合并多个 QUIC 报文到一个 UDP 数据报里，因为短首部报文中没有长度字段。

如果不控制不可靠数据的发送，在网络拥塞情况下会造成大量丢包，所以发送方应该有拥塞控制。为了实现拥塞控制，发送方需要知道数据的接收情况，所以 DATAGRAM 帧是需要回复的。这样发送方才可以判断不可靠数据报的接收情况，并根据情况调整发送窗口和速度。DATAGRAM 帧可以单独发送，也可以与其他帧一起发送，比如发送可靠数据流的 STREAM 帧。QUIC 连接内需要将可靠数据和不可靠数据一起拥塞控制，以合理控制整体的网络占用。

DATAGRAM 帧不需要流控，因为流控是控制接收方资源占用的。对于不可靠的数据传输，接收方在资源不足时完全可以丢掉，发送方在这种情况下也不需要重传，并不影响应用的逻辑。

使用传输参数 max_datagram_frame_size（传输参数标识为 0x0020）告知对端自己可以接收的 DATAGRAM 帧最大值，大于 0 代表使能不可靠数据报功能。该参数默认为 0，即没有此参数或者值为 0 表示不支持不可靠数据报功能。在服务器使用了不可靠数据报功能后，后续 0-RTT 不可靠数据报数据发送时，就主要受 CRYPTO 帧中的 NewSessionTicket 消息内指定最大 0-RTT 数据量（扩展中的 max_early_data_size 值）的限制，因为上次连接服务器发送的 max_datagram_frame_size 值肯定是不小于 NewSessionTicket 消息中针对 0-RTT 数据量的限制。

对于使用 QUIC 不可靠数据报实现虚拟专用网的想法，作者认为目前相对于 IPSec 并没

有明显优势。因为 VPN 仅提供加密或者不加密隧道的报文传输，类似于 IP 报文传输，QUIC 不可靠数据报的拥塞控制和需要回复并不适合这种场景。IPSec 实现的虚拟专用网场景中的拥塞控制和回复都是上层协议定制化实现的，比如 TCP 或者基于 UDP 的 RTP/RTCP 更上层应用等，并不能统一为一种丢包发现和拥塞控制方法。那么去掉确认和拥塞控制行不行？QUIC 标准规定“扩展帧必须是受拥塞控制的，且必须触发 ACK 帧发送。替换或补充 ACK 帧的扩展帧除外。”这种规定可能与 QUIC 协议的定位有关，服务于端到端应用，虚拟专用网的这种场景（透明代理）并不是 QUIC 的目的之一。另外，在应用对数据已经加密的情况下，IPSec 可以提供不加密隧道，这一点 QUIC 目前是不支持的，虽然有相关草案，但考虑到目前的互联网环境的复杂性和危险性，QUIC 不加密功能目前还不可行。所以，目前虚拟专用网并不是很适合用 QUIC 不可靠数据报传输，也许以后会有更合适的 QUIC 功能出现。

第 8 章 |Chapter 8|

HTTP3

QUIC 最初是为 HTTP 设计的，QUIC 的很多专有名词就来源于 HTTP2。HTTP2 也可以使用 QUIC 实现，但是 HPACK 固有的顺序依赖无法避免队头阻塞。HTTP3 的主要目的是适配 QUIC，并定义了 QPACK（Field Compression for HTTP3，HTTP3 首部压缩方案）来解决 HPACK 的队头阻塞问题。

目前为止 HTTP3 也是 QUIC 的主要应用场景，本章重点介绍 HTTP3 对 QUIC 的使用。

8.1 流的使用

HTTP3 使用了 QUIC 的单向流和双向流。流根据用途可以分为控制流、请求流、推送流以及 QPACK 使用的编码器流和解码器流，也可以定义扩展的流，但本章只介绍几种标准流。

使用双向流的只有请求流，在客户端发起 HTTP 请求时触发打开双向流，服务器将该请求的响应在双向流上发送回客户端，这样客户端就可以将响应和请求关联起来。

使用单向流的有控制流、推送流、编码器流和解码器流，所以 HTTP3 定义了单向流首部来区分流的用途和流上的数据格式。打开 QUIC 单向流时，首先发送一个单向流首部，告知对端这个流的用途。单向流首部格式如下：

```
Unidirectional Stream Header {
   Stream Type, // 变长整数
}
```

其中流类型（Stream Type）是使用 QUIC 规定的变长整数编码的（见 2.9 节），HTTP3 使用的流的简要对比见表 8-1。

表 8-1 HTTP3 流

流类型	类型值	服务器发起	客户端发起	流数量
控制流	0	Y	Y	每端打开 1 个
推送流	1	Y	N	服务器打开多个
编码器流	2	Y	Y	每端打开 1 个
解码器流	3	Y	Y	每端打开 1 个

HTTP3 中流的典型使用情况如图 8-1 所示（没有包含推送的情况）。对于客户端来说，每个连接需要打开 1 个客户端控制流、1 个客户端编码器流、1 个服务器解码器流和多个请求流。对于服务器来说，每个连接需要打开 1 个服务器控制流、1 个客户端解码器流、1 个服务器编码器流。

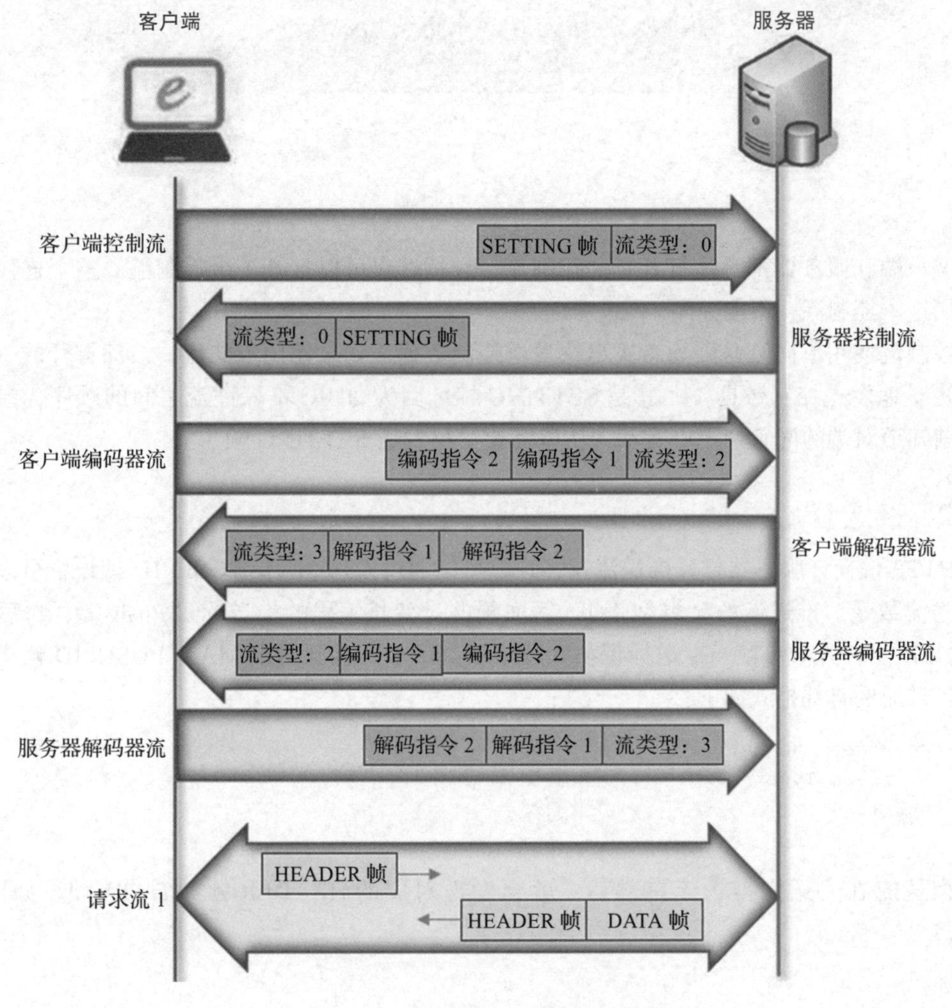

图 8-1 HTTP3 中的流

8.1.1 控制流

控制流的流类型是 0，用来管理整个连接或者其他流的行为。该流上发送完一个变长整数的流类型（即长 8 位的 0）后，立即发送一个 SETTING 帧，然后发送其他需要发送的 HTTP3 的帧。对于客户端来说，可能还会发送 GOAWAY 帧、MAX_PUSH_ID 帧、CANCEL_PUSH 帧；对于服务器来说，可能还会发送 CANCEL_PUSH 帧、GOAWAY 帧，如图 8-2 所示。

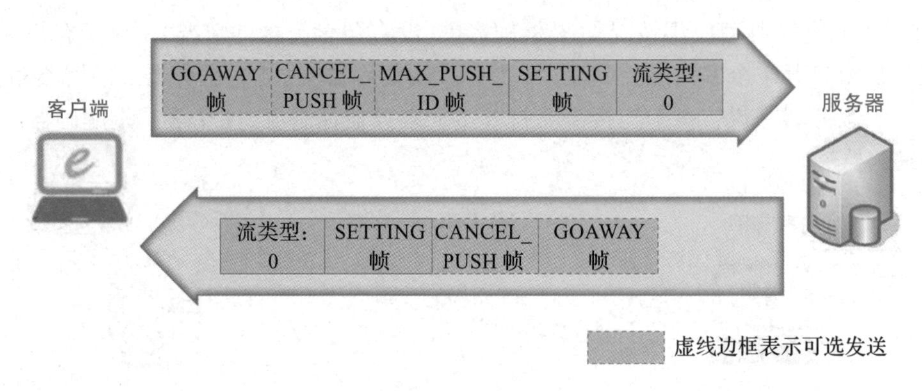

图 8-2　控制流

客户端和服务器都必须打开 1 个控制流，且每端仅可以打开 1 个控制流。整个连接期间都使用这个控制流，不能关闭。

控制流使用单向流是因为希望尽快发送控制数据，如果使用双向流，被动打开的一端就不能更早地发送控制数据，尤其是 SETTING 帧：因为 QUIC 不保证流之间的顺序，在处理请求前知道对端的配置肯定更有利，所以需要尽早发送 SETTING 帧。

8.1.2 推送流

HTTP 仅允许服务器打开推送流，客户端可以通过发送 MAX_PUSH_ID 帧设置可以打开的推送流数量。推送流的流类型是 1，后面跟的是变长编码的推送标识 Push ID，再后面是 HEADER 帧和 DATA 帧。推送标识从 0 开始依次增加，直到对端 MAX_PUSH_ID 帧指定的值。推送流的首部格式如下：

```
Push Stream Header {
    Stream Type = 0x01,  //变长整数
    Push ID,             //变长整数
}
```

推送流在发送完推送流首部后，就会发送对应的 HEADER 帧和 DATA 帧，如图 8-3 所示。

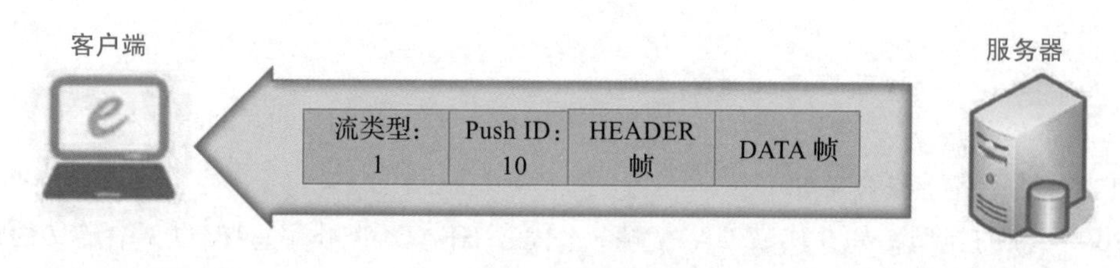

图 8-3　推送流

8.1.3　编码器流和解码器流

客户端和服务器各自需要打开 1 个编码器流和 1 个解码器流。编码器流的流类型是 2，这个流上发送完流类型后，就开始根据需要发送编码器指令（不使用 HTTP3 帧），具体格式见 8.4 节；解码器流的流类型是 3，这个流上发送完流类型后，就开始根据解码器的需要发送解码器指令，具体格式见 8.4 节。

8.2　HTTP3 帧

因为 QUIC 的帧类型并不能满足 HTTP 的语义需求，所以 HTTP3 定义了自己的帧，作为 QUIC 的 STREAM 帧内数据传输，如图 8-4 所示。这也就是说所有的 HTTP3 相关的数据都是作为 QUIC 的负载传输的，且其中的大部分数据都是作为 HTTP3 帧传输的，但编码器流和解码器流中的数据并不是 HTTP3 帧传输的。

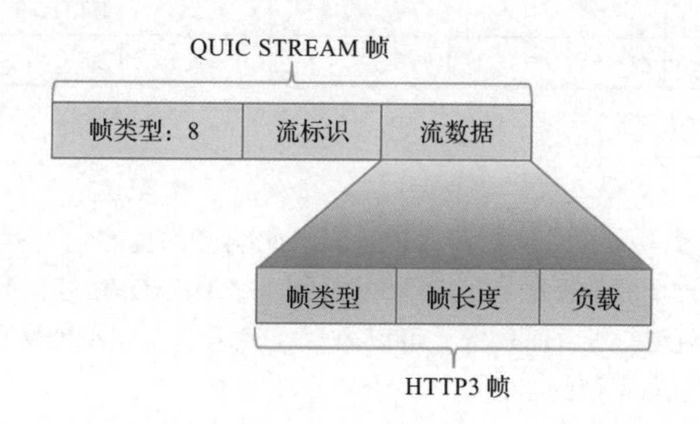

图 8-4　HTTP3 帧与 QUIC 帧的关系

HTTP3 帧包含了帧类型、长度和类型特定的内容，其中类型和长度都是使用了 QUIC 规定的变长整型编码，最多 62 位（见 2.9 节），一般情况下这样可以减少空间占用（HTTP3 标准中规定的帧类型仅占用 8 位），而且表达范围远大于 HTTP2。HTTP3 帧的格式如下：

```
HTTP3 帧 {
    Type, // 变长整数
```

```
    Length, // 变长整数
    Payload, // 长度由 Length 确定
}
```

HTTP3 帧中各字段含义如下：

Type：帧的类型，如 0 代表 DATA 帧、1 代表 HEADER 帧等，HTTP3 中定义的帧类型及说明见表 8-2。

Length：帧中载荷的长度，单位是字节。

Payload：有效载荷，其语义由 Type 字段决定。

表 8-2 HTTP3 帧

帧名称	类型	发送流	客户端发起	服务器发起	说明
DATA	0	请求流、推送流	Y	Y	
HEADER	1	请求流、推送流	Y	Y	
保留位	2	–			HTTP2 的 PRIORITY 帧
CANCEL_PUSH	3	控制流	Y	Y	HTTP2 的 RST_STREAM 帧
SETTING	4	控制流	Y	Y	只能作为第 1 个帧
PUSH_PROMISE	5	请求流	N	Y	
保留位	6	–			HTTP2 的 PING 帧
GOAWAY	7	控制流	Y	Y	
保留位	8	–			HTTP2 的 WINDOW_UPDATE 帧
保留位	9	–			HTTP2 的 CONTINUATION 帧
MAX_PUSH_ID	11	控制流	Y	N	

8.2.1 DATA 帧

DATA 帧的帧类型是 0，用于发送 HTTP 请求或响应的内容[⊖]。一般 HTTP 响应格式为 HEADER 帧后面跟数个 DATA 帧，或者末尾再加 1 个 HEADER 帧，具体过程见 8.3.1 节。DATA 帧必须在 HEADER 帧后面发送，可以出现在请求、响应和推送中，所以只能在请求流或推送流中发送。DATA 帧的格式如下：

```
DATA 帧 {
    Type = 0, // 变长整数
    Length,   // 变长整数
    Data,     // 长度由 Length 决定
}
```

⊖ 内容即 HTTP 中通常所说的 Content。

8.2.2 HEADER 帧

HEADER 帧的帧类型是 1，用来发送 HTTP 首部字段集合[1]，HTTP3 中 HEADER 帧的载荷使用 QPACK 编码,QPACK 具体格式见 8.4 节。HEADER 帧只能在请求流或推送流中发送，格式如下：

```
HEADER 帧 {
    Type = 1, //变长整数
    Length,   //变长整数
    Encoded Field Section, //QPACK 编码，长度由 Length 决定
}
```

想要了解 HTTP 首部字段和详细使用规则的读者，可以翻阅 RFC 9110，这里不再展开。

8.2.3 CANCEL_PUSH 帧

CANCEL_PUSH 帧的帧类型是 3，表示取消推送。CANCEL_PUSH 帧只在控制流上发送。由客户端发送时，表示服务器通过 PUSH_PROMISE 帧告知客户端会推送指定资源，而客户端不想接收推送标识对应的推送资源，可能因为本地已有缓存；由服务器发送时，表示服务器不想再发送之前通过 PUSH_PROMISE 帧承诺的推送资源。CANCEL_PUSH 帧的格式如下：

```
CANCEL_PUSH 帧 {
    Type = 3,  //变长整数
    Length,    //变长整数
    Push ID,   //变长整数
}
```

CANCEL_PUSH 帧中的 Length 字段是 HTTP3 帧的通用字段，在这里指的是 Push ID 字段的字节长度，因为 Push ID 是变长整数编码，所以最长 64 位，即 8 字节，所以 CANCEL_PUSH 帧的 Length 占用固定的 8 位。

Push ID 字段中的值就是在 PUSH_PROMISE 帧中接收到的 Push ID 字段的值。

8.2.4 SETTING 帧

SETTING 帧的帧类型是 4，用于客户端或者服务器发送 HTTP3 的设置。控制流上发送的第 1 个帧必须是 SETTING 帧（在发送完流类型之后），且只能发送一次 SETTING 帧。这个 SETTING 帧中包含了所有需要通知对端的设置，每个设置有一个标识和对应的值，都使用 QUIC 变长整数编码，格式如下：

```
SETTINGS 帧 {
    Type = 4, //变长整数
    Length,   //变长整数
```

[1] 对应于 HTTP 标准中的 Header Field Section，这里采用《HTTP 权威指南》中的名称：首部字段集合。

```
    Setting,  // 多个设置，内容见如下 Setting，总字节长度是 Length
}

Setting {
    Identifier,  // 变长整数
    Value,       // 变长整数
}
```

目前 HTTP3 只规定了 3 个标准设置，具体如下。

QPACK_MAX_TABLE_CAPACITY：设置标识为 1，表示 QPACK 表的最大容量，具体见 8.4 节。

SETTINGS_MAX_FIELD_SECTION_SIZE：设置标识为 6，默认值为无限大，用于告知对端本端愿意接收的 HTTP 首部最大值。服务器接收到过大的首部可以使用 HTTP 431（Request Header Fields Too Large）状态码返回。客户端接收到过大的首部可以丢弃对应报文。

SETTINGS_QPACK_BLOCKED_STREAMS：设置标识为 7，表示可以被 QPACK 阻塞的流数最大值。

有的 HTTP2 中的设置在 HTTP3 中不再需要，但这些设置标识在 HTTP3 中保留。具体来说，HTTP2 中的 SETTINGS_HEADER_TABLE_SIZE（设置标识为 1）对应 HTTP3 的 QPACK_MAX_TABLE_CAPACITY；HTTP2 中 的 SETTINGS_ENABLE_PUSH（设置标识为 2）功能由 HTTP3 中 MAX_PUSH_ID 帧的部分含义替代，不再需要；HTTP2 中的 SETTINGS_MAX_CONCURRENT_STREAMS（设置标识为 3）、SETTINGS_INITIAL_WINDOW_SIZE（设置标识为 4）和 SETTINGS_MAX_FRAME_SIZE（设置标识为 5）在 HTTP3 中属于 QUIC 的设置，不再需要；HTTP2 中的 SETTINGS_MAX_HEADER_LIST_SIZE（设置标识为 6）对应于 HTTP3 的 SETTINGS_MAX_FIELD_SECTION_SIZE，因为两者含义是一致的。只有 SETTINGS_QPACK_BLOCKED_STREAMS（设置标识为 7）是 HTTP3 所独有的，因为 HTTP2 的 HPACK 依赖于 TCP 的整个连接保序，没有被压缩算法阻塞流的情况。

设置标识为 0x1f × N+0x21（N 为非负整数）的值保留，即 0x21（当 N=0）、0x40（当 N=1）、......、0x3ffffffffffe，这些值用于测试对端是否正常忽略未知设置。

8.2.5 PUSH_PROMISE 帧

PUSH_PROMISE 帧的帧类型是 5。如果服务器准备在一个请求上提前推送相关请求的响应，那么对应的请求首部字段就在 PUSH_PROMISE 帧中告知客户端，同时还有对应推送流的推送标识（Push ID）。客户端使用 PUSH_PROMISE 帧中的推送标识与指定推送流上数据相关联，所以 PUSH_PROMISE 帧只能在请求流上发送，且只能由服务器发往客户端。但可以在多个请求流上发送同样的 PUSH_PROMISE 帧，这时必须是相同的推送标识对应相同的请求首部字段集合，这种情况表示使用同一个推送流上的响应。PUSH_PROMISE 帧的格式如下：

```
PUSH_PROMISE 帧 {
    Type = 5,  // 变长整数
    Length,    // 变长整数
    Push ID,   // 变长整数
    Encoded Field Section, //QPACK 编码的请求首部字段集合
}
```

PUSH_PROMISE 帧：包含类型特定的字段如下。

Push ID：推送标识，表示服务器推送的响应所在的推送流。在推送流首部发送的 Push ID 字段就对应 PUSH_PROMISE 帧的此字段，推送标识的值不能大于 MAX_PUSH_ID 帧指定的最大值。

Encoded Field Section：QPACK 编码的请求首部字段集合。

8.2.6 GOAWAY 帧

GOAWAY 帧的帧类型为 7，用于 HTTP3 连接的优雅关闭。GOAWAY 帧只能在控制流上发送。客户端收到 GOAWAY 帧后，不再发送新的请求，也不再接收推送标识大于等于指定值的推送，但可以接收未完成的推送和响应；服务器收到 GOAWAY 帧后，停止接收大于或等于指定流标识的请求，也不再生成新的推送，但可以继续响应已经收到的请求和继续推送未完成的数据。GOAWAY 帧的格式如下：

```
GOAWAY 帧 {
    Type = 7, // 变长整数
    Length,   // 变长整数
    Stream ID/Push ID, // 变长整数
}
```

当客户端发送 GOAWAY 帧时，一般携带当前收到的最大推送标识，以告知服务器当前处理的最大推送标识；当服务器发送 GOAWAY 帧时，一般携带收到的客户端发起双向流的最大 QUIC 流标识，以告知客户端当前处理的请求范围。这是为了双方就要处理完哪些请求或推送达成一致。客户端可以按照收到的 GOAWAY 帧中 QUIC 流标识判断哪些请求不会在当前连接中处理，以便建立新连接重新发送这些请求。这对非幂等的请求尤其重要，比如 POST 请求。

8.2.7 MAX_PUSH_ID 帧

MAX_PUSH_ID 帧的帧类型是 11。客户端用 MAX_PUSH_ID 帧来控制服务器可以发起的推送流数量。客户端可以使用 MAX_PUSH_ID 帧限制服务器在 PUSH_PROMISE 和 CANCEL_PUSH 帧中可以使用的推送标识的最大值。MAX_PUSH_ID 帧只能由客户端在控制流上发送，其格式如下：

```
MAX_PUSH_ID 帧 {
    Type = 11, // 变长整数
```

```
    Length,     // 变长整数
    Push ID,    // 变长整数
}
```

需要注意的是，推送标识最大值是作为单独的帧发送，而不是在 SETTING 帧中作为设置发送，这是因为 SETTING 帧只能在启动时发送一次，而推送的限制需要根据情况放宽（但不能缩小限制）。而且这个限制没有默认值，只有客户端发送 MAX_PUSH_ID 帧后，服务器才能开始使用推送，所以 MAX_PUSH_ID 帧也隐含了是否开启推送功能的含义。

8.3 HTTP3 交互

8.3.1 建立连接

在客户端需要访问一个新的统一资源定位符（Uniform Resource Locator，URL）时，首先通过 DNS 把 URL 中的域名解析到服务器的 IP 地址，然后根据这个 IP 地址和 URL 中的端口号或者 HTTPS 默认端口建立 QUIC 连接。

在客户端发起 QUIC 连接时，TLS 的 ALPN 扩展设置为"h3"。SNI 扩展设置为需要访问的域名，也就是服务器证书使用的名称[⊖]，并将 QUIC 的传输参数设置为合适的值，比如两端的传输参数 initial_max_streams_uni 的值必须至少是 3，传输参数 initial_max_stream_data_uni 的值至少是 1024，这为控制流、编码器流和解码器流预留了足够的初始传输空间。服务器的传输参数 initial_max_streams_bidi 需要设置为非零值，一般为 100 以上的值（可根据具体情况调整）。客户端的传输参数 initial_max_streams_bidi 需要设置为 0。

设置好 QUIC 连接后，两端分别在连接上开启单向控制流、编码器流和解码器流，在控制流上发送 HTTP3 的设置。

如果 QUIC 连接建立失败，需要使用基于 TCP 的 HTTP 重新建立连接。实际使用时，也有可能首先使用 HTTP 低版本（如 HTTP2）连接，如果服务器支持更高的 HTTP3 版本，再同时进行客户端切换。服务器通过 HTTP 替代服务告知客户端 QUIC 的端口：在 HTTP1.1 中通过将 HTTP 响应的首部字段 Alt-Svc 设置为"h3"（见图 8-5）；在 HTTP2 中通过将 ALTSVC 帧设置为"h3"。客户端如果也支持 HTTP3，就发起 QUIC 连接。

8.3.2 请求和响应

HTTP3 客户端在发起的双向流上发送请求、接收对应的响应，1 个双向流上只能发送 1 个请求接收 1 个或多个响应。

请求和响应必须从 1 个包含首部字段集合的 HEADER 帧开始，接着是可选的数个

⊖ 虽然标准中没有强制使用 SNI，但在实际应用时一般都会使用 SNI。

DATA 帧，最后是 1 个可选的包含挂载字段集合的 HEADER 帧。在 HTTP3 中，一般认为收到对端携带 FIN 标志位的 QUIC 的 STREAM 帧是结束。具体来说，服务器在请求流上收到客户端发送携带 FIN 标志位的 QUIC 的 STREAM 帧，认为请求接收完毕；客户端在请求流上收到服务器发送携带 FIN 标志位的 QUIC 的 STREAM 帧，认为响应接收完毕。这与 HTTP2 的 END_STREAM 标志位是类似的，只是 HTTP3 中流数据发送结束的信号由 QUIC 来传递了。

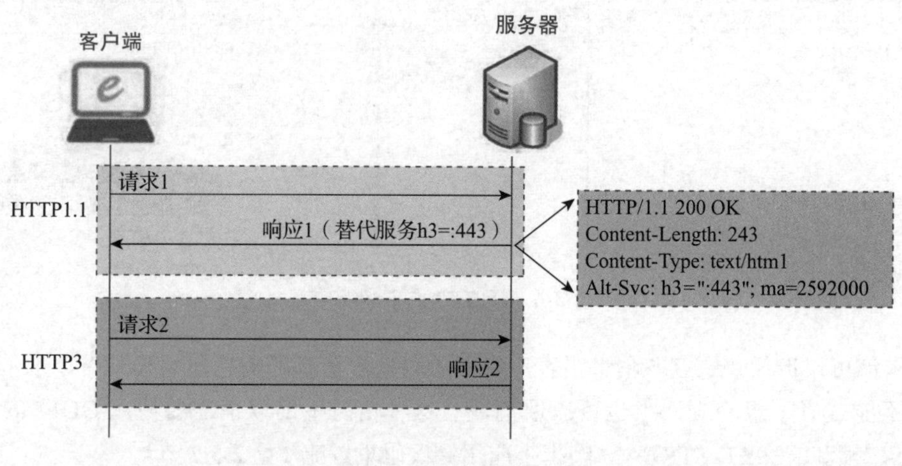

图 8-5 切换到 HTTP3

注意 具体收到什么样的帧是合适的？什么时候响应结束？这需要通过一些 HTTP 的规则或者应用的规则进行判断，比如：如果第 1 个 HEADER 帧包含 Content-Length 字段，则后面存在 DATA 帧，且 Content-Length 中的值必须等于 DATA 帧长度的总和；如果传输的内容是 html，可以根据 html 的结束判断响应是否应该结束；但如果传输的内容是流式 gRPC，请求和响应在发送完一个 HEADER 帧后可能会发送很多 DATA 帧。

请求首部中必须包含 :method、:scheme、:path 和 :authority[⊖]。:method 包含 HTTP 方法，如 GET、PUT、DELETE 等；:scheme 包含 URI 的协议名，HTTP3 使用"https"；:path 包含目标 URI 的路径和查询部分。

响应首部必须包含 :status，之后是否包含 DATA 帧和挂载首部由具体的请求和响应决定。

客户端在发送完请求后关闭请求流，服务器在发送完响应后关闭请求流，正常关闭通过在 QUIC 的 STREAM 帧中置 FIN 位实现（见 2.5.2 节），如图 8-6 所示。

⊖ 除 CONNECT 方法外都遵循该限制，但这种方法使用很少，这里就不进行介绍了。

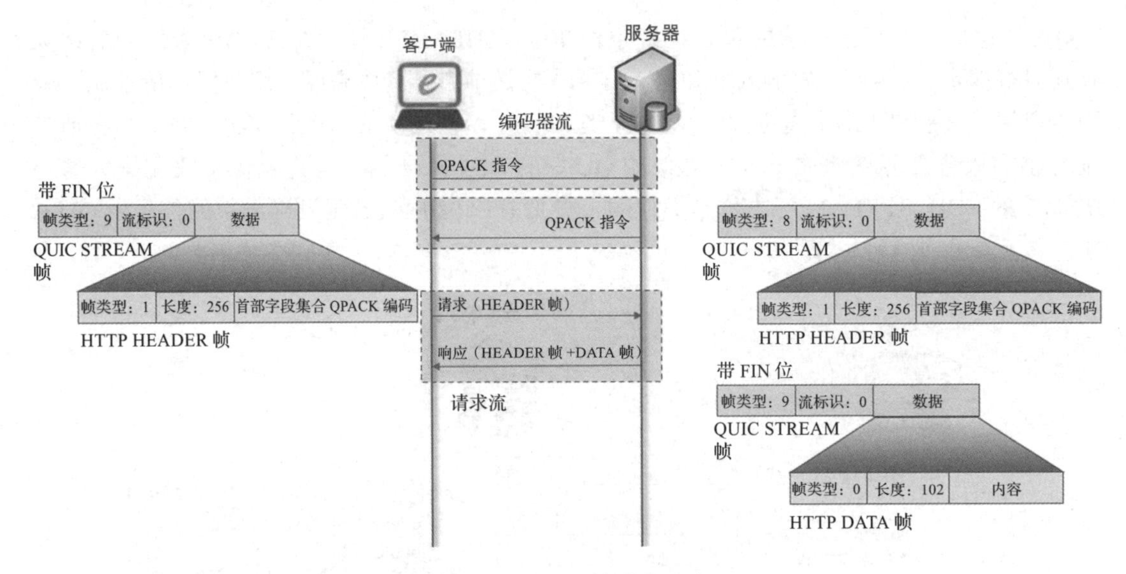

图 8-6 HTTP3 请求和响应

请求流可以被任一端点取消，当客户端不再对这个请求的响应感兴趣就可以取消流，当服务器不能或者不想响应请求也可以取消流。这种情况下的取消需要使用 QUIC 的 STOP_SENDING 帧和 RESET_STREAM 帧携带应用错误码重置流（见 2.5.2 节）。

8.3.3 服务器推送

客户端向服务器请求时，服务器会判断是否有资源可以提前推送，以加快客户端得到整体资源的速度。只有安全的幂等方法可以推送，比如 GET 方法，一般 PUSH 方法会改变服务器状态，是不能安全推送的，具体的方法和内容服务器应用可以自行判断。

一般服务器会在收到请求时判断是否需要推送，如果需要推送，应该先发送 PUSH_PROMISE 帧，再发送这个流上请求的响应 HEADER 帧和 DATA 帧，这是为了避免客户端解析响应后还没收到 PUSH_PROMISE 帧而发起了请求。PUSH_PROMISE 帧中指定了另一个请求的首部字段集合和推送标识，服务器会在对应的推送流上发送这个请求的响应（HEADER 帧和 DATA 帧）。

正常推送过程如图 8-7 所示，客户端首先在客户端控制流中发送 MAX_PUSH_ID 帧，设置服务器可以使用的推送流标识上限，本例中发送的限制为 100，也就是说服务器不允许使用超过 100 的推送流标识值；然后客户端发起请求 1 的请求流，请求 1 包含一个 HEADER 帧；服务器收到请求 1 后，判断需要提前推送请求 2 的响应，于是先发送了一个包含请求 2 头字段集的 PUSH_PROMISE 帧，PUSH_PROMISE 帧携带了即将使用的推送标识 10，随后发送了请求 1 对应的响应，响应 1 包含了一个 HEADER 帧和一个 DATA 帧；服务器发起推送标识为 10 的推送流，并在流中发送响应 2 对应的 HEADER 帧和 DATA 帧；客户端收到请求 1 对应的响应 1 时，发现需要发起请求 2，但请求 2 的响应已经通过推送提前到达，所以不再发起。

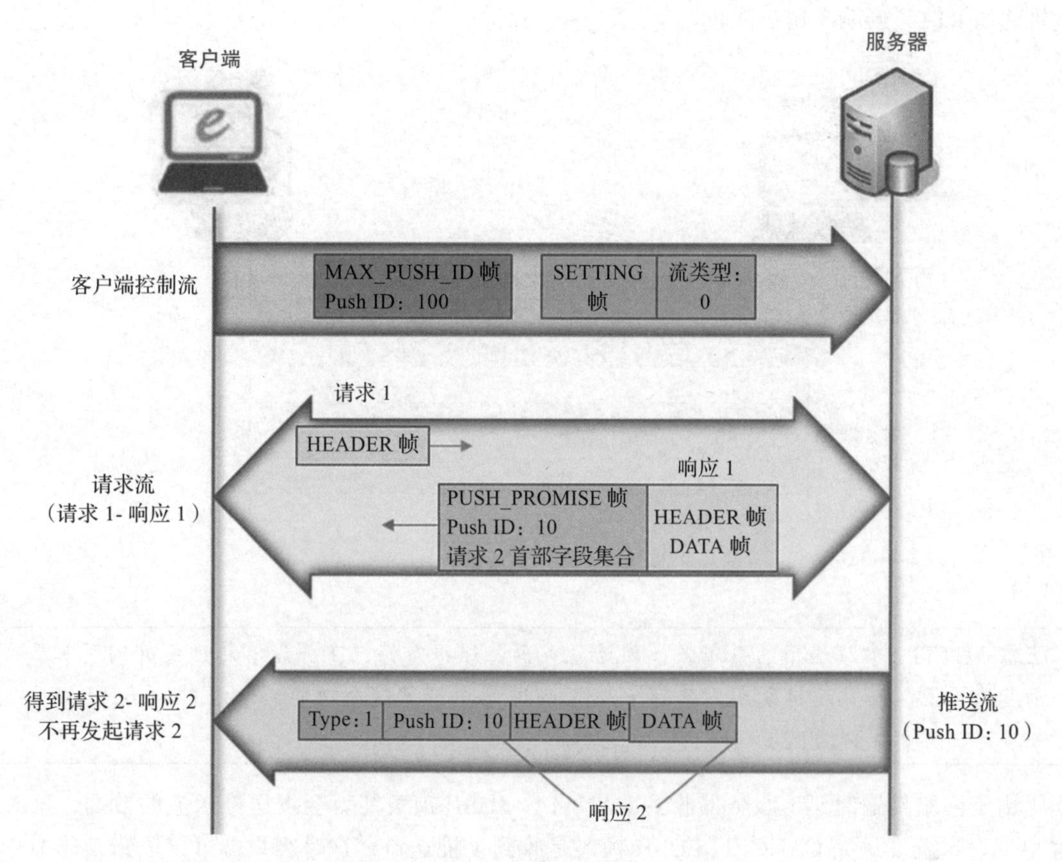

注：推送流标识一般是从 0 开始，图中为了方便说明使用了 10。

图 8-7 正常推送过程

在实际推送过程中，发送了 PUSH_PROMISE 帧并不能保证推送一定成功，所以即使收到了 PUSH_PROMISE 帧，客户端还是可能发起对应请求，这时如果服务器的推送数据已经在路上了，可能会造成浪费。

客户端收到服务器的推送承诺（PUSH_PROMISE 帧），可能会发现对应资源已经在本地缓存过了，用不着再推送，这时客户端会通过 CANCEL_PUSH 帧告知服务器取消推送，过程如图 8-8 所示。

但服务器也有可能在收到 CANCEL_PUSH 帧之前开始推送，在客户端已经有缓存的情况下浪费带宽。HTTP 并未规定怎么处理这种情况，应用可以考虑对应策略，比如判断客户端的状态，nginx 就建议根据 cookie 是否存在判断客户端是不是第一次访问。客户端可以限制推送流总数、设置较小的初始推送流控窗口来改善这种情况，但是可能会同时影响了服务器推送带来的收益。这也是 HTTP 没有解决这个问题的原因之一，设想如果 HTTP 规定服务器在客户端确认收到 PUSH_PROMISE 帧并明确同意的情况下再推送，这就相当于增加了实际推送的 RTT，影响了用户体验。

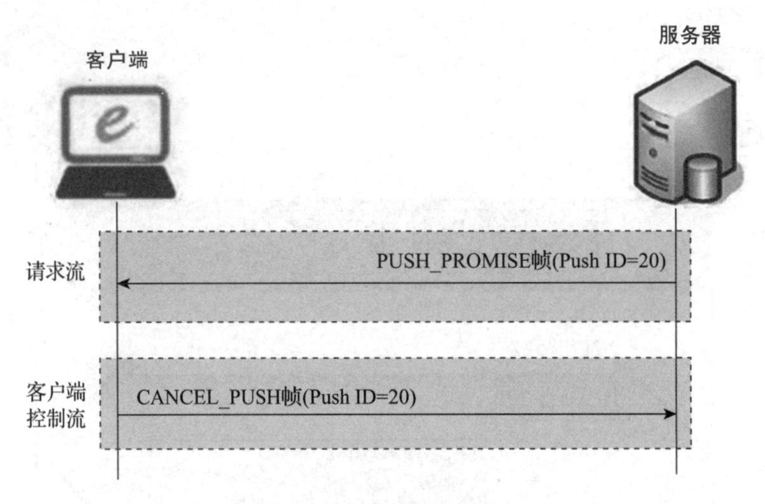

图 8-8 客户端取消推送

> **注意** HTTP2 中推送用的并不多，因为服务器推送很多情况下并没有起到提升网页加载速度的作用，而且逻辑复杂，只有 1.25% 的网站支持了这个功能，所以 Chrome 已经宣布不再默认支持 HTTP2 和 HTTP3 推送功能[⊖]。

由于网络传输时延，服务器收到 CANCEL_PUSH 前可能就会发送推送流的数据，这对客户端意味着发送完 CANCEL_PUSH 帧还是收到了推送流，这时客户端可以以错误码 H3_REQUEST_CANCELLED 中止读取流（使用 QUIC 的 STOP_SENDING 帧）。

由于 QUIC 流之间传输的数据没有顺序保证，虽然服务器在发起推送流之前发送了 PUSH_PROMISE 帧，但客户端有可能先收到推送流。这时无法确定推送流中的响应对应的请求首部，可以先缓存推送流中的数据，为了控制缓存数据的大小，可以使用流控来限制。

8.3.4 连接关闭

HTTP3 可以通过 QUIC 关闭连接的几种方式关闭，典型地，可以通过合理的 QUIC 传输参数 max_idle_timeout 来设置连接闲置的最大时间。一般来说，服务器更希望关闭闲置的连接，但客户端可能选择通过保活维持连接。在接近闲置关闭时间时发送请求可能无法得知处理结果，尤其是非幂等的 POST 请求，这会导致客户端不知道是否能在新建立的连接上安全

⊖ https://groups.google.com/a/chromium.org/g/blink-dev/c/K3rYLvmQUBY/m/vOWBKZGoAQAJ?pli=1 和 https://www.ctrl.blog/entry/http2-push-chromium-deprecation.html。

重试，这种情况下最好是直接新建立连接，在新连接上发送请求。

HTTP3 也可以通过 GOAWAY 帧优雅地关闭连接，以保证客户端和服务器就那些流处理完成达成一致。发送 GOAWAY 帧的端点会拒绝大于或等于指定标识的请求或推动，接收 GOAWAY 帧的端点会停止创建新的请求或推送（不受指定标识的限定）。

客户端发送的 GOAWAY 帧包含了一个推送标识，发送 GOAWAY 帧后就不再接收大于或等于这个推送标识的推送。之后如果收到了携带更大推送标识的 PUSH_PROMISE 帧，则发送 CANCEL_PUSH 帧取消；如果收到了更大推送流标识的推送流，则发送 QUIC 的 STOP_SENDING 帧终止读取。

服务器收到这个 GOAWAY 帧后就不再发起新的推送，即不能够发送新推送标识的 PUSH_PROMISE 帧。

服务器发送的 GOAWAY 帧包含了一个请求流的 QUIC 流标识，这个流标识必须符合 QUIC 中客户端发起的流标识规定，如在 QUICv1 中是 0、4、8 等。服务器发送 GOAWAY 帧后就不再响应大于或等于这个流标识的请求，如果收到了新的请求，则发送 QUIC 的 STOP_SENDING 帧和 RESET_STREAM 帧通知客户端，这是为了客户端能够及时清理流资源，也不再浪费网络资源。

客户端收到服务器的 GOAWAY 帧，就不再发起新的请求。已经发送的请求的流标识如果大于或等于 GOAWAY 帧中的流标识，会被服务器关闭；如果小于这个 GOAWAY 帧中的流标识，在收到响应或者收到更小流标识的 GOAWAY 帧之前，并不能确定是否会被服务器处理。

在处理完未完成的请求或推送后，可以通过空闲超时关闭连接，也可以通过发送 QUIC 的 CONNECTION_CLOSE 帧来关闭连接。客户端与服务器通过 GOAWAY 帧优雅地关闭连接的典型过程如图 8-9 所示。

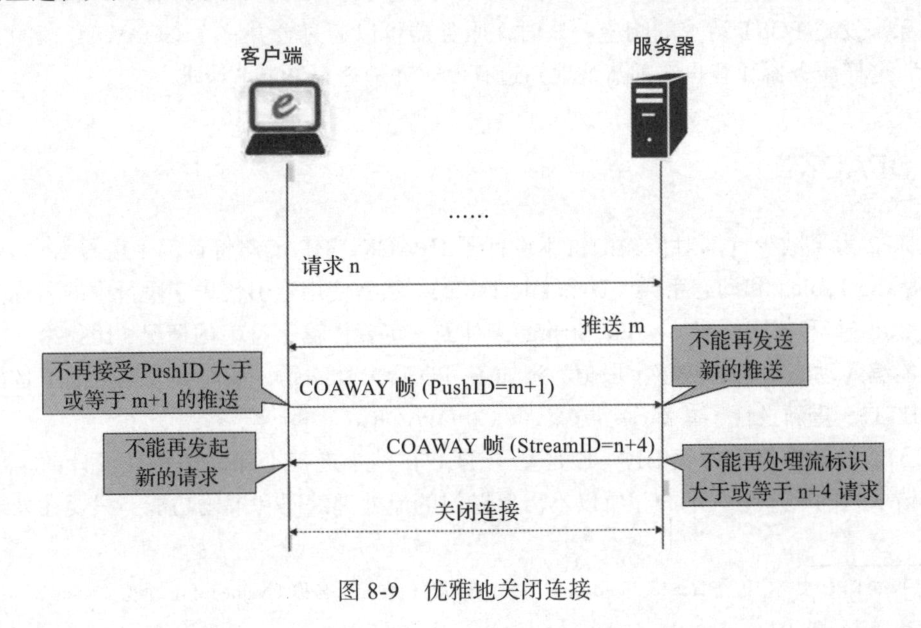

图 8-9 优雅地关闭连接

但是，以上方式可能不太容易判断清楚是否还有未完成的请求或推送，更加优雅的方式是先发送一个最大标识的 GOAWAY 帧（服务器发送 $2^{62}-4$，客户端发送 $2^{62}-1$ 为客户端），对端收到后就不会再发起新的请求或推送。在为传输中的请求或推送留出足够的时间后，再发送一个带有明确标识的 GOAWAY 帧。

客户端想要关闭连接的时候，如果客户端不支持推送，也可以直接通过 QUIC 的 CONNECTION_CLOSE 帧直接关闭。

服务器在有些情况下也会突然通知关闭连接，比如需要升级或者维护，这时如果直接通过 CONNECTION_CLOSE 帧关闭，客户端可能就无法得知同时发出的 POST 请求是否处理成功，如图 8-10 所示。

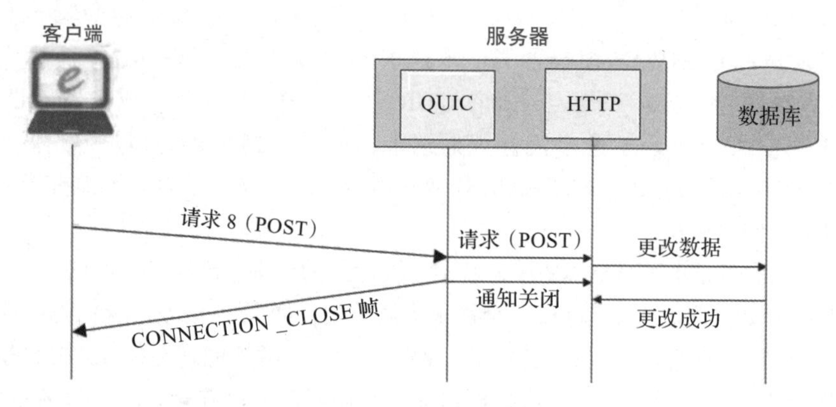

图 8-10　服务器直接关闭连接

在图 8-10 中，由于 QUIC 已经发出了 CONNECTION_CLOSE 帧，后面无法再发送其他帧，也无法发送 POST 请求的响应。这时，服务器可以通过合并一个 GOAWAY 帧的方式关闭连接，这样服务器和客户端都清楚地知道有没有处理这个 POST 请求。

8.4　QPACK

HTTP2 为了减少首部对传输的占用设计了 HPACK，HPACK 将首部字段行[㊀]，编入静态字典（Static Table）和动态字典（Dynamic Table），然后使用索引代表字段行中的名称字符串（Name String）和值字符串（Value String），对于一定要传输字符串的情况（比如第一次传输或者不能编入动态字典的敏感字段值）添加了可选哈夫曼编码，从而有效地压缩了首部字段集合。HTTP3 重新设计了首部压缩方案，称为 QPACK。

HTTP2 的首部压缩方案 HPACK 是基于 TCP 在整个连接上保序的特性设计的，也就是说各个请求间的顺序是一定的，所以不需要专门的流处理编码和解码功能，只要在处理请求

㊀ 标准 RFC 文档中称作 Header Field Line，一个字段行包含一个名称（Name）和一个值（Value）。

和响应时处理动态字典就可以了。但 HTTP3 是基于 QUIC 的，每个请求流上数据的接收顺序是不一定的，所以 QPACK 专门创建了编码器流和解码器流来维护动态字典、处理首部的编码和解码。由于 QUIC 不保证流上数据之间的顺序，请求流有可能因为编码器流丢包或乱序被阻塞，因此 QPACK 的目标是尽量保持高效首部压缩和请求流阻塞的平衡。

QPACK 中有两个表：静态字典和动态字典。静态字典中是根据近年来互联网上的 HTTP 报文统计出来的高频字段行，动态字典中是当前连接中积累的字段行信息。QPACK 解码器根据请求流中的表标志位判断引用的是静态字典条目还是动态字典条目，而 HPACK 是将静态字典和动态字典整合成一张表进行索引的。编码器通过发送指令通知解码器添加、复制、驱逐表项，解码器通过指令通知编码器字段列表解码完毕、请求流取消、新插入条目数量，以此来确保两端动态字典内容基本一致。

动态字典的字节最大长度由解码器通过 QPACK_MAX_TABLE_CAPACITY 设置在控制流上通知编码器，在 SETTING 帧中发送。

编码器流和解码器流中的报文没有使用 HTTP3 帧，而是根据每一段报文的前几位（1～3 位）判断指令类型，随后的格式取决于指令类型。

8.4.1　前缀整数编码

QPACK 为了极致地压缩，继承了 HPACK 的前缀整数编码，QPACK 指令中所有整数都采用了 HPACK 前缀编码的方式，这在小的整数出现概率大的情况下占用更少的字节，而且可以支持从任意位开始编码，而不像 QUIC 的整数编码方式仅支持以字节边界开始。因为 QPACK 指令使用前几位（根据情况是 1～3 位）表示指令类型，所以索引开始的位置不固定，就更适合这种前缀编码方式。

如果 QPACK 指令的第一个字节最前面 1～3 位是指令标识，剩余位可以编码索引的位数是 N（对应于 1～3 位指令，N 在 5～7 之间），当索引小于 2^N-1，即可以使用 N 位表示的情况下，只需要占用完第一个字节，如图 8-11 所示，使用 5 位表示小于 31(即 2^5-1）的整数 9。

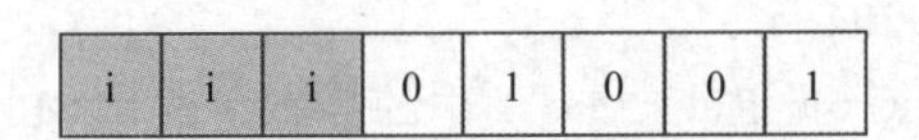

图 8-11　整数 9 的 5 位前缀编码[㊀]

在 3 位指令的情况下，如果需要表示的整数大于 31，就需要使用后面一个字节，前缀 N 位内全填 1，后面字节第一位表示该字节后面是否还有字节，如果整数在这个字节编码结束则第一位是 0。如果整数可以在第二个字节结束，则第二个字节内的数值是：整数值 -（2^N-1）。可见，增加一个字节可以表示的范围可以到达 2^N-1+2^7-1。以 3 位指令 5 位前缀为例，表示上限是 158。如图 8-12 所示表示了整数 36。

㊀ 图中 i 表示 instruction，指令。

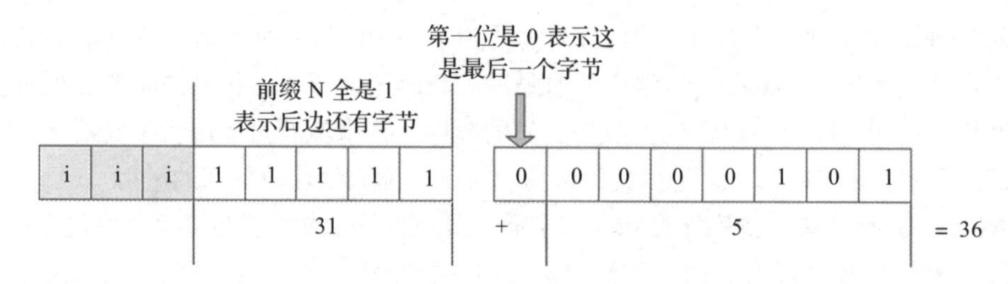

图 8-12　整数 36 的 5 位前缀编码

如果增加一个字节仍不足以表达该整数，则这个字节的最高位设置为 1，再追加一个字节。追加的这个字节表示这个整数的高位，前缀内的值和追加的第一个字节的和表示这个整数的低位。如图 8-13 所示，表示了 3 位指令情况下整数 163 的前缀编码。

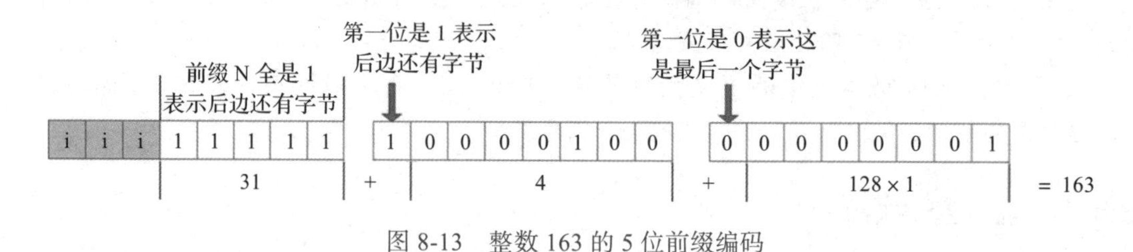

图 8-13　整数 163 的 5 位前缀编码

从以上例子可以看出，前缀整数编码可表示任意大的整数，但实际应用中最大值需要根据场景判断，比如表达 QUIC 流标识的时候（解码器流中集合确认指令和流取消指令中），不会大于 $2^{62}-1$。

8.4.2　静态字典

静态字典中包含最常见的字段名或者字段名和值的组合。HTTP3 的 HEADER 帧中通过索引引用（没有相对索引的用法），或者创建动态字典时可以通过引用静态字典索引创建条目的名称，具体内容见 RFC 9204。

需要说明的是，HPACK（见 RFC 7541）中的静态字典是 61 个条目，QPACK 没有简单的复用 HPACK 的静态字典，而是根据近几年的网络上 HTTP 报文重新整理了一个静态表，并且扩充到 99 个条目。另外一点不同是，HPACK 静态字典索引值是从 1 开始，QPACK 静态字典索引值是从 0 开始。由于 QPACK 的动态字典索引值是从零开始单独索引的，因此静态字典的膨胀并不会导致动态字典索引值变大。

8.4.3　动态字典

动态字典是在单个 HTTP 连接中积累的首部字段行信息组成的。QPACK 使用了复杂的编码器和简单的解码器。编码器需要维护一个先进先出序列，根据字典容量确定驱逐哪些条目。为了避免在容量耗尽的情况下无法驱逐旧条目，还需要维护一个排空点，排空点以前的条目不允许再引用，随着时间推移，这些条目上原有的引用被解码器确认解码完毕，就变成可驱逐的条目了。在这段时间内，如果有 HEADER 帧要引用排空点之前的条目，编码器需要将该条目复制一份插入到队列头部（即插入点上），以避免阻塞驱逐旧条目。而对于队列头部的条目，编码器已经将插入条目发送给解码器，但解码器还没有回应，这时无法确认解码器是否已经收到该条目，这时在其他流中的 HEADER 帧中引用该条目可能会阻塞流。但如果设置的阻塞流数允许这个风险，就可以引用。

需要说明的是，HPACK 动态字典是接着静态字典往上编码的（即索引从 62 开始），如图 8-14 所示。而 QPACK 的静态字典和动态字典是分开索引的（分别从 0 开始），依靠引用时的一个位来表示引用的是静态字典还是动态字典，如图 8-15 所示。

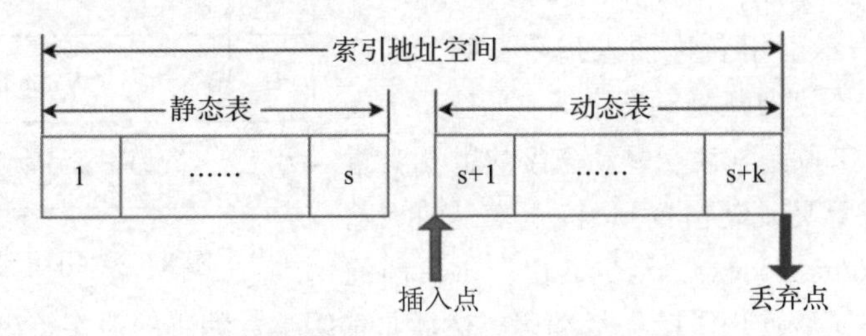

图 8-14 HPACK 索引

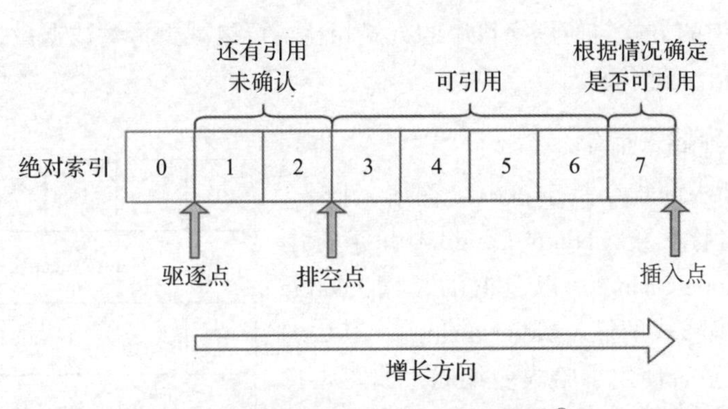

图 8-15 QPACK 编码器的动态字典[㊀]

> **注意** 在 QPACK 实现中不使用动态字典是符合标准的，有的实现可能为了降低实现复杂度而不使用动态字典，比如第 10 章介绍的 quic-go 中的 qpack 库。

8.4.3.1 编码器指令

1. 设置动态字典容量指令

设置动态字典容量的指令由 3 位“001”表示，随后是一个以前缀整数方式编码的容量

㊀ 图中以绝对索引为例，但实际上引用动态字典一般使用相对索引。

值，最短 5 位，最长不能超过解码器的 QPACK_MAX_TABLE_CAPACITY 设置，具体如图 8-16 所示。

容量可以变大也可以变小，如果变小可能会导致解码器驱逐动态字典条目。因为编码器并不关注该指令什么时候在解码器生效，所以设置动态字典容量指令不用回复。

0	0	1	Capability(5+)

图 8-16　设置动态字典容量指令

2. 引用名称插入指令

插入新的表项有两种指令：可以使用字段行的名称和值插入（见字符串名称插入指令），也可以引用其他表项名称但对应值是当前指令中的值，即引用名称插入指令，格式如图 8-17 所示。

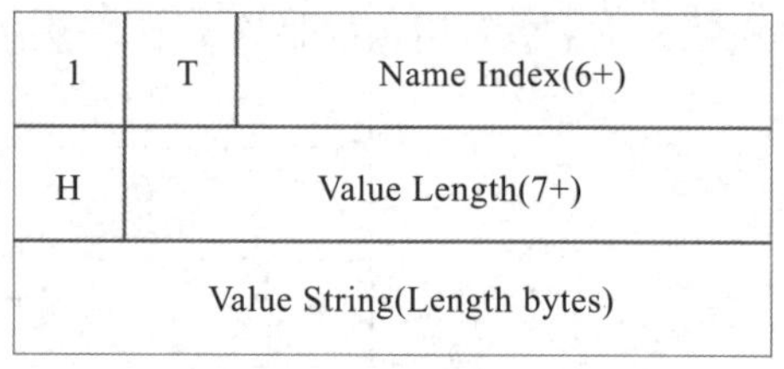

图 8-17　引用名称插入指令

第一位是 1 表示引用名称插入指令；第二位 T 位表示引用的是静态字典还是动态字典，T 位是 1 表示引用静态字典，T 位是 0 表示是动态字典的相对索引（相对索引的计算见复制指令）；接下来是前缀整数编码的索引（Name Index），至少 6 位；再后面的 H 位表示值字符串是否使用了哈夫曼编码；然后是前缀整数编码的值字符串字节长度（Value Length），最后是值字符串本身（Value String）。

名称使用索引的方式与使用字符串的方式相比，可以减少传输数据量，避免被因流控阻塞，也可以提高信道利用率。

3. 字符串名称插入指令

以 01 两位开头的指令是字符串名称插入指令，指令中指定了名称长度（Name Length）和字符串形式的名称（Name String），以及值的长度（Value Length）和字符串形式的值（Value String）。其中 H 位表示名称或值是否使用了哈夫曼编码，如图 8-18 所示。

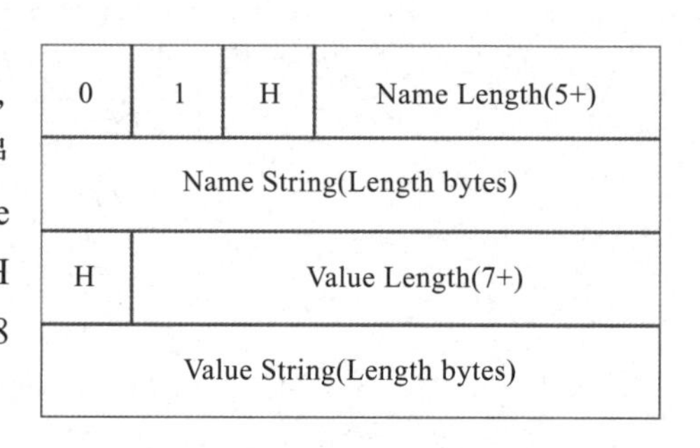

图 8-18　字符串名称插入指令

4. 复制指令

以 000 三位开头的指令是复制指令，复制指令仅携带需要复制条目的相对索引（Index）。这样可以避免引用旧条目，以尽快驱逐动态字典尾部的表项。复制指令的结构如图 8-19 所示。

0	0	0	Index(5+)

图 8-19　复制指令

图 8-19 中 Index 指的是相对索引，即相对于当前最新条目往前偏移的条目个数：

```
相对索引 = 条目总数 - 绝对索引 -1
```

由于同一个流上数据顺序是固定的，所以编码器流上的指令间顺序也是固定的，所以当前指令插入条目的绝对索引就是这条复制指令执行时的动态字典条目总数。以图 8-20 为例，在绝对索引增长到 6 的时候，需要将索引为 3 的条目复制，这条指令中使用的相对索引就是 4，发出的指令是 00000100。

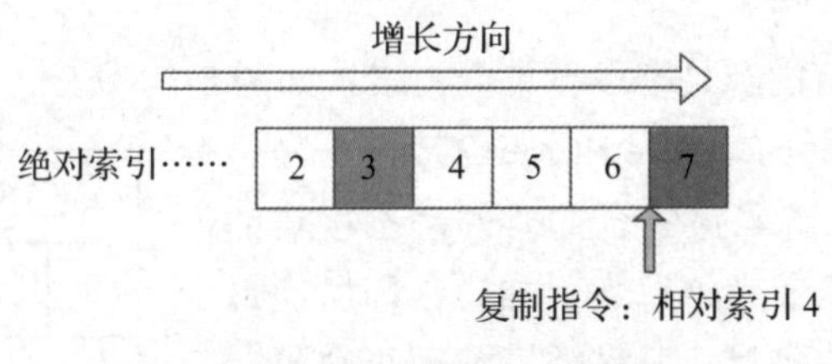

图 8-20　复制指令示例

8.4.3.2　解码器指令

1. 集合确认指令[㊀]

第一位是 1 的解码器指令表示集合确认指令，随后是前缀整数编码的请求流标识（Stream ID），如图 8-21 所示。

1	Stream ID(7+)

图 8-21　集合确认指令

在解码完请求流中的字段行集合后，解码器需要通过这个指令告知编码器，编码器才能清晰地维护对应条目的引用关系。编码器收到该指令后，确认对应流上第一个还没有确认的字段行集合已经解码成功。

2. 流取消指令

前两位是 01 的解码器指令表示流取消指令，随后是前缀整数编码的请求流标识（Stream ID），格式如图 8-22 所示。如果请求流被取消，编码器就收不到对应流的解码确认，无法精确维护条目的引用关系，也就无法驱逐被引用的条目，字典满了就插入不了新条目了，所以需要流取消指令来解除引用关系。

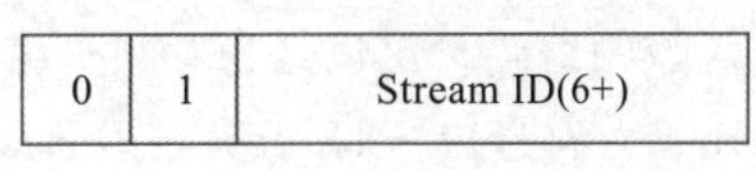

图 8-22　流取消指令

3. 插入增加指令

前两位是 00 的解码器指令表示插入增加指令，随后是前缀整数编码的增加条目数（Increment），格式如图 8-23 所示。

0	0	Increment(6+)

图 8-23　插入增加指令

QPACK 并没有规定该指令的通知频率，可以每个条目都发送一个指令，也可以增加数个条目后生成一个指令，但如果等待时间过长，编码器就无法及时得知解码器已收到的信息，认为引用这样的条目会有阻塞风险，从而谨慎引用或者避免引用，降低压缩效

㊀ 对应英文是 Section Acknowledgment，是 HEADRER 帧中字段集合确认的意思。

率。解码器已收到条目的信息也可由解码完毕隐式包含，所以解码器也可以选择不发送这个指令，但还是有上述降低压缩效率的风险。

8.4.4 字段行集合编码

HEADER 帧中的载荷内容是字段行集合，格式如图 8-24 所示。

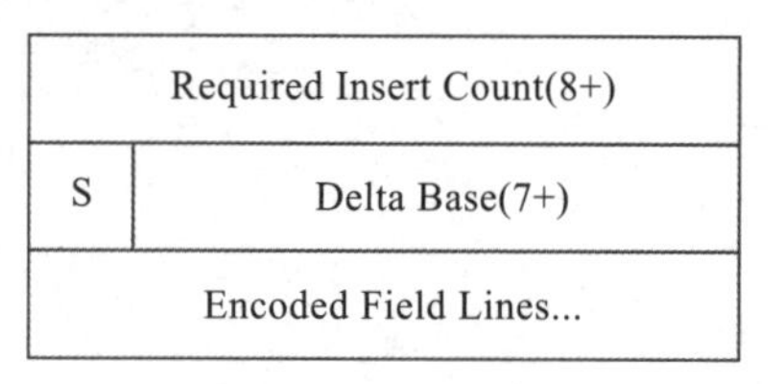

图 8-24 字段行集合

报文中的所需插入数（Required Insert Count）是一个 8 位前缀整数编码，表示解码该集合需要的动态字典插入数量，也就是引用条目的最大绝对索引加一，即所需最少总条目个数，包含驱逐的条目。所需插入数用于解码器判断该字段集合是否可解码，或者说是否被阻塞，以及何时可以解除阻塞。但报文中编码的数值并不是所需插入数本身，而是进行了压缩后的数值，0 值就编码为 0，对于非 0 值计算方法如下[⊖]：

```
编码值 = 所需插入数 mod（动态字典最大可容纳条目数 ×2）+ 1
```

其中动态字典最大可容纳条目数为理论值，即按照每个条目 32 字节计算（32 字节是名称和值都为空的情况下预计最小的条目开销，如计数、指针等），所以等于以字节为单位的动态字典最大容量（MaxTable Capacity）除以 32，然后向下取整：

```
动态字典最大条目数 = floor( MaxTableCapacity / 32 )
```

在进行这样的压缩以后，报文 Required Insert Count 的值不会因为动态字典不断增长而编码地越来越长，从而节省报文空间，这也是 QPACK 的目标。

编码的索引值都是基于 Base 的相对值，一般来说，Base 可以是开始编码该字段行集合时动态字典中的插入次数，即当前最大绝对索引加一。而 Delta Base 是 Base 相对于所需插入数的编码，这也是为了减少编码长度，因而解码器计算 Base 需要根据所需插入数和 Delta Base。符号位 S（Sign）表示 Base 在所需插入数的前面还是后面。

符号位 S 为 1 表示 Base 小于所需插入数，这时 Base 的计算方法为：

```
Base = 所需插入数 - Delta Base - 1
```

如图 8-25 所示，开始编码字段行集合时，动态字典中最大绝对索引是 5，所以 Base=6；编码过程中插入了 3 个新条目，也就是说总共插入了 9 次，所以所需插入数是 9；报文中的所需插入数编码为 10（假设最大条目数比较大），因为 Base 小于所需插入数，所以符号位为 1，Delta Base 为 2（所需插入数 −Base−1）。

符号位 S 为 0 表示 Base 大于或等于所需插入数，这时 Base 的计算方法为：

```
Base = 所需插入数 + Delta Base
```

⊖ 加一是为了解码者能够区分表示不需要引用动态字典的真正零值和经过取模计算后的零值。

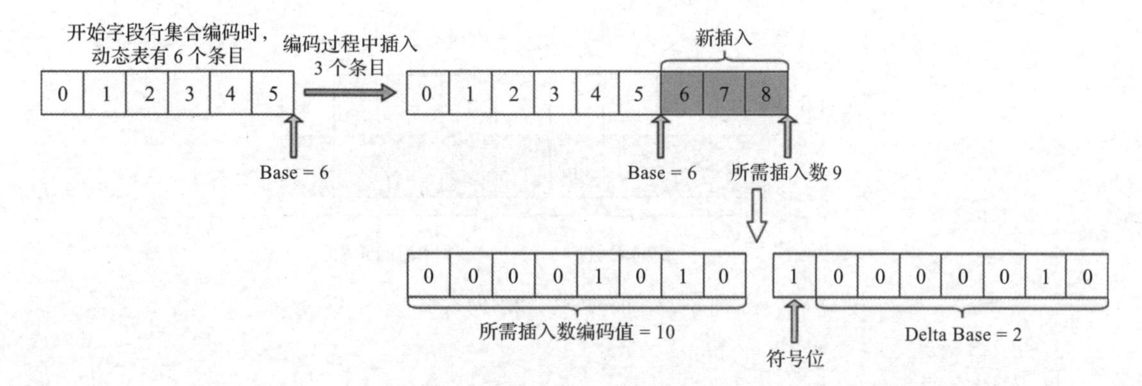

图 8-25 Base 小于所需插入数的情况

这种情况适用于字段行集合中没有引用新加入条目的情况，如图 8-26 所示。字段行集合开始编码时，设置 Base 为 9；编码过程中如果没有插入新条目，而是引用了现有条目 4 和 6，那么最终所需插入数就是 7（这个意思是总共插入过至少 7 次才可以解码出这个字段行集合）；报文中符号位 S 为 0，Delta Base 值为 2（Base– 所需插入数）。

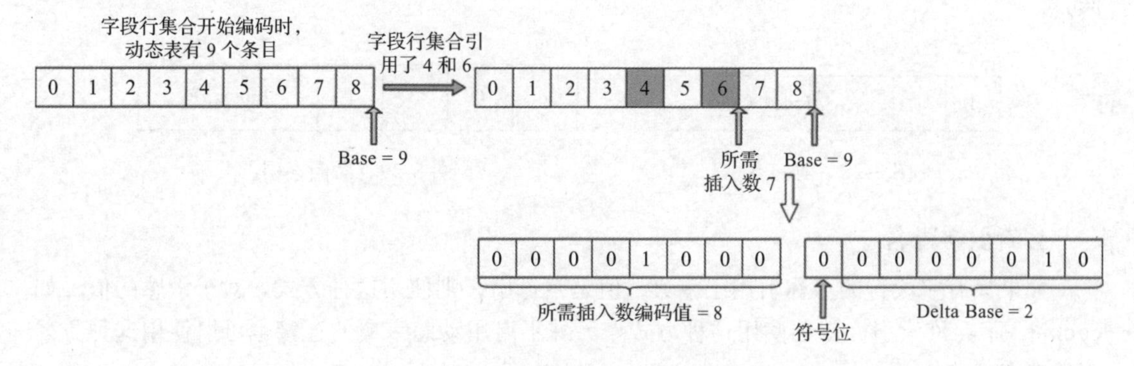

图 8-26 Base 大于所需插入数的情况

QPACK 并没有规定 Base 的选定方法，在如图 8-26 所示的情况中，也可以把 Base 设置为所需插入数量，这样 Delta Base 就为 0。如果字段行集合编码时已经知晓引用情况，比如先更新动态字典，再编码字段行集合，这样做就比较方便了。

1. 前向索引和后向索引

使用索引指代字典中的条目时有两种方式：Base 的前向索引和 Base 的后向索引。前向索引表示条目在 Base 的前面，后向索引表示条目在 Base 的后面，计算方式为：

```
前向索引 = Base - 绝对索引 - 1
后向索引 = 绝对索引 - Base
```

图 8-27 描述了一种简单情况下的前向索引和后向索引。

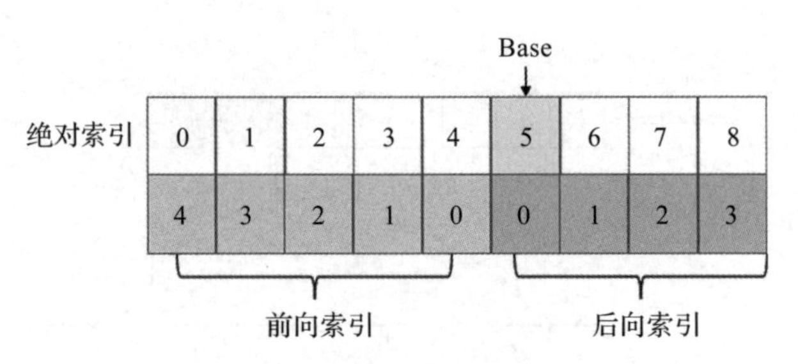

图 8-27 前向索引和后向索引

2. 索引字段行

如果编码的字段行的名称和值都对应动态字典中插入的条目，则使用索引字段行的方式表示。第一位是 1 时表示使用前向索引，也就是说引用的条目在 Base 的前面，格式如图 8-28 所示。其中 T 位表示引用的是静态字典还是动态字典：当 T=1 时，Index 是静态字典的索引；当 T=0 时，Index 是动态字典的前向索引。

前四位是 0001 表示使用后向索引，也就是说引用的条目在 Base 的后面，格式如图 8-29 所示。

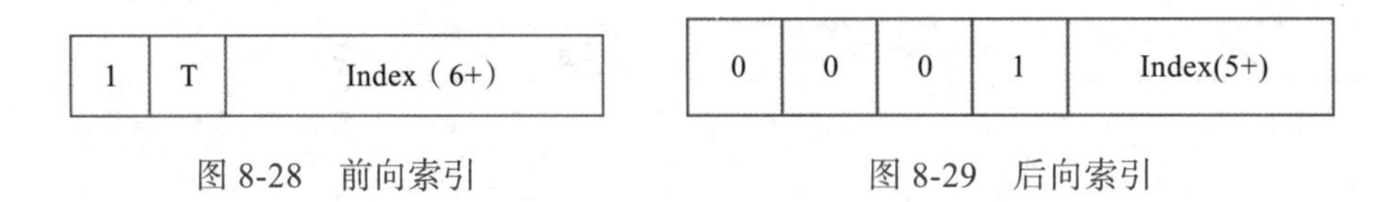

图 8-28 前向索引　　图 8-29 后向索引

3. 索引字段名

如果只有字段行的名称引用于字典，值是字符串，则使用这种方式。对于敏感的值，如 cookie，不允许索引，就会使用这种方式。另外不启用动态字典的连接也可以使用这种方式引用静态字典。

索引字段名的方式同样分为前向索引（以 01 开头，如图 8-30 所示）和后向索引（以 0000 开头，如图 8-31 所示）。

其中 N 位用于控制中间件的索引行为，为 1 表示不允许添加到动态字典中，该字段行的值只能使用字符串方式编码，这是为了保护敏感的值。

H 位表示值的字符串是否进行哈夫曼编码。

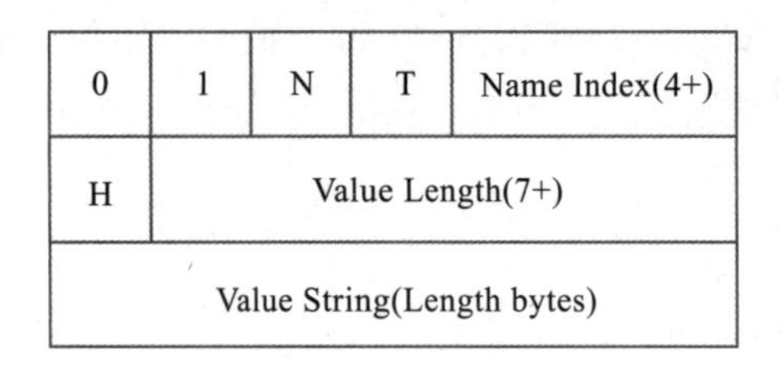

图 8-30 前向索引字段名

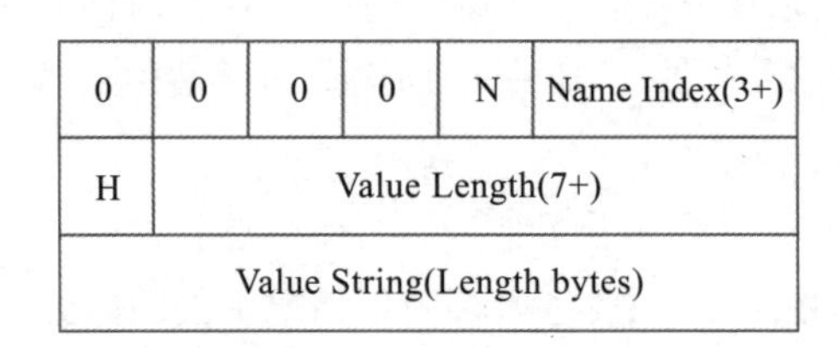

图 8-31 后向索引字段名

8.4.5　QPACK 例子

本节以客户端在连接上发送的第一个 POST 请求为例，简要介绍下 QPACK 编码过程。如图 8-32 所示，客户端发送了一个 POST 请求，其中包含了 6 个字段行，其中 :method: POST 等是常见字段行，在静态字典中有对应编码，不需要发送指令；:path: /example 等并不是静态字典中的字段行，但 :path 在静态字典中，所以这个字段行会生成一个名称索引插入指令。

原始首部

名字	值
:method	POST
:scheme	https
:path	/example
:authority	localhost:50051
content-type	application/json
content-length	1024

编码

字段行集合	动态字典编码指令
静态字典 20	无
静态字典 23	无
动态字典 0	名称索引 - 静态字典 1，值 -/example
动态字典 1	名称索引 - 静态字典 0，值 -localhost:50051
静态字典 46	无
动态字典 2	名称索引 - 静态字典 4，值 -1024

图 8-32　QPACK 编码示例

编码完成后，在编码器流上发送插入指令，在 Header 帧中发送关于静态字典和动态字典的引用，如图 8-33 所示。

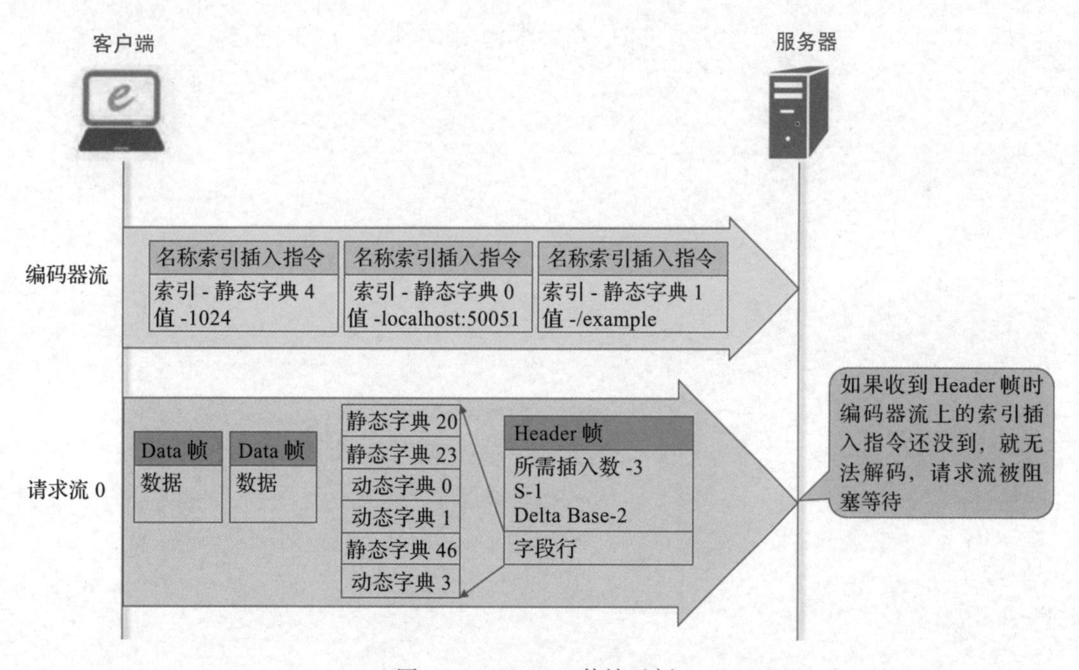

图 8-33　QPACK 传输示例

如果服务器先收到请求流上的 Header 帧，这时本地的动态字典中没有 Header 帧引用的条目，无法解码出原始首部，请求流就会被阻塞，需要等待编码器流上的插入指令将动态字典更新到绝对索引 2，对应 Header 帧中的所需插入数 3。

服务器收到全部 3 个插入指令后，会在解码器流上发送一个集合确认指令，其中携带了流标识 0，即对于请求流上第一个未确认 Header 帧的确认，客户端收到集合确认指令得知请求流没有被阻塞，从而精确控制阻塞的流数。可选地可以发送插入增加指令，或者不发送插入增加指令，客户端使用集合确认指令隐式地判断插入增加的条目，这个过程如图 8-34 所示。

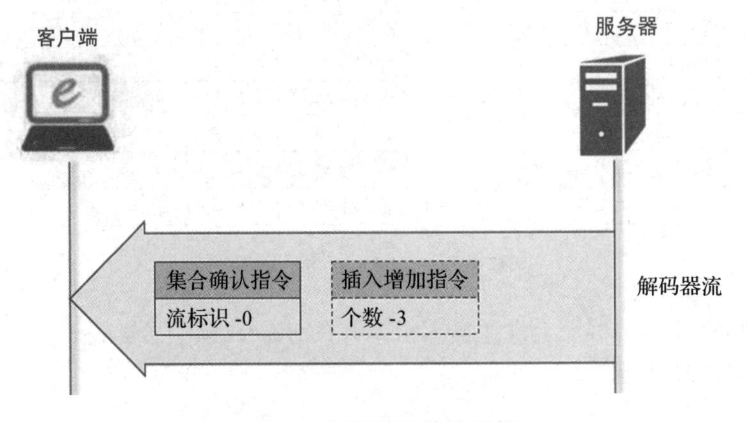

图 8-34　解码器流传输示例

|Chapter 9| 第 9 章

基于 QUIC 的其他协议

虽然 QUIC 诞生之初是为了改善浏览器的访问体验，但现在也有很多其他应用从中受益。本章将给出更多基于 QUIC 的应用，以便读者在使用 QUIC 作为应用底层传输时能有更全面的参考。

本章将给出一个经典的例子——DNS，通过 DNS 的具体使用情况说明使用 QUIC 的考虑因素，最后总结使用 QUIC 的应用需要注意的事项。

9.1 DNS

截至 2023 年 6 月，使用 QUIC 的协议还比较少，已经标准化的除了 HTTP3 就只有 DNS 了。

9.1.1 DNS 简介

DNS（Domain Name System），即域名系统，是用来将域名解析得到 IP 地址的系统。在一次完整的解析过程中，涉及存根解析器（Stub Resolver）、递归解析器、根域名服务器、顶级域名服务器、授权域名服务器。图 9-1 为我们展示了一个各级服务器都没有缓存情况下的 DNS 解析过程示例。

如图 9-1 所示，以浏览器需要访问 oa.example.com 为例，假设各级服务器都没有缓存，浏览器首先向存根解析器查询，解析过程如下。

1）存根解析器没有相关信息，于是向递归解析器发起查询。

2）递归解析器同样没有相关信息，于是向根域名服务器发起查询。

3）根域名服务器告知递归解析器 com 域名服务器的地址 2.1.1.1。

4）递归解析器向地址 2.1.1.1 发起查询。

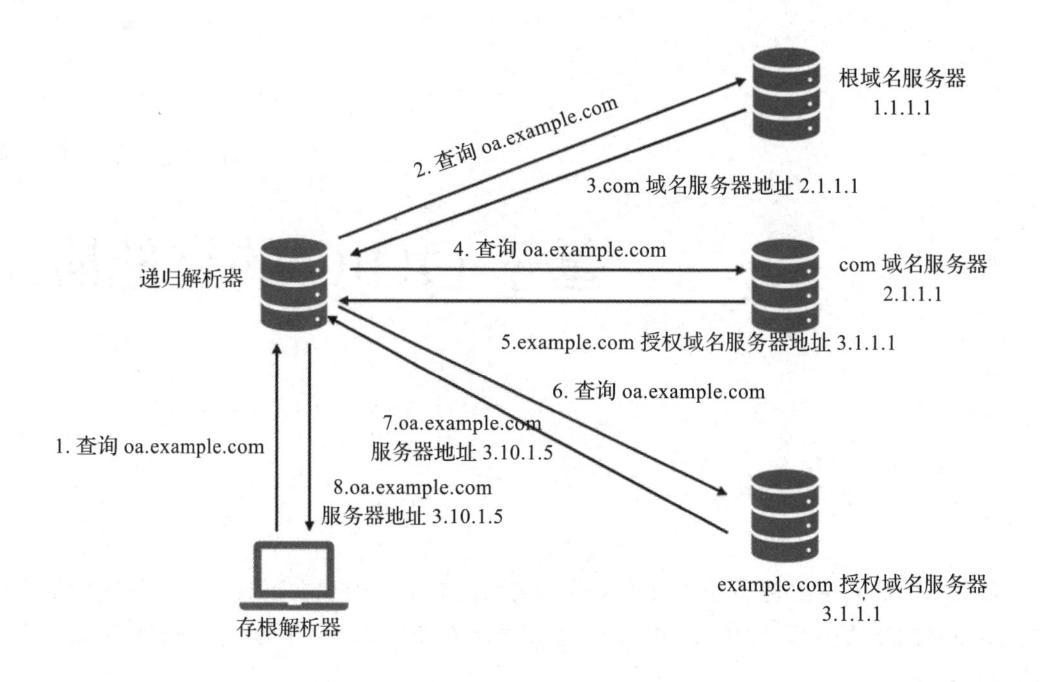

图 9-1　DNS 解析过程示例

5）com 域名服务器没有 oa.example.com 的信息，所以告知递归解析器 example.com 授权域名服务器的地址 3.1.1.1。

6）递归解析器向地址 3.1.1.1 发起查询。

7）example.com 授权域名服务器告知递归解析器 oa.example.com 服务器的地址 3.10.1.5。

8）递归解析器将最终的查询结果返回给存根解析器。

最后，存根解析器将结果返回给浏览器，浏览器得到服务器 IP 地址来访问 oa.example.com 服务器。

最初的 DNS 实现主要是 DoU（DNS over UDP，见 RFC 1034 和 RFC 1035），只有区域传送场景中是使用 TCP 的。这主要是因为 DNS 报文较小，而域名服务器比较繁忙，UDP 对服务器造成的负载较小，对于客户端来说负担小、回复快（可以 0-RTT 发送查询）。区域传送是将主域名服务器的信息传送到辅域名服务器，数据量较大，可靠性要求高，但连接较少，所以 TCP 是更合适的选择。

在有的场景下，域名服务器的回复报文会比较大，这时客户端收到 TC 标志位可以切换到 TCP（见 RFC 1123）。尤其是 DNSSEC（Domain Name System Security Extensions，域名系统安全扩展，见 RFC 5011）出现后，回复截断变得很常见，于是 TCP 不再作为一种备用机制，而成为 DNS 正式的传输机制，RFC 7766 规定通用 DNS 实现必须要同时支持 UDP 和 TCP 传输协议。

最初人们认为域名信息都是公开信息，不需要认证和加密。但是随着互联网的发展，

DNS 域名欺骗或劫持开始成为问题，对于个人隐私的保护也逐渐受到重视，于是 DoT（DNS over TLS，见 RFC 7858 和 RFC 8301）和 DoH（DNS over HTTPS，见 RFC 8484）出现了。DoT 通过 TLS 实现认证和加密，防止了恶意中间人欺骗或者中间人域名劫持，保护了个人隐私，但端口 853 容易被防火墙或者其他中间件过滤掉，或者对流量做针对性分析。DoH 则将 DNS 流量隐藏在 HTTPS 流量中，有着更好的中间件支持和隐私性保护。

从 DNS 发展史可以看出，对于 DNS 来说 QUIC 是一个更好的选择。相对于使用 TLS 的 DNS，如 DoT 和 DoH，QUIC 提供了更好的特性。

1）更好的安全性和隐私性。QUIC 报文比 TCP 加密了更多的部分，有专门的地址验证机制，另外专门设计了防观察机制，因而能提供更好的安全性和隐私性。

2）更快的连接。QUIC 提供了首次连接 1-RTT 和重连 0-RTT 的快速数据发送方式，DNS 一次查询可能涉及多个域名服务器间交互，所以使用 QUIC 的连接速度比 TCP+TLS 可能有显著的提高。

9.1.2　DoQ

DoQ（DNS over QUIC，见 RFC 9250）规定了 DNS 如何使用 QUIC，主要涉及了以下几个方面。

ALPN 标识确定为“doq”。

在端口选择上，DNS 服务器一般选择 UDP 端口 853 来监听 QUIC 连接，递归解析器一般选择在 UDP 端口 443 上监听，因为 443 是 HTTP3 指定的端口号，更不容易被封。但不能使用 53 端口，以避免与 DoU 流量混淆。

在流的使用方面，DoQ 规定只使用客户端打开的双向流。每个查询打开一个流，这个查询的回复也在同一个流上发送，这样可以利用流来关联查询和回复，同时也避免了互相阻塞。DNS 之前在基于 UDP 和 TCP 的传输中定义了自己的序列号来关联查询和回复，这在 DoQ 中就不再需要了。但是 DoQ 还是需要分割一个流中的多个回复，所以仍然需要自己的长度字段。DoQ 使用 QUIC 的 STREAM 帧上的 FIN 标志位表明发送完毕，即客户端查询发送完毕或者服务器回复完毕。

0-RTT 只能用于重放安全的事务，对于 DNS 来说是 OPCODE（操作码）为 QUERY（查询）或 NOTIFY（通知）的事务。服务器需要控制 TLS 票据的使用次数和时间以缓解重放攻击。

DoQ 需要支持协议回退。服务器可能不支持 DoQ，或者中间件阻止了对应的 QUIC 流量，客户端需要回退至 DoT 或者 DoU，并且在一段时间以后重新尝试 DoQ 连接。客户端需要记住不能连接 DoQ 的服务器 IP 地址，避免频繁尝试。

服务器支持源地址验证。需要配置 QUIC 为首次连接通过重试报文验证，后续连接通过地址验证令牌进行验证。验证前不能回复超过接收到报文大小三倍的报文，以防止反射攻击或放大攻击。

恢复连接的考虑。用户侧的存根解析器可能更注重隐私性，不想被服务器关联，这时不应该使用服务器的恢复令牌；而递归解析器可能更注重效率，更愿意使用恢复令牌实现 0-RTT；区域传送对于隐私和效率要求都不高，只需要选择更方便的实现方式（很可能是与其他场景一致的方式）。

定义自己的应用错误码，DoQ 的错误码如下。

DOQ_NO_ERROR (0x0)：没有错误，连接或流需要关闭时使用。

DOQ_INTERNAL_ERROR (0x1)：DoQ 遇到一个内部错误，无法继续处理事务或连接。

DOQ_PROTOCOL_ERROR (0x2)：DoQ 遇到一个协议错误，正在强制中止连接。.

DOQ_REQUEST_CANCELLED (0x3)：DoQ 客户端使用，表示想取消一个未完成的事务。

DOQ_EXCESSIVE_LOAD (0x4)：DoQ 由于负载过大而关闭连接。

DOQ_UNSPECIFIED_ERROR (0x5)：在 DoQ 没有更具体的错误代码的情况下使用。

DOQ_ERROR_RESERVED (0xd098ea5e)：用于测试的错误码。

9.2 使用 QUIC 的通用考虑

9.2.1 0-RTT 使用的考虑

我们之前介绍过，0-RTT 是以牺牲一定安全性为代价来降低首包的传输延迟的，不安全的原因主要有以下几个。

- 0-RTT 报文有重放风险。这里重放风险主要是指连接之间的重放，连接内的重放服务器可以根据流标识和偏移识别出来，很容易避免。
- 0-RTT 不能保证前向安全性。不像 1-RTT 数据加密可以使用服务器的随机数保证前向安全，0-RTT 只有简单的 PSK 加密。
- 0-RTT 没有源地址验证。服务器不能假设客户端恢复连接时使用的 IP 地址跟之前一样，如果客户端使用了服务器之前没有见过的 IP 地址，只能在收到 0-RTT 数据之后才有机会验证。

所以 0-RTT 只能用来传输不重要的幂等数据，比如 HTTP3 中 0-RTT 报文仅用来发送一些 HTTP GET 请求。但有的应用可能很难确定完全幂等且安全的操作。应用需要在首包延迟和安全性之间仔细权衡，如果选择使用 0-RTT 则要谨慎评估安全性，服务器也要有防止重放的方法。

9.2.2 保活的考虑

现在的互联网上，需要考虑的一个重要因素是广泛存在的中间件，尤其是防火墙、NAT 等。QUIC 使用连接标识来避免 NAT 重绑定的影响，中间件上表项老化后客户端仍然可以使用相同的连接标识主动发送报文，服务器根据连接标识匹配到原来的连接，这样只要还没有达到两端协商的空闲超时时间，就仍然可以正常使用原来的连接，而不至于断链重连。但某些情况下仍然可能存在问题，举两个例子。

1）服务器主动发送数据。如果中间件上对应表项删除后，服务器想主动向客户端发送报文，就会被中间件丢弃了。防火墙会认为这是外部的攻击流量，所以丢弃，而 NAT 设备会因为找不到转换映射表项，不知该发往哪里，所以丢弃。

2）负载均衡器可能没有支持 QUIC。传统的负载均衡器会根据 UDP 四元组选择后端的服务器，NAT 重绑定后，这样的负载均衡器会认为是新的流量，选择错误的后端服务器。

所以，应用应该仔细考虑流量情况和使用场景，判断是否应该保活。如果两端协商的空闲超时时间比较短，比如小于 30s，那么保活是没有额外用处的；如果两端有持续性的流量，不会使连接空闲超时时间过长，也不用考虑保活。保活根据场合应该谨慎使用，不然代价可能远大于重新连接。比如 HTTP3 中，只有存在未完成的请求时才保活。

RFC 8085 中要求 UDP 的保活间隔应该在 15s 以上，一般建议是在 30s 上下浮动，防止很多连接的保活报文总是同步到达服务器。过短的保活间隔会产生很多不必要的报文，既浪费了流量，更浪费了 CPU，对于移动端设备如手机来说，就浪费了电量。太长的保活间隔则难以阻止中间件上流量表项的老化，没有起到应有的效果。

应用当然可以实现自己的保活机制，但一般通过设置利用 QUIC 协议的保活机制就可以达到效果了。

9.2.3　传输协议回退的考虑

在不确定的网络环境中使用 QUIC 的应用，需要实现传输协议的回退。QUIC 对弱网（弱网指不稳定的网络，比如经常切换的移动网络、信号差的 WiFi、人流密集场所等）友好，并且支持路径迁移，实际上大部分的应用都在这种网络环境中，比如广泛存在的互联网。但这种网络环境中 UDP 很容易被限流甚至被阻断，PMTU 也有可能达不到 1500 字节（但比较罕见），QUIC 协议可能无法运行，或者效率很低。

回退实现需注意安全性保证，一般是回退至 TCP+TLS，比如 HTTP3 可以回退至基于 TCP+TLS 的 HTTP2。但在之前使用 UDP 的协议也可以回退至 UDP+DTLS，如 DNS 和 RTP。

回退后的 0-RTT 实现需要特别考虑。经典的 TCP+TLS 是不支持 0-RTT 的，改进的 TFO（Tcp Fast Open）可以支持重连时的 0-RTT 数据发送，但由于终端和中间件的限制（比如 Windows 直到 Windows10 才开始支持，有些中间件到现在也没有支持），使用比较少。所以回退后可能不能再使用重连的 0-RTT 数据发送。

回退后可能不能提供流复用，如果需要该功能，则需要在应用层提供，比如 HTTP3 回退至 TCP，就要使用 HTTP2 的流复用功能。其他回退到 UDP 的应用则需要考虑排序、拥塞控制、流控等功能。

9.2.4 流的使用

确定流的映射方案应该记住一个原则：流与流之间是并发的，但同一个流内的数据是保序的。如果一个流的交付进程会因为另一个流数据未到达而阻塞，这样的设计可能是不合理的。但有的情况下流之间的阻塞也是无法避免的，特别是控制流与数据流之间的阻塞，典型的例子就是 HTTP3 中的编码器流和请求流。如果流之间的依赖无法避免，就需要特别注意流控死锁问题，具体来说就是被阻塞的流不释放流控窗口造成阻塞流无法推进。QPACK 中限制了可以阻塞的范围，这也是可以参考的方法，但不能仅仅依靠这种限制完全解决死锁问题。

除上文所述的死锁情况之外，对于需要发送大数据块的应用也需要注意类似的情况。如果接收方先读取了大数据块总长度，再等待一次性完整读取整个数据块，就有可能消耗完流控，使得发送方无法继续发送数据，而接收方一直等待数据。这需要应用将整个数据块分次读出，或者在应用层将其分割成相对小的数据块。

选择两个单向流比一个双向流可以更早地发送数据。双向流的被动打开端如果使用单向流，就不必等收到对端打开双向流的报文再发送自己的数据了。但有的场景中不需要在收到数据前就发送数据，如 HTTP 请求流，这样的情况使用双向流就是合适的。但控制流和编码器流这种需要尽早发送数据的流就使用单向流。

对于网络有不同需求的数据，比如对于不同的 Qos 需求，就需要建立不同的连接。因为 QUIC 多流是为了应用数据发送交付时候的解耦，而不涉及网络路径的解耦。需要说明的是，这里指的是普通 QUIC，使用多路 QUIC 的应用可以有更复杂的实现和考虑。

9.2.5 连接关闭

关闭 QUIC 连接可以通过主动关闭或者空闲超时的方式。如果应用需要优雅地关闭连接，可以定义自己的关闭机制，收到关闭信号后只允许处理完当前事务，不再开启新的事务，如 HTTP3 的 GOAWAY 帧。

9.2.6 应用标识

选择一个 ALPN 标识（见 RFC 7301），ALPN 标识作为 TLS 的 ClientHello 消息中的 application_layer_protocol_negotiation 扩展传输。ALPN 标识用于 TLS 协商上层应用协议，在服务器端口复用时可以区分具体应用，另外也可以区分相同应用的不同版本。

|Chapter 10| 第 10 章

QUIC 开源代码与应用实例

QUIC 有多种语言的开源库，限于篇幅，本章只介绍一个 GO 语言实现的 quic 源码 quic-go。quic-go 实现了 QUIC 系列标准（RFC 9000，RFC 9001，RFC 9002）、QUIC 不可靠数据报（RFC 9221）、DPLPMTUD（RFC 8899），也支持了 HTTP3 系列标准（RFC 9114，RFC 9204）。go1.19 之前的版本（不含）源码在 https://github.com/lucas-clemente/quic-go，之后的版本源码迁移至 https://github.com/quic-go/quic-go。

其他比较常见的 QUIC 开源库如下。

- Quiche，基于 Rust 语言，由 Cloudflare 开源，代码路径：https://github.com/cloudflare/quiche。
- MsQuic，基于 C 语言，由微软开源，代码路径：https://github.com/microsoft/msquic。
- ngtcp2，基于 C/C++ 语言，由谷歌开源，代码路径：https://github.com/ngtcp2/ngtcp2。
- mvfst，基于 C/C++ 语言，由脸书开源，代码路径：https://github.com/facebookincubator/mvfst。
- Neqo，基于 Rust 语言，由火狐 Mozilla 开源，代码路径：https://github.com/mozilla/neqo。
- xquic，基于 C 语言，由阿里巴巴开源，代码路径：https://github.com/alibaba/xquic。
- aioquic，基于 Python 实现，代码路径：https://github.com/aiortc/aioquic。
- Chromium 使用的 QUIC 源码位于 https://www.chromium.org/quic/playing-with-quic/。

注意 QUIC 实现的功能测试和它们之间的互操作测试结果可以参考网页：https://interop.seemann.io/，对应源码位于：https://github.com/marten-seemann/quic-interop-runner。

10.1 接口介绍

quic-go 提供的 QUIC 接口在 quic-go\interface.go、server.go 与 client.go 中，本节给出的

接口是基于 v0.34.0 版本，每个版本的接口可能会有细微差别，使用的时候需要根据具体使用的版本仔细核对。

10.1.1 QUIC 的配置

在开启 QUIC 服务器和客户端时都需要指定 QUIC 的配置，主要包含了支持的版本、连接标识生成的规则、传输参数值等，对于服务器还有是否开启 0-RTT、是否开启源地址验证、令牌生成和使用规则等。

```
type Config struct {
    // 设置可以使用的 QUIC 版本，默认是支持当前代码的所有版本
    Versions []VersionNumber
    // 连接标识字节长度，可以是 0 或者 4 ~ 18
    // 客户端默认值是 0，服务器默认值是 4
    ConnectionIDLength int
    // 生成连接标识，默认空，连接标识根据长度随机生成
    // 如果设置此字段，则忽略 ConnectionIDLength
    ConnectionIDGenerator ConnectionIDGenerator
    // 握手时间限制，默认值是 5s
    HandshakeIdleTimeout time.Duration
    // 收不到任何数据包的情况下可以维持的最大时间，默认值为 30s
    MaxIdleTimeout time.Duration
    // 是否发送重试报文，默认服务器要验证所有客户端的地址（仅服务器）
    RequireAddressValidation func(net.Addr) bool
    // 重试令牌有效期，默认值是 5s（仅服务器）
    MaxRetryTokenAge time.Duration
    // 握手期间使用的之前连接的令牌的有效期，默认值是 24h（仅服务器）
    MaxTokenAge time.Duration
    // 保存从服务器接收到的令牌
    // 键值是 tls.Config 的 ServerName，如果没有就是服务器 IP 地址
    TokenStore TokenStore
    // 流级别接收流控窗口的初始值，默认值是 512 KB
    InitialStreamReceiveWindow uint64
    // 流级别接收流控窗口的最大值，默认值是 6 MB
    MaxStreamReceiveWindow uint64
    // 连接级别接收流控窗口的初始值，默认值是 512 KB
    InitialConnectionReceiveWindow uint64
    // 连接级别接收流控窗口的最大值，默认值是 15 MB
    MaxConnectionReceiveWindow uint64
    // 连接的拥塞控制器想要增加流控窗口时会回调，默认空
    // 在这个回调中调用其他连接和流的接口无效，以避免死循环
    AllowConnectionWindowIncrease func(conn Connection, delta uint64) bool
    // 对端可以打开的双向流流标识最大值，不能大于 2^60，默认 100
    MaxIncomingStreams int64
    // 对端可以打开的单向流流标识最大值，不能大于 2^60，默认 100
    MaxIncomingUniStreams int64
    // 用来生成无状态重置令牌，默认不能发送无状态重置
    StatelessResetKey *StatelessResetKey
    // 设置保活周期，超过 20s 且超过空闲超时的一半才生效，默认不保活
    KeepAlivePeriod time.Duration
```

```
    //关闭路径 MTU 发现 (RFC 8899)
    //关闭后 IPv4 数据包限制在 1252 字节，IPv6 数据包限制在 1232 字节
    DisablePathMTUDiscovery bool
    //不发送版本协商报文，一般用于版本由带外提供的情况（仅服务器）
    DisableVersionNegotiationPackets bool
    //是否接收 0-RTT 连接，默认不接收（仅服务器）
    Allow0RTT func(net.Addr) bool
    //使能 QUIC 数据报功能（RFC 9221）
    EnableDatagrams bool
    Tracer  logging.Tracer
}
```

10.1.2　TLS 的配置

TLS 的配置内容非常多，本节仅列出了使用 QUIC 时常用的一些字段，主要是证书验证相关的内容和 SNI、ALPN 等。

```
//仅部分字段
type Config struct {
    //提供给对端的证书链
    //服务器必须设置 Certificates、GetCertificate 或 GetConfigForClient 中至少一个
    //客户端如果提供认证，必须设置为 Certificates 或 GetClientCertificate 中的一个
    Certificates []Certificate
    //根据 ClientHelloInfo 获取证书，仅客户端提供 SNI 或者 Certificates 为空时回调
    //只能服务器设置
    GetCertificate func(*ClientHelloInfo) (*Certificate, error)
    //服务器要求客户端提供证书时调用，设置后 Certificates 会被忽略
    //同一连接中可能会调用多次，只能客户端设置
    GetClientCertificate func(*CertificateRequestInfo) (*Certificate, error)
    //服务器接收到 ClientHello 后调用，返回非空来改变配置，返回空表示用原配置
    GetConfigForClient func(*ClientHelloInfo) (*Config, error)
    //TLS 客户端或服务器在正常证书验证后调用，返回错误会导致握手失败
    //在设置 InsecureSkipVerify 或服务器验证客户端证书时，没有正常证书验证步骤
    //建议使用此回调验证，但 verifiedChains 是空
    VerifyPeerCertificate func(rawCerts [][]byte,
                                 verifiedChains [][]*x509.Certificate) error
    //在正常证书验证、VerifyPeerCertificate 之后调用
    //不管 InsecureSkipVerify 和 ClientAuth 怎么设置，都会被回调
    VerifyConnection func(ConnectionState) error
    //根证书，如果为空则使用主机的根证书组
    RootCAs *x509.CertPool
    //应用层协议，如果两端都支持 ALPN，则从其中选择协议
    //如果该字段为空，或者对端不支持 ALPN，连接会成功
    //但 ConnectionState.NegotiatedProtocol 为空
    NextProtos []string
    //InsecureSkipVerify 不为 true 的话，此字段用来验证对端证书的 hostname
    //客户端握手中会包含此字段，用来支持虚拟主机
    ServerName string
    //服务器认证客户端证书的策略，默认不认证
    ClientAuth ClientAuthType
```

```
    // 当服务器认证客户端时，服务器用来验证客户端证书的根证书
    ClientCAs *x509.CertPool
    // 为 true 表示客户端不认证服务器证书和主机名
    // 不认证的话容易被攻击，建议仅用作测试
    // 或者与 VerifyConnection 或 VerifyPeerCertificate 一起使用
    InsecureSkipVerify bool
    // 指定连接的 TLS 主密钥记录的文件位置，外部程序可以用来解密，如 Wireshark
    KeyLogWriter io.Writer
}
```

10.1.3 服务器接口

创建服务器时，需要提供监听的地址、TLS 配置和 QUIC 配置。quic-go 提供了两种监听类型，一个是普通监听接口 ListenAddr，另一种是可以在握手完成前就能为应用提供连接的 ListenAddrEarly，这可以用来接收和响应 0-RTT 数据。

```
// 创建监听指定地址的 QUIC 服务器，tlsConf 必须包含证书
//config 可以为空，为空则使用默认值
func ListenAddr(addr string, tlsConf *tls.Config, config *Config) (Listener, error)
// 握手完成前就返回连接，可以提前发送数据
func ListenAddrEarly(addr string, tlsConf *tls.Config, config *Config)
    (EarlyListener, error)
```

监听完成后，返回的是 Listener 或者 EarlyListener，这两个接口中都提供了一样的几个方法：关闭监听、获取监听地址、接收新连接。具体如下。

```
// QUIC 服务器的操作接口
type Listener interface {
    // 关闭服务器，所有连接都会关闭
    Close() error
    // 返回服务器监听的本地网络地址
    Addr() net.Addr
    // 返回新连接，应该在循环调用
    Accept(context.Context) (Connection, error)
}

type EarlyListener interface {
    Close() error
    Addr() net.Addr
    Accept(context.Context) (EarlyConnection, error)
}
```

10.1.4 客户端的接口

使用 QUIC 的应用通过提供想要连接的目的地址、TLS 配置和 QUIC 配置打开一个连接。目的地址一般是域名或者由 IP 地址和端口号的方式提供；TLS 配置需要包含信任的根证书池，服务器需要验证客户端的情况下还需要提供客户端证书，以及验证服务器证书的策略

等；QUIC 配置则包含连接标识的规则、传输参数的设置等。

```
//建立到指定地址服务器的 QUIC 连接
//tls 需要指定 CA 池，默认从 addr 参数中获取 SNI，也可在 tlsConf.ServerName 显式指定
func DialAddr(addr string, tlsConf *tls.Config, config *Config) (Connection, error)
//建立到指定地址服务器的 QUIC 连接，使用 context 控制
func DialAddrContext(ctx context.Context, addr string, tlsConf *tls.Config,
    config *Config) (Connection, error)
//建立到服务器的 0-RTT 连接
func DialAddrEarly(addr string, tlsConf *tls.Config, config *Config)
    (EarlyConnection, error)
//建立到服务器的 0-RTT 连接，使用 context 控制
func DialAddrEarlyContext(ctx context.Context, addr string, tlsConf *tls.
    Config, config *Config) (EarlyConnection, error)
```

10.1.5　连接的接口

客户端调用 DialAddr 等方法创建连接后会返回一个 Connection 接口，服务器调用 ListenAddr 等方法后接收到的连接（使用 Accept 方法）也是 Connection 接口。Connection 接口提供了打开或者接收流、查询本地和远端地址、关闭连接、获取连接状态等方法，较新版本还提供了发送和接收数据报的方法。

```
type Connection interface {
    //接收一个对端打开的双向流，会阻塞到有双向流被打开，需要循环调用
    AcceptStream(context.Context) (Stream, error)
    //接收一个对方打开的单向流
    AcceptUniStream(context.Context) (ReceiveStream, error)
    //异步打开一个双向流
    OpenStream() (Stream, error)
    //同步打开一个双向流，阻塞至可以打开流才返回
    OpenStreamSync(context.Context) (Stream, error)
    //异步打开一个单向流
    OpenUniStream() (SendStream, error)
    //同步打开一个单向流，阻塞至可以打开流才返回
    OpenUniStreamSync(context.Context) (SendStream, error)
    //返回连接使用的本地地址
    LocalAddr() net.Addr
    //返回连接的对端地址
    RemoteAddr() net.Addr
    //使用一个错误码和错误原因字符串关闭连接，原因会发送给对端
    CloseWithError(ApplicationErrorCode, string) error
    //返回 context，通过 Context 的状态判断连接是否关闭
    Context() context.Context
    //返回连接的具体状态
    ConnectionState() ConnectionState
    //发送一个 QUIC 数据报（不可靠消息）
    SendMessage([]byte) error
    //接收一个 QUIC 数据报
    ReceiveMessage() ([]byte, error)
}
```

10.1.6 流的接口

流分为单向流和双向流，单向流发送方只能发送数据，单向流接收方只能接收数据，而双向流的两端都可以既发送数据又接收数据。所以双向流的接口 Stream 分为两个部分：ReceiveStream 和 SendStream。而单向流发送方只使用 SendStream，单向流接收方只能使用 ReceiveStream。

```
type Stream interface {
    //流接收接口
    ReceiveStream
    //流发送接口
    SendStream
    //设置读写时间限制，0表示没有时间限制，默认值为0
    SetDeadline(t time.Time) error
}

type ReceiveStream interface {
    StreamID() StreamID
    //从流中读取数据
    io.Reader
    //不再从流中读数据，要求对端停止发送这个流的数据
    CancelRead(StreamErrorCode)
    //设置读超时，0代表不会超时
    SetReadDeadline(t time.Time) error
}

type SendStream interface {
    StreamID() StreamID
    //往流中写数据
    io.Writer
    //关闭流的写方向
    io.Closer
    // 不再往该流发送数据，已经写入的不一定会发送
    CancelWrite(StreamErrorCode)
    //返回context，用来判断流的写方向是否关闭
    Context() context.Context
    //设置写超时时间，0表示不会超时
    SetWriteDeadline(t time.Time) error
}
```

10.2 源码使用

10.2.1 使用 QUIC

服务器和客户端使用 QUIC 时，服务器进行监听，客户端根据目的地址主动连接，得到 Connection 实例后，客户端和服务器上的 Connection 和 Stream 都没有什么不同，如图 10-1 和图 10-2 所示。

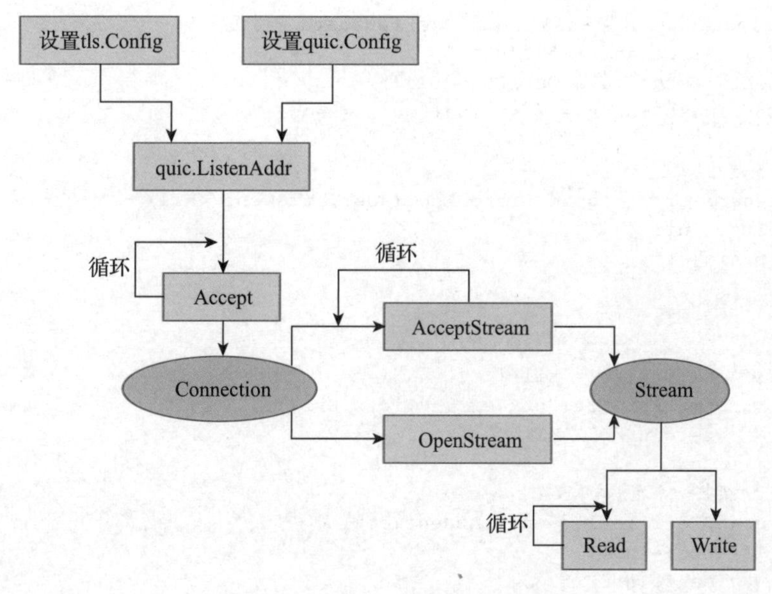

图 10-1　quic-go 服务器使用逻辑

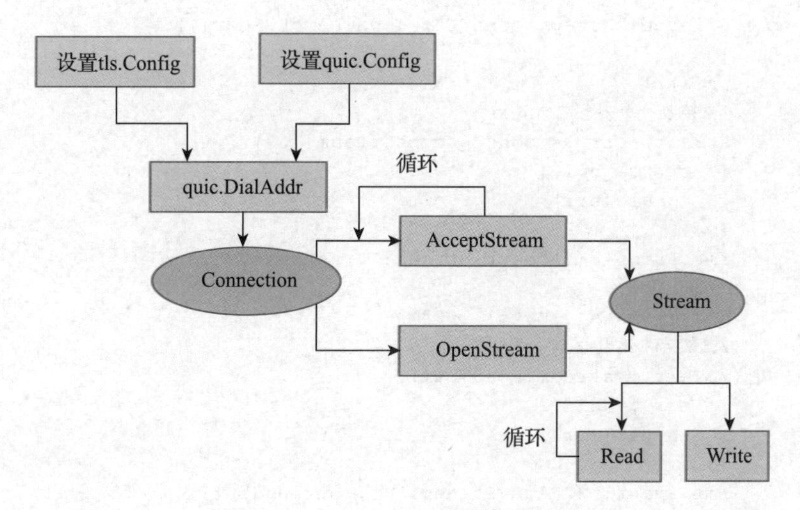

图 10-2　quic-go 客户端使用逻辑

QUIC 接口的使用也可以参考 https://github.com/quic-go/quic-go/blob/master/example/echo/echo.go，这里给出一个简单的例子，注意本例没有处理异常逻辑，连接上也只使用了一个流，而实际应用中复杂得多。

服务器接收客户端连接，在这个连接上接收一个流，在流上回应"quic server example response"，实现如下。

```
func main() {
    ctx, _ := context.WithCancel(context.Background())
```

```
    //在 localhost 上监听，使用 quic 源码 testdata 中的证书
    addr := "localhost:6121"
    tlsConf := testdata.GetTLSConfig()
    tlsConf.NextProtos = []string{"quic-example"}

    //监听连接
    listener, err := quic.ListenAddr(addr, tlsConf, nil)
    if err != nil {
        panic(err)
    }

    for {
        if ctx.Err() != nil {
            fmt.Println("ctx err: ", ctx.Err())
            return
        }
        //接收一个连接
        conn, err := listener.Accept(ctx)
        if err != nil {
            panic(err)
        }

        fmt.Println("Accept conn: ", conn.RemoteAddr())

        go func() {
            //接收一个对端打开的流
            stream, err := conn.AcceptStream(ctx)
            if err != nil {
                panic(err)
            }
            fmt.Println("Accept Stream: ", stream.StreamID())

            buf := make([]byte, 1024)
            //从流中读数据
            _, err = stream.Read(buf)
            if err != nil {
                panic(err)
            }
            fmt.Println("Read Stream1: ", string(buf))

            //向流中写数据
            resp := "quic server example response"
            _, err = stream.Write([]byte(resp))
            if err != nil {
                panic(err)
            }
            fmt.Println("Response: ", resp)
        }()
    }
}
```

客户端打开一个流，并在流上发送“quic example send”，收到回应后关闭连接，实现如下。

```
func main() {
    addr := "localhost:6121"
    pool := testdata.GetRootCA()

    keyLog, err := os.Create("key.log")
    if err != nil {
        panic(err)
    }
    defer keyLog.Close()

    tlsConf := &tls.Config{
        RootCAs:      pool,
        NextProtos:   []string{"quic-example"},
        KeyLogWriter: keyLog,
    }
    //打开quic连接
    conn, err := quic.DialAddr(addr, tlsConf, nil)
    if err != nil {
        panic(err)
    }
    defer conn.CloseWithError(quic.ApplicationErrorCode(quic.NoError), "")

    //打开一个流（同步）
    stream, err := conn.OpenStreamSync(context.Background())
    if err != nil {
        panic(err)
    }

    fmt.Println("Open stream: ", stream.StreamID())

    //在打开的流上发送数据
    message := "quic example send"
    fmt.Println("Send: ", message)
    n1, err := stream.Write([]byte(message))
    if err != nil {
        panic(err)
    }
    fmt.Println("Send bytes: ", n1)

    resp := make([]byte, 1024)
    n, err := stream.Read(resp)
    if err != nil {
        panic(err)
    }

    fmt.Println("Response bytes: ", n)
    fmt.Println("Response: ", string(resp))
}
```

如果需要认证客户端，则需要在客户端的TLS配置中增加客户端证书（Certificates字段），在服务器的TLS配置中增加客户端CA（ClientCAs字段）、客户端证书校验方法（ClientAuth字段），以及可选的证书校验回调（VerifyPeerCertificate）：

```
// 客户端 TLS 配置
tlsConfig := tls.Config{
        RootCAs:            pool,
        // 增加客户端证书
        Certificates:       []tls.Certificate{cert},
        NextProtos:         []string{"example"},
        ServerName:         "ex",
    }
    // 服务器 TLS 配置
    tlsConfig := tls.Config{
        // 增加客户端的 CA
        ClientCAs:              pool,
        Certificates:           []tls.Certificate{cert},
        // 增加校验客户端证书的策略
        //tls.RequireAndVerifyClientCert 表示请求并校验客户端的证书
        // 可以在 VerifyPeerCertificate 中进一步校验服务器证书
        //tls.RequireAnyClientCert 表示客户器需要提供证书
        // 但服务器不在 tls 逻辑内校验，一般在 VerifyPeerCertificate 中校验
        ClientAuth:             tls.RequireAnyClientCert,
        // 进一步验证客户端的证书，可选
        VerifyPeerCertificate: verifyPeerCertificate,
        NextProtos:             []string{"example"},
    }
```

10.2.2 HTTP3 接口使用

HTTP3 服务器的接口在 https://github.com/quic-go/quic-go/blob/master/http3/server.go，使用这些接口需要提供监听的地址、私钥、证书和 HTTP 处理规则。服务器提供的接口主要如下。

```
// 在 TCP 和 QUIC 上都提供 HTTP3 服务
func ListenAndServe(addr, certFile, keyFile string, handler http.Handler) error
// 仅在 QUIC 上提供 HTTP3 服务
func ListenAndServeQUIC(addr, certFile, keyFile string, handler http.Handler) error
```

服务器使用 HTTP3 的简单例子如下。

```
func main() {
    addr := "localhost:6121"
    handler := http.NewServeMux()
    handler.HandleFunc("/demo", func(w http.ResponseWriter, r *http.Request) {
        io.WriteString(w, `<html><body>http3 test</body></html>`)
    })

    quicConf := &quic.Config{}
```

```
    server := http3.Server{
        Handler: handler,
        Addr:    addr,
        QuicConfig: quicConf, // 提供 QUIC 配置
    }
    err := server.ListenAndServeTLS(testdata.GetCertificatePaths())
    if err != nil {
        fmt.Println(err)
    }
}
```

HTTP3 客户端的接口主要在 quic-go/http3/roundtrip.go，使用客户端的简单例子如下。

```
func main() {
    url := "https://localhost:6121/demo"
    // 使用 testdata 下的根证书
    pool := testdata.GetRootCA()

    roundTripper := &http3.RoundTripper{
        TLSClientConfig: &tls.Config{
            RootCAs: pool,
        },
    }
    defer roundTripper.Close()

    hclient := &http.Client{
        Transport: roundTripper,
    }

    resp, err := hclient.Get(url)
    if err != nil {
        fmt.Println("Get err:", err)
        return
    }

    body := &bytes.Buffer{}
    _, err = io.Copy(body, resp.Body)
    if err != nil {
        fmt.Println("Copy err:", err)
        return
    }

    fmt.Println("Response Status: ", resp.Status)
    fmt.Println("Response Body:", body.String())
}
```

其他用例还可参考 quic-go/example，需要注意的是原代码中使用的是 internal/testdata 目录下的 CA 和证书，但是客户端指定的是系统的 CA 池，所以要么把 internal/testdata 下的 CA 导入系统，要么修改为临时 CA 池。

```
pool := testdata.GetRootCA()
```

服务器启动（使用 ./server.exe --help 可以看到所有选项的含义，-v 表示打印详细信息，-qlog 表示在当前目录生成 qlog 文件）。

```
cd quic-go/example/
go build -o server.exe
./server.exe -v=true -qlog=true
```

客户端启动（使用 ./client.exe --help 可以看到所有选项的含义，-v 表示打印详细信息，-qlog 表示在当前目录生成 qlog 文件，最后是 url 列表）。

```
cd quic-go/example/client/main.go
go build -o client.exe
./client.exe -v=true -qlog=true https://localhost:6121/demo/echo
```

10.3 quic-go 源码分析

10.3.1 QUIC 源码分析

1. 服务器

QUIC 服务器的处理主要在 server.go 中，几个监听接口最终都调用了 listen 函数。listen 函数会创建 baseServer 对象，启动新的协程运行 baseServer 的 run 方法。run 会通过 receivedPackets 管道循环读取报文，并将读取到的报文传递给 handlePacketImpl 处理。handlePacketImpl 只处理长首部报文，判断报文是否是支持的版本，如果不是则发送版本协商报文，否则判断是否是初始报文，如果初始报文则交给 handleInitialImpl 处理。handleInitialImpl 则只处理初始报文（这是由于可以找到对应连接的报文都在 packetHandlerMap 对象的 handlePacket 方法中调用了其他分支，只有未找到对应连接的才会到这里处理），先判断是否有令牌，如果有则验证令牌，如果没有令牌则可能尝试发送重试报文，然后产生本端使用的连接标识，随后通过 connection.go 的 newConnection 函数创建连接实例 connection，并将接收到的报文传递给 connection 的 handlePacket 方法进行处理，启动协程运行 connection 的 run 方法，最后启动协程调用 handleNewConn 的 handleNewConn 中等待 connection 完成指定动作后将这个连接加入 baseServer 的连接队列 connQueue。这些方法间的主要调用关系如图 10-3 所示。

服务器比较常用的两个监听方法是 ListenAddr 和 ListenAddrEarly，两者都调用了 listenAddr，listenAddr 会解析 UDP 地址和端口号，然后监听 UDP，并把生成的 net.PacketConn 传递给 listen。这两个方法的不同之处在于使用 listenAddr 的参数 acceptEarly 不同，这个参数在 listen 中赋值给了 baseServer 对象的 acceptEarlyConns 字段，在 baseServer 的 handleNewConn 方法中判断了 acceptEarlyConns 是否为 true，如果为 true 则等 quicConn

的 earlyConnReady 返回，否则等 quicConn 的 HandshakeComplete 返回。

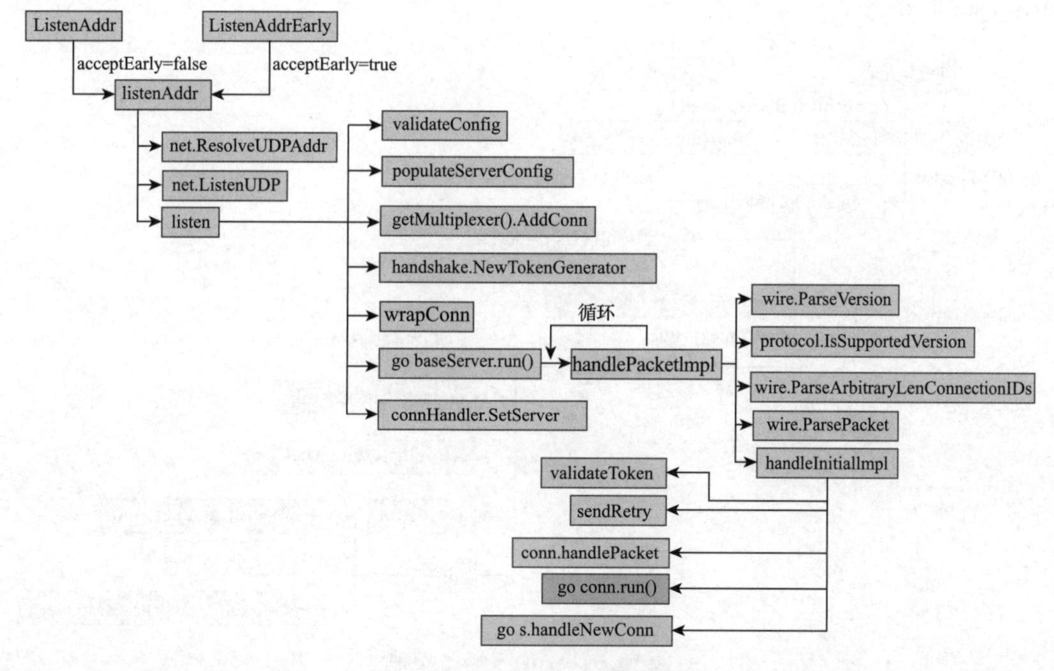

图 10-3　QUIC 服务器逻辑

2. 客户端

QUIC 客户端的处理主要在 client.go 中。启动 QUIC 连接经常使用的接口是 DialAddrContext 和 DialAddrEarlyContext，这两个接口与 DialAddr、DialAddrEarly 的区别在于后两者使用的 context 是 context.Background()，应用不能够使用 context 控制连接。它们都调用了 dialAddrContext，在 dialAddrContext 中解析 UDP 地址和端口号，根据解析结果监听 UDP，并将监听得到的 net.PacketConn 作为参数传递给 dialContext。在 dialContext 中根据配置生成 client 对象（包含了生成本端使用的连接标识和首个初始报文的目的连接标识），然后调用 client 对象的 dial 方法。dial 调用 connection.go 中的 newClientConnection 方法生成 connection 对象，启动协程调用 connection 对象的 run 方法，最后等待连接处理完特定事件后返回。这些方法间的主要调用关系如图 10-4 所示。

DialAddrEarlyContext 与 DialAddryContext 的区别在于是否启用 0-RTT，在调用 dialAddrContext 时 use0RTT 参数不同，在创建 client 对象的时候会把这个参数赋值给 use0RTT 字段，最终在 dial 方法中起作用：如果 use0RTT 为 true，等待 connection 对象的 earlyConnReady，否则等待 HandshakeComplete。除此之外，dial 方法在调用 newClientConnection 方法时，也需要传递 use0RTT，这是为了在 newCryptoSetup 中赋值 qtls.ExtraConfig 的 MaxEarlyData，即在使能 0-RTT 时设置传输参数 max_early_data 为 0xffffffff。qtls 中需要是否使用 0-RTT 的

信息，如果使用了 0-RTT，qtls 需要恢复连接信息、提供 0-RTT 密钥，并且需要设置 tls 中的 early_data 扩展。

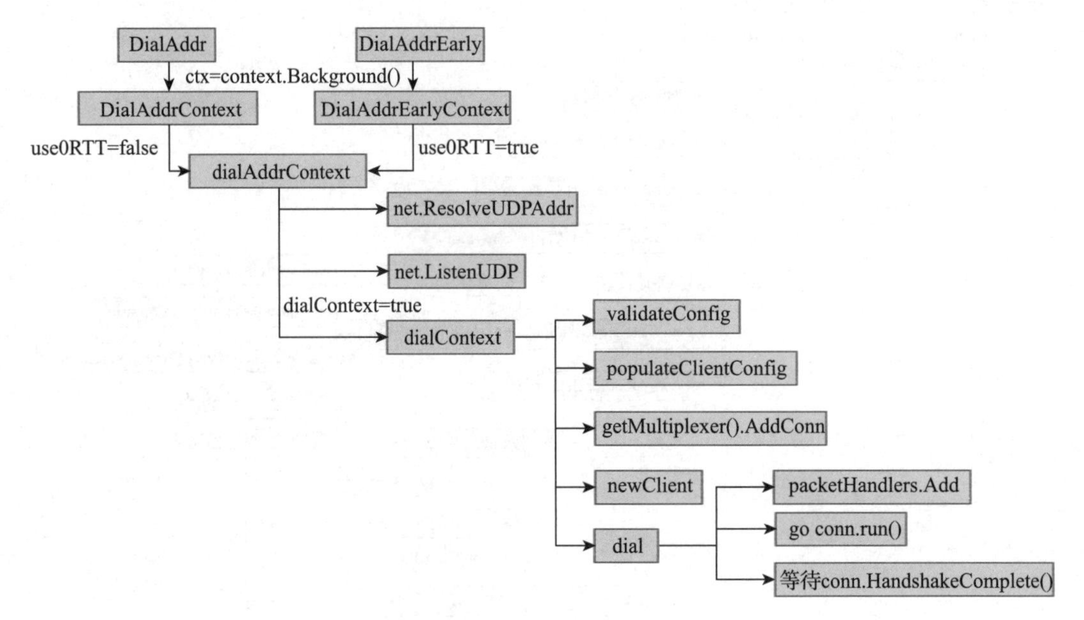

图 10-4　QUIC 客户端逻辑

3. 其他

连接的实现主要在 connection.go 服务器接收到新的连接或者客户端发起连接时，会创建 connection 对象，一般都会启动协程，调用 connection 对象的 run 方法。run 方法执行握手（最终调用到 qtls 具体执行），发送和接收报文。

connection 对象会创建一个报文管理器，用来从 UDP 上接收和派发报文，这主要是通过调用 newPacketHandlerMap 函数创建了 packetHandlerMap 对象实现的，并且实现 packetHandler 中的方法来接收报文。

connection 对象会创建一个 streamMap 的对象用来操作流，这是通过 streamManage 接口来实现的。而 streamMap 会创建各种类型的流对象，双向流使用 stream 对象（stream 对象包含了 receiveStream 和 sendStream），单向流使用 receiveStream 或者 sendStream。

internal 文件夹下有更多的细节，包括报文的组装、报文确认和重传、AEAD 加解密、流控、拥塞控制等，本节不再详细分析。

10.3.2　HTTP3 源码分析

quic-go 中的 HTTP 实现主要在 http3 文件夹里，http3 使用了 qpack 库（见 https://github.com/quic-go/qpack），这个库只使用了静态字典，没有使用动态字典（截至 0.4.0 版本）。

http3 包提供了几个服务器创建函数：ListenAndServer 会监听 TCP 连接，并且在 TCP 的

HTTP 版本首部通告 QUIC 能力，也会监听 QUIC；而 ListenAndServeQUIC 则只监听 QUIC，其他接口也类似，最终都会调用到 Server 对象的 serveConn 方法，如图 10-5 所示。

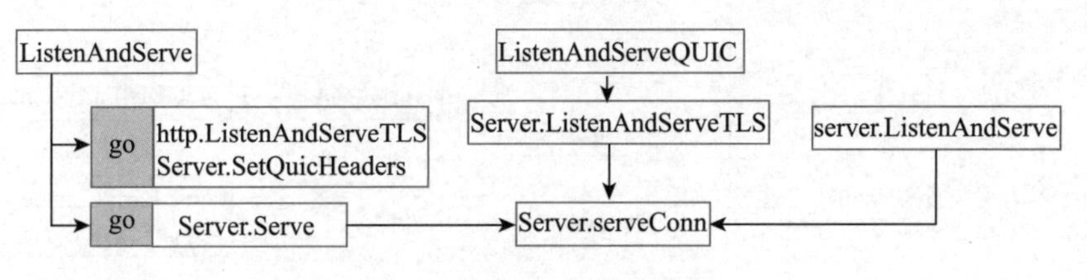

图 10-5　http3 提供的接口

serveConn 方法会先调用 quic 包的 ListenEarly 函数创建 quic 包的 EarlyListen 对象，然后循环调用 EarlyListen 对象的 Accept 方法生成新的连接，然后通过创建协程执行 handleConn 方法处理连接。handleConn 方法会先通过 quic 包的 Connection 对象的 OpenUniStream 方法打开控制流，并在控制流上发送 SETTING 帧，然后接收对端的控制流，最后是一个循环：通过 quic 包的 Connection 对象的 AcceptUniStream 方法接收请求流，启动协程通过 handleRequest 处理请求。调用过程如图 10-6 所示。

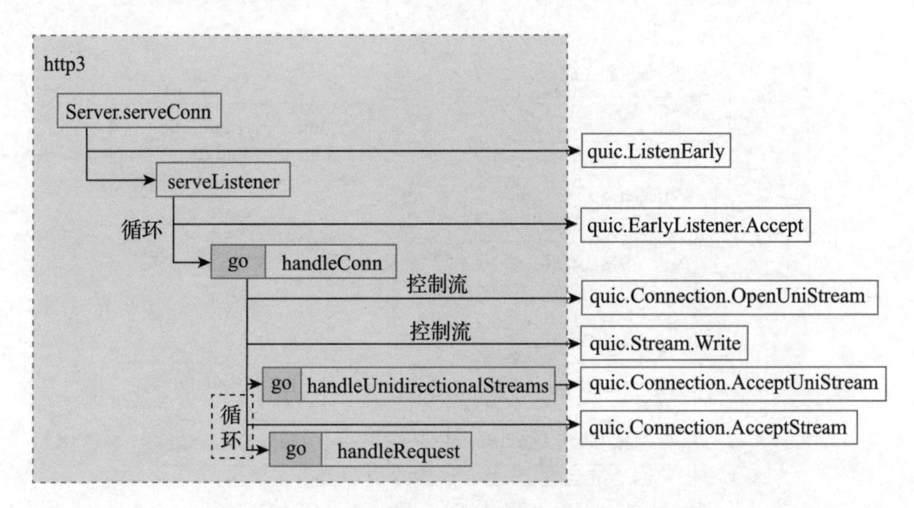

图 10-6　http3 服务器内部调用

客户端使用时，先创建 http3.RoundTripper 对象，然后将 http3.RoundTripper 赋值给 http.Client 对象的 Transport 字段。如果是从一个指定 URL 通过 GET 获取资源，那么执行 http.Client 对象的 Get 方法就可以得到响应。http.Client 对象的 Get 方法会创建一个请求，并将请求通过 RoundTripper 接口的 RoundTrip 回调到 http3 中，即 http3 的 RoundTripper 对象 RoundTrip 方法。RoundTrip 方法会调用 RoundTripOpt，RoundTripOpt 先通过 getClient 创建客户端，然后通过 client 对象的 RoundTripOpt 方法执行请求。getClient 最终会调用 quic 包的 DialEarlyContext 创建连接，如图 10-7 所示。

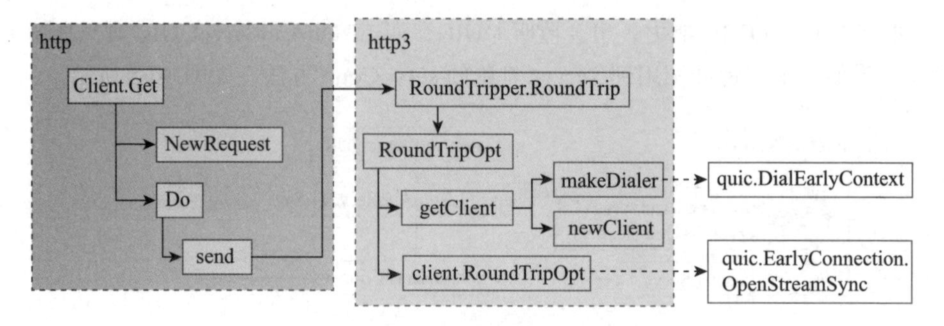

图 10-7 http3 客户端的创建

client 对象的 RoundTripOpt 方法最终会调用 quic 包的 EarlyConnection 接口的 OpenStreamSync 方法创建请求流，并在请求流上写入请求、读取响应，如图 10-8 所示。

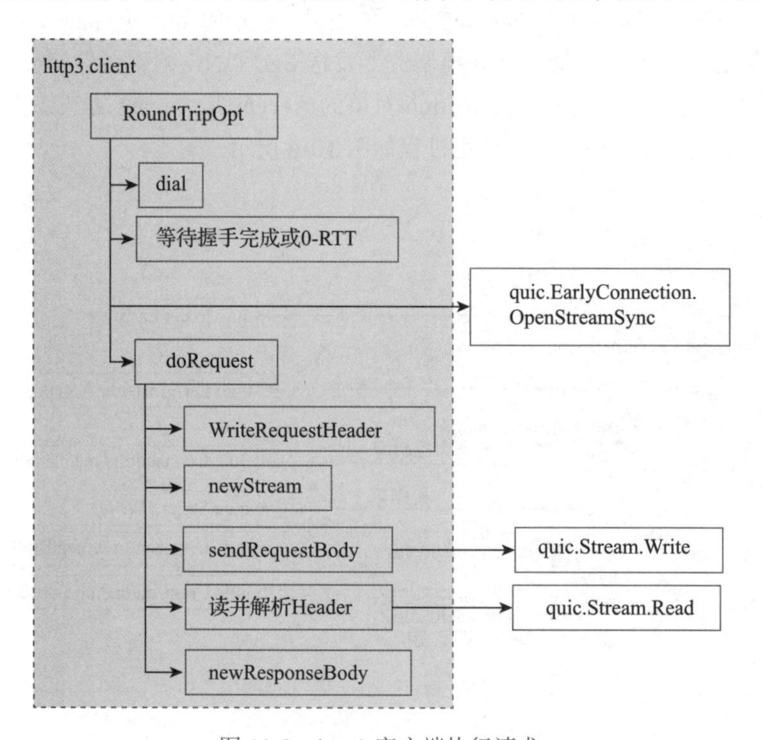

图 10-8 http3 客户端执行请求

10.3.3 qtls 源码分析

quic-go 使用的是 TLS 库 qtls，qtls 库实现了标准 TLS。GO 1.19 之前的 GO 版本使用 https://github.com/marten-seemann/qtls，GO 1.19 版本使用 https://github.com/quic-go/qtls-go1-19，GO 1.20 版本使用 https://github.com/quic-go/qtls-go1-20。

qtls 回调 quic 是通过 ExtraConfig 进行的，quic 通知 qtls 创建客户端时（客户端通过 qtls.

Client，服务器通过 qtls.Server）会将 ExtraConfig 传递给 qtls。ExtraConfig 包含了回调函数 GetExtensions（获取扩展）、ReceivedExtensions（收到扩展）、GetAppDataForSessionState（获取 quic 需要存储的内容）、SetAppDataFromSessionState（通知恢复的内容），ExtraConfig 中 RecordLayer 则包含了其他的回调。

```
type RecordLayer interface {
    // 通知读密钥
    SetReadKey(encLevel EncryptionLevel, suite *CipherSuiteTLS13,
           trafficSecret []byte)
    // 通知写密钥
    SetWriteKey(encLevel EncryptionLevel, suite *CipherSuiteTLS13,
            trafficSecret []byte)
    // 读取握手消息
    ReadHandshakeMessage() ([]byte, error)
    // 发送消息（通过 QUIC 的 CRYPTO 帧）
    WriteRecord([]byte) (int, error)
    // 发送告警
    SendAlert(uint8)
}
```

quic 通过 cryptoSetup 对象实现了 RecordLayer 接口，通过 tlsExtensionHandler 实现了其他回调函数。

客户端在创建连接的时候将 qtls 的相关设置和回调函数传递给 qtls 的 Client 对象（qtls.Client），随后在连接的 run 的方法中触发 qtls 握手流程（调用 qtls.Conn.HandshakeContext），如图 10-9 所示。

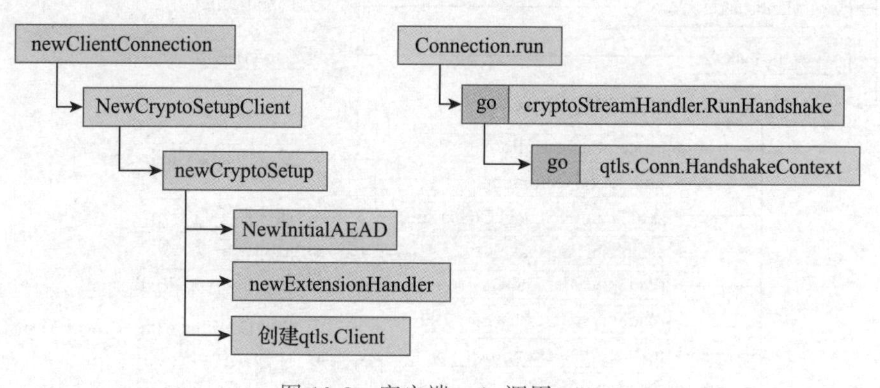

图 10-9　客户端 quic 调用 qtls

qtls 客户端执行 HandshakeContext 时会调用 clientHandshake，clientHandshake 执行了客户端握手的主要流程（见图 10-10）。

- 生成和发送 ClientHello 消息，这过程中会调用 quic 的函数获取客户端传输参数、（在需要恢复连接的情况下）恢复连接并调用 quic 的函数通知 0-RTT 密钥和恢复出的 quic 信息（RTT 和服务器传输参数）、回调 quic 的函数发送 ClientHello。

- 接收 ServerHello 消息，生成握手密钥、通知 quic 握手密钥。
- 发送 ChangeCipherSpec 消息。
- 接收 EncryptedExtensions 消息。
- 接收 Certificate 和 CertificateVerify 消息。
- 接收 Finished 消息，通知 quic 1-RTT 读密钥。
- 如果服务器需要认证客户端，则发送客户端的 Certificate 和 CertificateVerify 消息。
- 发送客户端 Finished 消息，通知 quic 1-RTT 写密钥。
- 更新握手状态。

握手完成以后，客户端还会把从 CRYPTO 帧中收到的数据通过 HandlePostHandshake-Message 传递给 qtls，qtls 会在 handleNewSessionTicket 处理 NewSessionTicket 消息，在这过程中回调 GetAppDataForSessionState 获取 quic 需要储存的信息（包含了 smoothed_RTT 和服务器传输参数）。客户端恢复连接时在 loadSession 中，通过回调 SetAppDataForSessionState 将之前连接中 quic 存储的信息通知给 quic。

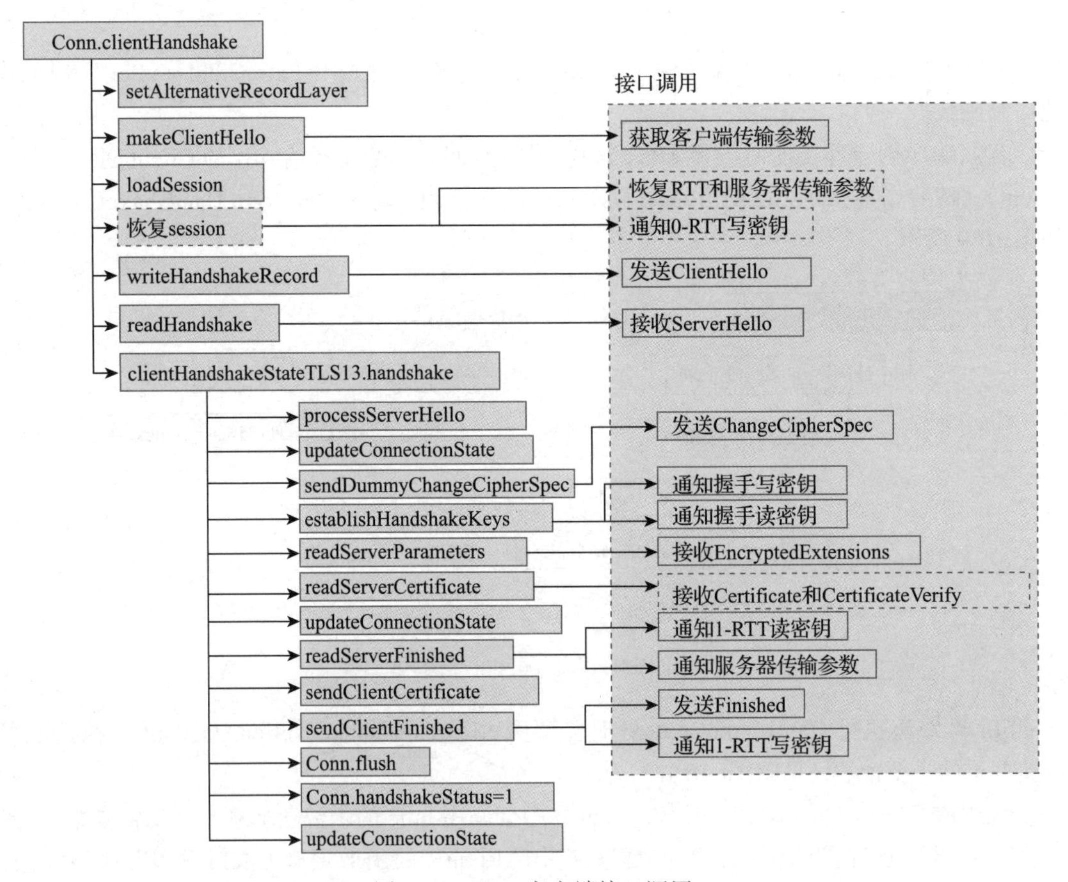

图 10-10　qtls 客户端接口调用

服务器在创建连接的时候将 qtls 的相关设置和回调函数传递给 qtls 的 Server 对象（qtls.Server），随后在连接的 run 的方法中触发 qtls 握手流程（调用 qtls.Conn.HandshakeContext），如图 10-11 所示。

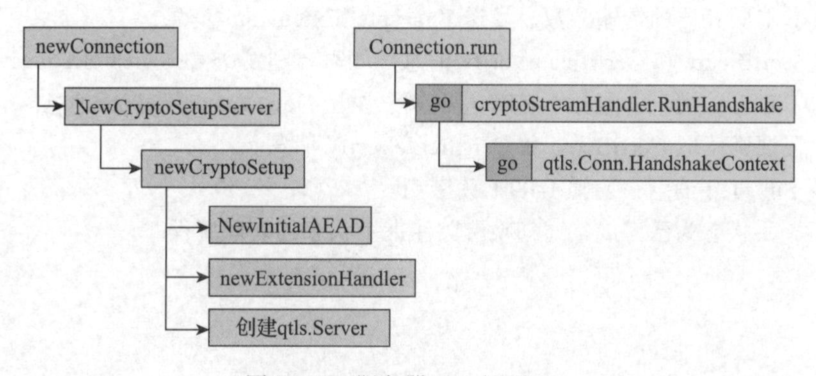

图 10-11　服务器 quic 调用 qtls

qtls 服务器 HandshakeContext 会调用 serverHandshake，在 serverHandshake 中会先读取 ClientHello 消息，握手处理主要逻辑（如图 10-12 所示）。

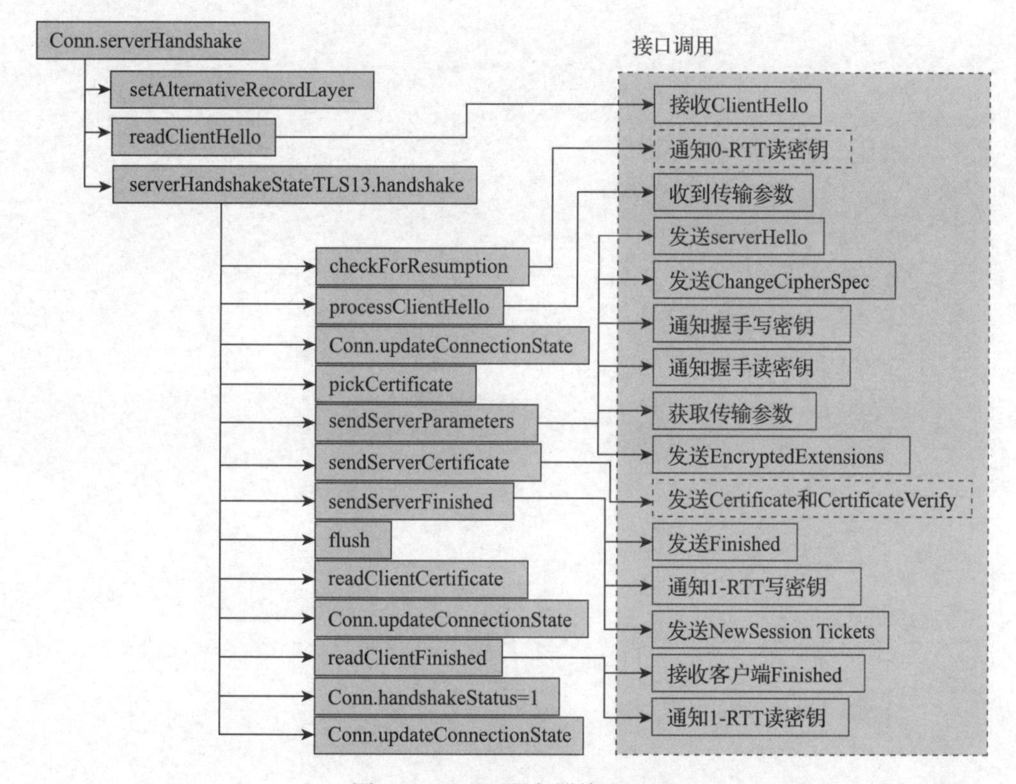

图 10-12　qtls 服务器接口调用

- 检查是否需要恢复连接，如果需要恢复，通过回调通知 quic 0-RTT 读密钥。
- 处理消息中的传输参数，并把传输参数通知给 quic。
- 发送 serverHello、ChangeCipherSpec 消息、通知 quic 握手写密钥和读密钥、回调 quic 获取服务器的传输参数、发送 EncryptedExtensions 消息。
- 发送 Certificate 和 CertificateVerify 消息，如需要则发送 CertificateRequest 消息。
- 发送 Finished 消息、通知 1-RTT 写密钥、发送 NewSessionTickets 消息。
- 如果需要则读取 Certificate 和 CertificateVerify 消息。
- 接收 Finished 消息、通知 1-RTT 读密钥。
- 更新握手状态为已完成，通知唤醒关注握手状态的处理流程。

|Chapter 11| 第 11 章

分析工具

本章介绍 QUIC 分析的基础 qlog 机制，以及 QUIC 分析最有效的工具 qvis，最后介绍了怎么使用最常用的抓包工具 wireshark 观察 QUIC 报文。

11.1 qlog

在 HTTPS 应用时期，应用协议 HTTP2 的内容就被加密了，但仍然可以通过 TCP 报文分析流量，这是因为 TCP 的整个首部都是明文，序列号以及确认信息都可以在网络上分析，不需要端点上的实现配合提供信息。然而，这也导致 HTTP2 的实现很难分析和发现其中的问题，曾经有人提出在端点的实现代码中增加统一格式日志[㊀]，但并没有得到广泛采用。

QUIC 的设计希望暴露尽量少的信息给网络，这给流量分析带来了困难。在之前的 TCP 流量中，即使是加密流量，TCP 的整个首部也都是明文，序列号以及确认信息都可以在网络中间件上分析，不需要实现代码提供信息。但是 QUIC 除了连接标识，几乎没有什么信息是暴露出来的，报文编号是首部加密的，ACK 帧是作为负载加密的，协议行为相关的其他帧也是作为负载加密的，没有具体实现的配合，难以分析 QUIC 的流量情况。所以需要定义一种统一格式的日志，由具体实现生成，再交给专门的工具解析。这种日志就是 qlog，目前大部分的 QUIC 开源实现都支持生成 qlog 日志文件，专门的解析工具一般使用 qvis。

注意 由于 qlog 仍在草案阶段（截止 2023 年 3 月时），本节仅做一些概念性介绍，以免与将来标准不一致产生误导，具体细节请查阅草案：https://datatracker.ietf.org/doc/draft-ietf-quic-qlog-main-schema/，https://datatracker.ietf.org/doc/draft-ietf-quic-qlog-quic-events/，https://datatracker.ietf.org/doc/draft-ietf-quic-qlog-h3-events/。

㊀ 见 https://datatracker.ietf.org/doc/html/draft-benfield-http2-debug-state-01。

qlog 一般选择 JSON 系列的格式（JSON、I-JSON、JSON-SEQ 等），这是人类可读的形式，也可以使用 protobuf 等二进制格式，大部分的开源代码都实现了 JSON 系列格式的 qlog，比如 quic-go 支持的是 NDJSON。相对来说，JSON 系列格式生成的日志文件较大，但可以独立解析，protobuf 生成的日志文件较小，但需要依赖 proto 文件，两者都可以通过压缩生成更小的文件。不同的格式使用不同的文件扩展名。

生成的 qlog 文件的位置由环境变量决定，可以使用 QLOGFILE 或者 QLOGDIR。QLOGFILE 指定了 qlog 文件的路径和名称，必须包含完整的文件扩展名；QLOGDIR 指定了 qlog 文件的路径。一般来说 QLOGDIR 更通用，因为端点上存在多个连接的情况下设置一次 QLOGDIR 就够了。

对于 QUIC 来说，qlog 文件一般通过初始源连接标识和生成 qlog 的角色来命名。如服务器产生的初始源连接标识为十六进制 1faf41eadd7419cb0bcfdf 的连接一般命名为：

```
1faf41eadd7419cb0bcfdf_server.qlog
```

qlog 文件包含的基本信息必须包括 qlog_version（qlog 的版本），可以包含 qlog_format（格式，默认 JSON）等，以 qui-go v1.33.0 版本服务器生成的 qlog 为例，名称是 server_1faf41eadd7419cb0bcfdf.qlog，初始源连接标识是 1faf41eadd7419cb0bcfdf，版本是 draft-02，格式是 NDJSON[⊖]，如图 11-1 所示。

```
⊟{
  "qlog_format":"NDJSON",
  "qlog_version":"draft-02",
  "title":"quic-go qlog",
  "code_version":"(devel)",
  "trace":⊟{
    "vantage_point":⊟{
      "type":"server"
    },
    "common_fields":⊟{
      "ODCID":"1faf41eadd7419cb0bcfdf",
      "group_id":"1faf41eadd7419cb0bcfdf",
      "reference_time":1677121881297.7146,
      "time_format":"relative"
    }
  }
```

图 11-1 qlog 基本信息例子

基础信息之后是一系列事件，一个事件的内容包含发生的时间（time 字段）、名称（name 字段）、内容（data 字段）。时间可以使用绝对时间或者相对时间，本例中使用的是相对时间，所以图 11-1 中 time_format 是 relative，表示使用基于 reference_time 值的相对时间。名称一

⊖ NDJSON 是一种流式的 JSON 格式，方便添加新数据。

般是类别和类型拼接而成，表示事件的具体类型。

事件的名称由具体协议定义，分三个级别。

Core：是对协议的基本调试信息，涉及报文和帧的创建和解析、基本的内部指标，是了解协议工作情况的基础，需要尽量包含在 qlog 中。

Base：是对协议的附加调试选项，大部分事件可以通过 Core 事件推断出来，涉及内部状态变化、内部数据传递等，这些事件能够帮助人们更好地了解协议行为，可以选择性地包含在 qlog 中。

Extra：是对实现细节的调试信息，主要针对实现的调试。

具体实现可以根据顺序选择性地包含不同重要性的事件。对于 QUIC 来说，事件分为四个类别：connectivity、security、transport 和 recovery，其中 Core 事件包含 transport:version_information、transport:alpn_information、transport:parameters_set、transport:packet_sent、transport:packet_received、recovery:metrics_updated、recovery:packet_lost。qlog 事件的例子如图 11-2 所示（日志文件来自 quic-go v0.33.0 版本服务器端）。


```
{"qlog_format":"NDJSON","qlog_version":"draft-02","title":"quic-go qlog","code_version":"(devel)","trace
{"time":0,"name":"recovery:congestion_state_updated","data":{"new":"slow_start"}}
{"time":0,"name":"transport:parameters_set","data":{"owner":"local","original_destination_connection_id"
{"time":0,"name":"security:key_updated","data":{"trigger":"tls","key_type":"client_initial_secret"}}
{"time":0,"name":"security:key_updated","data":{"trigger":"tls","key_type":"server_initial_secret"}}
{"time":0.5127,"name":"transport:version_information","data":{"server_versions":["1","6b3343cf","ff0000
{"time":0.5127,"name":"transport:connection_started","data":{"ip_version":"ipv4","src_ip":"127.0.0.1","s
{"time":0.5127,"name":"transport:packet_received","data":{"header":{"packet_type":"initial","packet_numb
{"time":0.5127,"name":"transport:parameters_set","data":{"owner":"remote","initial_source_connection_id"
{"time":1.0249,"name":"security:key_updated","data":{"trigger":"tls","key_type":"client_handshake_secret
{"time":1.0249,"name":"security:key_updated","data":{"trigger":"tls","key_type":"server_handshake_secret
{"time":18.5778,"name":"security:key_updated","data":{"trigger":"tls","key_type":"server_1rtt_secret","
{"time":19.1161,"name":"transport:packet_sent","data":{"header":{"packet_type":"initial","packet_number"
{"time":19.1161,"name":"transport:packet_sent","data":{"header":{"packet_type":"handshake","packet_numbe
{"time":19.1161,"name":"recovery:metrics_updated","data":{"min_rtt":0,"smoothed_rtt":0,"latest_rtt":0,"
{"time":19.1161,"name":"recovery:loss_timer_updated","data":{"event_type":"set","timer_type":"pto","pack
{"time":19.1161,"name":"recovery:metrics_updated","data":{"bytes_in_flight":1252,"packets_in_flight":2}}
{"time":19.1161,"name":"transport:packet_sent","data":{"header":{"packet_type":"handshake","packet_numbe
{"time":19.663,"name":"transport:packet_sent","data":{"header":{"packet_type":"1RTT","packet_number":0,"
{"time":19.663,"name":"recovery:metrics_updated","data":{"bytes_in_flight":1366,"packets_in_flight":3}}
{"time":19.663,"name":"recovery:metrics_updated","data":{"bytes_in_flight":1462,"packets_in_flight":4}}
{"time":21.7377,"name":"transport:packet_received","data":{"header":{"packet_type":"initial","packet_num
{"time":22.2499,"name":"recovery:congestion_state_updated","data":{"new":"application_limited"}}
{"time":22.2499,"name":"recovery:metrics_updated","data":{"min_rtt":3.1599,"smoothed_rtt":3.1599,"latest
```


图 11-2　qlog 事件例子

11.2　qvis

qvis 是目前比较主流的开源 QUIC 日志分析工具。qvis 是 QUIC 和 HTTP3 的分析工具集，主要基于 qlog 日志文件分析，也能支持 pcap 等文件。源码路径：https://github.com/quiclog/qvis。在线分析：https://qvis.quictools.info/。

在 qvis 上可以导入 qlog 文件（如图 11-3 所示），可以是多个点上生成的几个文件，然后根据需要查看时序图（Sequence）、拥塞控制（Congestion）、多路复用（Mutiplexing）、封包（Packetization）等。

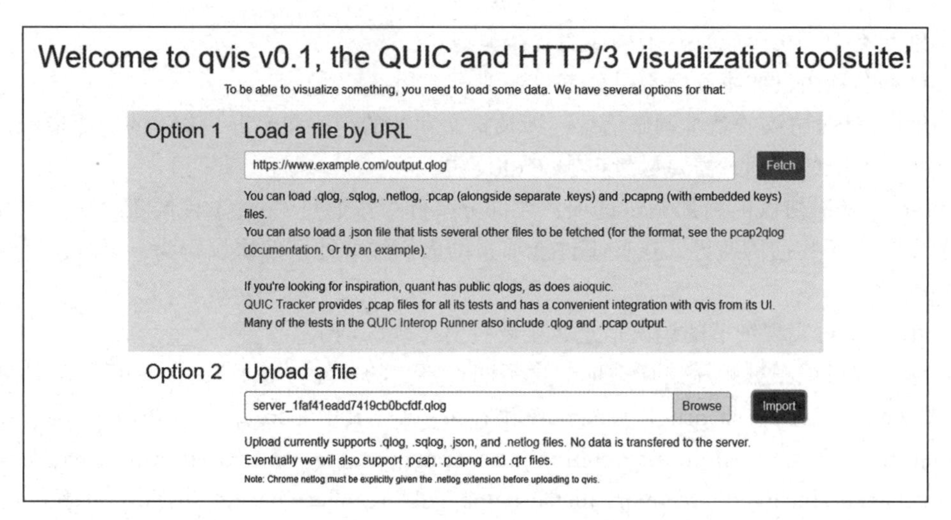

图 11-3　qvis 上导入 qlog 文件

qvis 时序页面如图 11-4 所示。时序图提供了客户端和服务器交互的基本过程，两端的黑色方块代表事件，每个方块旁边标注了发生的时间，如果是不涉及报文发送和接收的事件，则标注事件名称；对于数据发送和接收使用线表示（使用箭头表示方向），线的倾斜度表示时延。时序图有助于分析小规模的报文流（如握手过程）、单个流，以及交互过程中的丢包和乱序。图 11-4 是客户端和服务器建立连接的过程，来自 qvis 网站上的示例文件 DEMO_double_vantagepoint.qlog。

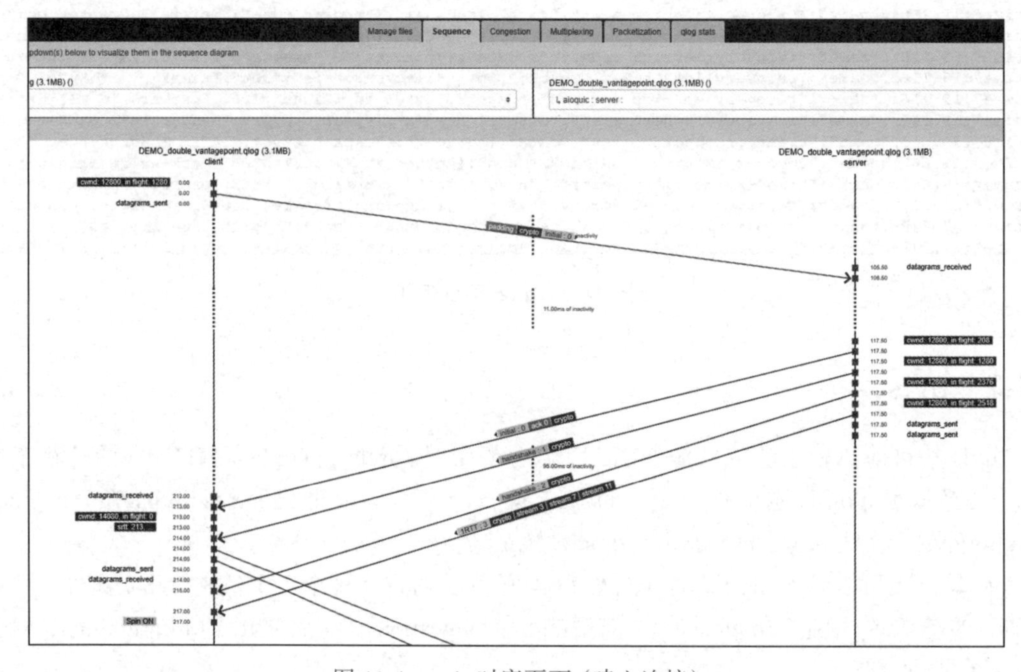

图 11-4　qvis 时序页面（建立连接）

根据时序图可以很容易地观察到乱序和丢包，如图 11-5 所示，乱序显示为同向线的交叉，丢包显示为半个线段后面一个叉号，重新传输则高亮显示。

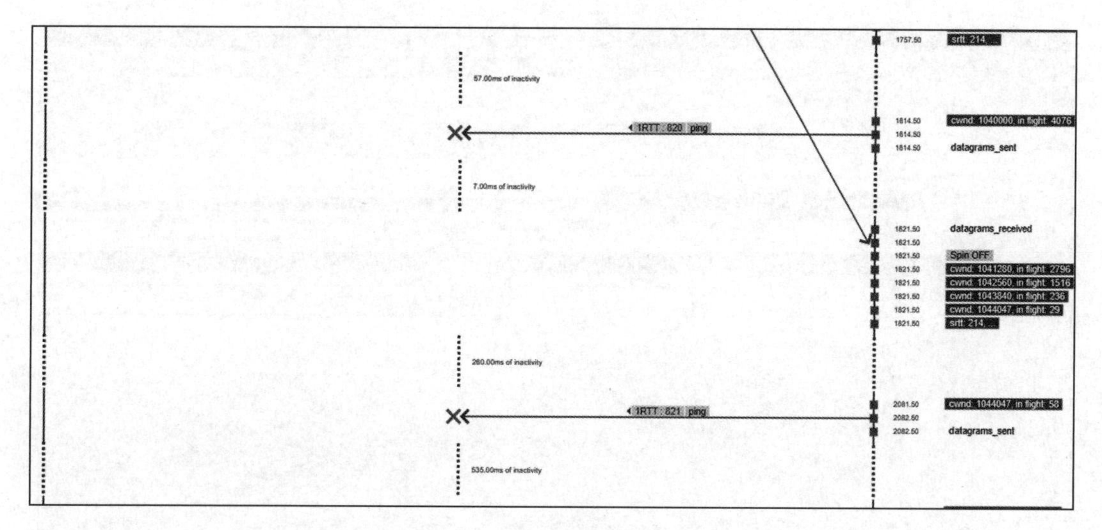

图 11-5　qvis 时序页面（丢包）

qvis 拥塞页面如图 11-6 所示，上方是数据发送速率和总量，还显示了拥塞窗口大小和丢失的数据，下方显示了 RTT 的变化（包括 Min RTT、Latest RTT 和 Smoothed RTT）。如果发送数据时遇到了流量控制也会显示在图 11-6 的上方中，这可以用来在流量缓慢的情况下分析原因。

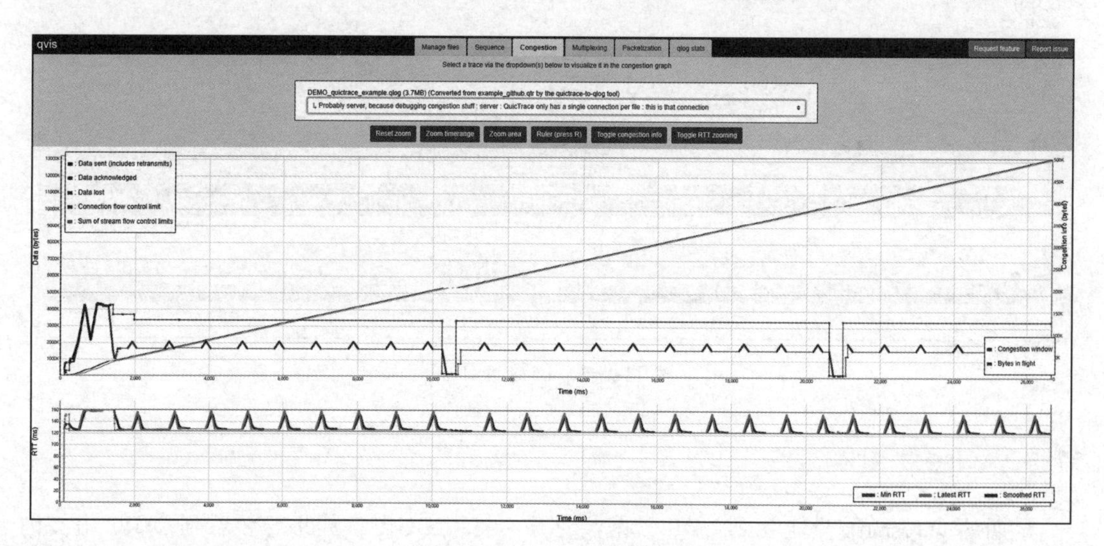

图 11-6　qvis 拥塞页面

qvis 多路复用页面显示了多个流是在 QUIC 连接中是怎么分布的（如图 11-7 所示），不同的颜色代表不同的流，最上面的瀑布图上（Waterfall）显示了每个流持续的时间，中间的复用数据流图（Multiplexed data flow）显示了各个流在整个连接过程中分布的情况，最下面的图则反映了 STREAM 帧的情况。

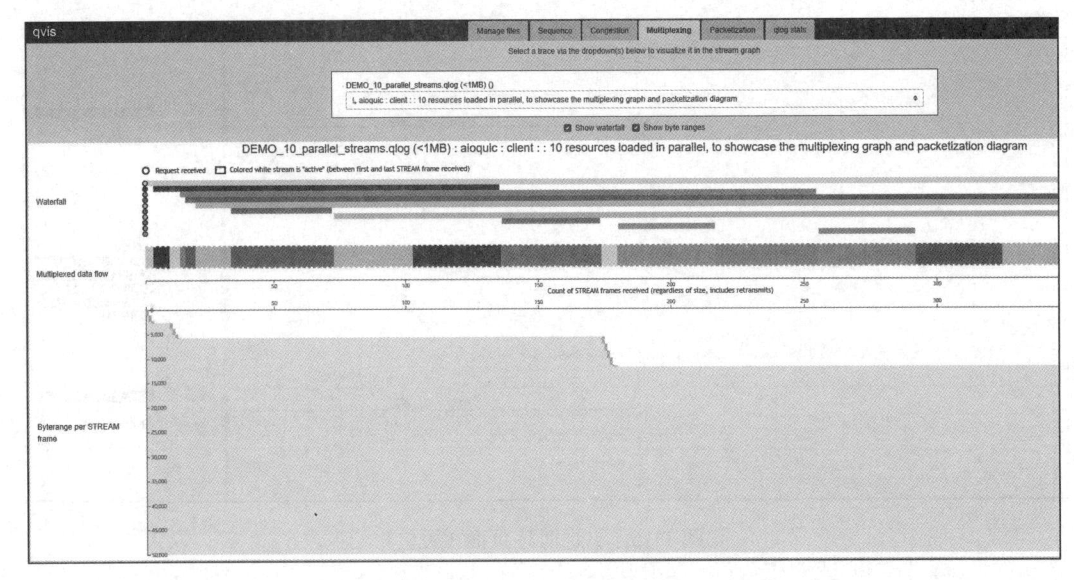

图 11-7　qvis 多路复用页面

qvis 封包页面显示了 HTTP 帧封装到 QUIC 帧，然后封装成 QUIC 报文的情况，如图 11-8 所示。

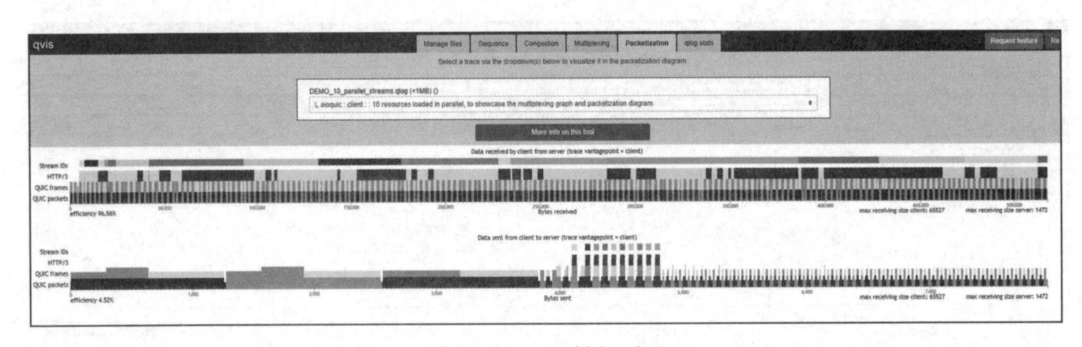

图 11-8　qvis 封包页面

11.3　wireshark

早期的 wireshark 只能看到 UDP 数据包，并不支持 QUIC，如果想要看到 QUIC 报文内容需要更新至较新版本。由于 QUIC 草案版本更新了好几版，如果是根据 IETF RFC 标准实现的 QUIC，最好使用最新的 wireshark 版本，不然可能版本不兼容导致报文识别错误。

新版本 wireshark 默认也不显示 QUIC，需要显式配置：编辑 -> 首选项 -> Protocols -> QUIC -> QUIC UDP port，如图 11-9 所示。

设置协议为 QUIC 后，在 wireshark 界面上可以看到报文类型和初始报文的内容，但握手报文、短首部报文负载由于缺少密钥还是无法识别。这时需要设置 TLS 密钥的 log，对于 quic-go 源码中的 http3 例子来说需要增加 keylog 选项：

```
./client.exe -v=true -keylog=ssl.log https://localhost:6121/demo/tile
```

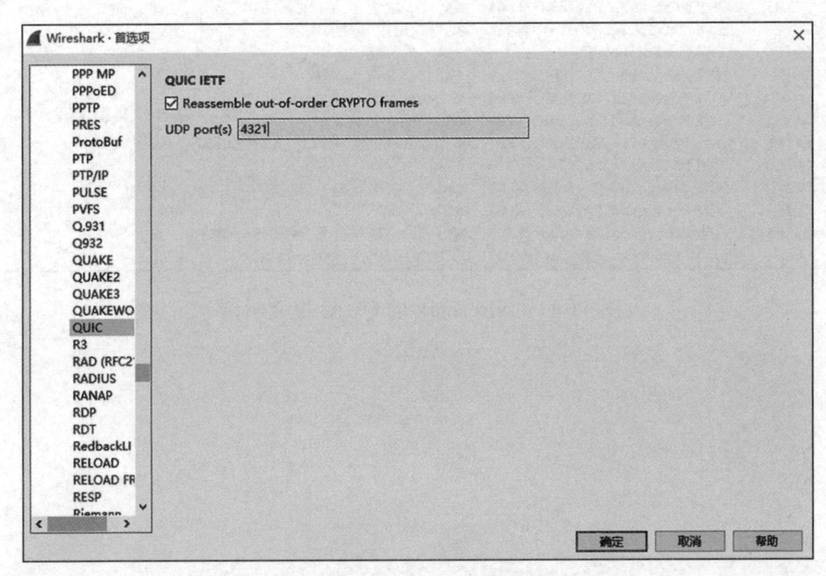

图 11-9　wireshark 的 QUIC 端口设置

这样会在当前目录下生成 ssl.log，再将这个 log 设置到 wireshark：编辑 -> 首选项 -> Protocols ->TLS，在 (Pre)-Master-Secret log filename 下设置 ssl.log 的路径和名字，如图 11-10 所示。

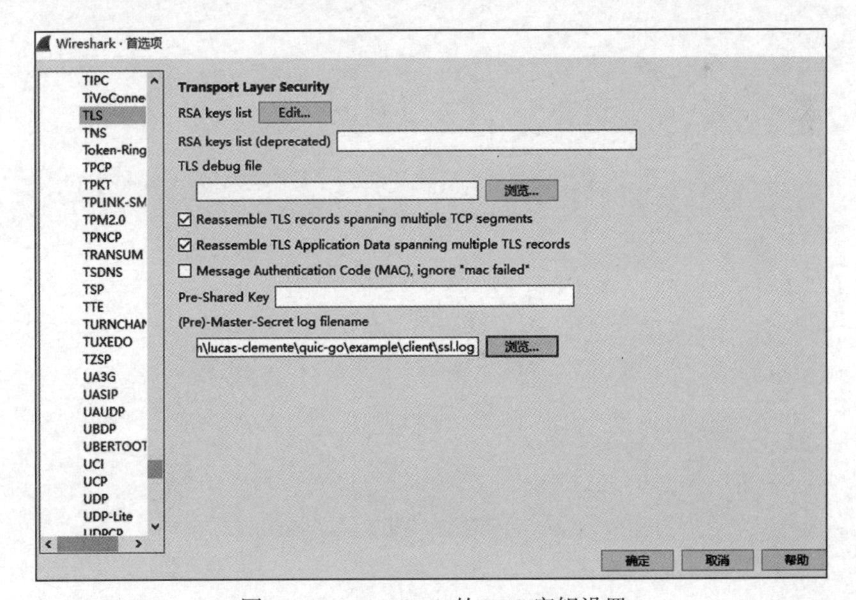

图 11-10　wireshark 的 TLS 密钥设置

设置后，可以看到 wireshark 已经解密出 QUIC 报文的内容，如图 11-11 所示。

Protocol	Length	Info
QUIC	1284	Initial, DCID=5b2f59300081952f7fb8e1153440a138d4ff0d, PKN: 0, PADDING, CRYPTO
QUIC	1284	Handshake, SCID=caf77c9c, PKN: 0, CRYPTO
HTTP3	248	Protected Payload (KP0), PKN: 0, NCI, NCI, NCI, STREAM(3), SETTINGS
QUIC	1284	Initial, DCID=caf77c9c, PKN: 1, ACK, PADDING
QUIC	68	Handshake, DCID=caf77c9c, PKN: 0, ACK
QUIC	107	Handshake, DCID=caf77c9c, PKN: 1, ACK, CRYPTO
QUIC	61	Protected Payload (KP0), DCID=caf77c9c, PKN: 0, ACK
HTTP3	62	Protected Payload (KP0), DCID=3eee6958, PKN: 1, RC, STREAM(2), SETTINGS
HTTP3	104	Protected Payload (KP0), DCID=3eee6958, PKN: 2, STREAM(0), HEADERS
QUIC	68	Handshake, SCID=caf77c9c, PKN: 2, ACK
QUIC	240	Protected Payload (KP0), PKN: 1, DONE, NT, CRYPTO
QUIC	57	Protected Payload (KP0), PKN: 2, ACK
HTTP3	145	Protected Payload (KP0), PKN: 3, STREAM(0), HEADERS, DATA
QUIC	60	Protected Payload (KP0), DCID=3eee6958, PKN: 3, ACK

图 11-11　wireshark 的 QUIC 报文示例

|Chapter 12| 第 12 章

QUIC 未来展望

12.1 QUIC 的局限性

1. 中间件的限制

目前的网络环境中，中间件的部署非常广泛，常见的有 NAT、防火墙、负载均衡器等。然而，目前的中间件基本都严格绑定了现有传输层实现，只支持 TCP 和 UDP 流量，这对于 QUIC 来说可能存在一些问题，举例如下。

1）负载均衡器需要跟服务器联动才能识别 QUIC 连接。如果要支持 QUIC 的负载均衡，需要升级负载均衡器，可是有些负载均衡器与服务器并不属于同一个提供商，可能不方便协作。

2）NAT 重绑定和老化问题不好处理。UDP 在 NAT 重绑定或者老化后，服务器无法主动发送流量，通过 Chrome 收集的统计数据显示，大约 0.5% 的 HTTP GET 连接在连接打开后 60s 之前没有收到响应。为了解决这个问题，需要有防止 NAT 老化的措施，QUIC 提供了保活方法，但是由于 NAT 设备实现不统一，保活时间也不好确定，过短的保活频率会过多地消耗用户的资源，尤其是移动用户的 CPU 资源。RFC 5382 建议 TCP 的保持时间至少为 124min，RFC 8085 要求 UDP 保持时间最小值为 15s。即使使用了 IPv6，不需要 NAT 映射，防火墙也会有老化的问题。

3）防火墙无法识别 QUIC 的流量类型，也判断不了 QUIC 流量的状态。严格的防火墙可能会限制不认识的流量类型，完全放开对于 UDP 端口的限制又容易遭受攻击。

事实上，QUIC 对中间件的操作非常警惕，暴露的字段极为有限，但中间件一般需要看到报文的一些内容才能操作，这在理想与现实之间形成了明显的矛盾，这种矛盾终究怎么解决，是 QUIC 要考虑的重要问题之一。

2. 运营商的限制

运营商也希望能搜集流量的信息，以便解决故障、优化网络。但是对于运营商来说，QUIC 明文信息太少了，QUIC 标准最终也仅妥协加入了自旋位来暴露 RTT 给运营商。对于暴露信息给网络的方案，终端所有者未必会愿意实施，这对它们没有明显的直接好处。

运营商对 UDP 的限制也可能会影响 QUIC 的使用。由于 UDP 经常被用于攻击，运营商有时候不得不限制 UDP 流量。测量研究表明，3%～5% 的网络会阻止所有的 UDP 流量。这使得互联网上的应用不得不支持协议回退，这样就既要支持 QUIC 又要支持 TCP，增加了实现和维护的难度。除此之外，运营商有时还会限制 UDP 的速率，或者在流量较大的情况下丢弃 UDP 数据报，这也会影响 QUIC 的可靠性和效率。

3. 开发和运维的限制

TLS 的实现非常复杂、安全性要求极高，一般产品都会选择经过了广泛验证的知名库，比如 OpenSSL、nginx 等。而 OpenSSL 迄今没有支持 TLS 1.3，即使后面支持了，基于安全考虑也可能不会选择一个新特性，比如 OpenSSL 在 2020 年提出过支持 QUIC，但最终没有实施[一]。

一些应用很广泛的工具也没有支持 QUIC，比如 nginx 目前（2023 年 6 月）主线版本上还不支持 QUIC 和 HTTP3，只有一个分支专门用来支持 QUIC[二]。而 Apache 则还没有支持标准 QUIC，还在开发当中[三]。curl 虽然宣称支持[四]，但目前使用复杂，体验不好。

除了工具的限制以外，QUIC 和 TLS 的接口与 TCP 和 TLS 的接口有很大不同，研发和运维倾向于使用习惯的库。

4. UDP 性能的限制

QUIC 是基于 UDP 的，但是长期以来，业界的努力都放在了 TCP 上，对于 UDP 效率的优化支持很少。比如 TCP 的 TSO（Tcp Segmentation Offload）、LRO（Large Receive Offload）、GSO（Generic Segmentation Offload）、GRO（Generic Receive Offload）的支持非常广泛，UDP 的 UFO（UDP Fragmentation Offload）、GSO、GRO 的支持就很少。这会导致 QUIC 要么效率低，要么 CPU 占用率高。

5. QUIC 自身的限制

随着 QUIC 应用越来越广泛，很可能会出现用户态和内核态的两难选择。如果在用户态会涉及很多用户态和内核的切换，内核态则会走入主机上 TCP 固化的老路。在用户态的实现如果最终由应用厂商来掌握，那么怎么保证应用厂商会遵守与 TCP 拥塞控制的公平性？现实

㊀ 见 https://www.openssl.org/blog/blog/2020/02/17/QUIC-and-OpenSSL/。

㊁ 分支代码见 https://www.nginx-cn.net/blog/our-roadmap-quic-http-3-support-nginx/。

㊂ 见 https://cwiki.apache.org/confluence/display/TS/QUIC。

㊃ 见 https://curl.se/docs/http3.html。

利益可能会使他们采取激进霸道的私有算法。

QUIC 协议复杂，比 TCP 更厚重（TCP 已经够复杂了），比较高的复杂性可能超过了小厂商的能力，即使用开源库也需要分析和维护，就算费力地采用了开源实现，也没有能力改进性能、进行各种卸载加速，最终的效率不一定比 TCP+TLS 高。

业界普遍认为 QUIC 消耗 CPU 更多，但在弱网中，很可能存在老旧的终端和中间件，老旧的终端不一定能够承受过高 CPU 消耗，这也影响了“QUIC 更适合弱网”的结论。

12.2　QUIC 未来发展

虽然目前来看，QUIC 的应用还有很多问题，但很多问题会随着 QUIC 的采用越来越多而得到根本改变。

浏览器普遍先尝试 TCP+TLS 的 HTTP2 的连接，如果在 HTTP2 连接中服务器通告支持 HTTP3，浏览器才会重新使用 HTTP3 建立连接，重连也是先尝试 HTTP2 恢复连接。这使得 QUIC 的尽早发送数据、尤其是 0-RTT 的优势没法发挥出来，浏览器也就不能明显感受到 QUIC 带来的延迟改进。但这种选择是考虑到目前支持 HTTP2 的服务器远大于支持 HTTP3 的服务器，以后随着支持 HTTP3 的服务器越来越多，浏览器肯定会改变策略。

目前仍然有些中间件不认识 QUIC、限制 UDP 流量，这使得客户端和服务器支持 HTTP3 都需要支持回退至 HTTP2。但是服务提供商对 HTTP3 有着很大的热情，这除了由于 QUIC 带来的性能和安全好处外，还由于 QUIC 将传输协议的控制权从网络提供商和操作系统提供商手中抢了过来。这将倒逼中间件的更新，在未来也不应该是什么问题。

在 QUIC 本身的技术发展方面，优秀的解决方案会逐渐标准化。比如前向纠错依然没有标准化的解决方案，这对丢包明显的长链路上的传输有明显的效果，尤其是跨洋的长链路，这样的链路 RTT 较大，识别到丢包的周期较长，如果使用前向纠错能避免重传，提升用户的体验。另外，随着 APP 的发展，定制化也会加强。

所以，现在可以看到，尽管我们分析出 QUIC 存在种种问题，但都无法阻挡服务提供商的脚步。无论在国内还是国外，大型互联网厂商都在争取支持 QUIC。

在浏览器方面，2020 年 10 月 Chrome 宣布支持 IETF QUIC[㊀]（以前仅支持 Google QUIC），2020 年 11 月微软 Edge 发布了支持 HTTP3 的版本，2021 年 4 月 Firefox 发布了支持 HTTP3 的版本[㊁]。

在国外互联网的服务器中，截至 2023 年年初大约有四分之一的网站已经支持了 HTTP3[㊂]。这个数据来自 HTTP3 标准化一年多的时候。可以看出，互联网对于 QUIC 的采用

㊀ 见 https://blog.chromium.org/2020/10/chrome-is-deploying-http3-and-ietf-quic.html。

㊁ 见 https://hacks.mozilla.org/2021/04/quic-and-http-3-support-now-in-firefox-nightly-and-beta/。

㊂ 最新统计数据见 https://w3techs.com/technologies/overview/site_element。

还是很迅速的，预计 QUIC 会以更快的速度占领传输领域。

苹果 2021 年 9 月发布了支持 HTTP3 的版本 iOS 15[一]；脸书在 2020 年宣布上线 QUIC，当时脸书在互联网上的流量已经有 75% 以上基于 QUIC[二]。

国内互联网上的服务器没有确切的统计数据，但大部分的互联网厂商都发布了关于 QUIC 支持的研究成果和优化方案，也有很多厂商支持了 QUIC，如百度[三]、腾讯[四]、阿里[五]等。

㊀ 见 https://developer.apple.com/documentation/technotes/tn3102-http3-in-your-app。

㊁ 见 https://engineering.fb.com/2020/10/21/networking-traffic/how-facebook-is-bringing-quic-to-billions/。

㊂ 见 https://cloud.baidu.com/doc/CDN/s/Tjwvyekk0/。

㊃ 见 https://www.tencentcloud.com/zh/document/product/228/39746。

㊄ 见 https://developer.aliyun.com/article/857436。